北京市高等教育精品教材

▶ **高等院校软件工程学科系列教材**

嵌入式
软件设计

第2版

康一梅 ◎ 著

机械工业出版社
China Machine Press

图书在版编目（CIP）数据

嵌入式软件设计 / 康一梅著 . --2 版 . -- 北京：机械工业出版社，2022.3
（高等院校软件工程学科系列教材）
ISBN 978-7-111-70457-7

I.①嵌… II.①康… III.①微处理器 – 系统设计 – 高等学校 – 教材 IV.①TP332

中国版本图书馆 CIP 数据核字（2022）第 049760 号

　　本书在第 1 版的基础上做了一些调整和修订，系统且完整地介绍了实时软件与复杂嵌入式软件的分析建模方法与软件设计方法，并分别以开源实时操作系统 FreeRTOS、嵌入式 Linux 作为实时软件与复杂嵌入式软件的系统软件平台介绍相关软件开发实例。本书共 11 章，内容涵盖嵌入式系统基础知识、嵌入式系统软硬件协同设计、实时软件和复杂嵌入式软件分析设计、嵌入式操作系统与移植、板级支持包与设备驱动、嵌入式数据库、嵌入式软件图形用户界面设计、嵌入式软件可靠性设计、资源管理，并介绍了嵌入式软件开发环境。

　　本书主要面向软件工程专业高年级本科生与研究生的嵌入式软件设计课程，对电工电子类专业、通信专业、机械专业开设的嵌入式系统相关课程也有所帮助，还可供嵌入式软件相关技术人员参考使用。

出版发行：机械工业出版社（北京市西城区百万庄大街 22 号　邮政编码：100037）
责任编辑：朱　劼　　　　　　　　　　　　责任校对：马荣敏
印　　刷：河北鹏盛贤印刷有限公司　　　　版　　次：2022 年 3 月第 2 版第 1 次印刷
开　　本：185mm×260mm　1/16　　　　　印　　张：19.25
书　　号：ISBN 978-7-111-70457-7　　　　定　　价：69.00 元

客服电话：（010）88361066　88379833　68326294　　　投稿热线：（010）88379604
华章网站：www.hzbook.com　　　　　　　　　　　　读者信箱：hzjsj@hzbook.com

前言

工业软件是我国新时期发展战略中的重点攻关方向之一。嵌入式软件是工业软件的核心分支。嵌入式软件是面向应用的，工业控制软件、5G 通信设备软件、自动驾驶控制软件、航天飞行器控制软件等都是嵌入式软件。随着技术的发展，各个应用领域的需求不断扩展，嵌入式软件的规模越来越大、复杂性越来越高、对性能的要求越来越高。因此，嵌入式软件开发需要更专业的软件设计，以保证在技术与需求快速变化的情况下，软件满足稳定性、可靠性、扩展性、复用性等非功能性要求。这就要求嵌入式软件设计人员不仅要掌握具体的开发技术，更要掌握系统化的嵌入式软件设计方法。

2007 年，我们编写了《嵌入式软件设计》第 1 版，中国科学院与中国工程院两院院士王越教授为这本书作了序，同年这本书还被评为北京市精品教材。十多年来，虽然技术在不断发展，但是嵌入式软件设计的方法论相对稳定，这本教材从撰写之初就将重点放在基础理论与方法论上，因此一直没有修订。

这次修订在结构上做了很大的调整，系统、完整地介绍实时软件与复杂嵌入式软件的分析、建模方法和软件设计方法，并分别以开源实时操作系统 FreeRTOS、嵌入式 Linux 作为实时软件与复杂嵌入式软件的系统软件平台介绍相关软件开发实例。除了第 9 章、第 10 章沿用上一版第 11 章、第 12 章的内容并删除了上一版第 15 章之外，其他章节的内容都做了较大的调整。

本书第 1 章介绍嵌入式系统的基础知识，对上一版内容的调整主要有三个方面。

1）将"嵌入式系统软件基础知识"拆分并调整，移到其他章节中。

2）将嵌入式系统总线按照片级总线、板级总线、系统级总线进行分类和详细介绍，并增加了基于 Arduino 的串口总线实例。选择 Arduino 的串口总线作为实例，是因为 Arduino 的封装性非常好，学生不需要对硬件有深入的了解，可以将所有注意力都集中在对串口总线的理解与应用设计上。

3）将上一版中第 13 章调整后移到第 1 章，重点介绍工业应用中分布式嵌入式系统的架构。

第 2 章介绍嵌入式系统的软硬件协同设计。嵌入式系统软硬件协同设计是系统工程思想在嵌入式系统设计中的具体体现，因此，我们合并了上一版第 2 章和第 3 章的内容并对其做了相应的调整。

第 3 章介绍实时软件的分析设计方法。由于大多数实时软件都是用结构化的程序设计语言——C 语言或是用汇编语言与 C 语言混合开发的，我们期望给出完整的实时软件分析建模方法与设计方法，因此增加了结构化分析建模方法，详细介绍了数据流图、控制流图、状态图的建模方法，完整地构建了一个实时系统的功能模型、控制模型与动态模型。然后介绍用 DARTS 方法中的任务划分原则与接口设计方法进行系统的分解。接下来介绍实时软件常用的软件架构，基于这些架构及其组合来组织任务。最后，在此基础上介绍了任务设计、模块设计、任务与系统集成。

第 4 章介绍复杂嵌入式软件的分析设计方法，主要介绍面向对象的复杂嵌入式软件分析设计方法。目前，一些复杂的实时软件是用面向对象程序设计语言 C++ 开发的，或是用汇编语言、C 语言、C++ 语言混合开发的，大多数非实时嵌入式软件都是用面向对象程序设计语言开发的，因此，针对复杂嵌入式软件，我们系统地介绍了面向对象的嵌入式软件分析设计方法。对于实时软件，这一章介绍的方法要与第 3 章介绍的任务划分原则与接口设计方法结合使用；对于非实时嵌入式软件，仍然可以借鉴第 3 章的设计原则。为了复杂嵌入式软件分析设计方法的内容完整性，我们将上一版的第 10 章移至 4.5 节。

第 5 章介绍嵌入式操作系统与移植，嵌入式操作系统的选型与移植在嵌入式软件开发中是基础，也是难点。我们在上一版 1.3.2 节的基础上增加了嵌入式操作系统架构的内容，并以开源实时操作系统 FreeRTOS 在 STM32 硬件平台上的移植作为实例，介绍了实时操作系统的移植与硬件平台的关系。

第 6 章介绍板级支持包与设备驱动，在上一版第 7 章的基础上增加了 STM32 硬件平台上的 FreeRTOS 设备驱动程序开发实例，介绍了基于 ARM MPU 硬件平台的 Linux 操作系统的设备驱动开发。

第 7 章介绍嵌入式数据库，对上一版第 9 章的内容进行了调整，删除了一些关于设计数据库、不常用嵌入式数据库的内容，增加了目前最常用的嵌入式数据库 SQLite 的持续数据管理应用设计的内容。

第 8 章介绍嵌入式软件图形用户界面设计，对上一版第 8 章中目前不常用的技术进行了删减，并增加了目前常用的 GUI 设计中间件 QT 的介绍。此外，还增加了不用第三方 GUI 设计中间件而用 C 语言设计图形化界面的方法。

第 11 章介绍嵌入式软件开发环境。这一版我们以实时操作系统 FreeRTOS 作为实时软件的系统软件平台的实例，以嵌入式 Linux 操作系统作为复杂嵌入式软件的系统软件平台的实例，因此，在上一版第 14 章的基础上，删掉了" Windows CE 应用开发环境"，增加了"FreeRTOS 嵌入式系统开发环境"。

在本书修订过程中，刘亚楠提供了 STM32 硬件平台上的 FreeRTOS 移植与驱动开发实例，张博华提供了 Arduino 串口应用、SQLite 数据库应用的开发实例，并整理了 QT、C 语言设计图形化界面方法的相关内容，邱世同根据课件整理了结构化分析建模方法等内容，在此感谢他们的辛勤工作。

本书主要面向特色化示范性软件学院软件工程专业大三以上本科生与研究生的嵌入式软件设计课程，对电工电子类专业、通信专业、机械专业开设的嵌入式系统相关课程也有所帮助。

理论授课内容、实践内容与学时安排建议如表 1 所示，内容与课时可根据具体情况调整。比如，若是面向研究生的课程，第 9 章和第 10 章的课时可以增加；若是面向本科生的课程，第 9 章和第 10 章的内容也可以不讲。第 3 章和第 4 章放到后面讲授，是为了让学生先了解嵌入式系统的硬件平台与软件平台，通过理论授课与实践相结合让学生对嵌入式系统有了基本的了解与认知后，再学习系统的嵌入式软件分析设计方法，在前述实践的基础上完成实时嵌入式软件与复杂嵌入式软件的分析、设计与开发。

表 1 理论授课内容、实践内容与学时安排建议

	理论授课内容	学时	难点与重点	实践内容	实践学时
第1章 4学时	1.1 嵌入式系统概述	0.2		实验课： 1）用 Arduino 介绍嵌入式系统硬件组成部分的作用 2）串口编程 3）温湿度采集物联网应用	6
	1.2 嵌入式系统硬件基础知识	1.8	各个硬件组成部分的作用，软件怎样控制与使用硬件		
	1.3 嵌入式系统总线	1.5	不同级别的总线工作原理		
	1.4 分布式嵌入式系统	0.5	工业应用及物联网应用的分布式嵌入式系统架构		
第2章 1学时	嵌入式系统软硬件协同设计	1	1）系统的整体性、一致性、相关性、有用性 2）软硬件需求分解与协同设计		
第11章 1学时	嵌入式软件开发环境	1	交叉开发、调试等方法	实验课： 1）FreeRTOS 嵌入式系统开发环境 2）ARM MPU 开发板介绍 3）Linux 嵌入式系统开发环境	4
第5章 2学时	5.1 嵌入式操作系统的特点	1	1）实时操作系统的特点 2）常见嵌入式操作系统结构	实验课： 1）STM32 开发板的硬件组成与特点 2）FreeRTOS 操作系统 3）FreeRTOS 操作系统移植	6
	5.2 嵌入式操作系统的分类				
	5.3 几种代表性的嵌入式操作系统				
	5.4 常见的嵌入式操作系统结构	1			
第6章 4学时	6.1 BSP 技术概述	2	1）引导程序的作用，工作原理与开发方法 2）设备驱动程序的作用 3）不同操作系统设备驱动程序的特点与开发方法	实验课： 1）STM32 开发板基于 FreeRTOS 的设备驱动程序开发 2）ARM MPU 开发板基于 Linux 设备驱动开发	4
	6.2 嵌入式系统的硬件初始化技术				
	6.3 嵌入式系统的引导技术	2			
	6.4 常见的嵌入式设备驱动程序	2			
第7章 2学时	嵌入式数据库	2	嵌入式数据库分类与特点	实验课： SQLite 的特点与应用	2
第8章 2学时	嵌入式软件图形用户界面设计	2	资源有限，运行环境对 GUI 设计的影响	实验课： QT 的安装与应用	2

（续）

	理论授课内容		学时	难点与重点	实践内容	实践学时
第3章 6学时		3.1 实时软件分析设计概述	0.2	1）数据流图	作业： 实时系统设计 （基于 STM32/FreeRTOS）	
		3.2 结构化需求分析建模	1.8	2）控制流图 3）状态图		
	3.3 DARTS 系统设计		2	1）任务划分原则 2）接口设计方法 思考：为什么实时软件按照任务划分？		
	3.4 简单嵌入式软件架构设计		1.4	不同架构适用的应用场景及如何组合使用		
		3.5 任务设计	0.6	1）设计规范 2）算法设计 3）系统集成		
		3.6 模块设计				
		3.7 任务与系统集成				
第4章 8学时	4.1 面向对象需求分析 备注：若其他课程有此内容可不讲		2	角色（参与者） 动态模型	作业： 复杂嵌入式软件设计（基于 ARM MPU/Linux）	
	4.2 确定系统设计目标		1	系统设计目标的分类与优先级		
	4.3 复杂嵌入式软件架构设计		4	1）系统分解 2）软硬件平台选型 3）网络选择与拓扑设计 4）并发设计 5）边界条件处理		
		4.4 人机交互设计	0.2	资源有限、运行环境对人机交互设计的影响		
		4.5 预期变化	0.8			
第9章 1学时	嵌入式软件可靠性设计		1	嵌入式软件冗余设计		
第10章 1学时	资源管理		1	1）软件控制电源管理 2）软件控制内存管理		

目录

第 1 章

嵌入式系统的基础知识

计算机系统可以处理并管理各种数据，包括文字、数字、图片以及各种指令。人们希望制造各种具有智能的机器，这些机器的智能化需要计算机处理系统来实现。这些机器可能很小，如数码相机，为它设计的计算机处理系统也应该足够小，以便将其嵌入数码相机中。嵌入数码相机中的计算机处理系统就像数码相机的"脑"系统，数码相机的智能程度取决于该"脑"系统，而该"脑"系统的智能化程度取决于它的软件。这种隐藏在系统中管理、控制这些系统并带有微处理器的专用软硬件系统称为嵌入式计算机系统，简称为嵌入式系统。

嵌入式系统控制的系统并非都是小型系统，有些大型系统也需要用嵌入式系统，如大型的数控机床。有些系统内嵌的计算机系统并不是嵌入式系统，比如一台车载电脑，当它安装的操作系统是 Windows 桌面操作系统时就不是嵌入式系统，而当它安装的操作系统是 WinCE 时就是嵌入式系统。因此，可以将嵌入式系统定义为：隐藏在一些系统中，管理、控制这些系统，带有微处理器并且没有使用操作系统或使用嵌入式操作系统的专用软硬件系统。

1.1 嵌入式系统概述

嵌入式系统已经有近 30 年的发展历史，呈现硬件和软件交替的双螺旋式发展模式。

最早的单片机是 1976 年 Intel 公司推出的 8048，Motorola 公司同时推出了 68HC05，Zilog 公司推出了 Z80 系列，这些早期的单片机均含有 256B 的 RAM、4KB 的 ROM、4 个 8 位并口、1 个全双工串行口和两个 16 位定时器。在 20 世纪 80 年代初，Intel 进一步完善了 8048，在它的基础上成功研制出 8051。

1981 年，Ready System 发展了世界上第一个商业嵌入式实时内核（VTRX32），该内核具有许多传统操作系统的功能，如任务管理、任务间通信、同步与互斥、中断支持、内存管理等。该实时内核可以运行在 8051 单片机上。

嵌入式微控制器的出现是计算机工程应用史上的一个里程碑。随着微电子技术的飞速发展，CPU 已经变成低成本器件，各种机电设备已经或者正在嵌入 CPU 构成的嵌入式系统。据 Virginia Tech 公司的统计数据，嵌入式系统中使用的 CPU 数量已经超过通用 PC 中 CPU 数量的 30 倍。特别是在工业控制中，嵌入式微控制器位于控制第一线，是工业自动化的关键部件之一。目前，8 位、16 位、32 位嵌入式微控制器以及一些专用嵌入式微控制器（如数

字信号处理、数字图像处理、通信控制单片机等）已经成为通信系统、工业测控系统、机载 /
舰载 / 车载系统、机器人感知系统和人工智能系统中不可缺少的重要组成部分。

　　嵌入式系统的应用涉及众多领域，涉及社会、生活的各个方面。表 1-1 列举了嵌入式系
统的主要应用领域。

表 1-1　嵌入式系统的主要应用领域

应用领域	实　例
家用电器	机顶盒、掌上电脑、DVD、录像机、数码相机、数字电视、可视电话、电子玩具、电子词典、游戏机、复读机、空调机、冰箱、洗衣机、网络电视、智能冰箱、智能空调、家庭网关及其他家用智能电器等
通信设备	电话交换系统、电缆系统、卫星全球定位系统、数据交换设备、移动电话等
工业	数控机床、电力传输系统、检测设备、建筑设备、核电站、机电控制、工业机器人、过程控制、DDC 控制、DCS 控制、智能传感器等
仪器仪表	智能仪器、智能仪表、医疗器械、色谱仪、示波器等
导航控制	导弹控制、鱼雷制导、航天导航系统、电子干扰系统等
商业和金融	自动柜员机、信用卡系统、POS 系统、安全系统等
办公设备	复印机、打印机、扫描仪、电话、传真系统、投影仪等
交通运输	智能公路（导航、流量控制、信息监测与汽车服务）、雷达系统、航空管理系统、售检票系统、行李处理系统、信令系统、汽车点火控制器、车载导航系统、停车系统等
建筑	电力供应、安防监控系统、电梯升降系统、车库管理系统等
医疗	心脏除颤器、心脏起搏器、X 光设备、电磁成像系统等

1.1.1　嵌入式系统的组成

　　嵌入式系统可分为硬件和软件两部分。硬件一般由高性能的微处理器和外围的接口电路
组成，软件一般由硬件抽象层、操作系统、板级支持包、应用平台和应用程序组成。图 1-1
给出了嵌入式系统的示意图。

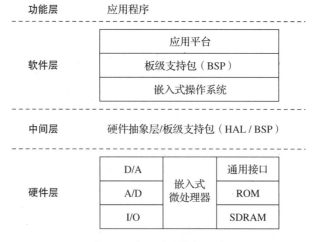

图 1-1　嵌入式系统的组成

　　并非所有嵌入式系统都包含这些部分，有些系统没有操作系统，有些系统没有应用平
台。更多时候是设计人员将这几个软件部分组合在一起的：应用程序控制系统的运作和行

为，操作系统控制着应用程序与硬件的交互。这种设计方式更有利于程序与硬件、程序与程序的交互，从而提高整个嵌入式系统的处理速度。嵌入式操作系统具有相对不变性，而不同的系统需要设计不同的嵌入式应用程序。

1. 硬件层

硬件是嵌入式操作系统和应用程序运行的平台，包括输入输出接口/驱动电路、处理器、存储器、定时器、串行通信端口、中断控制器、并口、外设器件、图形控制器及相关系统电路等。

不同的应用通常有不同的硬件平台，硬件平台的多样性是嵌入式系统的主要特点。

2. 中间层

硬件抽象层（HAL）负责为各种硬件功能提供软件接口，包括硬件初始化、硬件时钟、中断板级支持包、计时器时钟、总线管理、内存地址映射等。

中间层是介于硬件与软件之间的中间层次。如果有操作系统，则它在硬件与操作系统之间，称为硬件抽象层，通过特定的上层接口与操作系统进行交互，主要对系统基础硬件提供初始化和软件接口，而一些设备驱动则是在操作系统之上提供，它的引入大大推动了嵌入式操作系统的通用化；如果没有操作系统，则称为板级支持包（BSP），它提供对所有硬件，包括各种设备的初始化和驱动。

每个 HAL/BSP 包括一个 ROM 启动（Boot ROM）和其他启动机制。

3. 软件层

1）嵌入式操作系统：实现对资源的访问和管理，完成任务调度，支持应用软件的运行和开发。

2）板级支持包（Board Support Package，BSP）：BSP 针对某一个特定嵌入式系统提供与硬件相关的设备驱动。每个 BSP 包括一套模板，模板中包含设备驱动程序的抽象结构代码、硬件设备的底层初始化代码等。通常这些设备驱动在系统初始化过程中由 BSP 按操作系统中的设备驱动程序与它们相关联，随后，由通用设备驱动程序调用，实现对硬件设备的控制。另外，BSP 还参与了嵌入式系统初始化及硬件初始化的过程。板级支持包是嵌入式应用开发中的关键环节。

某些嵌入式操作系统包含设备驱动，但有许多设备驱动仍需要开发者自己编写。因此在嵌入式软件行业一直存在一个争论：板级支持包究竟是不是嵌入式操作系统的一部分？不管它是不是操作系统的一部分，可以肯定的是，板级支持包是嵌入式软件中一个不可分割的部分，它在为整个嵌入式系统服务。

3）应用平台：为了提高软件开发速度、提升软件质量，一些应用提供商开发了可重用的应用平台。平台封装了一些常用的功能，提供 API 接口，可以在此基础上进行二次开发。例如，为开发手机应用提供的 BREW 平台，不仅包括开发用的 SDK，还有运行在操作系统之上的应用运行环境（AEE），它为基于 BREW 平台开发的应用提供了一个全功能的实时运行环境。

4. 功能层

应用程序：软件是嵌入式系统的核心部分，是根据特定的需求量身定做的、在相对固定的环境下完成特定任务的应用程序。这些处理过的指令代码和数据被放置于存储器中以执行任务。产品的最终机器可以将软件嵌入 ROM（或 PROM）中。所以，最终阶段软件也被称为 ROM 映像。

功能层位于嵌入式系统层次结构的顶层，直接与最终用户交互，决定整个产品的成败。其质量及可靠性依赖于应用程序的设计质量、资源使用情况以及与操作系统耦合的程度。嵌入式应用程序与通用计算机程序相比主要存在以下不同：

1）嵌入式系统程序设计过程中，针对功能差异较大的硬件层、操作系统层、BSP层、应用平台层，不仅要设计适当，而且要系统集成。

2）各层之间的响应时间有严格要求。

3）存储器、电源等资源有限，须优化使用。

4）测试要求更为严格。

除上述内容之外，嵌入式软件的开发过程也必须符合软件工程的各种标准。

1.1.2　嵌入式系统的特点

嵌入式系统是一种针对特定任务、特殊环境而进行特殊设计的定制产品，与传统的计算机系统相比，主要有以下特征。

1. 面向应用，专用性强

无论是软硬件的设计，还是系统规模、开发过程等都与应用领域密切相关。嵌入式系统的设计、软件的开发、操作系统的裁剪都以满足特定的应用要求为目标，针对特定的应用量体裁衣、去除冗余，进行高效设计，力争在同样的硅片面积上达到更高的性能。

2. 资源约束

有限的CPU、内存、电源、显示窗口、按钮或键盘等对嵌入式系统的设计提出了更苛刻的要求。

3. 不可垄断的高度多样化的计算机处理系统

从某种意义上来说，通用计算机行业的技术是垄断的。而嵌入式系统领域充满了竞争、机遇与创新，没有哪个系列的处理器和操作系统能够垄断整个市场。虽然在体系结构方面存在着主流，但不同的应用领域决定了不可能由少数公司、少数产品垄断整个嵌入式系统市场。

4. 操作系统内核小，资源少

由于嵌入式系统主要应用在一些对成本、资源、占用空间有严格要求的环境下，因此系统资源以在满足实际应用的前提下尽可能少为目标。故嵌入式操作系统内核要比传统操作系统小得多，如FreeRTOS的内核只有10KB，Windows内核是无法与之相比的。

5. 系统稳定持久

由于嵌入式系统更追求稳定性、可靠性，因此与通用计算机系统不同，嵌入式系统很少发生突然性的跳跃，嵌入式系统中的软件也更强调可继承性和技术衔接性，发展比较稳定。嵌入式处理器的发展也具有稳定性，一个体系一般要存在8～10年的时间。一个体系结构及其相关的片上外设、开发工具、库函数、嵌入式应用产品是一套复杂的知识系统，因此用户和半导体厂商都不会轻易地放弃一种处理器。

6. 软硬件结合紧密

在嵌入式系统中，软硬件的结合尤为紧密，通常要针对不同的硬件平台进行系统的移植。即使同一品牌、同一系列的产品，也需要根据系统硬件的变化和增减不断进行修改。同时针对不同的任务，往往需要对系统进行较大更改，程序的编译、下载要和系统相结合，这种修改和通用软件的"升级"是完全不同的概念。在编写应用软件的过程中，要考虑到硬件资源的管理与使用。这一点尤为重要，它决定了软件的质量与效率。

7. 需要专门的环境和开发工具

嵌入式系统的开发与传统PC上的开发存在较大的差别。嵌入式系统本身不具备自主开发功能，系统设计开发完成后，用户通常是不能对其中的程序功能进行修改的。开发过程主要包括由通用计算机上的软硬件设备模拟开发、通过调试工具仿真调试，最终在目标设备上运行三个阶段。用于程序开发的通用计算机称为宿主机，最终执行程序的目标设备称为目标机。

8. 软件要求固态化存储

为了提高执行速度和系统可靠性，嵌入式系统中的软件一般都固化在存储器芯片或单片机上，而不是存储于磁盘等载体中。

9. 实时性要求较高

多数嵌入式系统的应用对响应时间都有明确限制，否则极可能产生灾难性的损失或引起系统的崩溃。如激光制导武器中的目标锁定系统，延迟 0.001s 就有可能失去一次进攻的机会，甚至有可能被对方摧毁。

1.1.3　嵌入式系统的分类

由于嵌入式系统用途广泛、种类繁多，人们对嵌入式系统的理解也各不相同，因此其分类方法也存在多种方式。以下列举几种常用的分类方式。

1. 根据嵌入方式，可分为整机式嵌入、部件式嵌入、芯片式嵌入

1）整机式嵌入：将一个带有专用接口的计算机系统嵌入一个系统中，使其成为该系统的核心部分。这种计算机的具有较高的功能完整性，可用来完成系统中的关键工作，并且有完善的人机界面和外部设备。

2）部件式嵌入：将计算机系统以部件的方式嵌入设备中，用于实现某一功能。这种方式使计算机与其他硬件耦合得更加紧密，功能专一。

3）芯片式嵌入：将一个具有完整计算功能的芯片嵌入设备中。这种芯片具有存储器和完整的输入 / 输出接口，能实现专门的功能。显示控制器和微波炉就采用了这种方式。

2. 根据确定性，可分为实时系统与非实时系统

1）实时系统（Real-Time）：系统对响应时间有严格的要求，如果系统响应时间不能被满足，会导致无法接受的低质量服务。

实时系统的正确性依赖于运行结果的逻辑正确性和运行结果产生的时间正确性，即实时系统必须在规定的时间范围内正确地响应外部物理过程的变化，从输入到输出的滞后时间必须在一个可以接受的时限（timeout）内。这里的时限又称为任务截止时间（deadline），指系统执行时间的限制；而系统功能的实现需要通过软硬件的相互配合，于是这些组成系统的软硬件的执行时间也就有了相应的时间限制。因此，要有时序的概念。

由于时限对系统性能的影响程度不同，因此实时系统可分为软实时系统（soft real-time-system）和硬实时系统（hard real-time-system）。如果一个任务时限到来之前该任务尚未完成，对于软实时系统来说是可以容忍的，只会降低系统性能；对于硬实时系统则是不允许的，因为带来的后果是无法预测的，甚至是灾难性的。在一个大型实时系统中，实时与非实时可以同时存在，实时任务也可以同时存在软实时和硬实时。一些事件没有时限，一些事件的时限可能只是软实时的，而另一些事件的时限则是硬实时的，会对系统产生关键影响。

衡量实时系统有以下三个指标：

- 响应时间（Response Time）：计算机识别一个外部事件到做出响应的时间。
- 生存时间（Survival Time）：数据的有效等待时间，在这段时间里数据是有效的。
- 吞吐量（Throughput）：在给定时间内系统可以处理的事件总数。

实时系统的响应要"足够快"，"足够快"指应满足要求。实时系统不一定是运行速度最

快的，其对系统运行时间及响应时间的可预测性比速度本身更重要。

实时系统对时限和可靠性的要求比分时系统高得多。实时系统有以下特点：

- 多路性。实时系统的多路性表现在能对多个不同的现场信息进行采集以及对多个对象和多个执行机构实行控制。
- 独立性。每个用户向实时系统提出的服务请求相互间是独立的。在实时系统中，对信息的采集和对象的控制也是相互独立的。
- 及时性。实时系统产生的结果在时间上有着严格的要求，只有符合时间约束的结果才是正确的。在实时系统中，每个任务都有一个截止期，任务必须在这个截止期之内完成，以保证系统所产生的结果在时间上的正确性。对于硬实时系统来说，如果产生的结果不符合时间约束，那么，由此带来的错误将是严重的、不可恢复的。对于软实时系统来说，虽然产生的结果不符合时间约束，但由此带来的错误是可以接受、可以恢复的。
- 同时性。一般来说，一个实时系统常常有多个输入源，这就要求系统具有并行处理的能力，以便能同时处理来自不同输入源的输入。
- 可预测性。实时系统的实际行为必须在一定的限度内，而这个限度是可以从系统的定义获得的。这意味着系统对来自外部输入的反应必须全部是可预测的，在最坏的情况下，系统也要严格遵守时间约束。因此，在出现过载时，系统必须能以一种可预测的方式来保证它的实时性。
- 可靠性。可靠性一方面指系统的正确性，即系统所产生的结果不仅在数值上是正确的，在时间上也是正确的；另一方面指系统的健壮性，也就是说，虽然系统出现了错误或外部环境与定义的不符合，但系统仍然处于可预测状态，那么它仍可以运行而不会出现致命错误。

2）非实时系统（Non Real-Time）：系统对系统响应时间没有实时要求。

3. 根据嵌入式系统的复杂程度，可分为单微处理器嵌入式系统、组件嵌入式系统和分布式嵌入式系统

单微处理器系统指基于微处理器的嵌入式单机系统，单微处理器系统是一个独立的、完整的嵌入式系统，比如人脸门禁考勤机。组件嵌入式系统通常是嵌入在一个比较复杂的系统中，无法独立工作的嵌入式系统，比如汽车电子中的自动驾驶组件，需要动力控制系统等的配合共同完成自动驾驶功能。分布式嵌入式系统通常是由多个独立的嵌入式系统基于某种网络组成的分布式系统，这些独立的嵌入式系统可能是完全一样的系统，也可能是完全不同的系统，比如由多台人脸门禁考勤机组成的分布式人脸门禁考勤系统。

1.1.4 学习嵌入式系统应具备的基础知识

嵌入式系统的设计开发人员必须使用已有工具，在给定规范、费用和时间的框架内开发产品。针对这一特点，开发人员应具备以下方面的知识。

1. 硬件方面

1）当设计控制系统时，需多了解一些电子电路方面的知识。

2）理解微控制器，对计算机体系结构和数据通信有一定的了解。

3）理解存储器管理、访问机制。

4）了解测试用的硬件设备。

5）针对应用，了解特定产品。

2. 软件方面

1）掌握一种常用的嵌入式编程语言，主流嵌入式编程语言为C语言。

2）掌握汇编语言常用的指令，在特定环境下与 C 语言结合使用。

3）了解 RTOS（实时操作系统）编程工具，对操作系统本身的内存管理、中断管理等机制较为熟悉。

4）了解系统提供的应用编程接口（API）。

此外，嵌入式系统的设计与开发也应遵循软件工程、系统工程的原则，以保证开发的进度、质量等方面的要求，开发人员也应具备软件工程、系统工程方面的知识。

1.2　嵌入式系统硬件基础知识

了解硬件基础知识是学习嵌入式软件设计与开发的前提。在嵌入式系统中，最简单的系统包括以下单元。

1）处理器：对于任何一个计算机系统，处理器都是整个系统的核心，整个系统是靠处理器的指令完成工作的。

2）内存：在嵌入式处理器运行时，必须将其指令放入一定的存储空间内，也需要空间来存储临时数据，因此内存也是必不可少的。

3）时钟：处理器的运行是需要时钟周期的，一般来说，处理器在一个或者几个周期内执行一条指令。时钟单元的核心是晶振，它可以提供一定频率，处理器使用该频率时可能还需要进行倍频处理。

4）电源和复位：电源是为处理器提供能源的部件，在嵌入式系统中一般使用直流电源；复位电路连接处理器的引脚，实现通过外部电平让处理器复位的功能。

如何将指令代码放入内存中呢？如图 1-2 所示，批量生产时，通常是通过烧写器，从宿主机将程序烧写到嵌入式系统的只读存储器或 Flash 中，然后将已经烧写了程序的芯片焊接到硬件板子上。

开发过程中使用的硬件板子通常称为开发板，开发板上带有网口、USB 口或 JTAG（Joint Test Action Group）调试接口，调试过程中，宿主机通过调试接口与目标机（嵌入式系统）连接，将程序下载到目标机的存储器中，程序在目标机上运行，运行结果通过调试接口在宿主机展示，如此进行交叉调试。

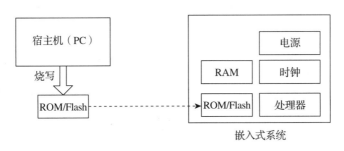

图 1-2　最小嵌入式系统的组成及程序烧写过程

常见的嵌入式系统都会提供一些与外部系统交互的接口，也要处理一些外部事件，其硬件组成如图 1-3 所示，包括处理器、存储器、定时器、中断控制器、串行通信端口、并口、系统电路、电流复位和振荡电路以及其他输入 / 输出接口。

1.2.1　输入 / 输出接口

嵌入式系统的输入 / 输出接口主要有中断控制器、DMA、串行和并行接口、A/D、D/A、存储器接口、设备接口等。

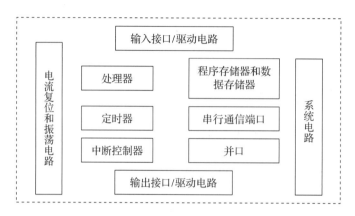

图 1-3　嵌入式系统的硬件组成

　　嵌入式系统中常见的输入设备包括键盘、传感器和变频电路触摸屏等。常见的输出设备有 LCD 显示屏或发光二极管等。

　　系统通过输入端口从物理设备获得输入，经过系统的特定处理后，对于需要输出给系统外部的信息则通过输出端口向外部设备传送。每一个输入 / 输出端口都是通过地址来标识的，系统通过对地址的操作来完成输入 / 输出操作。

1.2.2　时钟振荡电路和时钟单元

　　时钟用于控制 CPU、系统定时器和 CPU 机器周期的各种时钟控制要求。时钟控制着一条指令的执行时间。例如，多处理系统中就需要一个具有较强驱动能力的时钟电路，以便同时驱动所有处理器。处理单元的振荡器要求高度稳定。时钟输出信号为所有其他系统单元提供同步时钟。

1.2.3　存储器

　　根据处理器设计采用的不同结构，程序和数据在存储器中的位置有着较大差别。在冯·诺伊曼体系结构中，程序和数据存放在同一存储器中的不同段中；而在哈佛体系结构中，数据与程序是存放在不同存储器中的，如图 1-4 所示。

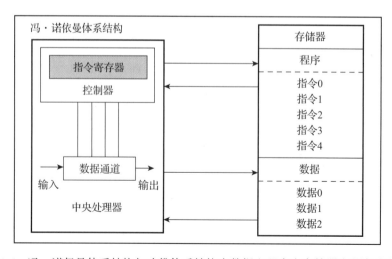

图 1-4　冯·诺伊曼体系结构与哈佛体系结构中数据和程序在存储器中的存放方式

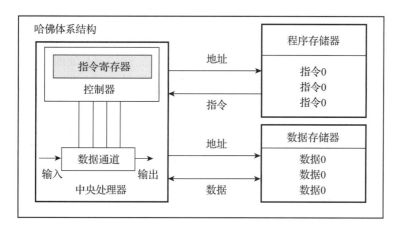

图 1-4 （续）

存储系统中涉及多种不同类型的存储器：

1）微控制器的内部 RAM（存放临时数据和堆栈）；

2）片上系统的 RAM 或外部 RAM；

3）微处理器的内部缓存（保存系统存储器页的复本）；

4）外部 RAM 芯片（存储临时数据和堆栈）；

5）Flash/EEPOM；

6）ROM/PROM（存储嵌入式软件）。

其中，RAM 又分为随机存取存储器 RAM、静态随机存储器 SRAM、动态随机存储器 DRAM。SRAM 比 DRAM 快，比 DRAM 耗电多；DRAM 存储密度比 SRAM 高得多；DRAM 需要进行周期性刷新。ROM 为只读存储器，Flash 为闪存。存储器系统的层次结构如图 1-5 所示。寄存器是存储系统最底层的一些状态的存储单元，从寄存器到网络存储器的各存储器分别用于不同类型的数据存储，存储器的数据读写速度越来越慢。

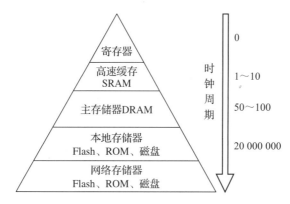

图 1-5 存储器系统的层次结构

1.2.4 中断控制器

"中断"是微处理器程序运行的一种方式。计算机在执行正常程序的过程中，当出现某些紧急情况、异常事件或其他请求时，处理器会暂时中断正在运行的程序，转而去执行对紧急情况或其他请求的操作处理，处理完成以后，CPU 回到被中断程序的断点处接着往下执行，这个过程称为中断。

　　一个系统中可能有多个设备，设备通常通过中断请求系统处理自己的服务请求。系统必须为每一个设备构建相应的中断服务程序（ISR），用来完成控制和处理每个设备的要求。每个系统都有各自的中断处理机制，以便处理来自系统不同过程的中断。中断有多种类型且具有优先级。通常在中断处理和谐开始前要将现场数据保存到堆栈中。中断和谐执行结束后返回调用程序继续执行。

　　中断控制器是在一个计算机系统中专门用来管理 I/O 中断的器件，它的功能是接收外部中断源的中断请求，并对该中断请求进行处理后再向 CPU 发出中断请求，然后由 CPU 响应中断并进行处理。在 CPU 响应中断的过程中，中断控制器仍然负责管理外部中断源的中断请求，从而实现中断的嵌套与禁止，而如何对中断进行嵌套和禁止则与中断控制器的工作模式与状态相关。

1.2.5　嵌入式微处理器

1. 处理器

　　处理器（processor）是嵌入式系统的核心部分，通常由三部分组成，即控制单元、算术逻辑单元和寄存器，如图 1-6 所示。

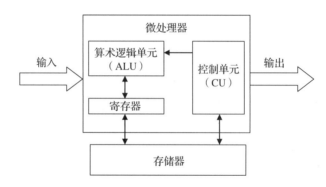

图 1-6　处理器的组成

　　控制单元：主要负责取指、译码和取操作数等基本操作，发送主要的控制指令。控制单元中包含两个重要的寄存器：程序计数器（PC）和指令寄存器（IR）。程序计数器用于记录下一条程序指令在内存中的位置，以便控制单元能到正确的内存位置取指；指令寄存器负责存放被控制单元所取的指令，通过译码产生必要的控制信号，将其发送到算术逻辑单元进行相关的数据处理工作。

　　算术逻辑单元：算术逻辑单元分为两部分。一部分是算术运算单元，主要处理数值型的数据，进行数学运算，如加、减、乘、除或数值的比较；另一部分是逻辑运算单元，主要处理逻辑运算，如 AND、OR、XOR 或 NOT 等运算。

　　寄存器：用于存储暂时性的数据。主要是从存储器中得到的数据（这些数据被发送到算术逻辑单元中进行处理）和算术逻辑单元中处理好的数据（再进行算术逻辑运算或存入存储器中）。

2. 常见的嵌入式处理器

　　嵌入式处理芯片或核有多种不同类型，包括：

- 通用处理器（微处理器、微控制器、嵌入式处理器、数字信号处理器、媒体处理器）。

- 专用处理器 ASP 或专用标准产品 ASSP。
- 包含通用处理器或专用指令处理器（ASIP）的多处理器系统。
- 嵌入一个专用集成电路（ASIC）或一个大规模集成电路（VLSI）中的通用处理器或专用指令处理器。
- ASIC/VLSI 中集成了处理器单元的 FPGA 核。

嵌入式处理器要针对用户的具体需求对芯片配置进行裁剪和添加才能获得理想的性能；但同时还受市场需求的制约，因此不同的处理器面向的用户是不一样的，通常分为通用用户、行业用户和单一用户。

尽管市场对多功能产品需求的增加和 IT 技术的推动，使 32 位 MCU 产品成为市场的热点，但目前 8 位 MCU 仍然是技术市场的主流，并且还有相当广阔的应用空间和旺盛的生命力，16 位 MCU 也占有一定的市场份额。

下面介绍几种常用的嵌入式微处理器。

1）嵌入式微控制器（MCU）嵌入式微控制器是目前嵌入式系统工业的主流。微控制器的片上外设资源一般比较丰富，适合控制，因此称为微控制器。

嵌入式微控制器的最大特点是单片化，其体积大大减小，从而使功耗和成本下降、可靠性提高。嵌入式微控制器的典型代表是单片机（Intel 最早将自己生产的单片机命名为嵌入式微控制器），就是将整个计算机系统集成到一块芯片中，这种 8 位的电子器件目前在嵌入式设备中仍然有极其广泛的应用。

单片机芯片内部集成 ROM/EPROM、RAM、总线、总线逻辑、定时 / 计数器、看门狗、I/O、串行口、脉宽调制输出、A/D、D/A、Flash RAM、EEPROM 等各种必要的功能和外设。

2）嵌入式 DSP 处理器（Embedded DSP）DSP 处理器是专门用于信号处理的处理器，其在系统结构和指令算法方面进行了特殊设计，在数字滤波、FFT、谱分析等各种仪器上获得了大规模的应用，在语音合成和编码 / 解码器中也得到了广泛应用。随着 DSP 运算速度的进一步提高，其应用领域也从上述范围扩大到了通信和计算机。

DSP 的理论算法在 20 世纪 70 年代就已经被提出，但是由于专门的 DSP 处理器还未出现，因此这种理论算法只能通过 MPU 等由分立元件实现。1982 年，世界上诞生了首个 DSP 芯片。

DSP 处理器采用哈佛结构，适合执行 DSP 算法，编译效率较高，指令执行速度快。在数字滤波、FFT、谱分析等方面，DSP 算法正在进入嵌入式领域，DSP 应用正在从通用单片机中以普通指令实现 DSP 功能过渡到采用嵌入式 DSP 处理器。

目前应用最为广泛的嵌入式 DSP 处理器是 TI 的 TMS320C2000/C5000 系列，另外，Intel 的 MCS-296 和 Siemens 的 TriCore 也有各自的应用领域。

3）嵌入式微处理器（Micro Processor Unit，MPU）嵌入式微处理器是由通用计算机中的 CPU 演变而来的。与计算机处理器不同的是，在实际嵌入式应用中，嵌入式微处理器只保留和嵌入式应用紧密相关的功能硬件，去除了其他冗余功能部分，这样就以最低的功耗和资源实现嵌入式应用的特殊要求。

与工业控制计算机相比，嵌入式微处理器具有体积小、重量轻、成本低、可靠性高的优点。

在 1996 年以前，最成功的嵌入式微处理器是 Motorola 公司的 68000 系列。此外，嵌入式微处理器市场还包括其他体系结构，如 Intel 公司的 I960、Motorola 公司的 Coldfire、Sun 公司的 Sparc，以及嵌入式 X86 系列平台。

目前 32 位嵌入式微处理器是市场的主流。在 32 位嵌入式微处理器市场，我们可以发现超过 100 家的芯片供应商和近 30 种指令体系结构，如 ARM 公司的 ARM 系列、MIPS 公司的 MIPS 系列，以及 Hitachi 公司的 SuperH 系列。目前，常用的主要有 ARM 系列、PowerPC 系列和 X86 系列。

4）嵌入式片上系统（System On Chip，SOC）SOC 嵌入式片上系统是一种电路系统，它在单个芯片上实现一个复杂的系统。它结合了许多功能区块，将功能集成在一个芯片上（如 ARM RISC、MIPS RISC、DSP 或其他的微处理器核心），加上通信的接口单元，如通用串行端口（USB）、TCP/IP 通信单元、GPRS 通信接口、GSM 通信接口、IEEE1394、蓝牙模块接口等，这些单元以往都会按照各单元的功能做成一个个独立的处理芯片。

SOC 的实现通常采用基于 IP 的设计方法，即用户首先定义整个应用系统，通过调用 IP 或现成的 VLSI 设计库中的器件在计算机中模拟实现，然后进行仿真调试，调试通过后，将设计图交给半导体工厂制作样品。除个别无法集成的器件之外，整个嵌入式系统的大部分均可集成到一块或几块芯片中，应用系统电路板将变得很简洁，对于减小体积和功耗、提高可靠性非常有利。

SOC 仿真调试可通过计算机模拟，也可利用真实的 SOC 开发环境进行调试。

SOC 有以下几个优势：

- 可以大幅缩小整个系统的体积；
- 减少外设与微处理器之间的电路板连线，避免信号传递时的噪声干扰，从而大大减小硬件开发的难度；
- 由于 SOC 一般采用的都是低电压内核，因此可以大大降低系统的功耗；
- 由于 SOC 的实现通常采用基于 IP 的模块化设计思想，因此大大降低了软件开发的难度。

3. 嵌入式处理器指令集

目前，常见的指令集是复杂指令集（Complex Instruction Set Computer，CISC）和精简指令集（Reduced Instruction Set Computer，RISC）。CISC 具有大量的指令和寻址方式，满足 80/20 法则：80% 的程序只使用 20% 的指令。大多数程序只使用少量的指令就能够运行。RISC 在通道中只包含最有用的指令，确保数据通道快速执行每一条指令，使 CPU 硬件结构设计变得更为简单。表 1-2 是这两种指令系统的对比。

表 1-2　CISC 和 RISC 指令系统的对比

类　别	CISC	RISC
价格	由硬件完成部分软件功能，硬件复杂性增加，芯片成本高	由软件完成部分硬件功能，软件复杂性增加，芯片成本低
性能	减少代码规模，增加指令的执行周期数	使用流水线减少指令的执行周期数，增加代码规模
指令集	大量的混杂型指令集，有简单、快速的指令，也有复杂的多周期指令，符合 HLL（High Level Language）	简单的单周期指令，通常少于 100 条。在汇编指令方面有相应的 CISC 微代码指令
高级语言支持	硬件完成	软件完成
寻址模式	复杂的寻址模式，寻址方式多样，支持内存到内存寻址	简单的寻址模式，仅允许 Load 和 Store 指令存取内存，其他所有的操作都基于寄存器到寄存器
编码长度	编码长度可变，1~15 个字节	编码长度固定，通常为 4 个字节

（续）

类　别	CISC	RISC
控制单元	微码	直接执行
寄存器数目	少	多
操作	可以对存储器和寄存器进行算术和逻辑操作	只能对寄存器进行算术和逻辑操作，采用加载 - 存储体系结构
编译	难以用优化编译器生成高效的目标代码程序	采用优化编译技术，生成高效的目标代码程序
执行时间	有些指令执行时间很长，如拷贝整块的存储器内容或将多个寄存器的内容拷贝到存储器	没有较长执行时间的指令

4. 选择合适的嵌入式处理器

如何选择处理器主要取决于应用需要、设计目标和设计约束，适合是最好的。针对嵌入式系统的设计者，在选择处理器时，必须要考虑以下几个因素：

- 指令集（RISC）；
- 操作数的最大位宽；
- 处理速度和时钟频率；
- 对时间要求严格的复杂算法的解决能力。

目前的 MCU、MPU 处理能力都大大提高，大多数控制系统选择 MCU 就足够，对于需要复杂计算的应用，选择 MPU 才能满足算力要求。相应地，MPU 的功耗也远远大于 MCU。

1.3 嵌入式系统总线

嵌入式系统在不同层次的通信采用不同的总线，我们将这些总线分为片级总线、板级总线和系统级总线。片级总线指一个嵌入式开发板上不同 IC 芯片之间的通信总线；板级总线指在一个嵌入式系统中不同硬件模块（板卡）之间的通信总线；系统级总线指两个嵌入式系统之间的通信总线。

1.3.1 片级总线

一个嵌入式计算机系统的硬件由处理器与存储器等构成，大多数处理器都需要扩展存储器，这些处理器芯片（MCU、MPU 等）与存储器芯片（RAM、EEPROM）之间的通信是通过片级总线来实现的。在嵌入式软件的设计和开发中，处理器通过对总线上的设备编址来唯一标识每一个设备，与总线上的设备进行通信时，线序（芯片上的接口）与时序（脉冲周期、上升沿、下降沿）直接影响软件能否正确读写数据。

串行总线是指数据一位一位地顺序传送，其特点是通信线路简单，只需要一对传输线就可以实现双向通信。本节重点介绍常用的 SPI 串行总线和 I2C 串行总线的总线结构、接口定义与工作模式。

1. SPI 串行总线

SPI（Serial Peripheral Interface，同步串行外设接口）是由 Motorola 公司首先提出的全双工三线同步外设接口，采用主从（Master-Slave）模式架构，支持多从设备模式应用，一般只支持单主设备。SPI 总线大量应用于主设备与 EEPROM、RTC、ADC 和显示驱动器之类的慢速外设通信。

SPI 总线是一个 4 线的串行通信接口总线，用于 IC 器件之间的连接。它也是一个同步的串行数据连接，支持在 CPU 和其他支持 SPI 的设备之间进行低（或中）带宽的网络连接。SPI 总线基本上是一个简单的同步串行接口，可用很少的信号线连接外部低速的设备。它工作在主从模式下，当两个设备通过 SPI 总线连接时，一个是主设备，另一个是从设备，主设备驱动串行时钟。使用 SPI 时，可同时接收和发送数据，即 SPI 总线接口是全双工的接口。

SPI 总线有如下特性：

- 具有全双工，3 线同步传输；
- 工作在主从设备模式下；
- 同步通信由主设备发起；
- 时钟相位和极性可编程；
- 带有写冲突保护和总线竞争保护机制。

（1）SPI 总线结构

SPI 总线的内部硬件实际上是个简单的移位寄存器，时钟由主设备（Master）控制，在时钟移位脉冲下，数据按位传输，高位在前，低位在后。命令代码和数据值都是串行传输的。

SPI 设备可以只是一个移位寄存器，也可以是一个独立的子系统。移位寄存器的长度不是固定的，不同设备可能不同。正常来说，移位寄存器是 8 位的，或者是 8 位的整数倍。移位寄存器的长度不一定遵循这个规范，比如两个级联的 EEPROM 就可以存储 18 位数据。

SPI 要求两条控制线 SCLK（时钟）、CS（片选）和两条数据线 SDI（数据输入）、SDO（数据输出）。CS 对应被选中的外设。这个引脚大多时候是低电平有效的。若没被选中，SDO 线是高阻的，故是未被激活的。主设备决定它要连接的是哪个外设。无论设备有没有被选中，时钟线 SCLK 都会被接入该设备。时钟信号用于数据通信的同步。Motorola 公司将这些数据线命名为 MOSI 和 MISO，即 Master-Out-Slave-In 和 Master-In-Slave-Out。片选线则称为 SS（Slave-Select）。

大多数 SPI 设备都提供这四条线。有时候，SDI 和 SDO 线会翻倍，比如 National Semiconductor 公司的温度传感器 LM74；有时候，这些线中的一根会缺失。若某个外围设备不能被配置，它就不需要输入线，只需要输出线；一旦被选中，它就开始发送数据。有些 ADC 设备没有 SDI 线，比如 Microchip 的 MCCP3001；有些设备是没有数据输出的，比如 LCD 控制器，它可以被配置，但不能发送数据或状态信息。

SPI 主设备 – 从设备连接及通信环路示意图如图 1-7 所示。其中，图 1-7a 是主设备与从设备连接，图 1-7b 是主设备与从设备通信环路，从通信环路可以看到主从设备间的数据是如何通过移位寄存器交换数据的。

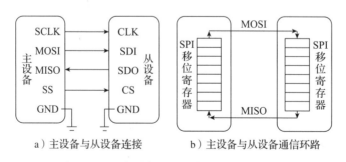

a）主设备与从设备连接　　　　b）主设备与从设备通信环路

图 1-7　SPI 主设备 – 从设备连接及通信环路

可以将图 1-8 中的几个级联 SPI 设备看作一个大型设备，它们共用同一个片选信号。前一个设备的输出数据和下一个设备的输入数据绑定在一起，这样就形成了一个更宽的移位寄存器。

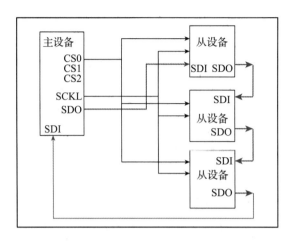

图 1-8　主设备与级联 SPI 设备连接

如果独立从设备与主设备直接连接，则需要如图 1-9 所示的总线结构。这时主设备的 SCKL 时钟和 SDI 数据线都和每个从设备直接连接。此时，SDO 数据线还是绑定在一起，然后一起返回给主设备。只有片选信号是独立连接到每一个 SPI 设备的。

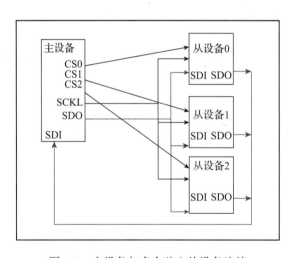

图 1-9　主设备与多个独立从设备连接

（2）SPI 总线的工作模式与数据传输

Motorola 公司没有定义任何通用的 SPI 时钟规范，但实际上，SPI 总线有四种模式可以使用，这四种模式由时钟极性（Clock Polarity，CPOL）和时钟相位（Clock Phase，CPHA）组合决定。CPOL 和 CPHA 的设置决定了数据采样的时钟沿。

SPI 总线的模式有 SPI0、SPI1、SPI2 和 SPI3 四种工作模式，这四种工作模式的时钟极性和时钟相位组合如表 1-3 所示，SPI 总线工作模式时序图如图 1-10 所示，其中使用最广泛的是 SPI0 和 SPI3 模式。

表 1-3 SPI 总线工作模式

SPI-模式	CPOL	CPHA
0	0	0
1	0	1
2	1	0
3	1	1

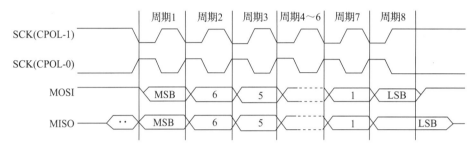

图 1-10 CPHA = 0/CPHA = 1 时，SPI 总线数据传输时序图

1）CPOL 决定空闲时时钟的电平，CPOL 对传输协议没有重大影响。

- 若 CPOL = 0，串行同步时钟的空闲状态为低电平；
- 若 CPOL = 1，串行同步时钟的空闲状态为高电平。

2）CPHA 决定从时钟的第几个跳变沿开始数据采样，CPHA 能够配置用于选择两种不同的传输协议之一进行数据传输。

- 若 CPHA = 0，在串行同步时钟的第一个跳变沿（上升或下降）数据被采样；
- 若 CPHA = 1，在串行同步时钟的第二个跳变沿（上升或下降）数据被采样。

2. I2C 串行总线

I2C 总线是一个简单的双向总线。消费电子、通信和工控系统一般都有智能控制，如使用微处理器进行控制。这些智能控制单元有通用的电路，如 LCD 驱动、I/O 端口、RAM、EEPROM 和一些数据转换电路，也有一些面向应用的电路，如数字解调和数字信号处理等。为了充分利用这些设计的相似之处，使硬件工作更高效、电路更简单，通过 I2C 总线对这些 IC 进行控制非常方便。

I2C 总线具有以下特点：

- 仅有两条总线信号线：SDA（串行数据信号线）和 SCL（串行时钟信号线）。
- 每个连接在此总线上的设备都是可编址的。采用 I2C 总线连接的设备处于主从模式，主方既可接收数据，也可发送数据。
- 一个真正的多总线。包含冲突检测和竞争功能，从而确保当多个主方同时发送数据时不会造成数据冲突。
- 串行的 8 位双向数据传送总线。在标准模式下，数据传输速率为 100kbit/s；在快速模式下，数据传输率为 400kbit/s；在高速模式下，数据传输率为 3.4Mbit/s。

I2C 总线是一种用于 IC 器件之间进行连接的二进制总线。通过两根信号线（SDA 和 SCL）传输信息。通过地址识别连接此总线接口的设备，如存储器、键盘等。图 1-11 是 I2C 总线的结构和数据传输规范。

SDA 和 SCL 都是双向的 I/O 线，它们通过上拉电阻连接到正电源。当总线空闲时，两条信号线（SDA 和 SCL）都是高电平，连接在总线上的器件的输出极必须是开路或集电极开路，以实现线与功能。

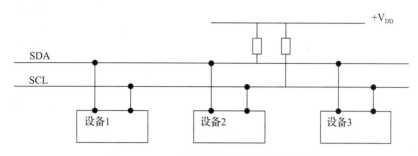

图 1-11　I2C 总线的结构和数据传输规范

（1）I2C 总线物理层

　　I2C 总线只使用了两条信号线，串行数据信号线用于数据传送，串行时钟信号线用于指示什么时候数据线上的数据是有效数据。图 1-12 是一个典型的 I2C 总线系统结构。网络中的每一个节点都被连接到 SCL 和 SDL 信号线上，某些节点可以起到总线主控器的作用，总线上可以有多个主控器。其他节点可以起到响应总线主控器请求的总线受控器作用。

　　图 1-13 展示了 I2C 总线的电路接口。总线没有规定逻辑"0"和"1"所使用电压的高低，以便双极性电路或 MOS 电路都能够连接到总线。所有的总线信号都使用开放集电极或开放漏电极电路。通过一个上拉电阻使信号的默认状态保持为高电平，当传输逻辑为"0"时，每一条总线所连接的晶体管起到下拉该信号电平的作用。开

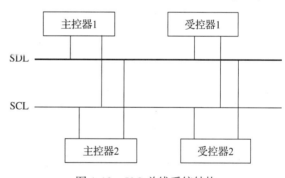

图 1-12　I2C 总线系统结构

放集电极或开放漏电极信号允许一些设备同时写总线而不会引起电路故障。

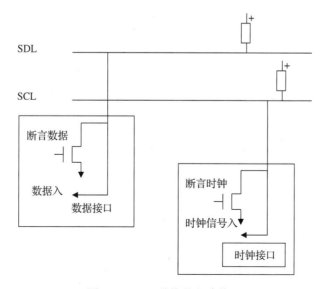

图 1-13　I2C 总线的电路接口

I2C 总线被设计成多主控器总线结构,不同节点中的任何一个控制器可以在不同的时刻起到主控器的作用,因此,总线上不存在一个全局的主控器在 SCL 上产生时钟信号。当输出数据时,主控器会同时驱动 SDL 信号和 SCL 信号。当总线空闲时,SDL 和 SCL 都保持高电位。当总线上有两个节点试图同时改变 SDL 或 SCL 到不同电位时,开放集电极或开放漏电极电路能够防止出错,但是每一个主控器在传输时必须监听总线状态以确保报文之间互不影响,如果主控节点收到了不同于它要传送的值时,它就知道报文发送过程中产生了互相干扰。

(2) I2C 总线数据链路层

每一个连接到 I2C 总线上的设备都有唯一的地址。设备的地址都由系统设计者确定,通常是 I2C 驱动程序的一部分。在标准的 I2C 总线定义中,设备地址是 7 位二进制(扩展的 I2C 总线允许 10 位地址)。

总线事务包含一系列单字节传送和位于一个或多个数据字节之后的地址传送。I2C 形成了一种数据推移设计风格。当一个主控器试图写受控器时,它传送的数据后面带有受控器地址。因为受控器不能主动执行数据传输,所以主控器需要读受控器时,必须发送一个带有受控器地址的读请求让受控器传送数据。主控器的地址传送包括 7 位地址和表示数据传输方向的一个位:0 代表从主控器写到受控器,1 代表从受控器读到主控器。图 1-14 描述了 I2C 地址传送格式。

图 1-14　I2C 地址传送格式

总线事务由一个开始信号启动,以一个结束信号完成,步骤如下:
- 开始信号通过保留 SCL 为高电平并且在 SDL 上发送 1 到 0 的转换产生;
- 结束信号通过设置 SCL 为高电平并且在 SDL 上发送 0 到 1 的转换产生。

注意,开始信号和结束信号必须成对出现。主控器可以在数据传送后发送开始信号来先写后读(或者先读后写),接着是另一个地址的传送,然后是更多的数据传送。I2C 总线主控器数据传送基本状态如图 1-15 所示。

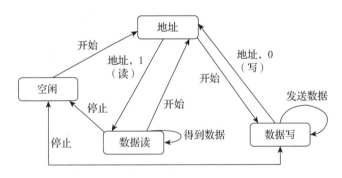

图 1-15　I2C 总线主控器数据传送基本状态

总线对每个报文发送要进行仲裁。在发送时,发送节点监听总线,如果节点试图发送一个逻辑"1",但却监听到总线上是另一个逻辑"0"时,它会立即停止发送并且把优先权让给其他发送节点。在许多情况下,仲裁在传送地址部分时完成。但是,仲裁也可以在数据部分继续。如果两个节点都试图向同一地址发送相同数据,那么它们之间不会互相影响且最后都会成功发送报文。

（3）I2C 总线应用接口

在嵌入式系统中采用 I2C 接口可以用软硬件配合来实现。在图 1-16 所示的例子中，CPU 执行一个程序把从硬件接口获取的 1 位二进制数据合并成字节，I2C 的硬件接口负责生成一个二进制数据和时钟信号。应用程序通过调用驱动程序来发送地址和数据字节等，它产生 SCL 和 SDL 信号、确认信号等。中断用来识别二进制位的开始，但在主控模式下，如果没有其他挂起任务可以执行，那么也可以采用轮询 I/O，因为主控器启动的是自己的传输任务。

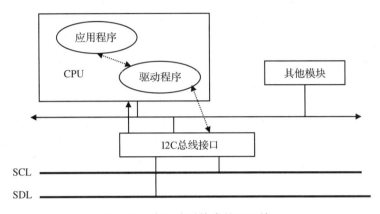

图 1-16　嵌入式系统中的 I2C 接口

1.3.2　板级总线

PC 是一个系统，该系统由主板与显卡、网卡、鼠标、键盘、显示器等组成，显卡、网卡与主板的连接是通过 PCI 总线槽连接的，鼠标、键盘与主板是通过 USB 接口连接的，显示器是通过 HDMI 接口与主板连接的。PCI 总线槽、USB 接口、HDMI 接口只是其物理接口形式，PCI、USB、HDMI 都有其特定的通信协议标准、电气接口标准、机械接口标准，我们可以把它们都看作一种板级总线。鼠标、键盘、显示器虽然都有外壳，但是这些接口都由其控制板引出，准确地讲，PC 是通过主板上的 USB 接口与鼠标、键盘控制板上的 USB 接口连接的。

在一个嵌入式系统中，主板和扩展 I/O 模块（MPU 与 MCU、MCU 与 MCU）之间也通过各种板级总线来连接，最常见的 I/O 设备总线是 UART 串口和 USB，比如键盘、读卡器使用 UART 串口或 USB。显示器 / 显示屏有 HDMI 接口，也有 USB 接口，选择哪种接口的显示器 / 显示屏取决于主板的处理器支持哪种接口。

在工业控制系统中常用到传感信号采集，比如温 / 湿度采集、压力采集、视频采集等。许多时候，需要同时采集多路传感器信号，处理器没有那么多接口——对应地接入这些传感器信号，为此，通常设计一个采集卡，通过总线将该采集卡与工业主板连接，实现多路传感器信号的接入。这些采集卡常用的板级总线有 CPCI 总线与 PC104 总线，嵌入式软件设计与这些总线协议相关的工作包括设备驱动开发和应用层协议设计。

1. 串口通信

串口是串行接口（serial port）的简称，也称为串行通信接口或 COM 接口。串行通信是指通信的发送端和接收端之间数据信息的传输在单根数据线上，以每次一个二进制的 0、1 为最小单位将数据逐位进行传输的通信模式。

典型的串口通信使用 3 根线完成，分别是地线（GND）、发送线（TX）、接收线（RX），如图 1-17 所示。由于串口通信是异步的，因此端口能够在一根线上发送数据的同时在另一根线上接收数据，实现全双工通信。

串行数据传输的特点是数据传输按位顺序进行，仅需一根传输线即可。与并行通信相比，串行数据传输具有节省传输线、传输距离长、串行通信的通信时钟频率容易提高、抗干扰能力强等优势，但是传输速度比并行通信慢得多。由于串行通信连线少、成本低，因此它在数据采集和控制系统中得到了广泛的应用，产品也多种多样。

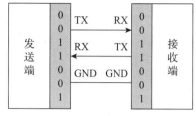

图 1-17 典型串口通信示意图

使用串行通信时，每个字符都是一次一位传送的，每一位为 1 或者为 0。所以一个字节的传送需要 8 次，并且从按位低到高依次传送。要正确通过只包含 0 和 1 的传输信号想表达的信息，收发双方要事先进行约定。

串口通信最重要的参数是波特率、数据位、停止位和奇偶的校验。波特率是串口通信速率，发送端与接收端的通信速率必须一致。串口通信时，数据的收发以周期为单位来进行，每个周期传输几个二进制位，这个周期就叫作一个通信单元，一个通信单元由起始位 + 数据位 + 校验位 + 停止位组成。对于两个需要进行串口通信的端口，这些参数必须匹配，这也是能够实现串口通信的前提。

（1）波特率

通信速率是指单位时间内传输的信息量，可以用比特率和波特率来表示。比特率是指每秒传输的二进制位数，用 bit/s 表示。波特率指的是串口通信的速率，也就是串口通信时每秒钟可以传输多少个二进制位，即：

$$1 \text{ 波特（B）} = 1 \text{ 比特（bit）} = 1 \text{ 位 / 秒（bit/s）}$$

串行通信的数据是逐位传输的，发送方发送的每一位都具有固定的时间间隔，这就要求接收方也要按照发送方同样的时间间隔来接收每一位，即在传送开始前需要设定相同的波特率，这是传送成功的第一步。

波特率不能随意指定，主要是因为通信双方必须事先设定相同的波特率才能成功通信，如果发送方和接收方按照不同的波特率通信则根本收不到，因此波特率最好是大家熟知的而不是随意指定的。常用的波特率是 9600 或者 115 200。

（2）起始位

起始位表示发送方要开始发送一个通信单元，起始位的定义是串口通信标准事先指定的，是由通信线上的电平变化来反映的。

（3）数据位

数据位是一个通信单元中发送的有效信息位，是本次通信真正要发送的有效数据，串口通信一次发送多少位有效数据是可以设定的（一般选择 8 位数据位，因为通过串口发送的文字信息都是 ASCⅡ编码，而 ASCⅡ中一个字符刚好编码为 8 位）。

（4）校验位

校验位用来校验数据位，以防止数据位出错。

（5）停止位

停止位是发送方用来表示本通信单元结束标志的，停止位的定义是串口通信标准事先指定的，由通信线上的电平变化来反映。常见的有 1 位停止位、1.5 位停止位、2 位停止位等，通常使用 1 位停止位。

2. CPCI 总线

1995 年 11 月，PCI 工业计算机制造者联合会（PICMIG）颁布了 Compact PCI 规范 1.0，1997 年推出了 CPCI 2.0 规范。CPCI 总线规范 =PCI 总线的电气规范 + 针孔连接器标准（IEC-1076-4-101）+ 欧洲卡规范（IEC297/IEEE1011.1）。

Compact PCI 继续采用 PCI 局部总线技术，与传统的桌面 PCI 系统完全兼容。与 PCI 相比，Compact PCI 抛弃了传统的机械结构，改用高可靠的欧洲卡结构，从而改善了散热条件、提高了抗振动冲击能力，符合电磁兼容性的要求，此外，Compact PCI 还抛弃了金手指式的互联方式，改用 2mm 密度的针孔连接器，具有气密性、防腐性，进一步提高了可靠性、增加了负载能力。

Compact PCI 总线有以下优点：

1）可热插拔。Compact PCI 的背板采用了长、中、短插针结构，其中板选信号 IDSEL、BD_SEL# 为短针脚，卡片拔出时可提前获知卡片插入 / 拔出信号。Power 和 Ground 为长针脚，确保可安全带电插入或拔出卡片。另外，Compact PCI 制定了热插拔的硬件过程和软件管理接口，保证了卡片热插拔过程的有效性。

2）和桌面 PCI 系统完全兼容。采用 PCI 局部总线技术，支持使用 PC 和工作站的接口芯片。使用 Compact PCI 能在桌面工作站上开发整个应用，无须任何改变就能将其移到目标环境，极大地缩短了将产品推向市场的时间。

3）散热性能良好。Compact PCI 系统为系统中所有发热板卡提供了顺畅的散热路径。冷空气可以随意在板卡间流动，并将热量带走。集成在板卡底部的风扇系统也加速了散热进程。由于良好的机械设计带来了通畅的散热途径，因此 Compact PCI 系统极少出现散热方面的问题。

4）抗震性强。Compact PCI 卡顶端和底部均有导轨支持，可以牢固地固定在机箱上。前面板紧固装置将前面板与周围的机架安全地固定在一起。卡与槽的连接部分通过针孔连接器紧密地连接。由于卡的四面均将其牢牢地固定在其位置上，因此即使在剧烈的冲击和震动场合，也能保证持久连接而不会接触不良。

3. PC/104 总线

PC/104 是一种工业计算机总线标准。PC/104 有两个版本，即 8 位和 16 位，分别与 PC 和 PC/AT 相对应。PC/104 PLUS 则与 PCI 总线相对应。

PC/104 是 IEEE 996 标准的延伸。第一块 PC104 产生于 1987 年，但严格意义的规范说明在 1992 年才公布，从那以后，对 PC104 感兴趣的人越来越多，当时就有 125 个厂家引进 PC104 规范生产 PC104 兼容产品。像原来的 PC 总线一样，PC104 一直以一个非法定标准在执行，而不是委员会设计制定的。1992 年，IEEE 开始着手为 PC 和 PC/AT 总线制定一个精简的 IEEE P996 标准（草稿），PC104 作为基本文件被采纳，叫作 IEEE P996.1 兼容 PC 嵌入式模块标准。PC104 是一种专门为嵌入式控制而定义的工业控制总线。其信号定义和 PC/AT 基本一致，但电气和机械规范却完全不同，是一种优化的、小型的、堆栈式结构的嵌入式控制系统。

PC104 与普通 PC 总线控制系统的主要区别是：

1）小尺寸结构。标准模块的机械尺寸是 3.6in×3.8in，即 96mm×90mm。

2）堆栈式连接。去掉总线背板和插板滑道，总线以"针"和"孔"的形式层叠连接，即 PC104 总线模块之间的总线通过上层的针和下层的孔相互咬合相连，这种层叠封装具有极好的抗震性。

3）轻松总线驱动。减少元件数量和电源消耗，4mA 的总线驱动即可使模块正常工作，每个模块能耗为 1～2W。

PC104 有两个版本，即 8 位和 16 位，分别与 PC 和 PC/AT 相对应。8 位 PC104 共有 64 个总线管脚，单列双排插针和插孔，P1 有 64 针，P2 有 40 针，合计 104 个总线信号，PC104 因此得名。当 8 位模块和 16 位模块连接时，16 位模块必须在 8 位模块的下面。P2 总线连接在 8 位元模块中是可选的，这样让这些模块无论处于何处都可在堆栈中使用。

PC104 PLUS 则与 PCI 总线相对应。PC104 PLUS 是专为 PCI 总线设计的，可以连接高速外接设备。PC104 PLUS 在硬件上通过一个 120 孔插座，可以实现总线级联。PC104 PLUS 包括 PCI 规范 2.1 版要求的所有信号。为了向下兼容，PC104 PLUS 保持了 PC104 的所有特性。PC104 PLUS 规范包含两种总线标准，即 ISA 和 PCI，所以它像其他 PC 一样，可以双总线并存。

PC104 PLUS 与 PC104 相比有以下 3 个特点：

1）相对 PC/104 连接，增加了第三个连接接口支持 PCI 总线；

2）改变了组件高度的需求，增加了模块的柔韧性；

3）加入了控制逻辑单元，以满足高速度总线的需求。

1.3.3　系统级总线

两个嵌入式系统进行数据传输时，前面介绍的板级总线是无法满足需求的，因为板级总线的通信距离非常有限，这时就需要适合远距离通信的系统级总线。嵌入式系统中使用的系统级总线有很多，以太网（TCP/IP）、4G/5G、Wi-Fi 都可以作为系统级总线。在工业应用中，尤其是在工业控制系统中，除了对系统级总线的传输距离有要求之外，对传输的可靠性也有很高的要求，针对这样的应用场景，有许多现场总线（Field Bus）可以选择，本节将介绍嵌入式系统通信中最常用的 RS-485 串口总线和广泛用于汽车电子、工业控制的 CAN 总线。

1. RS-485 串口总线

RS-485 是美国电子工业协会（EIA）在 1983 年批准的一个新的平衡传输标准（balanced transmission standard），EIA 一开始将 RS（Recommended Standard）作为标准的前缀，不过后来为了便于识别标准的来源，已将 RS 改为 EIA/TIA。目前标准名称为 TIA-485，但工程师及应用指南仍用 RS-485 来称呼此标准。

RS-485 只是一个电气标准，描述接口的物理层，协议、时序、串行或并行数据以及链路全部由设计者或更高层协议定义。为了保证长距离传输，RS-485 采用差分信号进行传输，抗干扰能力比传统需要接地的电平信号强，其中两线压差为 -6～-2V 表示 0，+2～+6V 表示 1。RS-485 采用半双工的工作方式，任何时候只能有一点处于发送状态，因此，发送电路须由使能信号加以控制。RS-485 用于多点互联时非常方便，可以省掉许多信号线。应用 RS-485 可以联网构成分布式系统，其允许最多并联 32 台驱动器和 32 台接收器。

RS-485 总线作为一种多点差分数据传输的电气规范，已成为业界应用最为广泛的标准通信接口之一。这种通信接口允许在简单的一对双绞线上进行多点双向通信，它所具有的噪声抑制能力、数据传输速率、电缆长度及可靠性是其他标准无法比拟的。正因如此，许多不同领域都采用 RS-485 作为数据传输链路，例如，汽车电子、电信设备局域网、智能楼宇等经常可以见到具有 RS-485 接口电路的设备。这项标准得到广泛接受的另外一个原因是它的通用性 RS-485 标准只对接口的电气特性做出规定，而不涉及接插件电缆或协议，用户可以在此基础上建立自己的高层通信协议，如 ModBus 协议。

2. CAN 总线

CAN（Controller Area Network）总线是实现控制器局域网常用的现场总线之一。CAN 总线是一种多主方式的串行通信总线，其基本设计规范要求有高的位速率、高抗电磁干扰性，而且能够检测出产生的任何错误。

CAN 总线主要应用于汽车电控制系统、电梯控制系统、安全监控系统、医疗仪器、纺织机械、船舶运输等方面。

CAN 总线有以下特点：

1）低成本；

2）远距离传输（长达 10km）；

3）相对高速的数据传输速率（1Mbit/s）；

4）可根据报文的 ID 决定接收或屏蔽该报文；

5）可靠的错误处理和检错机制；

6）发送的信息遭到破坏后，可自动重发；

7）节点在错误严重的情况下具有自动退出总线的功能。

在嵌入式系统中实现 CAN 总线接口有两种方式：一种是使用处理器本身带有 CAN 总线控制器，另一种是使用 CAN 总线控制芯片实现。图 1-18 是 CAN 总线控制器体系结构。

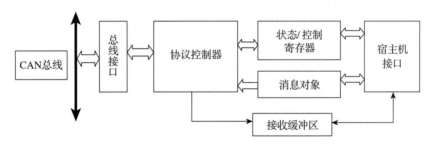

图 1-18　CAN 总线控制器体系结构

CAN 总线最初是为汽车电子设备设计的。当数字电子设备应用到汽车组建的时候，不仅单个组件变得更智能，而且由于通信的需要，它们的功能也在不断增加。现在，几乎每一辆在欧洲生产的轿车都至少装配一个 CAN 网络系统，同时，CAN 也被广泛应用于汽车电子系统以外的领域。CAN 已被列入 ISO 国际标准，称为 ISO 11898，成为工业数据通信的主流技术。

CAN 总线是多主网络协议。网络上的任意节点均可在任意时刻主动地向网络上其他节点发送信息，而不分主从，没有中心总线主设（Central Bus Master）。在报文标识符上，CAN 上的节点分为不同的优先级，可满足不同的实时要求，优先级高的数据最快可在 134μs 内得到传送。

CAN 采用非破坏总线仲裁技术，这使得总线能以最高优先权访问报文而没有任何延时。当多个节点同时向总线发送信息出现冲突时，优先级较低的节点会主动退出发送，而最高优先级的节点可不受影响地继续传输数据，从而大大节省了总线仲裁时间。尤其是在网络负载很重的情况下，也不会出现网络瘫痪情况（以太网则有可能）。

CAN 节点只需通过对报文的标识符滤波即可实现点对点、一点对多点及全局广播等几种方式传送和接收数据。CAN 上的节点数主要取决于总线驱动电路，目前可达 110 个。标准帧中报文标识符有 11 位，而扩展帧中的报文标识符有 29 位，这意味着 ID 的个数几乎不受限制。报文采用短帧结构，传送时间短，受干扰的概率小，从而保证了数据出错率极低。CAN 的每帧信息都有 CRC 校验及其他检错措施，具有极好的检错效果。CAN 的通信介质可为双绞线、同轴电缆或光纤，选择灵活。CAN 节点在错误严重的情况下具有自动关闭输出功能，使总线上其他节点的操作不受影响。

CAN 总线使用位串行数据传输。传输时，CAN 可以以 1Mbit/s 的速率在 40m 双绞线上进行。光缆连接也可以使用，并且在这种总线上总线协议支持多主控器。CAN 的直接通信距离最远可达 10km（速率为 5 kbit/s 以下）；同心速率最高可达 1 Mbit/s（此时通信距离最长为 40 m）。CAN 与 I2C 总线的许多细节类似，但也有一些明显的区别。

（1）物理层

如图 1-19 所示，CAN 总线上的每一个节点都以 AND 方式连接到总线的驱动器和接收器。在 CAN 的术语中，总线上的逻辑 1 被称作隐性的（recessive），逻辑 0 被称作显性的（dominant）。当总线上任何节点拉低总线电位时，驱动电路会使总线拉到 0，总线处于显性状态。数据以数据帧的形式在网络上传送。

CAN 总线是一种同步总线。为了总线仲裁能够工作，所有的发送器必须同时发送。节点通过监听总线上位传输的方式使自己与总线保持同步。数据帧的第一位提供了帧中的第一个同步机会。节点按照每个帧中接下来的数据使自己保持与总线同步。

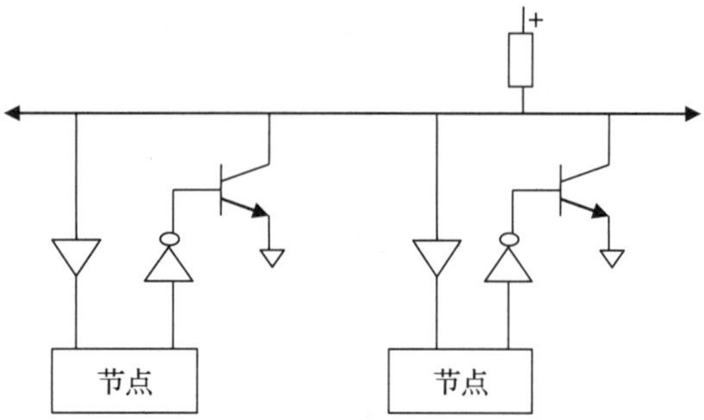

图 1-19 CAN 总线的一种物理电器组织结构

（2）数据帧

CAN 数据帧的格式如图 1-20 所示。数据帧以一个 1 开始，以七个 0 结束。分组中的第一个域包含目标地址，该域被称为仲裁域。目标标识符长度是 11 位。当数据帧被用来从标识符指定的设备请求数据时，后面的远程传输请求（RTR）位被置为 0。当 RTR=1 时，分组被用来向目标识别符写入数据。控制域提供一个标识符扩展和 4 位的数据长度，在它们之间有一个数据域的范围是从 0～64B，这取决于控制域中给定的值。数据域后发送一个循环冗余校验（CRC），用于错误检测。应答域被用于发出一个帧是否被正确接收的标识信号：发送端把一个隐性位（1）放到应答域的 ACK 插槽中，如果接收端检测到了错误，那么它强制该值变为显性的 0 值。如果发送端在 ACK 插槽中发现了一个 0 在总线上，它就知道必须重发。ACK 插槽后面跟着帧结束域，两者由单位分隔符隔开。

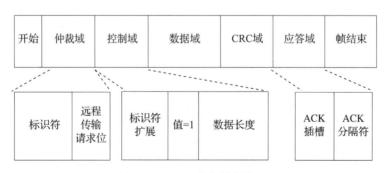

图 1-20 CAN 数据帧的格式

（3）属性

CAN 总线的控制使用 CSMA/AMP（带有优先级仲裁的载波监听多路访问）技术。这种方法类似于 I2C 总线的仲裁方法。网络节点同步传输，因此它们可以同时发送标识符域。当一个节点在标识符域中监听到一个显性位而它试图发送一个隐性位时，它将停止传输。在仲裁域的末尾，只有一个发送器会被保留。标识符域起到了优先级标识符的作用，全 0 的标识符具有最高的优先级。

（4）远程帧

远程帧通常用于从另外一个节点请求数据。请求方将 RTR 位置为 0 以指示一个远程帧，它同时也指示了一个 0 数据位。标识符域中指定的节点将对具有该请求值的数据帧做出响应。在远程帧中节点无法发送参数，例如，你不能使用标识符来标识设备，也不能提供一个参数来说明哪个设备的哪个数据值是你想要的。相反，每一个可能的数据请求必须有自己的标识符。

（5）出错帧与超载帧

当检测到错误时，一个节点用一个出错帧来中断当前的传输。出错帧由两个域组成，第一个域由来自各帧的错误标志叠加得到，第二个域是出错界定符。

超载帧用来指示节点已经超载，将不能处理下一个消息。超载帧包括两个域：超载标志和超载界定符。

图 1-21 展示了一个典型 CAN 控制器的基本体系结构。控制器实现物理层和数据连路层功能，既然 CAN 是一种总线，它就不需要网络层的服务来建立端到端的连接。当仲裁丢失而必须重发报文和接收报文时，协议控制块决定何时发送报文。

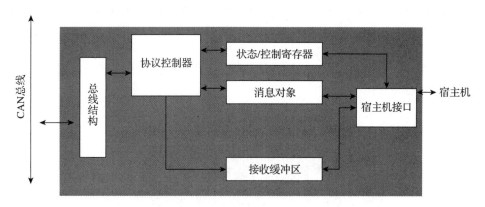

图 1-21　CAN 控制器的基本体系结构

1.3.4　实例：UART 串口通信开发

1. Arduino Uno 平台

为了快速熟悉串口通信开发，我们以不需要太多硬件基础的 Arduino Uno 平台串口开发为例。Arduino Uno 板上的硬件如图 1-22 所示，主要包含以下组件。

（1）晶振

晶振全称为晶体振荡器，每个单片机系统里都有晶振，在单片机系统里晶振的作用是为系统提供基本的时钟信号。晶振为单片机提供了一个时钟频率，没有晶振，单片机就不能工作，晶振提供的时钟频率越高，单片机的运行速度就越快。

（2）稳压器

稳压器是使输出电压稳定的设备。

（3）重置按钮

重置按钮可以重启 Arduino 开发板，需要重刷板上内容的时候，要先按下重置按钮再开始上传。

（4）电源接口

Arduino 开发板通过串口和主机相连的时候，就已经满足启动所需供电的要求了，但是当开发板连接 LCD 显示屏、摄像头等扩展组件时，仅靠串口提供的电压是不够的，需要用到专用的电源。电源电路并不会真的给 Arduino 提供任何电源，它只是把外部电源传输、稳压和过滤给 Arduino。电路会自己选择最高可用电压来源，供给其他各个部分。同时还有一个可恢复的熔丝，以防短路造成损坏。

（5）扩展插座

Arduino Uno 包含 4 组扩展插座。上边缘的两组包括数字引脚以及模拟参考电平和额外的地线，下边缘是电源和模拟插座。I/O 编号对应 14 个数字引脚 D0~D13 和 6 个模拟引脚 A0～A5（可以用 D14~D19 来指代 A0～A5）。

（6）单片机

Arduino Uno 的大脑是 Atmel AVR ATmega328，即图 1-22 中黑色、长方形、两侧各有一排引脚的塑料块。它实际上就是单芯片计算机，封装了中央处理单元（CPU）、内存阵列、时钟和外围设备。

ATmega328 芯片是从最初 Arduino 用的处理器 ATmega8 发展而来的，比之前的型号内存更大，片内外围设备更多。工作电压为 1.8～5.5V。在最低供电电压下工作频率为 4MHz。工作频率最高 20MHz 时至少需要 4.5V 供电。Arduino 为 5V 供电，为保持与 ATmega8 的兼容，其工作频率 16MHz。

（7）串口指示灯

串口常常用于开发板和宿主机之间传输数据，也用于与其他设备进行数据通信，串口通信时串口指示灯会亮。

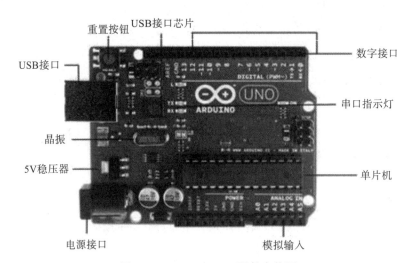

图 1-22 Arduino Uno 硬件实物图

2. Arduino 串口简介

通常，开发板串口的主要作用有：

1）向开发板上传送程序。

2）监控程序运行。开发板上程序在运行过程中会将一些信息打印到串口。通过这些信息，可以知道模块加载的情况。也可以向模块中加入一些打印信息，便于程序调试。

3）执行交互指令。开发板的串口相当于一个控制台窗口，可以在这个控制台上执行一些交互指令。开发板的串口都可以通过超级终端，或具有串口连接功能的程序连接（如SecureCRT），需要将波特率设置正确。

对于 Arduino 来说，信号分为数字信号和模拟信号，这两种信号又分为输入和输出两种情况。模拟信号是一种连续变化的物理量，能帮助我们更好地理解周围环境的信息，任何信息都可以用模拟信号来准确表达，但其缺点是易受噪声的影响，信号会被多次复制或进行长距离传输之后会发生衰减。相比而言，数字信号受噪声的影响小，易于传输、处理和存储，现在被广泛应用于电子领域，但数字信号的缺点是每次的信息量小，只有 0 和 1 两种状态，所以就出现了串行通信的概念，通过多次 0 或 1 的数字信号组合来表达更丰富的信息。

单片机是基于微控制器（MCU）搭建的电子系统。单片机的所有功能其实都是由板载的MCU 提供的，Arduino 开发板当然也不例外。Arduino Uno 的板载 MCU 为 ATmega328。在ATmega328 内部集成了硬件串口 UART（Universal Asynchronous Receiver/Transmitter，通用异步收发传输器）。

在 Arduino Uno R3 开发板及其他使用 ATmega328 芯片的 Arduino 控制器中，硬件串口位于 Rx(0) 和 Tx(1) 引脚上，Arduino 的 USB 口通过转换芯片与这两个引脚连接。该转换芯片会通过 USB 接口在 PC 上虚拟出一个用于 Arduino 通信的串口（COM 接口），使用Arduino IDE 烧写程序也是通过串口进行的。除此之外，还可以使用串口引脚连接其他的串口设备进行通信。需要注意的是，通常一个串口只能连接一个设备进行通信。在进行串口通信时，两个串口设备间需要发送端（TX）与接收端（RX）交叉相连，并共用电源地（GND）。

在 PC 上最常见的串行通信协议是 RS-232 串行协议，而各种微控制器（单片机）上采用的是 TTL 串行协议，二者电平不同，需要经过相应的电平转换才能进行相互通信。

在 Arduino 与其他器件通信的过程中，数据传输实际上都是以数字信号（即电平高低变化）的形式进行的，串口通信也是如此。当使用 Serial.print() 函数输出数据时，Arduino 的发送端会输出一连串的数字信号，这些数字信号被称为数据帧。

例如，当用 Serial.print('A') 语句发送数据时，实际发送的数据帧格式如图 1-23 所示。

图 1-23 数据帧格式

（1）起始位

起始位总为低电平，是一组数据帧开始传输的信号。

（2）数据位

数据位是一个数据包，其中承载了实际发送的数据的数据段。当 Arduino 通过串口发送一个数据包时，实际的数据可能不是 8 位的，比如标准的 ASC II 码是 0~127（7 位）。而拓展的 ASC II 码则是 0~255（8 位）。如果数据使用简单的文本（标准 ASC II 码），那么每个数据包将使用 7 位数据。Arduino 默认使用 8 位数据位，即每次可传输 1B 数据。

（3）校验位

校验位是串口通信中一种简单的检错方式。可以设置为偶校验或者奇校验，没有校验位也可以，Arduino 默认无校验位。

（4）停止位

每段数据帧的最后都有停止位，表示该段数据帧传输结束。停止位总为高电平，可以设置停止位为 1 位或 2 位。Arduino 默认是 1 位停止位。

当串口通信速率较高或外部干扰较大时，可能会出现数据丢失的情况。为了保证数据传输的稳定性，最简单的方式就是降低通信波特率或增加停止位和校验位。在 Arduino 中，可以通过 Serial.begin(speed, config) 语句配置串口通信的数据位、停止位和校验位参数。

3. 开发实例

下面介绍常见的串口调试工具。

1）Minicom。Minicom 是 Linux 下一款常用的命令行串口调试工具，其功能与 Windows 下的超级终端相似，可以通过串口控制外部的硬件设备，通常用于对嵌入式设备进行管理。

2）SecureCRT。SecureCRT 是一款支持 SSH（SSH1 和 SSH2）的终端仿真程序，它是 Windows 下登录 UNIX 或 Linux 服务器主机的软件。在嵌入式应用开发中，SecureCRT 绝对是一款必不可少的调试工具，通过它，开发人员可以修改硬件设备的配置，达到人机交互的目的。

很多时候，Arduino 需要和其他设备相互通信，而最常见、最简单的方式就是串口通信。Arduino IDE 内部集成了串口调试功能，开发者能轻松完成代码的编写、编译、烧写和调试等步骤。Arduino IDE 是用 Java 编写的，具有跨平台的特性，Windows、Linux、Mac OS X 等主流操作系统都能用，内置的编译器是 gcc。

Arduino 为开发者提供了丰富的串口通信函数，下面将结合具体实例介绍其中的核心函数。完整资料可参考官网：https://www.arduino.cc/reference/en/language/functions/communication/serial/。

（1）Serial.begin()

函数描述：开启串口，通常置于 setup() 函数中。

原型：

```
# Serial.begin(speed);
# Serial.begin(speed, config);
```

函数说明：

speed 为波特率，即每秒串行传输数据的速率。在与计算机进行通信时，可以使用下面这些值：300、1200、2400、4800、9600、14 400、19 200、28 800、38 400、57 600 或 115 200。其中 9600、57 600 和 115 200 比较常见。

config 用于设置数据位、校验位和停止位。默认为 SERIAL_8N1，其中 8 表示 8 个数据位，N 表示无校验位，1 表示有 1 个停止位。

返回值：无。

实例 1　将串口通信波特率设为 9600。

```
# void setup() {
#    Serial.begin(9600);          // 设置波特率为 9600 bps
# }
```

（2）Serial.end()

函数描述：禁止串口传输。此时串口 Rx 和 Tx 可以作为数字 I/O 引脚使用。

原型：

```
# Serial.end();
```

函数说明：无返回值

（3）Serial.print()

函数描述：用于串口输出数据，写入字符数据到串口。

原型：

```
# Serial.print(val);
# Serial.print(val, format);
```

函数说明：

val 为需要打印的值，可以为任意数据类型。

config 为输出的数据格式，如 BIN（二进制）、OCT（八进制）、DEC（十进制）、HEX（十六进制）。对于浮点数，此参数指定要使用的小数位数。

返回值为写入的字节数。

实例 2　不同参数对应的输出结果。

```
# Serial.print(78, BIN);        // 输出 "1001110"
# Serial.print(78, OCT);        // 输出 "116"
# Serial.print(78, DEC);        // 输出 "78"
# Serial.print(78, HEX);        // 输出 "4E"
# Serial.print(1.23456, 0);     // 输出 "1"
# Serial.print(1.23456, 2);     // 输出 "1.23"
# Serial.print(1.23456, 4);     // 输出 "1.2346"
# Serial.print('N');            // 输出 "N"
# Serial.print("Hello world."); // 输出 "Hello world."
```

（4）Serial.available()

函数描述：用于判断串口缓冲区的状态，返回从串口缓冲区读取的字节数。注意使用时通常用 delay(100) 以保证串口字符接收完毕，即保证 Serial.available() 返回的是缓冲区准确的可读字节数。

原型：

```
# Serial.available();
```

函数说明：

返回值为可读取的字节数。

实例 3　获取缓冲区可读取字节数目。

```
# void setup() {
#   Serial.begin(9600);
#   while(Serial.read()>= 0){}    // 清空串口缓存
# }
# void loop() {
#    if (Serial.available() > 0) {
#     delay(100);                 // 等待数据传完
#     int numdata = Serial.available();
#     Serial.print("Serial.available = :");
#     Serial.println(numdata);
#   }
#   while(Serial.read()>=0){}     // 清空串口缓存
# }
```

（5）Serial.read()

函数描述：用于读取串口数据，一次读一个字符，读完后删除已读数据。

原型：

```
# Serial.read();
```

函数说明：

返回值为串口缓存中第一个可读字符，当没有可读数据时返回 –1，整数类型。

实例 4　通过读取用户输入并打印，每次读取一个字符。

```
# char comchar;
# void setup() {
#   Serial.begin(9600);
#   while(Serial.read()>= 0){}    // 清空串口缓存
# }
# void loop() {
#   // 通过串口读取数据
#   while(Serial.available()>0){
#     comchar = Serial.read();    // 读串口第一个字节
#     Serial.print("Serial.read:");
#     Serial.println(comchar);
#     delay(100);
#     }
# }
```

（6）Serial.readBytes()

函数描述：用于从串口读取指定长度的字符到缓存数组。

原型：

```
# Serial.readBytes(buffer, length);
```

函数说明：

buffer 为缓存变量。

length 用于设定读取的长度。

返回值为存入缓存的字符数。

实例 5　通过读取用户输入并打印，每次读取三个字符。

```
# char buffer[18];
# int numdata=0;
# void setup() {
#   Serial.begin(9600);
#   while(Serial.read()>= 0){}    // 清空串口缓存
# }
# void loop() {
#   // 通过串口读取数据，每次读取三个字符并输出
#   if(Serial.available()>0){
#       delay(100);
#       numdata = Serial.readBytes(buffer,3);
#       Serial.print("Serial.readBytes:");
#       Serial.println(buffer);
#     }
#   // 清空串口缓存
#   while(Serial.read() >= 0){}
#   for(int i=0; i<18; i++){
```

```
#          buffer[i]='\0';
#      }
# }
```

（7）Serial.peek()

函数描述：读串口缓存中下一字节的数据（字符型），但不从内部缓存中删除该数据，即连续地调用 peek() 将返回同一个字符。而调用 read() 则会返回下一个字符。

原型：

```
# Serial.peek();
```

函数说明：

返回值为串口缓存中下一字节（字符）的数据，如果没有则返回 –1，整数类型。

实例 6　输出当前串口缓存的第一个字符。

```
# char comchar;
# void setup() {
#    Serial.begin(9600);
#    while(Serial.read()>= 0){}
# }
# void loop() {
#    while(Serial.available()>0){
#     comchar = Serial.peek();
#     Serial.print("Serial.peek: ");
#     Serial.println(comchar);
#     delay(100);
#     }
# }
```

（8）Serial.readString()

函数描述：从串口缓存区将全部数据读取到一个字符串型变量。

原型：

```
# Serial.readString();
```

函数说明：

返回值为串口缓存区读取的第一个字符串。

实例 7　通过串口读取用户输入的字符串并输出。

```
# String comdata = "";
# void setup() {
#    Serial.begin(9600);
#    while(Serial.read()>= 0){}
# }
# void loop() {
#    if(Serial.available()>0){
#       delay(100);
#       comdata = Serial.readString();
#       Serial.print("Serial.readString:");
#       Serial.println(comdata);
#    }
#    comdata = "";
# }
```

（9）Serial.parseInt()

函数描述：从串口接收数据流中读取第一个有效整数（包括负数）。其中，非数字的首字符或者负号将被跳过；当可配置的超时值没有读到有效字符或者读不到有效整数时，分析停止；如果超时且读不到有效整数时，返回 0。

原型：

```
# Serial.parseInt();
# Serial.parseInt(char skipChar);
```

函数说明：

skipChar 用于在搜索中跳过指定字符。

返回值为下一个有效的整型值。

实例 8   获取串口缓存区下一个有效的整型值并输出。

```
# int comInt;
# voidsetup() {
#   Serial.begin(9600);
#   while(Serial.read()>= 0){}
# }
# void loop() {
#   if(Serial.available()>0){
#      delay(100);
#      comInt = Serial.parseInt();
#      Serial.print("Serial.parseInt:");
#      Serial.println(comInt);
#    }
#    while(Serial.read() >= 0){}
# }
```

（10）Serial.find()

函数描述：用于从串口缓存区读取数据，寻找目标字符串。

原型：

```
# Serial.find(char[] target);
```

函数说明：

target 为寻找的目标字符串。

返回值：若找到目标字符串则返回真，否则返回假。

实例 9   判断用户输入中是否包含目标字符串，若有则输出。

```
# char target[] ="test";
#  void setup() {
#   Serial.begin(9600);
#   while(Serial.read()>= 0){}
# }
# void loop() {
#    if(Serial.available()>0){
#      delay(100);
#      if( Serial.find(target)){
#        Serial.print("find target:");
#        Serial.println(target);
#        }
#      }
```

```
#      while(Serial.read() >= 0){}
# }
```

（11）Serial.write()

函数描述：串口输出数据函数，用于写二进制数据到串口。

原型：

```
# Serial.write(val)
# Serial.write(str)
# Serial.write(buf, len)
```

函数说明：

val 为一个字节。

str 为字符串（一串字符）。

buf 为字节数组。

len 为字节数组的长度。

返回值为写入的字节长度。

实例 10　向串口写数据。

```
# void setup(){
# Serial.begin(9600);
# }
# void loop(){
#   Serial.write(45);                          // 写入一个字节，值为 45
#   int bytesSent = Serial.write("hello");      // 写入一个字符串，并获得字符串的长度
# }
```

1.4　分布式嵌入式系统

无论是复杂的嵌入式系统还是一些简单应用，都有联网的需求。这就涉及系统对网络接入的支持，网络是分布式嵌入式系统的基础，1.3 节介绍的系统级总线是构建分布式嵌入式系统网络的基础。随着电子技术与网络技术的发展，嵌入式系统之间以及嵌入式系统与非嵌入式计算机系统之间的互联已经非常普遍，比如早期基于 RS-422/485 的局域网络、应用广泛的基于各种现场总线（如 ModBus）的工业现场局域网、基于 CAN 总线的汽车车内局域网、基于 Wi-Fi 的网络家电组成的家庭局域网等。

1.4.1　分布式嵌入式系统结构

分布式嵌入式系统的组织方式有很多种，但不管是何种组织方式，它的基本组成要素都是处理单元和通信网络。处理单元可以是一个完整的控制器，也可以是支持网络协议的不可编程单元，如具有网络接口的传感器和执行机构，如图 1-24 所示。

在工程中采用分布式系统可能出于多种考虑，其中之一就是希望利用多处理器实现系统的模块化体系结构。例如，设计人员经常希望通过提供基于处理器的模块子系统，来满足某些用户的特殊功能需要。使用分布式处理器的另一个好处是，可以简化程序的编制过程。与单处理器系统下必须把系统所有功能都集中在一个大型复杂程序中单独实现并进行调试相比，多处理器系统则可以把整个应用分解为多个独立的功能模块，并在不同的处理器上运行。

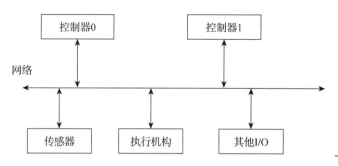

图 1-24 分布式嵌入式系统组织

另外,使用多处理器可以降低系统的造价。从理论上来说,利用两个处理器分别独立执行两个任务需要的处理能力,可能远远小于使用一个处理器同时执行两个任务所需的处理能力。例如,一个系统可能面对的是几乎不占用处理器时间但要求处理器必须进行立即响应的高速事件,也有可能面对的是不经常发生但需要占用处理器大量时间的消息层中断请求。举例来说,马达传动轴译码器发出的中断就属于高速事件,而来自 RS-232 接口的消息包或从 RTOS 环境下传递过来的消息就属于消息层中断。如果选择单处理器来执行上述任务,就要求所使用的处理器具有足够快的处理速度,既不会因为消息层中断服务占用处理器时间而影响处理器对其他高速事件的响应,同时也不会因为对高速事件快速响应而影响密集型任务的执行。如果选择多处理器来解决上述问题,则解决方案之一是:使用一个单片微控制器来实现马达控制,同时选择另一个高性能处理器来完成消息处理任务。综合来讲,使用两个处理器的成本要比使用一个高速处理器的开销小得多。

图 1-25 给出了使用三个处理器的控制系统。第一个处理器 CPU1 一方面实现系统与外部显示设备和小键盘的接口,另一方面与 CPU2 处理器进行通信。同样,第三个处理器 CPU3 在实现马达的实时控制和传感器事件处理的同时,还与第二个处理器 CPU2 保持通信。三个处理器的内部都配置了只读存储器(ROM)、随机存储器(RAM),以及需要使用的 I/O 端口。

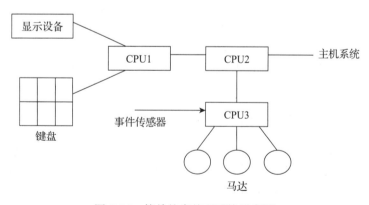

图 1-25 简单的多处理系统示意图

1.4.2 嵌入式系统广域网络的无线接入方式

人们最早通过建立一种单向数字或文本页面寻呼系统,或者用电子邮件通知,定期更新数据将应用现场的信息往外发送,这种方法所提供的信息有限,而且实时性较差;之后又采用监控及数据采集(SCADA)系统定期或连续更新主页面,并在局域网(LAN)上显示当前运行状况，这种方法可以提供"所需要"的数据，但只能提供预先建立连接的设备的数据。使用无线通信技术，可以随时随地提供双向联系。

　　嵌入式系统可以通过 Wi-Fi、4G、5G、北斗短报文等无线网络接入广域网。图 1-26 是基于 4G 无线数据传输模块的电力无线抄表系统解决方案。该方案通过 4G 网络实现对电力抄表系统的数据传输和智能控制。

图 1-26　基于 4G 无线数据传输模块的电力无线抄表系统

　　该系统的设计考虑到电表和抄表服务器端（数据服务器）的数据通信要求，电表和抄表服务器端采用有限透明传输模式，即智能控制模块对数据进行有限过滤和分析处理，避免冗余并分辨出指令信息。通过移动通信网关的无线通信链路，可以进行基于 TCP/IP 和 UDP/IP 的数据传输。

1.4.3　分布式工业控制嵌入式系统结构

1. 生产制造企业的网络系统层次结构

　　图 1-27 所示为一个生产制造企业网络系统的层次结构。按网络连接结构，一般将企业的网络系统划分三层，它以底层控制网（infranet）为基础，中间为企业的内部网（intranet），并通过企业内部网伸向外部世界的互联网（internet），形成 internet-intranet-infranet 的网络结构。

互联网（internet）	企业资源规划网（ERP）
企业内部网（intranet）	制造执行网（MES）
底层控制网（infranet）	现场控制网（FCS）

图 1-27　生产制造企业网络系统的层次结构

　　控制网络处于企业网络的底层，它是构成企业网络的基础。控制网络中的节点基本上都是嵌入式系统。这些系统采集并上传生产过程的控制参数和设备状态等信息，这些信息是企业信息的重要组成部分，是上层网络用于进行分析、决策的基础。图 1-28 展示了企业网络各功能层次的网络类型，上面两层 ERP 和 MES 都采用以太网，控制网络 FCS 则采用工业现场局域网。

2. 控制网络与上层网络的连接方式

　　由于控制网络所处的特殊环境及所承担的实时控制任务是普通局域网和以太网技术难以取代的，因此控制网络采用不同的网络技术。但控制网络需要同上层网络及外界实现信息交换。控制网络与上层网络的连接方式一般有以下几种：

　　1）采用专用网关完成不同通信协议的转换，把控制网段或 DCS 连接到以太网上，如图 1-29 所示；

　　2）将现场总线网卡和以太网卡都置入工控机的 PCI 插槽内，在 PC 内完成数据交换，如图 1-30 所示；

　　3）将 Web 服务器直接置入 PLC 或现场控制设备内，借助 Web 服务器和通用浏览器工具实现数据信息的动态交互；

4）使用基于实时中间件的代理服务器，实现异构网络无缝互联。代理服务器既能满足实时互联的要求，又使代理服务器屏蔽了底层测控设备的实现细节，减小了系统开发的难度。

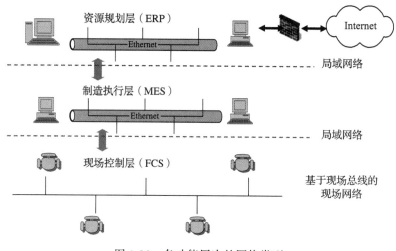

图 1-28   各功能层次的网络类型

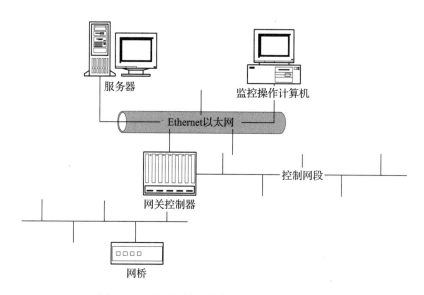

图 1-29   通过网关连接控制网段与上层网络

3. 工业控制网络

工业控制网络是常见的分布式嵌入式系统，许多非工业控制的分布式嵌入式系统从技术和结构上也与工业控制网络很相似，如汽车车内网络等。

控制网络将多个分散在生产现场、具有数字通信功能的测量控制仪表作为网络节点，采用公开、规范的通信协议，以现场总线作为通信连接的纽带，把现场控制设备连接成可以互相沟通信息、共同完成自控任务的网络系统与控制系统，如图 1-31 所示。

控制网络的出现促进了传统控制系统结构的变革，形成了网络集成式控制系统的新型结构，称为现场总线控制系统（Fieldbus Control System，FCS），这是继基地式气动仪表控制系统、电动单元组合式模拟仪表控制系统、集中式数字控制系统、集散式控制系统（DCS）

之后控制系统的新型结构形式。

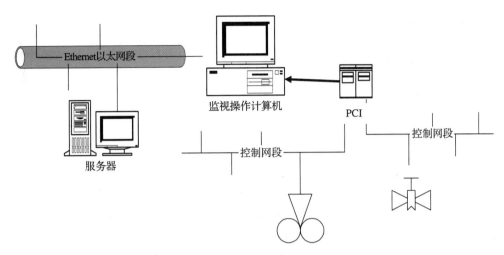

图 1-30　采用 PCI 卡连接控制网段与上层网络

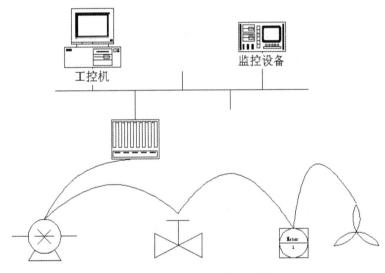

图 1-31　简单控制网络示意图

控制网络打破了自动化系统原有的信息孤岛的僵局，为工业数据的集中管理与远程传送、自动化系统与其他信息系统的沟通创造了条件。控制网络与办公网络和 Internet 的结合拓宽了控制系统的视野与作用范围，为实现企业中管理控制的一体化、实现远程监视与操作提供了基础条件。例如操作数百公里之外的电气开关、在某些特定条件下建立无人值守机站等。

控制网络以具有通信能力的传感器、执行器、测控仪表为网络节点，连接成开放式、数字化、实现多节点通信的完成测量控制任务的网络系统。作为普通计算机网络节点的 PC 或其他种类的计算机、工作站，也可以成为控制网络的一员。控制网络的节点大部分是具有计算与通信能力的测量控制设备。它们可能具有嵌入式 CPU，但功能比较单一，计算或其他能力远不及 PC，只带有简单的通信接口。

控制网络的节点成员包括：

1）限位开关、感应开关等各类开关；

2）条形码阅读器；

3）光电传感器；

4）温度、压力、流量、物位等各种传感器、变送器；

5）可编程逻辑控制器（PLC）；

6）PID 等数字控制器；

7）各种数据采集装置；

8）作为监视操作设备的监控计算机、工作站及其外设；

9）各种调节阀；

10）马达控制设备；

11）作为控制网络连接设备的中继器、网桥、网关等；

与办公室里的普通计算机网络不同，控制网络要面临工业生产中的强电磁干扰、各种机械振动和严寒酷暑的野外工作环境，因此要求控制网络能适应此类恶劣的工作环境。

控制网络的数据传输量相对较小，传输速率相对较低，多为短帧传送，但它要求通信传输的实时性强、可靠性高。由控制网络组成的实时系统一般为分布式实时系统，其实时任务通常是在不同节点上周期性执行的，任务的实时调度往往要求构成通信的调度具有确定性（deterministic）的网络系统。

控制网络中传输的信息内容通常包含生产装置运行参数的测量值、控制量、开关阀门的工作位置、报警状态、系统配置组态、参数修改、零点量程调校、设备资源与维护信息等。其中，一部分参数的传输有实时性的要求，例如控制信息；一部分参数要求周期性刷新，例如参数的测量值与开关状态。而系统组态、组态修改、趋势报告调校信息等对时间没有严格要求。

在网络集成式控制系统中，网络是控制系统运行的动脉，是通信的枢纽。控制网络应具有开放性、互操作性、通信的实时性以及对环境的适应性，开放性意味着不同生产厂家的性能类似的设备可实现相互替换，互操作性指互联设备间的信息传送与沟通。控制网络的基本任务是实现测量控制，而有些测控任务是有严格的时序和实时性要求的，若达不到实时性要求或因时间同步等问题影响了网络节点的动作时序，则会造成灾难性后果。控制网络还应具有对现场环境的适应性。在这一点上，控制网络明显区别于办公室环境中的各种网络。不同的工作环境对控制网络的环境适应性有不同的要求。例如在高温、严寒、粉尘环境下能保持正常工作，能抗振动、抗电磁干扰、在易燃易爆环境下能保证安全，有能力支持总线供电等。

（1）分布式工业控制嵌入式系统的通信方式

分布式嵌入式系统可以根据实际应用的需要和对成本预算的考虑，采用不同的方式来构建嵌入式网络。可用于分布式嵌入式系统的网络有很多，将在后面进行介绍，本小节将介绍分布式嵌入式系统网络的几种通信体系结构。

点到点的链路建立了实际应用中两个处理元素之间的链接。一个点到点链路实现起来是很简单的，因为它只处理两个处理元素间的通信，不必担心系统中其他处理元素会干扰通信。图 1-32 描述了一个采用点到点链路的分布式嵌入式系统。输入信号被输入设备采样，并通过一个点到点链路传递到滤波器 F1，然后 F1 的滤波结果通过点到点的链路输入到第二个滤波器 F2，最后 F2 的结果通过点到点链路送到输出设备。一个数字滤波器系统要求它的输出有严格的时间间隔，这意味着滤波器必须及时地处理它们的输入。利用点到点链路连接，允许 F1 和 F2 同时接收新的信号，并且同时发送一个新的信号输出而不用担心通信网络上会产生冲突。

图 1-32 采用点到点通信方式的系统

因为网络允许多个设备相互连接，所以总线是网络中经常采用的链路形式，连接到总线上的所有处理单元（PE）都必须有自己的唯一地址。一般来说，总线上的通信以报文组的形式进行，其格式如图 1-33 所示。一个分组报文中包含一个目的地址和要被传送的数据，还应包括检错和纠错信息。

图 1-33 分组报文格式

在分布式嵌入式系统中，采用总线链路机制必须要能够进行仲裁，即总线上出现同时进行的传送操作时进行必要的选择。仲裁机制主要有以下类型。

1）固定优先级仲裁机制。总是以固定的方式给予竞争系统优先级。如果一个高优先级和一个低优先级的嵌入式系统都有大量要传送的数据，通常高优先级系统先传送完所有数据包后，才允许低优先级系统传送数据。

2）公平仲裁机制。该机制保证总线上的系统具有同等的机遇，循环仲裁是最常见的公平仲裁机制。

总线链路的分布式嵌入式系统的信息交互不是通过共享内存实现的，而是在总线上通过传递报文来实现的。因为报文数据的长度不一定正好是一个报文数据单位，所以报文需要被分组在网络上传送。

在分布式嵌入式系统中，总线协议应该支持"数据推出"的设计技术。在单个 CPU 的嵌入式系统中，当程序需要数据时，可以启动一个读操作。在分布式网络系统中，处理单元在没有系统用户任何请求的情况下也可以发送数据。"数据推出"技术在需要周期性使用数据时非常有用，它可以每隔一段时间自动发送数据以减少网络上的数据流量。

（2）分布式工业控制网络的拓扑结构

网络的拓扑结构是指网络中节点的互联形式。控制网络中常见的拓扑结构为环形拓扑、星形拓扑、总线形拓扑、树形拓扑等，这些也是其他分布式嵌入式系统中常用的网络拓扑结构。

1）环形拓扑。在环形拓扑中，通过网络节点的点对点链路连接构成一个封闭的环路，如图 1-34 所示。

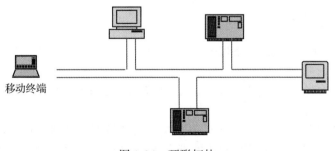

移动终端

图 1-34 环形拓扑

2）星形拓扑。在星形拓扑中，每个节点通过点对点连接到中央节点，任何两个节点之间的通信都通过中央节点进行，如图 1-35 所示。

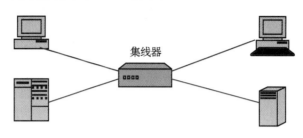

图 1-35　星形拓扑

3）总线形拓扑。总线形拓扑由一条主干电缆作为传输介质，各网络节点通过分支与总线相连，如图 1-36 所示。

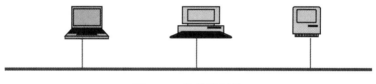

图 1-36　总线形拓扑

4）树形拓扑。树形拓扑的传输介质是不封闭的分支电缆，如图 1-37 所示。

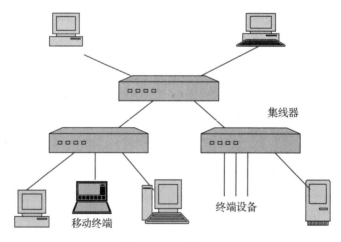

图 1-37　树形拓扑

1.4.4　无线传感器网络技术

嵌入式系统可以通过电信网络接入互联网，也可以通过无线传感器网络向末端延伸。无线传感器网络诞生于美国军情系统"智能微尘"（Smart dust）的情报系统，是嵌入式系统的一个新兴领域，它综合了传感器技术、嵌入式计算技术、无线网络通信技术、分布式信息处理技术以及微机电技术等。

无线传感器网络由很多自给供电的各类集成化的微型传感器节点组成，每个传感器节点都可以实时监测、感知和采集各种环境或监测对象的信息，通过嵌入式系统对信息进行处理,并通过随机自组织无线通信网络以多跳中继的方式将信息传送到终端用户,从而实现"无处不在的计算"理念。无线传感器网络的多节点特性使得众多的传感器可以通过协同工作进行高质量的传感,并组成一个容错性高的采集系统,使广域网向物理参数信息延伸。

无线传感器网络是一种特殊的自组织(Ad-hoc)网络,可应用于布线和电源供给困难的区域、人员不能到达的区域(如受到污染、环境不能被破坏或敌对的区域)和一些临时场合(如发生自然灾害时固定通信网络被破坏)。它不需要固定网络的支持,具有展开快速、抗毁性强等特点,可广泛应用于军事、工业、交通、环保等领域。

无线传感器网络免去了工厂车间数千米长的大电缆,也可以实现不可及场所的信号监测,使曾经不可能的应用变为可能。例如,在施工起重机顶上设置一个这样的传感器,即可免去容易失效的长电缆;工厂车间的无线传感器网络可帮助跟踪加工过程和库存;在医疗领域,无线传感器网络可用于诊断成像、药物投放和患者监视;在家庭和建筑自动化中,无线传感器网络可用来监视安全系统、能量管理系统、家用电器和娱乐系统等。

由于无线传感器网络具有一些独特特性,因此无线传感器网络的设计方法与现有无线网络的设计方法有很大不同。例如,由于传感器网络中的传感器节点分布密集,因此需要大范围的数据管理和处理技术;其次,无线传感器网络节点一般部署在人类难以到达和接触的区域,这就使传感器网络节点的维护面临着很大的挑战;此外,电源消耗也是一个很重要的问题,无线传感器节点作为微小器件,只能配备有限的电源,在有些应用场合下,更换电源几乎是不可能的,这使得传感器节点的寿命在很大程度上依赖于电池的寿命,所以降低功耗以延长系统的寿命是无线传感器网络设计需要首要考虑的问题。

由于传感器网络应用环境特殊、无线信道不稳定以及能源受限的特点,传感器网络节点受损的概率远大于传统网络节点,因此自组织网络的健壮性保障是必须的,以保证部分传感器网络的损坏不会影响到全局任务。

虽然还有许多技术问题需要解决,但与传统的 Ad Hoc 网络相比,自组织无线传感器网络的优点非常突出:

1)与感知目标紧密耦合;
2)高密度、大规模随机分布;
3)传感器节点资源有限;
4)分布式自组织管理;
5)以数据为中心。

1. 无线传感器网络的体系结构

无线传感器网络的典型工作方式如下:使用飞行器将大量传感器节点抛撒到感兴趣区域,节点通过自组织快速形成一个无线网络。节点既是信息的采集和发出者,也充当信息的路由者,采集的数据通过多跳路由到达网关。网关(一些文献中称其为 Sink Node)是一个特殊的节点,可以通过 Internet、移动通信网络、卫星等与监控中心通信,也可以利用无人机飞越网络上空,通过网关采集数据。

一般来说,一个无线传感器网络包括传感器节点和传感器网络网关节点,如图 1-38 所示。网关节点用于组合从各个传感器节点得到的数据并负责与外界的通信,该节点基于嵌入式系统。

传感器节点首先采集诸如声、光和距离等环境相关的数据,并对这些数据进行简单处理后将其传送到网关节点。无线传感器网络通常具有两种应用模式:主动模式和被动模式。主动模式要求网关节点对各个传感器节点进行主动的轮询以获得消息,而被动模式则要求在某个传感器节点事件发生时，网关节点能做出及时的响应。各个传感器节点得到的数据还能进行组合，这大幅提高了传感器网络的效率。当然这也要求传感器节点要具有一定的计算能力。

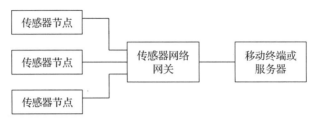

图 1-38 无线传感器的网络架构

2. 传感器节点的硬件组成

传感器节点的功能是采集人们感兴趣的数据，并将数据发送给各个传感器节点组的网关。在自组织无线传感器网络中，每个传感器节点既是传感器又是一个路由器，具有有限的计算能力、有限的存储能力、有限的无线通信能力和有限的电源管理供应能力。传感器节点主要由电源管理模块、计算模块、存储单元、无线通信模块、传感单元和软件组成，如图 1-39 所示。

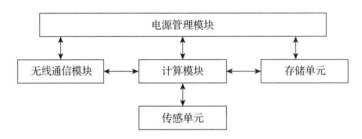

图 1-39 传感器节点的硬件组成

计算模块（嵌入式处理器）对传感单元的感知器件感知到的外界信息进行处理，并控制整个传感器节点的运行；无线通信模块实现网络通信；电源管理模块则对传感器节点的运行提供动态电源管理，报告电源能量剩余情况、存储器存储位置、控制和路由等信息。根据具体应用需求，还可能会包含定位系统以确定传感节点的位置，其移动单元使传感器可以在待监测地域中移动，供电装置可以从环境中获得必要的能源。此外，还必须包含一些应用的相关部分，例如，某些传感器节点有可能位于深海或者海底，也有可能出现在化学污染或生物污染的地方，这就需要在传感器节点的设计中采用一些特殊的防护措施。

网关的硬件实现

网关的硬件部分主要由中央处理单元、存储单元、射频（RF）收发模块和 4G/5G 通信模块组成，如图 1-40 所示。

图 1-40 网关的硬件组成

网关的中央处理单元主要处理从传感器节点采集到的数据并完成一些控制功能。为了将采集到的数据传输到互联网上，网关设备还配有 4G/5G 通信模块，4G/5G 网络将传感器采集到的数据传输到互联网上，用户可以通过普通 PC 和 4G/5G 手机终端来观测传感器采集到的数据。网关同时配有与传感器节点相同的 RF 收发模块，用于接收传感器节点发送的数据。

在上述无线传感器网络系统中，软件部分主要在网关和传感器节点上。网关端的软件主要完成的功能是处理和管理传感器节点传输过来的数据，它主要由 4G/5G 通信软件、RF 通信软件、命令行软件以及任务管理软件组成。传感器节点上的软件主要利用汇编和 C 语言开发，主要完成的功能是接收传感单元的数据，并将数据发送到传感器节点组的网关上，以及在传感器节点上实现特殊应用。

对于无线传感器网络来说，其网络体系结构不同于传统的计算机网络和通信网络。图 1-41 给出了一种无线传感器网络的体系结构，它由分层的网络通信协议和传感器网络管理模块组成。分层的网络通信协议由物理层、数据链路层、网络层、传输层和应用层组成；网络管理模块包括能量管理、拓扑管理、QoS 控制、移动性管理和网络安全等。

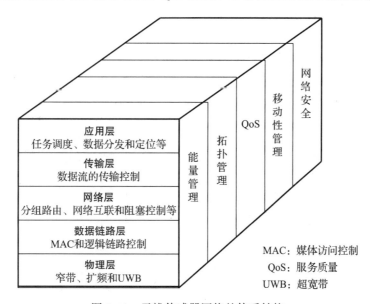

图 1-41　无线传感器网络的体系结构

1.4.5　边缘计算

大数据时代下每天产生的数据量急增，物联网、工业控制等应用背景下的边缘设备产生的数据对响应时间和安全性提出了更高的要求。思科在 2016—2021 年的全球云指数中指出，接入互联网的设备数量将从 2016 年的 171 亿增加到 271 亿，而全球产生的数据总量将从 2016 年的 218ZB 暴涨到 847ZB。

云计算虽然为大数据处理提供了高效的计算平台，但是由于网络延时等因素，它并不能高效处理边缘设备所产生的海量数据，以满足大量边缘应用的实时性要求。主要表现在以下几个方面：

1）实时性不足。边缘设备将数据传送到云计算中心，云计算中心计算过后再将结果返回，数据的传输受网络情况影响，在已有技术下无法保证较低的延迟。

2）带宽不足。在万物互联的环境下，边缘设备的数量以及它们产生的数据量都急剧增多，大量数据被传输给云端，带来了巨大的带宽压力。

3）能耗过大。随着云计算用户越来越多，能耗将会成为云计算中心发展的瓶颈。

4）安全性不足。网络边缘数据涉及大量的个人隐私、关键工业数据，将这些数据传输到云计算中心处理会增加数据泄露的风险。

为了弥补集中式云计算的不足，边缘计算概念应运而生。美国韦恩州立大学施巍松教授团队给出了边缘计算的定义：边缘计算是指在网络边缘执行计算的一种新型计算模型，边缘计算中边缘的下行数据表示云服务，上行数据表示万物互联服务，而边缘计算的边缘是指从数据源到云计算中心路径之间的任意计算和网络资源。

如图 1-42 所示为边缘计算模型，终端设备与云计算中心的请求与响应是双向的，终端设备不仅向云计算中心请求内容和服务，同时也接收云计算中心下发的计算任务然后回复。边缘计算模型将原有云计算中心的部分或全部计算任务迁移到数据源的附近执行，由于传输链路的缩短，边缘计算能够在数据产生侧快捷、高效地响应业务需求，数据的本地处理也可以提升对用户隐私的保护程度。另外，边缘计算减少了服务对网络的依赖，在离线状态下也能够提供基础业务服务。

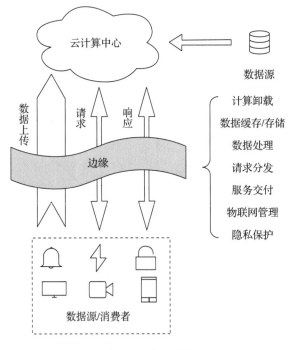

图 1-42　边缘计算模型

边缘计算模型和云计算模型并不是取代的关系，而是相辅相成的关系，边缘计算需要云计算中心强大的计算能力和海量存储的支持，而云计算中心也需要边缘计算中边缘设备对海量数据及隐私 / 关键数据的处理，二者的有机结合将为万物互联时代的信息处理提供较为完美的软硬件支撑平台。云边协同的联合式网络结构一般可以分为终端层、边缘计算层和云计算层，如图 1-43 所示。

1）终端层。终端层是最接近终端用户的层，它由各种物联网设备组成，例如传感器、智能手机、智能车辆、摄像头、读卡器等，主要完成收集原始数据并上报的功能。

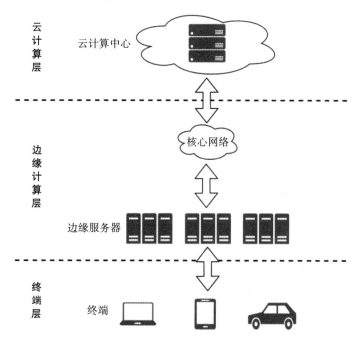

图 1-43　云边协同体系架构

2）边缘计算层。边缘计算层位于网络的边缘,广泛分布在终端设备与计算中心之间,它可以是智能终端设备本身,例如智能手环、智能摄像头等,也可以是路由器、网关、交换机、基站等。它们能够对终端设备上传的数据进行计算和存储。由于这些边缘节点距离用户较近,因此可以运行对延迟比较敏感的应用,从而满足用户的实时性要求。边缘节点也可以对收集的数据进行预处理,再把预处理的数据上传至云端,从而减少核心网络的传输流量。

3）云计算层。云计算强大的数据处理能力仍然非常重要,边缘计算层的上报数据可以在云计算中心进行永久性存储,边缘计算层无法处理的分析任务和综合全局信息的处理任务也需要在云计算中心完成。除此之外,云计算中心还可以根据网络资源分布动态调整边缘计算层的部署策略和算法。

第 2 章

嵌入式系统软硬件协同设计

2.1　系统思想

　　1960 年 10 月 4 日，一架采用涡轮发动机的飞机从马萨诸塞州波士顿市的罗根机场起飞。飞机刚刚起飞，便有多只椋鸟冲向发动机，造成气孔堵塞，致使飞机起飞 1min 后便堕入温恩罗普海湾，飞机上 72 人中只有 10 人生还。后来断定发动机因椋鸟的堵塞而造成功率损耗是本次事故的主要原因。但是椋鸟冲向飞机的原因是什么呢？经调查发现，问题的根源在于发动机上有一个小的动力输出轴。该轴用于驱动电、水及其他系统。但在飞机起飞加速时，这个输出轴会产生一种振动波。从飞机的角度看，这种振动波无关紧要，但这种振动会产生一种噪声，这种噪声与蟋蟀求偶的声音非常相似，而蟋蟀又是椋鸟喜爱的食物。这样便导致大量的椋鸟在飞机起飞加速时被吸入发动机。对该输出轴重新进行设计后，消除了这种振动，很好地解决了椋鸟吸入发动机这一问题。这个例子说明要进行工程设计，只依靠常规的工程知识是不够的，工程人员必须掌握其他学科的相关知识，只有这样才能进行全面的工程分析。这个教训让人们认识到工程设计是一个多学科的任务，进行工程设计需要各个学科的知识，因此工程设计是一个综合性的学科。

　　系统一词来源于古希腊语，是由部分构成整体的意思。系统思想源远流长，但是作为一门学科的系统论，人们公认的是由美籍奥地利理论生物学家贝塔朗菲创立的，他曾在 1924—1928 年多次发表文章阐述系统的思想。确立这门学科学术地位的是 1968 年贝塔朗菲发表的专著《一般系统理论——基础、发展和应用》(*General System Theory*：*Foundations, Development, Applications*)，该书被公认为这门学科的代表作。

　　系统论的核心思想是系统的整体观念。贝塔朗菲强调，任何系统都是一个有机的整体，它不是各个部分的机械组合或简单相加，系统的整体功能是各要素在孤立状态下所没有的新性质。他用亚里士多德的"整体大于部分之和"的名言来说明系统的整体性，反对那种认为要素性能好，整体性能一定好，以局部说明整体的机械论的观点。同时他认为，系统中各要素不是孤立地存在的，每个要素在系统中都在一定的位置起着特定的作用。要素之间相互关联，构成了一个不可分割的整体。要素是整体中的要素，如果将要素从系统整体中分离出来，它将失去要素的作用。正像人手在人体中是劳动的器官，一旦将手从人体上分离，那时它将不再是劳动的器官了。

　　系统是多种多样的，可以根据不同的原则和情况来划分系统的类型：按人类干预的情况可分为自然系统、人工系统；按学科领域可分为自然系统、社会系统和思维系统；按范围划分则有宏观系统、微观系统；按与环境的关系划分有开放系统、封闭系统、孤立系统；按状态划分有平衡系统、非平衡系统、近平衡系统、远平衡系统等。此外，还有大系统、小系统的相对区别。

　　系统论的目标，不仅在于认识系统的特点和规律，更重要的是利用这些特点和规律去控制、管理、改造或创造系统，使它的存在与发展合乎人的目的需要。也就是说，研究系统的目的在于调整系统结构和各要素关系，使系统达到优化目标。

　　系统论的出现使人类的思维方式发生了深刻的变化。以往研究问题时，一般是把事物分解成若干部分，抽象出最简单的因素，然后再以部分的性质去说明复杂事物。这是笛卡尔奠定理论基础的分析方法。这种方法的着眼点在局部或要素，遵循的是单项因果决定论，虽然这是几百年来在特定范围内行之有效且人们最熟悉的思维方法，但是它不能如实地说明事物的整体性，不能反映事物之间的联系和相互作用，它只应用于较为简单的事物，而不胜任于对复杂问题的研究。系统论与控制论、信息论等使人类可以解决许多规模巨大、关系复杂、参数众多的复杂问题。

2.1.1　系统的定义及组成

　　系统论的基本思想是世界上任何事物都可以被看作一个系统，系统是普遍存在的，大至浩瀚的宇宙，小至微观的原子都是系统，整个世界就是系统的集合。系统论的核心思想是系统的整体观念，我们应该把所研究和处理的对象当作一个系统，从整体上分析系统组成要素、各个要素之间的关系以及系统的结构和功能，研究系统、组成要素、环境三者的相互关系和变动的规律性，根据分析的结果来调整系统的结构和各要素之间的关系，使系统达到优化目标。

　　现在人们从各种角度研究系统，对系统下的定义不下几十种。其中最常用的是一般系统论，一般系统论是适用于一切种类系统的学说，属于逻辑学和数学领域，它的任务是确立适用于"系统"的一般原则。一般系统论试图给出一个能描写各种系统共同特征的一般的系统定义，通常把系统定义为：由若干相互关联的要素以一定结构形式连接，具有明确的边界，共同完成某种功能的有机整体。

　　系统论认为，整体性、联系性、层次结构性、动态平衡性、时序性等是所有系统共同的基本特征。这些既是系统所具有的基本思想观点，也是系统方法的基本原则。除上述特征之外，任何一个系统都包括以下 9 个特性。

　　1）部件：组成系统的最小成分或成分的集合，也称作子系统。部件包括输入、过程和输出。

　　2）相关部件：一个或多个子系统之间有依赖关系的部件。

　　3）边界：将系统与环境分割，标明系统内部与外部的界线。

　　4）目标：系统的总体目标或功能。

　　5）环境：与系统交互的所有外部事物都是系统环境。

　　6）接口：系统与环境的交互点或子系统间的交互点。接口通常完成以下功能：

- 安全性处理
- 过滤
- 编解码
- 检测与修正错误
- 汇总与综合

7）输入：系统为完成其目标或功能，从外部环境获取的任何事物。

8）输出：系统为完成其目标或功能，向外部环境返回的任何事物。

9）约束：系统工作过程、完成目标等所受的限制。

2.1.2 重要的系统概念

按照系统的思想去看待事物，进行工程分析与设计，可以避免许多错误。首先，在分析设计系统时须注意以下几点。

1. 一致性

一个系统应该有该系统统一的特征，使系统是协调一致的，而非混乱的。比如，从外观上，一个系统的色彩应该协调一致才美观；从结构上，整体的结构也应具有一致性，软件整体若采用层次体系结构，那么所有的子系统都应在这个整体的层次结构中。此外，一致性还应该体现在目标一致性上，各个要素都应该为了共同的目标工作。

一个优秀的软件产品在设计上一定具有高度一致性。比如微软的 Office 系列产品 Word、PowerPoint、Excel 等，这些办公软件操作方式是高度一致的，如果学会了使用 Word，很快就能学会用 Excel、PowerPoint。另外，它们界面的布局是一模一样的，图标也是一致的，比如保存、打开文件、复制、粘贴等图标全部都是一样的，甚至在工具栏上的位置都一样。上述交互设计的一致性最大的好处是大大降低了用户的学习成本。

软件设计除了界面的一致性外，在界面背后的设计也要求一致性，比如进行软件设计时要求变量命名规范、编码规范、接口规范等。

2. 功能关系

子系统间的关系是基于系统的功能或目标要求建立的，而非由于与系统目标无关的因素而建立。可以根据以下几点来判断：

1）每个部件的特性或行为必须对整个系统的特性与行为产生影响、做出贡献；

2）每个部件的特性或行为至少依赖于一个其他部件的特性或行为；

3）系统中的每个部件或部件的子集都满足前面两个条件。

3. 有用的目标

系统的目标应该是有用的、有意义的。从系统的角度来说，为了毫无意义的目标或者错误的目标而设计的任何子系统或要素，无论多好都是错误的。上述三点是系统设计的原则，可以作为设计检查的标准。

除上述概念之外，下面介绍一些与系统分析相关的重要的系统概念。

1）分解：系统论强调将一个系统作为一个整体来考虑，但在具体分析时必须进行分解。系统分解是将系统分解成更小、更易管理和更易理解的子系统。这样，就可以在一个时间里，不考虑其他成分的影响，只关注某个子系统或某个部分，使分析更加深入和仔细。这样也可以避免人们陷于自己不感兴趣的细节中，不同的人只关注自己感兴趣的部分。另外，可以在不同的时间由不同的人并行完成不同的子系统。

2）模块化：指将系统划分成相对一致规模的分支或模块。这样容易估计系统的规模，便于估算成本、进度等，也便于系统的开发与管理。

3）耦合度：子系统之间相互依赖的程度。设计良好的系统应该具有较小的耦合度。

4）聚合度：系统或子系统内部的依赖程度。设计良好的系统应该具有较高的聚合度。

5）逻辑系统描述：不考虑如何进行系统的物理实现，仅关注系统的功能和目标的描述。

6）物理系统描述：对如何进行系统的物理实现的详细描述。

2.2 系统工程思想

工程是利用自然规律创建至少能使一部分人受益的系统。

系统工程是把工程设计视为决策制定过程的一门学科。系统工程（Systems Engineering）是系统科学的一个分支，是系统科学的实际应用，可以用于一切有大系统的方面，包括人类社会、生态环境、自然现象、组织管理等，如环境污染、人口增长、交通事故、军备竞赛、化工过程、信息网络等。系统工程是以大型复杂系统为研究对象，按一定目的进行设计、开发、管理与控制，以期达到总体效果最优的理论与方法。

1942 年，美国研制原子弹的曼哈顿计划应用了系统工程原理进行协调，"系统工程"这个名词被首次提出。自觉应用系统工程方法而取得重大成果的两个例子是美国的阿波罗计划和北欧跨国电网协调方案。

系统工程的目的是解决总体优化问题，从复杂问题的总体入手，认为总体大于各部分之和，各部分虽较弱但总体可以优化。有的问题，如电话网络，不能只研究个别电话的质量问题，必须从总体网络入手等。

对工程系统，需要了解以下几个概念。

（1）系统的复杂性

复杂性表现在所获得的数据不精确、不完整、不一致、不可靠，甚至互相矛盾；数据的迅速变化及数据量的迅速增加；不易定义正常状态作为问题求解的依据；利用对象的某些特征进行探测、分类及识别等出现的局限性；有意干扰、迷惑甚至破坏；动力学行为的非线性、不确定性与难描述性；有关信息的粗糙性、不完备和真实性；环境影响的随机性；系统间多重非线性和耦合性；状态变量的高维性和分布性；层次上的连续性、间断性的混杂与难分等。

（2）系统的困难性

困难性主要表现在目的上的多靶标性，目的上难以满足的程度很大；环境因素制约的多重性和客观上的不相容性，功能上的多重性和结构上的多层次性；要素的难描述性、不确定性；要素实现水平与期望值的矛盾等。

（3）整合

整合作用在某种场合下是极为关键的因素，不能犯整合不当的错误，整合可分为时间上、空间上或者时空维上的整合。非正确整合思维的主要模式有：系统内部结构间的非正确链接；全系统功能和结构的非正确对应；应急措施及容错设计得不合理等。影响正确整合的客观因素有：系统的复杂性及未知、未确定性因素；设计经费、时间期限紧张；人的思维偏爱自己熟悉的、运用成功的、自己发明和发现的方法及措施；极端条件难以模拟。

2.2.1 系统分析

系统分析设计是软件开发组织开发优秀软件系统时的重要工作。针对不同的软件问题，人们发展了不同的系统分析、设计方法和原则。但是这些方法和原则实际上都遵循着一些共同的规律，有一些基本的思考出发点，它们之间也有很多继承和关联的关系，形成了完整的方法体系。

系统工程分析常用的方法有：自顶向下分析、自底向上构造、模拟与抽象、观察和试验、原型与扩展、继承与引用。

系统分析的策略和原则就像系统分析没有固定的方法一样，它的策略也是灵活的。使用系统分析方法时，要考虑到一些基本的策略和原则。系统分析应着重考虑以下几个方面。

1）开放性：考察系统的开放性，考察系统与外部环境之间可能存在的物质、信息和能量交换，考察影响系统生成、发展、演化的主要相关因素及各个相关方面。

2）非平衡性：其本质是系统的开放性导致的系统差异性。在开放系统中寻找远离平衡点的条件，包括新产品、新技术、新手段、新思路、新机制、新需求等。

3）有序性：研究系统的有序状态是什么，考察人工系统目的性所决定的目的状态和主要功能目标是什么，进一步考察在有序化的过程中，功能结构的动态作用所需要的进化机制，可能产生自复制、自催化作用的机制和因素。

4）自组织：研究什么样的外部条件产生什么样的涨落，可以促使各元素通过协同和竞争达到所希望的有序方向；研究子系统之间的机制及子系统之间融合演变的可能性。

5）稳定性和突变性：考察系统运动状态中可能出现的动态稳定情况及基本条件；考察系统失稳出现突变的可能性；抓住机遇构建有序结构并预防系统非正常情况的出现，以及采取预防或控制措施等。

6）功能与结构：分析系统功能的需求及所对应的系统结构；考察系统结构变化所产生的系统功能的演化，以及功能需求改变导致结构的变化。

7）整体性：考察系统的综合性特征，分析系统要素之间的相关性，特别是非线性相关性；考察系统整体所具有而元素不具有的整体性特征；考察系统结构变化产生的新功能和特性等。

8）模型化：在不同的情况下，应用精确模型或概念模型对系统目标、状态进行定性和定量分析；采用黑箱、灰箱等不同方法，针对系统功能需求分析系统结构，并借助于模型进行系统模拟和实验。

在系统的分析过程中，应避免以下几方面的问题。

1）问题描述不清。对系统所处的环境和当前状态描述不清，对系统目标和具体需求描述不清，对系统赖以生成、发展的"核体系"描述不清，这些基本问题没有澄清，就无法得出正确和完整的结论，就根本谈不上问题的解决，所以在这种情况下，不应急于解决描述不清的系统。

2）分析过程缺少反馈调整。系统分析本身是一个反复优化的过程，没有反馈调整和校正的系统，其分析结论和系统总体方案往往有失周密和妥当，不可避免地存在失败的隐患，更谈不上对系统的优化。

3）模型化处理过程偏重于定量的计算，过分依赖于计算结果。模型化分析应该先于功能模拟和结构分析。模型的分析和构造是第一步，在定性分析确定之前，定量的分析和具体数据没有多大实际意义，如果定性分析的模型构造和选择出现错误，那么定量分析数据就会导致错误的结论。

4）该断不断，无限连续，抓不住重点。任何系统分析都是对某一系统中的某一层次、某一剖面的分析，一味强调面面俱到、过分注重细节或者无限连续，对系统分析的层面和剖面不能正确地分隔，都会使系统分析陷入高度复杂的状态，因此应当做到该断则断，抓住重点，合理忽略细节和弱化相互作用，简化系统的分析。

2.2.2 系统设计

系统工程的设计过程是一个决策过程。决策是对不可更改的资源进行分配。为一个工程系统（如计算机或汽车）选择设计参数的过程就是分配资源。设计是一个决策的过程，选择设计参数就是制定决策。

决策的三个要素有：

1）确认设计选项；

2）为每种选项赋予一定的期望值；

3）根据每种选项的期望值将各个选项排序，然后选出理想的选项。

有两件事情会使工程决策变得非常复杂：一是关于结果和价值的不确定性；二是判断每个选项的结果时需要考虑自然界中的哪些因素。

进行系统设计时，首先应该确定系统的目标、系统设计的目标，目标直接影响对设计选项的决策。其次，需要分析系统的约束条件，任何系统都有约束，系统运行环境有约束，系统设计实现的条件有约束，事实上，各个环节都有约束，最好的设计是在约束条件下满足系统目标的合理方案。

系统的整合设计在某种条件下往往是导致整体成功或失败的关键因素。系统整合可以分为空间、时间及时空联合维度上的整合。设计成功的子系统如果整合设计不当，也会导致整体设计的失败。整合不是子系统的简单拼合相加，而是子系统之间的相互匹配、相互作用和相互影响。局部或子系统设计成功不等于整体成功，局部设计时没有出现的问题隐患必须在整合的步骤中发现和解决，否则可能导致系统整体设计的失败。这也体现了系统的整体特征。如各个工作良好的软件模块堆积到一起并不一定能够工作，因此系统整合往往是系统设计成败的关键环节。

工程设计是一个决策的过程。要制定决策，就必须有一定的可选项，必须先了解各选项的期望和价值以及约束。因此，工程设计包括两个步骤：

1）定义一套设计选项或可选方案；

2）比较这些设计选项并从中优选出理想方案。

那么，如何寻找设计选项呢？通常人们根据已有方案或近似方案来得出新的方案；有些设计方案可能来自其他领域的思想，所谓"他山之石，可以攻玉"；另外，就是创造，创造往往是对已有方案的整合、裁减和借鉴，当然也有完全的创新，但完全的创新是一件很难的事情。

系统设计应考虑的选项有两种类型：一种是实际设计过程中的选项，这些选项会对生产制造过程产生影响；另一种是生产过程或实现与部署中的选项。在系统的操作阶段，同样需要对两种操作进行区分：一种是正常操作，另一种是维护和修理。系统存在的理由即使用。设计人员应该牢记的是——系统的设计会影响使用方法，系统的使用方法也会影响其设计方案的选择。

另外，在进行系统设计时，还要考虑到的一个问题：系统报废选项。如系统的使用年限是多长？系统的使用年限到了之后，如何处理它？这个因素会影响系统成本预算。考虑报废选项时需要判断未来几年的变化。建议采用相对保守的考虑方式进行设计。如果计划得较好，系统的销毁可以为系统生产商带来一定的收益或降低新系统的成本。

对选项空间中的每个选项进行分析的代价可能非常大，因此即使是在定义选项空间时，也应该尽量缩小选项空间。如果某个选项不会影响对其他选项的选择，就可以认为它与其他选项无关。有时，选项之间的关联很紧密，就会无法对某个特定的选项进行分析。

对于给定系统，要完整定义其选项空间通常很难，即使有可能完整定义系统的选项空间，但仍然可能缺乏合适的方法逐一分析整个系统选项空间中的各个选项。在进行系统设计时要尽量扩大系统选项空间的广度，并关注一些可能的物理因素，这将有利于系统设计工作。

2.2.3 系统评价

在对一个系统做具体评价之前，首先应确认该系统整体是否满足目的性要求、自身约束条件是否可接受、与环境的匹配程度是否可接受、系统的动态性和灵活性能否满足要求、整体效益是否明显等。如果该系统满足以上条件，就可以从以下四个方面对系统做出具体的评价。

（1）性能维

性能维包括基本性能维、使用性能维、竞争对抗性能维等，还包括维修、保存等方面。针对不同的人工系统，其性能维的各个层面的重要性是不同的。例如，军事系统对基本性能、使用性能、竞争性能和竞争对抗性能的要求都很高，而生活消费系统更注重于使用和后续发展余地等。

（2）成本维

成本维包括直接成本、使用成本、维修成本、成本降低的可能性成本和预留措施的成本，以及系统实现过程中所付出的人力、物力等成本。

（3）时空维

设计的目的存在着时空的限度，指标体系存在着时空的限度，系统的生存发展存在着时空的限度，竞争存在着时空的限度。系统存在的目的性存在时间过短，系统设计的代价付出相对于获得就可能偏高。指标体系随着技术的快速进步也可能很快失去战略和战术的意义，这些都会影响系统存在的时空间限度。

（4）发展余地维

发展余地维是进一步提高指标水平的预留措施，以及预测环境潜在对系统要求变化的适应能力。不能适应未来环境的系统其生存能力必然有限，而不为系统的未来发展预留余地，就无法灵活而有效地处理系统的死亡问题。

2.2.4 工程系统建模

在工程设计、决策制定的过程中，通过使用各种模型（包括计算机模型），可以用一些简单的方法以廉价的方式尝试不同的设计选项，测试不同的设计决策。有了计算机模型，就能够在较短的时间内对大量的设计选项进行测试，从而制定出更加合理的决策。优良的系统模型应该能够再现现实世界，有能力区分不同选项和识别非直觉因素。工程设计中利用模型来回答如下几类问题。

1）系统是否有效？

2）目前系统存在哪些问题？

3）现有设计方案中哪种更好？

模型是对现实的抽象化。首先，模型本身不是现实，只是对现实中一些要素的反映。可以认为模型是一种拷贝、是假设，或者是镜像、推论等。其次，通过模型可以反映现实中的特征，并可对模型进行针对现实的模拟。

常见的模型有图像模型、类比模型和符号模型。图像模型通常要比真实的系统小或简单，这种模型造价低，并且能直观模拟现实情况，有助于理解实际的系统。类比模型即用类比法分析物体的属性等特征，如用一个物体的属性来解释另一个物体的属性。符号模型又被称为数学模型，相比之下符号模型更加抽象，因此其与现实差距较大。其优势在于建模代价极低，可以借助计算机进行分析。通过简单的修改，人们就能够对不同的设计方案进行评价。其弱点在于无法完全精确地描述想要模拟的对象，其描述语言为数学符号。

建模时，首先要明确模型所要模拟的目标及目标所应具有的特征。建模的第一步就是要弄清楚建模的真正目的。科学研究需要的模型通常不同于工程设计中所用的模型，二者之间的要求也不相同。在建模的开始阶段尤其要分清主次，区别对待。模型本身也是一个不断抽象的过程，由于现实情况较为复杂，用模型模拟现实也并非轻而易举。对于模型中所要包含的元素以及舍弃的元素，作为设计人员都要有比较清楚的认识。

以下建模过程，可以供设计人员建模时进行参考：

1）明确写出建模的目的。明确工程目标和模型的作用；

2）定义工程设计选项空间或一系列工程人员想要尝试的备选方案；

3）从选项空间中选取利用模型进行分析的选项；

4）定义待模拟的对象；

5）对将要模拟的每个选项、实体，列出相互之间的关系；

6）模拟过程中需要的数据；

7）设计与输入数据相兼容的符号模型；

8）画出模型的逻辑流程图或写出伪代码；

9）把流程图转换成程序代码，并实际调试，校验模型。

2.2.5 系统生存周期建模与优化

（1）模型建立阶段

在制订产品的研究计划前，应该为产品的整个生存周期建立模型，并在此基础上探讨是否采用新技术的必要性及可能获得的效益比率。可以按如下方式计算：

$$期望净效益 = 成功概率 \times （总效益 - 成本）$$

解决设计问题的方式通常有两种：一种是找出解决此类问题的方案，另一种是找出适当的方法避免这些问题。

对于产品的研究与开发来说，产品研发所需投入的力度是一件难于决定的事情。通常人们很难精确评价研发的价值，容易过高估计研发的短期效益，而低估了它的长期效益。因此，在进行系统设计之前，如果研发结果有助于从众多选项中选取合适的选项，则进行这些研发是一种明智的选择。

（2）系统工程与设计

在系统的工程和设计阶段，系统工程师的职责之一就是组织各领域的专家共同探讨并挖掘专家们的观点。根据专家讨论的结果进行建模，充分借鉴专家们的意见，从而为系统设计服务。模型应充分考虑产品设计的各个阶段，如设计、测试、制造、运输、销售、使用、维护、修理等。

（3）系统测试

测试是保证系统稳定性、准确性的重要手段。开发人员务必充分重视测试的重要作用。系统的设计会对系统的特性、耐用性及系统测试的成本产生较大影响。因此系统的模型中就应考虑到这些因素。

（4）系统制造

系统设计的过程通常与制造的过程分步进行，这样就容易使设计与制造产生脱节。目前一些新的设计方法逐渐出现，它们可以通过选择系统设计方案，尽量改进产品的加工性能和使用功能。从系统工程的方法到并行工程就是一种建模的方法。系统的整体模型中应该考虑产品的制造模型，使设计人员能够根据各种设计选项的成本或其他变量获得制造的信息。

（5）运输、销售

产品从工厂运输到分销点，通过各个分销点售卖给客户或直接运输到客户指定的地点。

（6）系统的操作、维护和修理

系统的操作、维护和修理会对系统的设计产生重要的影响。系统设计可能会使系统的日常维护变得简单或复杂。系统使用和维护的规程对系统的可靠性也有影响。系统常用的修理方式有：替换零部件和更换整个系统。要根据设计选择及产品的故障率制定相应的零部件替换策略。

（7）系统的销毁

在系统销毁的过程中要注意环保因素，遵循必要的销毁的策略。未来市场将更加欢迎环保型产品。至此，一个产品的生命周期终结。

2.3 系统需求定义

随着嵌入式系统硬件核心部件性能的提高，硬件组件可重用度的实现，以及各行业对嵌入式系统性能、功能要求的大幅提高，嵌入式系统由早期功能简单、主要需求由硬件实现、软件在整个系统中所占比重较小的情况，逐步演变成系统的主要功能取决于软件的情况。

需求是关于系统应该"做什么"而不是"怎么做"的问题描述。需求通常分为需求定义和需求分析两个阶段。需求定义产生客户理解的系统规格说明书，需求分析产生开发人员可以清楚解释的分析模型。

需求明确与否将直接影响后续设计、开发与实现，多个研究已经发现，当项目失败时，需求问题通常正是其核心问题。在所有软件缺陷中，54% 的错误是在编码和测试之后发现的，其中 45% 的错误是在需求和设计阶段产生的，只有 9% 的错误是在编码阶段产生的。在需求阶段检查并修改一个错误的费用只有编码阶段的 1/5～1/10，而在维护阶段做同样的工作所付出的代价是编码阶段的 20 倍。

虽然许多传统的需求问题仍未解决，但是客户对系统的要求却在不断提高。这是因为客户本身面临着更激烈的竞争，他们需要以最快的速度调整业务以满足市场的需要。相应地，软件开发者对需求的定义与分析不仅要考虑当前的需求，还要考虑可能面临的需求变化。对于软件开发者而言，现在已经进入随需应变的时代，这对系统分析员的要求也越来越高。

一个合格的系统分析员应该具备以下素质。

1）业务知识。系统分析员只有了解客户的业务才能真正理解客户的需求，也才可能发现需求存在的潜在变化。一个优秀的系统分析员对客户而言往往是一个很好的业务咨询顾问。

2）技术背景。系统分析员与客户进行需求沟通的过程是一个谈判过程，系统分析员只有了解技术实现的可能性才可以接受客户的要求。此外，考虑需求的变化将更多地与系统结构设计结合在一起。因此，系统分析员在需求沟通的过程中，头脑中必须有整个系统的构想。这要求系统分析员有很强的技术背景。

3）分析能力。在需求定义与分析的过程中，系统分析员要对客户与用户提供的信息进行分析、筛选，对系统的业务流程进行系统的整理，还需要对功能和流程进行归纳、抽象等。最后，系统分析员还需要对将要构建的系统进行建模，因此要掌握建模工具的用法，有对系统进行分析建模的能力。

4）沟通技巧。系统分析员的沟通能力决定需求定义的好坏。系统分析员不仅要与客户、最终用户进行沟通，还需要与项目经理、系统设计人员、开发人员进行沟通，以确保系统需求的实现。因此，系统分析员的沟通能力对整个系统的质量与实现有很大影响。

2.3.1　嵌入式系统问题定义

问题定义是在正式需求活动之前的一个初步确定需求的活动，其目标是让项目经理和客户就所构建系统的范围达成一致意见，生成一个问题定义文档来概括系统的功能和领域，也包括非功能性需求。

问题定义并不产生问题的完整描述，它只是一个初步的需求活动。在问题定义阶段，应该初步确定系统的目标、约束及范围，因为系统的目标、约束及范围是相互影响的，所以几项活动往往是并发进行的。系统的目标、约束及范围是后续需求活动的决策依据，比如：是否实现满足系统目标但是超出成本约束的功能？系统分析员必须与客户进行谈判，是放弃该功能还是增加投入？

（1）确定系统目标

系统目标是用来指导项目的高层准则。比如，实现一个保证手机安全的系统，其系统目标是保证用户在手机丢失的情况下，手机内的关键信息不被泄露，并且能够通知机主遗失手机目前的状况。系统目标是开发人员与客户确定系统需求的决策依据，比如超出该目标的功能可以放弃，对该目标必需的功能一定要实现。

确定了系统总体目标之后，应该制定较具体的系统目标。系统要实现的功能是系统的基本目标，除此之外，还有一些非功能性的目标。上述手机安全系统的目标是系统的整体目标，客户可能会给出实现系统目标的具体路线（具体目标），也可能要求开发者提供具体目标或与开发者共同商讨具体目标。实现系统目标的路线有很多种，所以在确定了系统总体目标之后，须选择合适的具体目标。比如，可以在手机中预设一个密码，一旦手机丢失，通过其他手机发送加密短信删除遗失手机中的核心信息。

目标常常是相互冲突的，为此需要对目标划分优先级。

通常，我们会看到下面一些目标描述：

- 性能最好
- 功能最多、最强
- 价格最便宜
- 界面最美观
- 性价比最高
- 最快完成
- 比竞争对手的要好
- 可复用 / 一次性
- 可靠性

……

上述目标不够明确，系统目标最好是量化的、能够验证的目标。

（2）确定系统约束

任何系统都是在有限资源下开发、运行的，也就是说任何系统都有约束。系统约束限定系统的目标、范围等。常见的系统约束包含以下方面。

1）网络带宽、系统平台、接口、兼容旧系统等。采用串口组网还是采用 GPRS 无线网，网络的带宽和性能差异很大，那么系统的网络传输能力差异也会很大，采用的技术、能够实现的功能也不同。采用不同的软硬件平台比如采用 80C51 和采用 ARM9，采用嵌入式操作系统和不采用嵌入式操作系统等，系统的结构、功能和性能也会有很大差异。

2）用户使用软件的环境、能力与习惯。若是在战场环境下使用，系统的操作须非常简单；若是掌上游戏，则可以有较复杂的操作机制。若操作人员操作水平高或可以承受较高的培训成本，则可以设计较复杂的操作流程；反之，必须提供"傻瓜"化的操作方式。

3）成本。成本决定系统的功能和范围，成本不仅包括制造成本，还包括研发成本、维护成本等。

4）时间。时间决定系统的功能和范围。

5）质量。质量影响系统的价格和开发周期。系统的成本、时间、质量往往是相互矛盾的。在确定这几个约束条件时，首先要均衡其相互关系，否则这几个约束条件的互悖会导致系统不可能实现。

6）用户的配合度。用户的配合直接影响系统的需求，包括需求调研、需求定义及需求确认，而这些活动的效率又直接影响系统开发成本、时间与质量。

7）公司现有状况（人力、资金、销售、开发平台、业务领域等）。公司的资源是开发系统的直接约束。比如，系统要求用 ARM9 及嵌入式 Linux 开发，但公司里没有了解这些技术的开发人员，那么，想开发这样的系统要采取何种开发方式？外包还是自行开发？自行开发是招聘有相关技术背景与开发经验的技术人员还是培训现有技术人员？公司的财务状况是否能够支持开发周期与成本预算？这些问题不仅影响项目决策，也影响系统的范围及系统设计方案。

8）非功能性需求。嵌入式系统的非功能性需求往往是系统设计的关键目标，也是系统设计的难点。它们直接影响系统的设计方案、成本，也是影响对公司资源要求的关键因素。

（3）确定系统范围

确定系统范围即确定系统与环境的边界。比如，哪些功能由要开发的新系统自动完成？哪些功能由使用者手工操作完成？哪些功能由其他外部系统实现？

在问题定义过程中，系统分析员、项目经理与客户共同讨论，除确认客户的问题之外，还要明确系统的目标、约束和范围，挖掘客户还不确定的需求，提出系统的初步需求。表 2-1 给出了一个问题定义的实例。

表 2-1 某高层建筑物电梯系统问题定义的实例

1. 电梯使用的基本环境
- 使用楼层高度：20 层。
- 楼层之间的距离：地下层与第一层距离 4000mm，第一层和第二层距离 5100mm，第二层以上各层距离 3100mm。
- 电梯井道：土建预留有 5 个井道，各井道截面尺寸为 2600mm×2800mm。
- 电梯的使用环境：本电梯是在南方某城市写字楼使用，湿度相对较大，最高时达到 90% 的相对湿度，环境温度为 5～35℃。
- 电梯作用：主要是人员运送，可运送部分物资。
- 电梯的运行速度：电梯的加速度为 0.75m/s^2，电梯的额定速度为 1.5m/s。

2. 客户需求
- 电梯运送需求：能正确运送人员到指定位置，电梯能到达的位置是地下层到 20 层，其中第 20 层一般不开通，需要使用时，由管理员开通。
- 能进行正常的电梯监控。
- 良好的电梯环境，包括空气、色彩、照明。

3. 挖掘需求
- 安全防范系统。通过闭路电视监控电梯情况，包括电梯内和电梯门外；有报警系统，当出现意外，如停电、发生火灾、非法开关车门、电梯超载时，能报警。
- 冷 / 热源控制系统；排 / 送风系统。
- 电梯最大载重量：1300kg。
- 电梯使用划分：将电梯分成两部分，其中两部为高层电梯，在 10 层以下不停，三部为低层电梯，最高只能上到 14 层。

2.3.2　需求定义的概念

需求定义阶段主要是收集需求，与需求者（客户或用户）一起定义、验证所收集的需求，并提交需求规格说明书。需求定义阶段明确了系统所要实现的功能以及所要达到的性能，是整个系统开发的目标。

下面给出影响需求定义的几个概念。

（1）功能性需求

功能性需求是系统功能的陈述，明确系统应该提供什么功能。如电梯控制系统中的一个功能需求就是：当电梯求生系统开启时，电梯自动控制系统开启应急电灯。

（2）非功能性需求

非功能性需求指与系统功能行为没有直接关系但用户可见的系统部分，是系统的特定特性，以保证功能的正常实现、优化产品的功能或者限定产品应达到的目标值。非功能性需求对确定系统的结构和系统选用的技术等进行了约束，包括定量约束，如响应时间或精度等。

最常见的非功能性需求有：

1）系统处理速度；

2）可靠性；

3）可用性；

4）安全性；

5）耐用性；

6）产品的最终价格；

7）系统的尺寸和质量；

8）系统的功耗。

例如在需求中提出：要保证电梯在运行过程中的安全性。因为安全性是性能需求，为了保证其安全性，在设计过程中就要想到电力系统的设计、上行和下行的设计、求生系统的设计等与电梯安全性的密切相关的设计。

（3）伪需求

伪需求是客户强加的需求，它约束系统的实现。典型的伪需求是实现系统的编程语言和运行平台。

（4）需求描述的要求

需求定义的最终目的是要获得没有二义性的、全面的、详尽的目标需求。因此，需求规格说明要满足正确性、完整性、一致性、清晰性、现实性、可验证性、可追溯性等要求。

1）正确性：正确地表达和描述客户感兴趣的事实。

2）完整性：在进行需求分析时能用用例完整地表达每一个客户感兴趣的现象。

3）一致性：在用例描述时，所有的概念都与同一事实的现象对应。

4）清晰性：在用例描述时，每一个概念都只有一个现象，不会产生二义性的理解。

5）现实性：在用例描述时，描述可以存在的事实。

6）可验证性：一旦系统建立，如果可以设计一个可重复的实验来演示系统满足了需求，那么说明是可验证的。下面几个例子都是不可验证的。

- "产品应有一个好的用户界面。"这里的"好的"没有一个可验证的标准。
- "产品应是没有错误的（需要建立大量资源）。"这里的"没有错误"也是一个不可验证的标准，对于一个软件而言，怎样才算是没有错误？

- "对大多数情况，产品应在 1s 内对用户给予响应。"虽然这里有一个非常明确的量化的目标"1s 内"，但是，"大多数情况"是一个不明确的概念。

7）可追溯性：如果每个系统功能都可以被追溯到相应的需求，那么系统规格说明是可追溯的。可追溯性不是对系统规格说明内容的约束，而是对它的组织的约束。可追溯性有助于开展系统测试和需求设计的系统验证。

（5）确定一致的术语

开发人员和用户合作时遇到的第一个障碍就是术语不通。为了与客户沟通，开发人员需要与客户确认一些不确定的词语以及应用域的专业术语。同一个术语在不同的上下文中意思不同，这就导致了误解的产生。虽然最后开发人员学会了用户的术语，但是当新的开发人员加入该项目后，这个问题就会再次出现。因此，开发人员应确定、命名并且明确地描述这些用词与术语，最后将它们编入一个术语表。

术语表包含在系统需求规格说明中，并且在最后放入用户手册。开发人员将术语表与系统规格说明同步升级。术语表有很多好处：新加入的开发人员面对一系列一致的定义，每个术语用来表达一个概念（取代开发人员术语和用户术语），并且每个术语有一个精确的正式含义。

（6）描述的层次

可以通过以下几个层次进行需求描述：

1）系统工作流程，这部分需求描述与系统相关的用户的工作过程。系统支持的那部分过程被描述，但重点是定义用户与系统的边界。

2）系统业务功能，这部分需求描述系统提供的与应用域有关的功能。

3）系统支持功能，这部分需求描述不直接与应用域相关的系统支持的功能，包括文件管理功能、分组功能、撤销功能等。当我们讨论已知的边界条件，如系统初始化、关闭和例外处理机制时，会在系统设计时扩展这些用例。

4）人机交互，这部分需求描述用户和系统用户界面之间的交互作用，重点是解决控制流程和交互设计。

2.3.3 联合应用设计

联合应用设计（Joint Application Design，JAD）是 IBM 在 20 世纪 70 年代末开发的，是一套面向结果的头脑风暴式的方法，至今仍然是非常有效的需求定义方法。它由固定的、结构化的过程组成，需求定义工作是在一个所有相关人员参与的封闭工作环境中完成的。用户、客户、开发人员和一个训练有素的会议领导者集中在一间屋子里谈论他们的观点、倾听别人的观点，共同协商，最后形成一个所有人都能接受的解决方案，工作的成果就是最终的 JAD 文件，它是一个完整的系统规格说明文件，包括数据元素、工作流程和用户界面等。

如图 2-1 所示，JDA 主要包含项目定义、调研、会议准备、会议和准备最终文档五项活动。

2.3.4 嵌入式系统需求定义中常见的问题

在嵌入式系统需求定义中，常见的问题有：

1）系统用于什么任务？

2）什么时间交付？

3）希望系统具有哪些功能？它能完成哪些任务？

4）系统从用户或其他源接收什么输入？

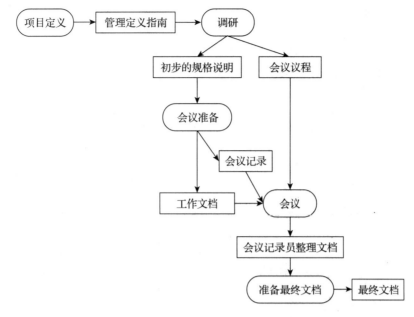

图 2-1　JAD 活动（UML 活动图）

5）系统向用户或其他源输出什么？

6）用户想要如何同系统打交道，即进行什么样的人机交互？如果通过小键盘输入和显示屏输出，显示屏显示什么内容以及如何规定显示方法？

7）系统的质量和体积如何？

8）系统连接何种外部设备？

9）系统是否需要运行某些现存组件？

10）系统处理哪种类型的数据？

11）系统是否要与别的系统通信？

12）系统是单机还是网络系统？

13）系统的响应时间是多少？

14）需要什么样的安全措施？

15）系统在什么样的环境下运行？如操作温湿度和环境参数说明。

16）外部存储媒介和内存需要多大？

17）系统的可拆装性、可靠性和牢固性的期望值是什么？

18）如何给系统供电？

19）系统负载如何？系统负载是一项重要内容。系统在过载的情况下可能导致失效。系统负载越大，需要的功耗就越大。

20）是否使用传感器？传感器的灵敏度、精度、分辨率和精确度的要求是什么？

21）系统如何向用户通报故障？

22）是否需要手动或机械代用装置？

23）系统是否将具有远程诊断或更正问题的功能？

24）系统的最大可承受成本是什么？

25）其他问题。

2.4　软硬件协同设计

确定客户需求后，就要开始嵌入式系统的软硬件设计了。嵌入式系统的软硬件是相互影响、相互制约、相互补充的。软硬件设计包括需求分解、软硬件选择、方案设计等，软硬件选择包括处理器、硬件部件、操作系统、编程语言、软件开发工具、硬件调试工具、软件组件的选择等。嵌入式系统的设计必须根据具体的应用要求，如功耗、成本、体积、可靠性、处理能力等指标来进行选择和设计。因此，选择合理的软硬件设计方法是系统分析员应做的一项重要工作。

传统的嵌入式系统设计将硬件和软件分为两个独立的部分，称为软硬件分开设计。软硬件分开设计在系统优化时，由于设计空间的限制，只能改善硬件与软件各自的性能，不可能对系统做出较好的综合优化，得到的最终设计结果很难充分利用软硬件资源，难以适应现代复杂的、大规模的系统设计任务。

软硬件协同设计是为解决上述问题而提出的一种全新的系统设计思想。软硬件协同设计方法从给定的系统任务出发，综合地分析系统任务和协调各任务所需资源，依循有效的设计规则，在满足系统指定目标的前提下最大限度地利用软硬件资源，达到系统性能和资源利用率的最优平衡点。这种设计方法最主要的优点就是在设计过程中，硬件设计和软件设计是相互作用的，这种相互作用发生在设计过程的各个阶段和各个层次。设计过程充分体现了软硬件的协同性。在进行软硬件功能划分时就考虑到现有的软硬件资源，在软硬件功能的设计和仿真评价过程中，软件和硬件是互相支持的。这就使软硬件功能模块能够在设计开发的早期互相结合，从而及早发现问题、及早解决，避免了在设计开发后期反复修改系统以及由此带来的一系列问题。这样也有利于缩短系统开发周期、挖掘系统潜能、缩小产品的体积、降低系统成本、提高系统整体性能，避免由于独立设计软硬件体系结构带来的弊端。

2.4.1　软硬件分开设计

传统的嵌入式系统设计采用的是软硬件分开设计，其设计思想是根据需求分析得出系统的基本功能，然后系统分析员依据工作经验粗略地把需求功能分配到硬件和软件中，分别进行硬件设计、软件设计，在软硬件分别实现后，再把软硬件集成，如果集成出现问题，则要重新修改设计，如图2-2所示。

1. 先硬件后软件设计

在软硬件分开设计中，以先设计硬件后设计软件为主要设计模式。也就是说，在粗略地估计任务需求的情况下，首先进行硬件设计与实现，然后在此硬件平台上，再进行软件设计与实现。通常情况下，先建立一个高层硬件设计，为软件设计和实现制定约束和规定，并绘制一个硬件的原理图作为软件设计时的参考。对大多数项目来说，先做硬件设计再做软件设计是一个实用的方法。这种设计思想认为软件是硬件的有益补充和完善，主要是沿袭早期的嵌入式系统以硬件为主的设计方法。

先硬件后软件的设计过程一般是：设计硬件子系统、定义硬件接口、设计软件子系统、定义软件接口、软硬件集成测试，如果达到设计要求，则通过，如果达不到设计要求，则返回硬件设计阶段，重新进行软硬件的系统划分，如图2-3所示。

按照常规的工程设计方法，嵌入式系统的开发是在先硬件后软件的基础上进行的。按照一般的设计原则，对于先硬件后软件的设计过程，其设计的重心在硬件子系统的设计与实现上。

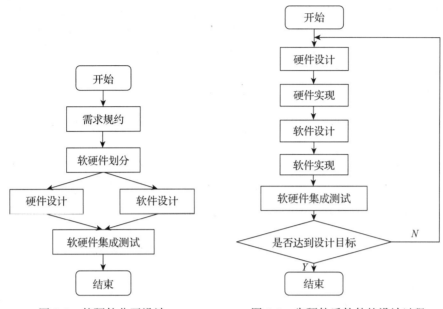

图 2-2 软硬件分开设计　　　　图 2-3 先硬件后软件的设计过程

（1）设计硬件子系统

嵌入式系统的硬件组件来源一般有三种渠道：一是直接选用已成形的硬件组件；二是对一些成形的硬件组件进行适当的修改；三是自己设计硬件组件。这里主要介绍自己设计硬件组件的一般过程。

硬件子系统的设计一般采用自顶向下（Top-Down）的设计方法。设计硬件子系统时，先将硬件分成各部分或模块，画出一张或多张硬件部件的框图，用一个框图表示一个单独的电路板或电路板的一部分（如处理子系统、存储子系统、外设等可以作为一个模块）。除非硬件设计非常简单或使用现成的板卡，一般需要把电路逻辑分割成大致对应于各功能的一些部件，这些功能将由某个成品芯片、某个需要制备的 PAL（可编程阵列逻辑）芯片提供。

硬件功能的实现主要有 5 个关键步骤。

1）功能定义。根据系统需求确定产品功能。

2）原理图设计。这是硬件设计的中心环节。在设计之前，要熟悉本系统的特点并了解当今电子行业的发展，用最优化的方法解决每个问题。原理图要做到标准化、通用化、模块化、可扩展性等。原理图设计一般包括：电源设计、复位电路设计、时钟电路设计、接口电路设计（包括 Flash 接口、JTAG 接口、USB 接口、键盘输入接口、LCD 接口、GPS 接口等）等。

3）PCB 设计。当今的 PCB 板制造技术向高密度、高精度、细孔径、细导线、细间距、高可靠、多层化、高速传输、轻量、薄型的方向发展。PCB 在设计时要注意合理布局、对系统电源入口做高低频滤波处理、时钟电路尽量靠近芯片、高速总线走线尽量等长、差分信号线要平行等长、走线规范等事项。

4）制板组装。一般制板都是交给专业公司完成的，但元器件的焊接等可能需要自己完成，一般在研发阶段由硬件设计人员自己焊接组装，在生产阶段则由专门的人员焊接组装。

5）硬件调试。硬件调试一般包括电源调试、各分模块调试、对比调试、时钟调试、复位调试等。硬件调试需要经验和严谨的工作态度，否则很难设计出成功的产品。

（2）设计软件子系统

软件子系统的设计主要依据硬件组件提供的环境进行。长期以来，由于硬件组件自身的处理速度和处理能力上的有限性，导致系统软件不能处理大量的、复杂的程序，因此，在嵌入式系统中，软件子系统一直是硬件组件的完善和有益补充。但是，随着硬件处理器处理速度和处理能力的提高，嵌入式系统中软件部分的设计已由原来处于硬件附属品的地位上升到与硬件设计同等重要的位置。

软件子系统的设计一般包含以下几方面的内容：

1）定义软件接口；

2）规定系统启动和关闭过程；

3）规定出错处理方案；

4）监视计时器。

对于软件子系统的设计方法和设计要求，本书将在第 4 章中进行系统的介绍。

（3）先硬件后软件设计存在的问题

长期以来，嵌入式系统的开发一般都采用这种先进行硬件设计，再进行软件设计，最后集成调试的方法。但是，随着嵌入式系统的深入应用和硬件处理器处理能力的不断发展，这种设计方法暴露出越来越多的不足之处：

1）过多地依赖系统分析员的经验；

2）如果出现问题，又要返回重新设计；

3）只能用于系统规模比较小的嵌入式系统开发。

2. 先软件后硬件设计

先设计软件指的是先设计与硬件无关的软件部分，如一些数据处理算法等。与硬件关系密切的软件要等到硬件确定之后再进行设计。有些情况受外部环境的限制，如人员问题、决策层迟迟不能批准使用什么样的处理器或接口、一些具体的电路选型没有确定等，都可能推迟硬件的设计。

先设计软件后设计硬件的方法主要应用在算法很复杂的场合，在嵌入式系统的开发过程中很少采用，在此不做深入探讨。

2.4.2　软硬件协同设计模型

软硬件协同设计流程可以概括为系统分析与设计、软硬件划分、软硬件设计、系统集成四个阶段，如图 2-4 所示。

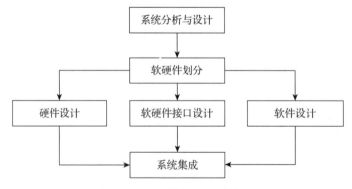

图 2-4　软硬件协同设计流程

（1）系统分析与设计

在讨论系统的需求分析和设计方案时，应该由软硬件开发人员共同参与、共同确定方案。软件设计人员必须了解硬件设计的种类和硬件设计小组可能遇到的问题种类，还必须了解硬件的可行性及其性能；同样，硬件设计人员也应该了解软件能实现到什么程度、软件对硬件的要求等。通过分析系统的行为对系统进行建模，建模工具可以选择 UML、SystemML、AADL 等。

（2）软硬件划分

软硬件划分是软硬件协同设计的关键技术，对降低研发成本、提高系统性能至关重要。硬件的特点是速度快、并行处理稳定，但实现成本高；软件的特点是灵活、成本低，但运行慢且并行处理不稳定。软硬件划分的目的是找到一种在设计约束下优化系统目标（硬件面积、执行时间、功耗等）的设计实现。其中，软件模块将在处理器上作为顺序指令执行，以提供灵活性并降低系统成本。硬件模块在 ASIC（Application Specific Integrated Circuit，专用集成电路）或 FPGA（Field Programmable Gate Array，可编程逻辑门阵列）上并行运行，以提高系统的性能。在该过程中，对上一步建立的系统模型在综合考量成本、时效性、功耗、硬件面积等因素的情况下划分软硬件模块，产生硬件描述、软件描述和软硬件接口描述三个部分。划分方法有基于经验的划分、规划式划分、构造式划分和搜索式划分等。

（3）软硬件设计

根据上一阶段产生的硬件描述、软件描述和软硬件接口描述，进行具体的硬件设计、软件设计以及接口设计。

（4）系统集成

将软硬件模块进行集成调试，在嵌入式设备上实现完整的系统。

图 2-5 所示的软硬件协同设计流程从目标系统构思开始。对一个给定的目标系统，经过构思，完成其系统整体描述，然后经过模块的行为描述、对模块的有效性检查、软硬件划分、硬件综合、软件编译、软硬件集成、软硬件协同仿真与验证等各个阶段。其中软硬件划分后产生硬件部分、软件部分和软硬件接口界面三个部分。

图 2-6 所示的软硬件协同设计流程对每个子过程进行了详细的描述，尤其是在设计一些包含复杂算法的系统时，确定系统说明文档之后，先建立高级算法模型，然后再考虑软硬件的划分，这样可以更好地分析算法的实现方法，比如用硬件实现还是用软件实现等。硬件部分遵循硬件描述、硬件综合与配置、生成硬件组建和配置模块；软件部分遵循软件描述、软件生成和参数化的步骤，生成软件模块。最后把生成的软硬件模块和软硬件界面集成，并进行软硬件协同仿真，以进行系统评估和设计验证。

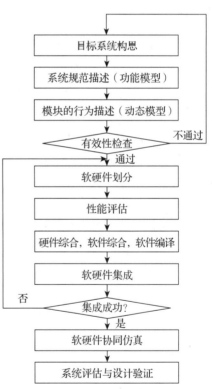

图 2-5　软硬件协同设计模型 1

2.4.3　软硬件协同的嵌入式系统分析与设计

与传统的软硬件分开设计所不同的是，软硬件协同设计模型由原来单纯把重心放在硬件组件的设计和实现上，发展到强化软硬件任务划分、软硬件接口设计等工作内容。当确定软硬件各自的任务后，硬件子系统设计和软件子系统设计都按分开设计的方法同时进行。在硬件与软件分开设计的同时，还不断进行软硬件任务的重新划分和修改，进行功能微调。

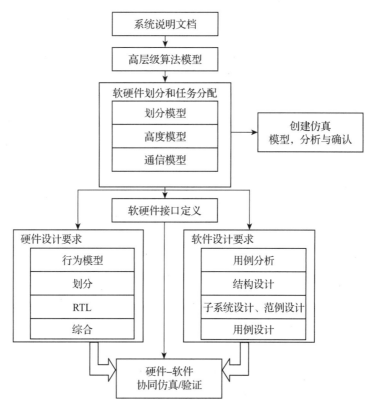

图 2-6 软硬件协同设计模型 2

系统软硬件协同设计的整个流程从确定系统需求开始，包括系统需求的功能、性能、功耗、成本、可靠性和开发时间等。这些要求形成了由项目开发小组和市场专家共同制定的初步说明文档。

系统设计首先要确定所需的功能。复杂系统设计最常用的方法是将整个系统划分为较简单的子系统及其模块组合，然后以一种选定的语言对各个系统对象子系统加以描述，产生设计说明文档。

1. 系统描述与系统分析

系统描述将系统功能全面表述出来，是完整的规范和系统需求，如产品功能和任务、交付时间表、产品生命周期、系统负载、人机交互、操作环境、传感器、功耗需求和环境、系统开销。

系统分析对系统描述进行系统建模。系统建模是一个重要环节，系统建模就是建立系统的软硬件模型、优化系统描述的过程。对于不同的应用，建立模型的方式和使用的描述语言也不同。系统建模由设计者手工完成，也可借助 CAD 工具实现。传统的系统建模方法通常是在系统的输入和输出之间建立一种简单的对应关系，并且常常使用非正常语言甚至自然语言来描述。这就容易导致系统描述不准确，在后续过程中反复修改系统模型，从而产生使系统设计复杂化等问题。软硬件协同设计就是要全面描述系统功能，精确建立系统模型，深入挖掘硬件之间的协同性，以便系统能够稳定高效地工作。

　　系统建模对系统的性能影响极大，它不仅直接影响系统的开发造价、周期、工作、环境等外观因素，而且与系统的稳定性、可维护性等隐性指标密切相关。

　　具体来说系统模型应明确体现下列因素。

　　（1）性能描述

　　性能描述反映的是系统的整体面貌及体系结构。它应该明确或隐含地说明系统输入、输出、相关的中间状态及其相互之间的关系。性能描述应系统、全面，尽量把所有可能的因素都表述出来。

　　（2）功能特点

　　这是系统应该完成的基本功能，它应明确表述各项功能特点与系统输入、输出及中间状态之间的关系，以便对系统描述进行核实。

　　（3）技术指标

　　技术指标是评价系统质量的指标体系，常常表现为价格、速度、字长、可靠性等。

　　（4）约束条件

　　约束条件将明确规定技术指标的适用范围、系统的工作环境要求及系统性能的缺陷和不足等。它们是确保系统正常工作的环境要求，是系统性能好坏的具体体现。在系统建模时，要选择合适的描述语言和合理的处理方法，传统的描述方法已经不能满足软硬件协同设计的要求，一些新的技术正在研究开发中。

　　系统建模的方法有很多，可采用 UML 进行描述，也可采用传统的方块图和 CRC 卡片法等进行系统建模。例如对于一个 GPS 地图显示系统，我们可以用方块图米表示其系统架构，如图 2-7 所示。

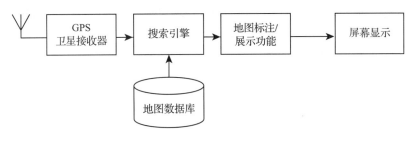

图 2-7　GPS 地图显示系统

2. 系统设计

　　系统分析并没有说明系统如何做到被要求的事项，只对事项做了描述。描述如何做到这些事项的步骤是在系统设计时进行的。系统设计是把抽象的系统描述转换成具体的可实现的系统方案，主要任务是构建系统架构，即对整体系统结构进行规划，说明用哪些组件来构建系统。

　　对于嵌入式系统来说，系统架构设计可以分为软硬件功能分配和系统映射两个阶段。

　　（1）软硬件功能分配

　　确定系统功能的具体实现形式，如确定哪些功能由硬件模块来实现、哪些功能由软件模块来实现。软硬件功能分配可能对系统模型中的功能分解重新规划。

　　由于硬件模块的可编程性和嵌入式系统的变异性，软硬件的界限并不十分清晰，因此软硬件的功能划分是一个复杂而艰苦的过程。一方面是由于软硬件划分的研究工作还处在初级阶段；另一方面是由于这一问题内在的复杂性，在进行软硬件功能分配时，既要考虑市场可以提供的资源状况,又要考虑系统造价、开发周期等因素。

(2)系统映射

根据系统描述和功能分配选择并确定系统的体系结构,它将决定产品最终的整体面貌。具体地说,这一过程就是确定系统将采用哪些硬件模块(如微处理器、微控制器、存储器、ASIC、DSP、FPGA、I/O 接口部件等)、软件模块(如操作系统、驱动程序、功能程序等)以及软硬件模块之间的联系媒介(如总线、共享存储器、数据通道等)。

系统模型是对软硬件进行合理划分的基础,但软硬件的划分会反过来影响系统模型。因此,建立系统模型也是一个不断完善和不断迭代的过程,比如常常由于软硬件划分的不合理和不确定性,要返回修改系统模型。因此,在系统建模过程中,要注意以下几点:

1)注意各相辅功能间数据交换的方便性,以及不同功能彼此间的同步化,确保系统在执行时能满足所需要的时间限制。

2)系统应有良好的调度机制,以确保各个共享的特定资源的进程能正常执行。

3)在确定系统模型的好坏之前,要先确定用来进行评估的标准,比如成本、执行时间、内存的多少、使用处理器的增减等。

2.4.4 软硬件任务划分与软硬件接口设计

1. 软硬件任务划分

系统模型是对系统初步的粗粒度划分。依据这个粗粒度的划分进行第一次的软硬件任务分配。在进行软硬件划分时,需要将系统需求根据设计目标和设计约束,分解出硬件的功能需求和非功能性需求,并进一步细化硬件需求。

进行软硬件的划分是协同设计的关键,划分合理与否将直接影响后续的设计与开发。一般,软硬件的划分步骤可分为如下 6 步,如图 2-8 所示。

- 第 1 步:根据系统需求,建立一个可以用来表达整个系统的模型。
- 第 2 步:根据系统模型,定义系统最终实现的目标平台的软硬件映射,如所使用的 CPU 类型、DSP、内存容量、硬件模块、操作系统、总线等。
- 第 3 步:定义用来评估系统设计优劣的评估准则,以及必须满足的设计条件限制。
- 第 4 步:定义系统分割最终所要完成的目标函数。
- 第 5 步:系统模型迭代过程,确定是否是最合理的划分方案。
- 第 6 步:分开进行软硬件的设计。

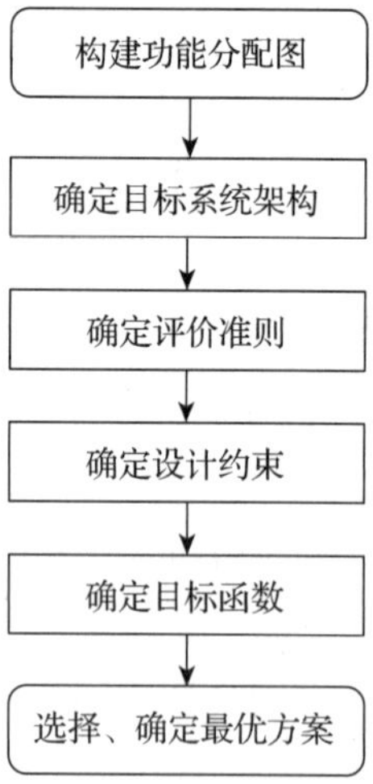

按照上述步骤,对于图 2-7 所示的 GPS 卫星地图显示系统进行第一次软硬件功能的划分,如图 2-9 所示。

在图 2-9 的硬件功能图中,除了 CPU 之外,还描述了系统需要的某些外围设备;在软件功能图中则更清楚地描述了每一个功能之间的关系。

图 2-8 软硬件划分的步骤

软硬件划分的方法有多种,可以按功能层次进行软硬件的任务分割,比如常见的 4 层分割法。它的分割原理是按照功能把一个系统分成 4 个等级,最上面一层是功能程序层(function/process level),第二层是流程控制层(control level),第三层是基本块层(basic block level),第四层是指令层(instruction level)。

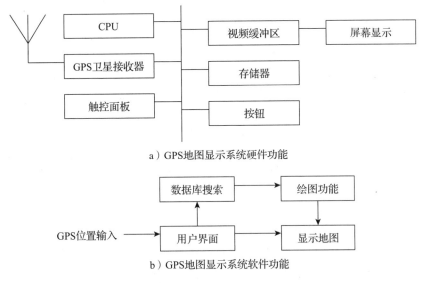

a) GPS 地图显示系统硬件功能

b) GPS 地图显示系统软件功能

图 2-9　GPS 卫星地图显示系统软硬件功能划分

　　此外，还可以借助计算机辅助工具进行软硬件的划分，还有人提出用启发式（heuristic）的算法（如 greedy method）进行软硬件划分，也有人提出与数学概率有关的算法，如退火模拟法（simulated annealing）、基因算法（genetic algorithm）等。美国的 Daniel D. Gajski 等人总结出软硬件划分的几种算法，即贪心算法、爬山算法、二分约束搜索算法等。

　　不管采用什么样的软硬件分割方法，描述离真正的结果还有很大一段距离，但是通过第一次较严格的划分，我们对系统软硬件这两大块组件有了更清晰的认识。我们可以在这个基础上进行探讨和功能划分。

　　在划分功能中，用硬件实现会使系统处理速度加快，但系统成本也会提高，不过这并不是绝对的。因为用软件实现需要进行软件开发，同时系统需要存放更多的程序代码，必定需要更大的 ROM，并且对处理器的要求更高，也会提高系统的成本。

　　使用的硬件越多，开发的风险越高，这是因为修改软件只是找到某个软件缺陷并加以修改，而修改硬件要复杂得多，需要更大的修改成本和更长的修改时间，有可能导致产品因没有及时推出而失去市场。

　　要完整地描述划分的决策问题，需要多个目标函数，其中包括多种体系结构、目标技术、设计工具等。决定如何划分软硬件是复杂的优化过程，嵌入式系统在设计时需要满足许多需求，例如价格、性能、标准、市场竞争力、产品所有权等。这些相互冲突的需求使得为嵌入式产品建立一个优化的划分非常困难。

　　划分决策无疑依赖于系统所采用的处理器，以及开发人员如何在硬件平台上达到实现总体设计的目的。开发人员可以从数百种微处理器、微控制器及专用集成电路中进行选择，这不仅会影响划分决策，也会影响对开发工具的选择等。

　　在理论上，只有弄清了所有可能用于解决问题的方法后，才能做出划分决策。越晚做出划分决策，划分决策就越成功。然而，只有当硬件平台建立后才能高度分析整个系统，因此过晚做出划分决策会延长整个开发周期。而且如果太晚做出决策，在硬件小组制作完成电路板之前，软件小组可能在很长一段时间内无事可做。

2. 软硬件接口

软硬件的划分不是简单地将功能分解，在进行软硬件任务分配时已经在进行系统的架构设计了，其中，非常重要的部分是软硬件的接口设计。嵌入式系统的软硬件接口，从基本的寄存器到高级的系统接口都非常重要。在进行软硬件任务分配时，我们主要考虑系统的软件与硬件之间的接口，以及那些影响最终软硬件集成、调试的软硬件接口。

对于软硬件的接口，微处理器的指令集架构起到了桥墩的作用。这个指令集架构为软件层与硬件层的接口提供了基本保证。通常，指令集架构包括如下内容。

1）就软件而言，指令集架构提供了汇编语言。一连串的汇编语言形成了一段程序代码，描述微处理器应有的行为动作，同时意味着微处理器该有的运行流程，这是最底层的接口，即最接近硬件的接口。

2）就硬件而言，指令集架构提供了寄存器，即可以暂时存放数据的空间。在微处理器的架构中，会提供一组用户看得见的寄存器。

嵌入式系统的软硬件接口的设计与实现，基于硬件设计中定义的一些专用寄存器，在软件层设计中通过对这些寄存器的状态与参数设置与所有周边设备进行沟通。有些寄存器用来控制外围设备的行为，有些用来显示外围设备的状态，有些则用来存放数据。无论如何，外围设备的规格书中一定都是这些寄存器的字段意义与使用方法，因此，编写驱动程序的第一步就是细读这些规格说明书，以了解该外围设备提供的寄存器的作用与使用方法。

软硬件接口设计的主要任务是基于基本指令集完成驱动程序的编写工作。驱动程序是硬件组件与软件组件之间的桥梁。

目前采用板级支持包（BSP）作为软硬件接口的主要处理模式。在操作系统运行以前，BSP 构成了整个嵌入式系统的软件环境，管理着存储器、中断等几乎所有的硬件资源。比如，Motorola DragonBall VZ328 微处理器的 Bootloader 程序，它包含的 BSP 功能主要由三部分构成：

1）上位机与硬件平台的通信程序；

2）硬件平台初始化；

3）硬件平台监控程序。

开发一个性能稳定可靠、可移植性好、可配置性好、规范化的板级支持包将大大提高实时操作系统各方面的性能。在目标环境改变的情况下，实时操作系统的板级支持包只需要在原有的基础上做小小的改动，就可以适应新的目标硬件环境，这将显著减少开发成本并缩短开发周期。

软硬件接口的另一项重要工作是进行硬件的初始化。初始化代码（或者叫作启动代码）使处理器从复位状态进入操作系统能够运行的状态，也就是在把控制权交给操作系统或应用程序之前，硬件和底层软件（驱动）所必须做的一些工作。通常需配置存储控制器、处理器缓存并初始化一些设备。在一个简单的系统中，操作系统可被一个简单的任务调度器或调度监控器所代替。因此，这些启动代码要写入所谓的 ROM 中，以保证硬件与软件之间的最底层接口。

3. 软硬件协同模拟

在软硬件协同设计的过程中，最重要的工作就是做好不同模拟器间的数据交换，这种通信管道的建立可以分为主从式架构与分布式架构。在主从式架构下，主设备端（master）可以通过函数的调用得到从设备端（slave）的数据，使用这种模式的缺点在于两端无法同时进行运算，也就是说，当一端进行模拟时，另一端必须停下来等待数据。在分布式架构下，可以采用网络协议 TCP/IP 进行数据的同步模拟。

2.4.5　仿真验证

系统评价与验证是检查系统设计是否正确的过程，即对设计结果进行正确的评估，以避免在系统实现过程中发现问题时再进行反复修改的弊端。目前仿真验证是系统评价的重要手段，在嵌入式系统的开发过程中，仿真验证贯穿整个开发过程。

由于在系统仿真过程中，宿主机 CPU 往往比嵌入式系统目标机的 CPU 快得多，这就难以保证模拟结果的真实性。另外，由于仿真的工作环境和实际使用时的工作环境差异很大，软硬件之间的相互作用方式及作用效果也不同，这就难以保证系统在真实环境下工作的可靠性，因此系统仿真的有效性是有限的。

仿真验证分为软件仿真和硬件仿真。

（1）软件仿真

在硬件与软件协同验证中，硬件由 Verilog 或 VHDL 代码表示，为软件形成虚拟的硬件平台。在没有实际硬件的情况下，软件开发人员通过编写程序来虚拟不存在的硬件。

目前常用的仿真软件可以分成两种类型。

1）一种软件仿真属于系统层的仿真环境，内置了嵌入式操作系统核心及相关系统模块（如 TCP/IP 协议堆栈）等。这种仿真环境可以让用户直接在该环境中开发应用程序或通信协议。通过验证的仿真程序可以直接放到目标平台上执行，iOS 和 Android 都提供了这一类模拟环境，但是难以模拟基于手机摄像头的应用开发。

2）另一种仿真软件属于目标层的模拟环境，这一类模拟环境建立了所谓的指令集仿真，主要是仿真微处理器的指令执行状况，通常用来开发比较注重性能的程序，利用仿真环境反复修正程序代码，以观察整个目标码的执行状况。但是，这样的仿真环境通常是仿真指令，所以执行速度比较慢，并不适合开发大型程序。这种仿真软件通常是微处理器厂商提供的工具，例如 ARM 的 ARMulator。

（2）硬件仿真

相较于软件仿真，硬件仿真比较简单。目前用于软硬件协同设计的仿真验证工具有很多，而且这些仿真软件功能都非常强大，例如 Matlab 不仅可以进行系统层的模拟验证，还可以直接生成 DSP 的 C 程序代码或组合的 HDL。这些工具通常可以同时验证软件与硬件的行为，如 Mentor 公司的 Seamless 验证工具同时执行三套模拟环境：一套为软件仿真环境，如 ARM 的 ARMulator；一套为硬件的仿真环境，如 ModelSim，仿真硬件电路的信号逻辑；第三套则将 Seamless 中的 ARMulator 与 ModelSim 串联起来。简单地讲，Seamless 是将所执行的指令仿真成微处理器总线的信号，然后通过接口的连接将信号传递到 HDL，再通过硬件仿真的软件表现出来。这样的软件工具适用于软硬件协同设计，比较适合系统层的规划。

近年来，形式化评价技术进步迅速，越来越受到人们的重视，特别是对安全性要求较高的嵌入式系统有其独到之处。形式化评价技术通过建立精确的数学模型，利用数学手段检测系统的正确性，因此对系统中的不确定因素及隐性指标的检查有特殊效果。

2.4.6　集成调试与综合实现

1. 集成调试

开发系统时，真正耗费时间与精力的往往是系统集成与调试这项工作。硬件与软件的集成必须使用特殊的开发工具和方法，嵌入式硬件和软件的集成过程是调试与探索的过程。就嵌入式系统的实时特性而言，它的复杂性可能导致不可预测的后果，这种结果只有当其发生时才能进行分析。

常见的嵌入式系统调试环境有两种：一种是软件调试环境，如 Angel 的 debugger 工具；一种是硬件设计环境，如 ICE。

通常情况下，嵌入式系统调试环境应满足以下三个要求。

1）运行控制。能控制处理器的开始和停止，从内存中读数，向内存中写数。

2）内存替换。为快速而简便地进行代码下载、软件调试并加快软件修改周期，应用 RAM 代替基于 ROM 的内存。

3）实时分析。实时跟踪代码流以进行实时跟踪分析。

2. 综合实现和测试

软硬件综合实现是指软件系统、硬件系统的具体设计方案经确认后，即可按设计要求进行制作与实现。系统制作即按照前述工作的要求定制硬件、设计软件，并使它们能够协调一致地工作。当整个嵌入式系统的设计与实现接近最后阶段的时候，应该进入微调的阶段，尽可能测量系统的性能是否符合当初规格中的定义，并且找出瓶颈所在。测试是这一阶段的主要工作。

测试工作包括：

1）性能评测，主要是性能测量、分析程序执行时间、追踪程序执行等；

2）程序优化，包括循环优化、高速缓存优化、省电优化、程序空间优化等；

3）程序测试，包括白盒测试、黑盒测试等。

综合实现是一个决策确认和优化的过程，但是，这个过程并不是最后才进行，而是在整个嵌入式系统开发过程中不断迭代。

在开发过程的编辑 – 测试 – 调试周期中，可以使用一些工具来提高效率。

（1）使用目标系统

目标系统包含处理器、存储器、外围设备和接口，是为了获得实际的嵌入式系统而复制的系统。和最终系统不同，目标系统和计算机结合起来可以很好地工作，如同一个独立的系统。在开发阶段可能需要重复将代码下载到其中，目标系统或其副本只在后面作为嵌入式系统工作。

为目标系统编写的代码必须嵌入存储器、内存、EPROM 或者 EEPROM，经仿真器和调试工具反复编写和修改，直到它可以按照规范中的要求进行工作，才进行嵌入操作。此后，设计者可以简单地将其复制到最终系统或者产品中。最终的系统可以使用 ROM 代替目标系统中的内存、EPROM、EEPROM。

（2）仿真器和 ICE

也可以不使用目标系统，而采用一个保持与特定目标系统和处理器无关的独立单元，即使用仿真器或者 ICE。它为在单一系统上开发不同的应用程序提供了很大的灵活性和便利。

仿真器使用由微控制器和处理器自身组成的电路。仿真器可以模拟具有扩展存储器的目标系统。ICE 使用另外带卡的电路，这个卡通过插座和目标处理器（或电路）相连。ICE 或者仿真器在开发阶段结束后就不再使用。通过复制使用 ICE 开发的代码构成电路。

（3）逻辑探测器

逻辑探测器是一种简单的硬件测试设备，它是一个类似于 LED 设备的手持笔，可以用于研究端口上的长延时效应。

（4）示波器

示波器是一种带有显示屏的显示装置，它显示两个信号的电压随时间变化的情况，它还可以显示模拟信号和数字信号随时间变化的情况。运行的时钟会在示波器上显示其状态，在相连的两个上升沿之间的水平间隔给出时钟的周期。示波器还可用作噪声检测工具和电压表，还可检测一个时钟周期内"0"和"1"两个状态之间的突变。

（5）逻辑分析仪

逻辑分析仪是一个比示波器功能更强大的工具。它可以检查载有地址数据、控制位和时钟的多个输入线路。它可以同步连续地收集、存储和跟踪多路信号，可以调试实时触发条件。

（6）位率测量仪

位率测量仪是一种测量设备，可以在预先选择的时间区间查找"1"和"0"的数量，可以测量网络的吞吐量。

第3章

实时软件分析设计方法

许多嵌入式系统都是实时系统，实时系统要求在规定的时间限制下完成所有任务的执行。这要求在进行系统设计时，任务执行时间可以根据系统的软硬件信息进行确定性的预测。实时又可以分为硬实时和软实时，"软"意味着如果没有满足指定的时间约束并不会导致灾难性的后果，而这对于硬实时系统来说却是灾难性的。软实时和硬实时之间的区别通常（隐含的和错误的）与系统的时间精度有关，典型的软实时任务的调度精度必须大于千分之一秒，而硬实时任务则为微秒级。

可以将实时系统看作一个激励/响应系统。假设有一个特别的输入激励，系统一定会做出相应的响应。因此，实时系统的行为由一个激励序列和相应的响应以及相应的时间限制来定义。激励包括周期性激励和非周期性激励。周期性激励是在固定的时间间隔产生激励，非周期性激励的产生则是不规则的。

无论什么时间发生激励，实时系统都需要做出响应。因此，系统要保证收到激励后能够立即将相应的控制传送到适当的处理单元。这在顺序程序中是不现实的，因此，正常情况下，实时系统都被设计成一组并发协作的任务。

由于实时系统的特殊性，实时软件的设计也不同于其他系统。实时软件设计除了要解决一般软件设计遇到的问题外，还要考虑一些特殊因素，如中断处理与数据传输率、分布式数据库与实时操作系统、特定的程序设计语言与同步方式等。实时软件的总体结构设计、数据结构设计和过程设计等都更复杂、更困难，同时对此类软件的测试也需要特殊的技术和方法。

3.1 实时软件分析设计概述

由于实时软件要求在指定的时间间隔内响应客观事件，因此实时系统的设计过程与其他软件的设计过程不同。实时软件开发不同于其他软件工程的特征如下：

1）实时系统的设计是受资源约束的，时间是其首要的资源；

2）实时系统是紧凑而复杂的，有关时间标准的代码一般只占很小一部分；

3）实时软件必须能检测导致故障的原因，并及时改正。

因此，实时软件设计除了要体现高质量软件的特性外，还要考虑下列问题：

1）中断与任务切换的表示；

2）由多任务或多处理机表现的并发；

3）任务间的通信与同步；

4）数据传输率的大幅度变化；

5）异步处理；

6）与数据库、操作系统、硬件及其他系统元素之间不可避免的交互。

在实时软件的设计中也应该考虑信息隐藏。信息隐藏是一个与各种系统设计都有关的设计概念，其原则是每个模块应该隐藏可能会改变的设计结果。采用信息隐藏的原因是使模块可供修改，易于理解，因此也便于维护。

3.1.1　实时系统的性能要求

实时系统的性能与功能同样重要。实时系统分析设计的关键问题是如何恰当地分配性能。在系统分析时应适当地将任务分配到硬件、软件、用户与数据库各系统元素。软件设计过程中需要很好地协调实时任务、系统中断处理、I/O 处理三者之间的关系。

实时系统的性能包括若干与时间相关的特性，如响应时间、数据传输率、故障间隔时间等。响应时间和数据传输率是常用的度量，系统往往追求最大负载（peak loading）最优值。

影响系统响应时间的因素包括：

1）任务切换（context switching）时间；

2）中断等待（interrupt latency）时间；

3）CPU 和访问存储器的速度。

数据传输率与 I/O 设备的性能、总线等待时间、缓冲区大小及磁盘性能等因素有关。

任何一个软件系统都应该具有可靠性，但实时系统在可靠性、可重新启动（restart）和故障恢复等方面有更高的要求，否则可能造成无法估量的损失。

3.1.2　实时系统的设计要素

实时系统设计有以下几个要素。

（1）中断处理

中断处理是实时系统区别于其他系统的特征之一。这是因为实时系统必须在由客观世界确定的时间间隔内响应外部激励——中断，由于多个外部激励可能同时存在，中断处理应设立优先级，保证最重要的任务总能在指定的时间约束内得到服务，即高优先级事件能中断低优先级事件的处理过程。

中断处理机制除了要妥善保存中断现场以便事后正确恢复被中断任务外，还要避免死锁和无穷循环。

大多数实时操作系统都能根据事件平均出现频率、处理事件平均所耗时间等指标动态估测满足系统功能与性能的可能性，一旦发现不能满足时间约束，系统应立即采取措施，例如将数据事先纳入缓冲区，以便快速提交系统处理。

（2）数据管理

实时系统也经常需要数据库管理功能，分布式数据库是较好的选择。采用分布式数据库，系统中的各任务能独立、快速、可靠地访问各自的数据，避免长时间在等待队列排队，使 I/O 瓶颈现象得到缓解。若数据保持合理冗余，当数据库会失效后，整个系统仍能正常工作。使用数据库会引发如何保持数据一致性和并发控制等诸多问题。

（3）选择合适的操作系统

适合实时应用的操作系统有两类：

1）为实时应用开发的实时操作系统（RTOS）；

2）嵌入实时服务例程（real-time executive）的通用操作系统。

RTOS 具有优先调度机制、优先中断机制、内存锁定（memory locking）功能，以减少程序换入、换出所用的系统开销。衡量 RTOS 的重要指标是任务切换时间和中断等待时间，它们代表系统的中断处理能力。

（4）选择合适的程序设计语言

由于性能方面的特殊要求，为实时应用选择适宜的程序设计语言也很重要。一般，用于实时系统的语言应包括多任务能力、直接支持实时功能的部件以及有助于程序正确性和可靠性的若干现代程序设计特性，如模块化、抽象数据类型、异常处理机制等。

多任务能力支持多个任务并行工作、提供任务之间的通信和同步控制。多任务能力可在操作系统或程序设计语言中实现。常用的技术包括信号量队列（semaphore queue）、邮箱（mailbox）和消息收发系统（message system）等。

3.1.3 嵌入式实时软件系统的生存周期

满足系统响应时间是实时系统设计中的一项重要任务。实时软件设计的不同之处在于必须在设计初期就考虑系统响应时间，设计过程的核心是事件（激励），而非对象或功能。

我们将嵌入式实时系统的生存周期分为以下几个阶段。

（1）需求说明与分析

针对实时系统的特点，在需求分析阶段，除了分析系统的功能、流程之外，其核心任务还包括以下两个活动：

1）识别系统必须处理的一些激励或相关的响应。

2）对每个激励和相关的响应给出时间限制，既要考虑激励的时间限制，也要考虑响应的时间限制。

（2）系统设计

系统设计的主要目的是任务分解并定义任务间的接口关系。在这个过程中，需要将激励和响应聚合到一些并发过程中。实时系统的一个较好的体系结构通用模型是将进程与激励类和响应类相连，如图 3-1 所示。

图 3-1　传感器 – 执行机构控制过程

（3）任务设计

系统设计给出系统的整体框架，任务设计是按照模块方式设计每个任务，定义模块间的接口。通常，需要设计一个调度系统（或采用实时操作系统），以保证任务都能按时启动，并在给定时间内完成。

（4）模块构筑

模块构筑完成每个模块的详细设计、编码和单元测试。在详细设计时，需要对每个激励和响应设计算法。通常，需要提前进行算法设计，如在系统设计或任务设计阶段进行，这样可以为系统的处理量和处理所需的时间提供指示。

（5）任务与系统集成

将系统各个部分集成在一个实时执行者的控制之下，并进行集成测试。

（6）系统测试

所有的系统测试和确认测试都必须在目标机环境下执行。

上述过程是一个重复迭代的过程。一旦确定了系统的体系结构和调度策略，接下来就要给出大量的评估和仿真以检验系统是否能满足时间要求。根据仿真分析，验证系统运行状况，如果系统性能不佳，则可能需要反复调整体系结构、调度策略和其他设计。

分析实时系统的时间问题是很困难的。因为非周期性激励（如故障）是不可预测的，因此要对这类激励发生的可能性做出假设，在设计系统时，需要对这些假设的激励和响应进行处理。这些假设可能不正确，但系统设计中有处理它们的程序，这会影响系统的性能。

实时系统中一定要有任务协调机制，以确保任务在共享资源时相互排斥，如一个任务在修改共享资源时，其他任务则不能修改该资源。确保相互排斥的机制有信号灯机制（Dijkstra，1968）、监视器机制（Hoare，1974）和关键区域机制（Brinch-Hansen，1973）。

实时系统一定要满足时间约束，但不是都需要硬实时系统的设计策略，因为这样会增加系统的额外开销。

3.2　结构化需求分析建模

需求定义阶段的主要工作是调研，完成需求规格说明书。需求规格说明书要与客户确认，一般用客户理解的自然语言和其应用域的专业术语描述。由于系统分析人员缺乏应用域知识、缺少背景技术知识，往往与用户意见不一致，此外，自然语言固有的不准确性以及规格说明书作者自做的假设，导致用自然语言描述的需求规格说明书可能存在二义性，例如：

1）需要一个控制系统使一座建筑物中的电梯得以更加高效的使用；

2）当前的路口信号灯控制系统过于简单，不能满足双向十六车道的交通指挥显示。

从电梯控制系统的需求描述"需要一个控制系统使一座建筑物中的电梯得以更加有效的使用"中，无法得知这个系统有什么样的具体要求、有什么样的限制，更无法进行设计。需求描述中的二义性也很明显，我们无法知道"更加高效的使用"的标准是什么。需求规格说明书中存在很多有明显二义性的地方，常见的有没有单位的数量、没有时区的时间等。

需求分析阶段主要是分析需求规格说明书，建立准确、完整、一致并且可检验的需求分析模型。需求定义阶段产生系统规格说明书，在分析阶段将系统规格说明书形式化，并详细检查边界条件和异常情况。形式化帮助我们找出系统规格说明书中存在二义性、不一致和遗漏的地方，一旦发现问题，就需要从用户和客户那里获得更多的信息以解决这些问题。需求的提出和分析是交替出现的重复和递增性的活动。需求分析模型的读者是设计、开发人员。

分析阶段的结果是将系统规格说明书转换成一个形式化或半形式化的模型，以保证所列需求是清晰的、明确的、有意义的和可测量的，并且可用于开发和测试。通过需求模型，建立用户和技术需求之间的联系，保证技术需求能充分地覆盖和分解用户需求。建模过程中，需要划分需求，区分需求的优先级，找出其中的不足和不完善的地方，这可以迫使分析人员在开发初期就识别并解决难点问题。

实时软件主要采用 C 语言开发，C 语言不是面向对象的程序设计语言，因此，我们采用结构化的方法对实时嵌入式软件协同进行需求分析建模。

3.2.1　数据流分析

数据流图简称 DFD，是系统分析方法中用于表示系统逻辑模型的一种工具，它以图形的方式描绘数据在系统中流动和处理的过程，由于它只反映系统必须完成的逻辑功能，因此它是一种功能模型。

数据流图主要作为软件系统建模中的结构化分析工具。建立数据流图要从分析系统的功能需求开始，分析系统中的数据流并确定主要的函数。用于分析的数据流图还需要包括数据字典，数据字典定义了数据流和文件所包含的数据项。

数据流图是为了在系统中实现控制信号流。这些控制信号能够描述从开关或传感器得到的离散的信号数据，同时也能包含从离散时钟得到的离散的定时信息。数据流图和控制流图结合使用，可以提供更具控制性的信息。控制流程不但与任务的输入信息有关，还依赖于系统当前所处的状态。DARTS 方法提出了状态转换管理程序，它是过程激活表的一种实现。

1. 数据流图的基本符号

数据流图由四种基本符号组成，如图 3-2 所示。

通常人们使用简化符号绘制数据流图。四种基本符号的简化符号如图 3-3 所示。

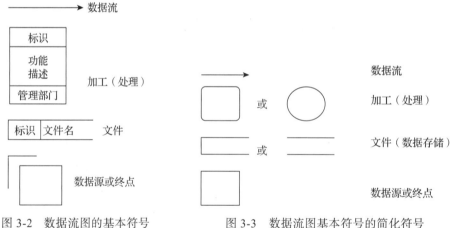

图 3-2　数据流图的基本符号　　　　图 3-3　数据流图基本符号的简化符号

除了基本符号之外，还有以下附加符号，如图 3-4 所示。

图 3-5 是一个简单的数据流图，它表示数据 X 从源 S 流出，经 P 加工转换成 Y，接着经 P 加工转换为 Z，在加工过程中从 F 中读取数据。

下面来详细讨论各个基本符号的使用方法。

2. 数据流

数据流是数据在系统内传播的路径，由一组成分固定的数据组成。如订票单由旅客姓名、年龄、单位、身份证号、日期、目的地等数据项组成。由于数据流是流动中的数据，因此必须有流向，除了与数据存储之间的数据流不用命名外，其他数据流应该用名词或名词短语命名。数据流用带有名字和箭头的线段表示，名字称为数据流名，表示流经的数据，箭头表示流向。数据流可以从加工流向加工，也可以从加工流入、流出文件，还可以从源点流向加工或从加工流向终点。

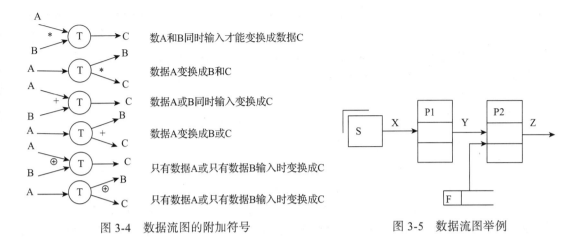

图 3-4　数据流图的附加符号　　　　图 3-5　数据流图举例

对数据流的表示有以下约定：

1）对流入或流出文件的数据流不需标注名字，因为文件本身就足以说明数据流。而其他数据流则必须标出名字，名字应能反映数据流的含义。

2）数据流不允许同名。

3）两个数据流在结构上相同是允许的，但必须体现人们对数据流的不同理解。例如图 3-6a 中的合理领料单与领料单两个数据流，它们的结构相同，但前者增加了合理性这一信息。

4）两个加工之间可以有几个不同的数据流，这是因为它们的用途不同、它们之间没有联系或它们的流动时间不同，如图 3-6b 所示。

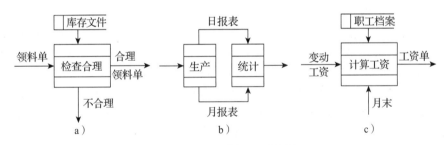

图 3-6　简单数据流图举例

5）数据流图描述的是数据流而不是控制流。在图 3-6c 中，"月末"只是为了激发加工"计算工资"，是一个控制流而不是数据流，所以应从图中删去。

3. 加工处理

加工（又称为数据处理）是指对数据进行某些操作或变换，它把流入的数据流转换为流出的数据流。每个加工处理都应取一个名字，在分层的数据流图中，还应对加工进行编号来标识该加工在层次分解中的位置。加工的名字中必须包含一个动词，例如"计算""打印"等。

对数据加工转换的方式有两种：

1）改变数据的结构，例如将数组中各个数据重新排序；

2）产生新的数据，例如对原来的数据计算总和、求平均值等。

4. 文件

文件（又称为数据存储）指暂时保存的数据，它可以是数据库文件或任何形式的数据组织。文件名应与它的内容一致，写在开口的长条内。从文件流入或流出数据流时，数据流的方向是很重要的。如果是读文件，则数据流的方向应从文件流出，写文件时则相反；如果是又读又写，则数据流是双向的。在修改文件时，虽然必须首先读文件，但其本质是写文件，因此数据流应流向文件，而不是双向的。

数据流与数据存储的区别与联系：数据流与数据存储中都是数据，只是状态不同，数据存储中是处于静止状态的数据，数据流中是处于运动中的数据。

5. 数据源或终点

数据源和终点表示数据的外部来源和去处。它通常是系统之外的人员或组织，不受系统控制。通常，数据源和终点只出现在数据流图的顶层图中。

为了避免在数据流图上出现交叉线条，同一个源点、终点或文件均可在不同位置多次出现，这时要在源（终）点符号的右下方画小斜线或在文件符号左边画竖线，以表示重复，如图 3-7 所示。

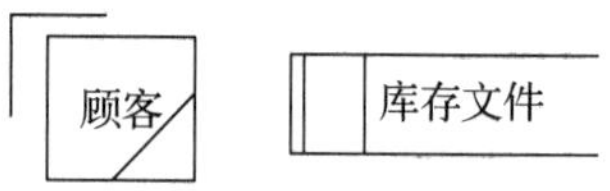

由图 3-7 可见，数据流图可通过基本符号直观地表示系统的数据流程、加工、存储等过程，但它不能表达每个数据和加工的具体含义，这些信息需要在"数据字典"和"加工说明"中加以表达。

图 3-7　重复的源点、终点或文件

6. DFD 的画法

对于不同的问题，数据流图可以有不同的画法。一般情况下，应该遵循"由外向里"的原则，即先确定系统的边界或范围，再考虑系统的内部，先画加工的输入和输出，再画加工内部。可按下述步骤进行：

（1）识别系统的输入和输出，画出顶层图

首先画系统的输入和输出，即先画顶层数据流图，确定系统的边界。顶层数据流图只包含一个加工，用以表示被开发的系统，然后考虑该系统中有哪些输入数据流和输出数据流。顶层图的作用在于表明被开发系统的范围以及它和周围环境的数据交换关系。

在系统分析初期，系统的功能需求等还不是很明确，为了防止遗漏，不妨先将范围定得大一些。确定系统边界后，越过边界的数据流就是系统的输入或输出，将输入与输出用加工符号连接起来，并加上输入数据来源和输出数据去向就形成了顶层图。

不再分解的加工称为基本加工。层号一般从 0 开始编号，采用自顶向下、由外向内的原则。画 0 层数据流图时，分解顶层流图的系统为若干子系统，然后决定每个子系统间的数据流向。顶层流图中的子系统通常是将要构建的系统及与之有交互的外部系统。

（2）画系统内部的数据流、加工和文件，画出一级细化图

从系统输入端到输出端（也可反之），逐步用数据流和加工连接起来，当数据流的组成或值发生变化时，就在该处画一个"加工"符号。同时还应画上文件，以反映各种数据的存储位置，并表明数据流是流入还是流出文件。最后，再回过头来检查系统的边界，补上遗漏但有用的输入、输出数据流，删去那些没被系统使用的数据流。

（3）加工的分解"由外向里"进行分解，画出二级细化图

同样运用"由外向里"的方式对每个加工进行分析，如果在该加工内部还有数据流，则可将该加工分成若干个子加工，并用一些数据流把子加工连接起来，画出二级细化图。二级细化图可在一级细化图的基础上画出，也可单独画出该加工的二级细化图，二级细化图也称为该加工的子图。

（4）其他注意事项

画数据流图时还需要注意以下事项。

1）命名。一般应先给数据流命名，再根据输入/输出数据流名的含义为加工命名，名字要确切，能反映整体。若碰到难以命名的情况，则很可能是分解不恰当造成的，应考虑重新分解。

2）从左至右画数据流图。通常左侧、右侧分别是数据源和终点，中间是一系列加工和文件。每个加工至少有一个输入数据流和一个输出数据流，分别反映此加工数据的来源与加工的结果。

3）各种符号布置要合理，分布应均匀，尽量避免交叉线。必要时可用重复的数据源、终点和文件符号。

4）先考虑稳定态，后考虑瞬间态。如系统启动后在正常工作状态，稍后再考虑系统的启动和终止状态。

5）画数据流而不是控制流。数据流反映系统"做什么"，不反映"如何做"，因此箭头上的数据流名称只能是名词或名词短语，整个图中不反映加工的执行顺序。

6）一般不画物质流。数据流反映能用计算机处理的数据，并不是实物，因此对目标系统的数据流图一般不要画物质流。

7）合理编号。如果一张数据流图中的某个加工被分解成另一张数据流图，则上层图为父图，直接下层图为子图。由于父图中有的加工可能就是功能单元，不能再分解，因此父图拥有的子图数少于或等于父图中的加工个数。为了便于管理，子图及其所有的加工都应按下列规则编号：

- 子图中的编号由父图号和子加工的编号组成；
- 子图的父图号就是父图中相应加工的编号。

8）注意父图与子图的平衡。子图的输入/输出数据流同父图相应加工的输入/输出数据流必须一致，此即父图与子图的平衡，这是分层数据流的重要性质。这里的平衡指的是子图的输入/输出数据流必须与父图中对应加工的输入/输出数据流相同。

9）局部文件（局部数据存储）。如果某层数据流图中的数据存储不是父图中相应加工的外部接口，而只是本图中某些加工之间的数据接口，则称这些数据存储为局部数据存储。

图 3-8 中的父图和子图是平衡的，但子图中的文件 W 并没有在父图中出现。这是由于对文件 W 的读、写完全局限在加工 3.3 之内，因此在父图中各个加工之间的界面上不出现文件 W，该文件是子图的局部文件或临时文件。

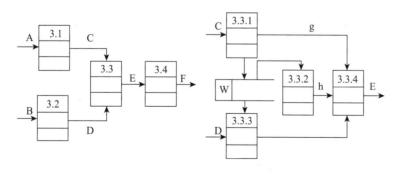

图 3-8　数据流图中的局部文件

应当指出的是，如果一个临时文件在某层数据流图中的某些加工之间出现，则在该层数据流图中就必须画出这个文件。一旦文件被单独画出，那么也要画出这个文件与其他成分之间的联系。

10）注意分解的程度，提高数据流图的易懂性。要把一个加工分解成几个功能相对独立的子加工，这样可以减少加工之间输入/输出数据流的数目，提高数据流图的可理解性。

对于规模较大的系统的分层数据流图，如果把加工直接分解成基本加工单元，在一张图上画出过多的加工将使人难以理解，也增加了分解的复杂度。然而，如果每次分解产生的子加工太少，会使分解层次过多而增加画图的工作量，也不便于阅读。经验表明，一个加工每次分解量最多不要超过七个为宜。同时，分解时应遵循以下原则：

- 分解应自然，概念上要合理、清晰；
- 上层可分解得快些（即分解成的子加工个数多些），这是因为上层是综合性描述，对可读性的影响小，而下层应分解得慢些；
- 在不影响可读性的前提下，应适当地多分解成几部分，以减少分解层数。

一般来说，当加工可用一页纸明确地表述或加工只有单一输入/输出数据流时（出错处理不包括在内），就应停止对该加工的分解。另外，对数据流图中不再做分解的加工（即功能单元），必须做出详细的加工说明，并且每个加工说明的编号必须与功能单元的编号一致。

对于一个大型系统来说，画数据流图是一项艰巨的工作，由于在系统分析初期，人们对于问题理解的深度不够，在数据流图上也不可避免地会存在某些缺陷或错误，因此还需要进行修改，才能得到完善的数据流图。

3.2.2　控制流分析

在系统/软件需求分析阶段，系统的功能模型采用数据流分析来描述，而行为模型则采用控制流分析来描述。控制流分析描述了系统或软件的功能在什么情况下执行，主要采用控制流图（Control Flow Diagram，CFD）来描述。控制流图是对数据流图的补充，在实时嵌入式系统中，系统或软件功能的执行由事件触发，在控制流图中可以描述触发系统或软件功能的事件，即控制流。

1. 目的

控制流图是作为数据流图的实时系统扩充被引入的。实时系统中的数据流分为时间连续的数据流和事件离散的数据流（控制信号或事件）两种，实时系统的状态随时间及相关事件的激励而变化。因而在实时系统中，处理（Processing）更多地取决于控制信息，而不仅是数据。控制指的是实时系统响应事件的"加工"，它在限定的时间内完成对事件的识别、输出，改变系统的状态。

在传统的数据流图中，控制流不能直接表示。为了解决实时软件的分析，相关研究者在数据流图的基础上定义了与数据流图相对应的控制流图表示方法。控制流图用于揭示系统中的控制结构，其意图是决定在何种外部、内部条件或操作模式下执行在数据流分析中定义的处理（即系统功能）。

2. 控制流图的基本符号

控制流图所扩展的图形符号可以让分析人员在描述数据流和加工的同时，描述控制流和控制加工。控制流图可分为两类：Ward 和 Mellor 扩充的控制流图和 Hatley 和 Pirbhai 扩充的控制流图。

Ward 和 Mellor 扩展的控制流图主要有 5 种扩展图形符号，这些符号可以与数据流图中原有的图形符号混用，如图 3-9 所示。

1）事件，又称为控制项，代表时间上间隔发生的数据流，取布尔值或离散值。

2）连续数据流代表时间上连续发生的数据流，用作加工的输入或输出。

3）控制加工代表由事件驱动的控制处理过程，接收控制和输入，产生控制作为输出。

4）控制存储代表为一个或多个控制提供事件源或事件存储服务的库。

5）加工代表多任务环境下同一个加工的多个对等的实例。在多任务系统中产生多个加工时使用，它相当于一些进程。

Hatley 和 Pirbhai 扩展的控制流图主要有两种扩展图形符号，如图 3-10 所示。

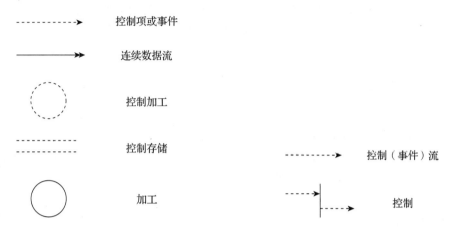

图 3-9　Ward & Mellor 控制流图的基本符号　　　图 3-10　Hatley & Pirbhai 控制流图的基本符号

Hatley 和 Pirbhai 引进了两个新的图形符号：用虚线表示控制流或事件流；用粗短实线表示控制规格说明。控制规格说明的作用是：

1）当事件发生或控制信号被感知时，指明软件的行为；

2）当某一事件发生时，激活相关加工部件。

3. 控制流图和数据流图的关系

控制流图的引入是对传统数据流图的扩充。传统的数据流图描述实时系统的静态过程模型，只能表示数据和数据的加工且图中的元素没有时间意义；而控制流图描述实时系统的动态过程模型，表示事件在加工过程中的变化，图中的元素有时间意义。引入控制流图后的实时系统模型如图 3-11 所示。

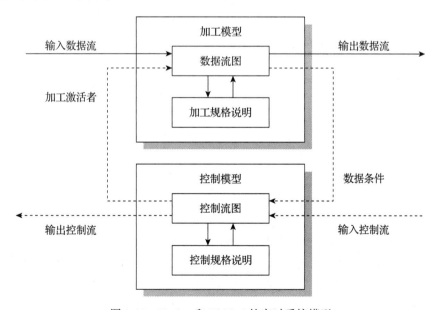

图 3-11　Hatley 和 Pirbhai 的实时系统模型

在实时系统模型中，数据流图用来表示实时系统的数据以及对数据进行操作的过程；而控制流图用来描述进程之间的控制流并刻画系统的行为特征，即每个事件所引发的系统状态变更和进程活跃情况。

过程模型和控制模型以数据流图和控制流图之间的简单对应关系互为关联。加工（过程）模型的加工（过程）规格说明可能产生事件输出，引发控制规格说明所描述的状态加工；而控制规格说明可以产生进程活跃信号，作用于数据流图。

3.2.3 状态迁移动态模型

状态迁移动态模型主要用于描述一个实体基于事件反应的动态行为，显示了该实体如何根据当前所处的状态对不同的事件做出反应。状态迁移动态模型是用于行为建模的结构化分析方法，通常利用状态迁移图（State Transition Diagram，STD）或状态迁移表（State Transition Table，STT）来描述系统或对象的状态，以及导致系统或对象的状态改变的事件，从而描述系统的行为。

1. 状态迁移图

状态迁移图通过描绘系统的状态及引起系统状态转换的事件，来表示系统的行为。状态是任何可以观察到的系统行为模式，一个状态代表系统的一种行为模式。状态规定了系统对事件的响应方式。

状态迁移图中的每一个状态代表系统或对象的一种行为模式。在状态迁移图中，由一个状态和一个事件所确定的下一状态可能有多个。实际会迁移到哪一个状态是由更详细的内部状态和事件信息来决定的，此时在状态迁移图中可能需要使用判断框和处理框。

状态迁移图指明系统的状态如何相应外部的信号（事件）进行推移。如图 3-12a 所示，在状态迁移图中，用圆圈 "○" 表示可得到的系统状态，用箭头 "→" 表示从一种状态向另一种状态的迁移。在箭头上要写明导致迁移的信号或事件的名称。系统中可取得的状态为 S1、S2、S3，事件为 t1、t2、t3、t4。事件 t1 将引起系统状态 S1 向状态 S3 迁移，事件 t2 将引起系统状态 S3 向状态 S2 迁移，事件 t3 将引起系统状态 S2 向状态 S3 迁移，事件 t4 将引起系统状态 S2 向状态 S1 迁移。状态迁移图指明了作为特定事件的结果（状态）。在状态中包含可能执行的行为（活动或加工）。

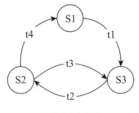

事件	状态		
	S1	S2	S3
t1	S3		
t2			S2
t3		S3	
t4		S1	

a）状态迁移图　　　　　　　　b）状态迁移表

图 3-12　状态迁移图与状态迁移表

要绘制状态迁移图，首先要找出系统中所包含的全部状态，将其用圆圈 "○" 标出，然后仔细分析各个状态之间的转换条件和转换路径，用箭头 "→" 将转换前后的对应状态相连，并在箭头上标出导致状态迁移的信号或事件名称。

状态迁移图的优点包含：

1）能够直观地捕捉到状态之间的关系，这样用眼睛就能看到是否所有可能的状态迁移都已纳入图中、是否存在不必要的状态等；

2）由于状态迁移图的简单性，能够机械地分析许多情况，可很容易地建立分析工具。

2. 状态迁移表

状态迁移表是表格形式的状态迁移图，二者在本质上是相同的。图 3-12b 所示的状态迁移表是由图 3-12a 所示的状态迁移图等价转换而来的。状态迁移图转换为状态迁移表的过程可总结为以下几步：

1）遍历状态迁移图中的每个圆圈 "〇"，将其代表的状态填入状态迁移表的表头中；

2）遍历状态迁移图中的每个箭头 "→"，将其代表的事件填入状态迁移表的表头中；

3）以状态迁移图中的每个状态为起始状态，根据与其相连的事件找到对应的转换状态，将其填入状态迁移表的表格中。

状态迁移图分析直观，在编程时，将状态迁移图转换成如图 3-12b 所示的状态迁移表会更加方便。

3.2.4　实例

下面将以一个设备控制系统为例介绍 DARTS 分析设计过程。该例子的需求如下：

1）控制设备由内部控制器和外部控制面板组成；

2）控制器控制六个转轴，并与数字 I/O 传感器交互作用；

3）转轴和 I/O 由程序控制；

4）该程序由控制面板操作启动执行；

5）提供完整的控制执行过程。

需求说明过程给出了系统功能需求（功能、输入、输出）、外部接口需求（用户界面）、状态迁移图。

功能描述：系统通过处理外部控制面板提供的按钮和开关的输入，对内部的控制器进行对应的操作。系统在运行时的**功能需求**如下：

- 按下 "上电" 按钮，系统进入上电状态；
- 上电成功后，系统进入手动状态，此时，操作者可以通过程序选择开关选择程序；
- 按下 "运行" 按钮，则选定的程序开始执行，系统转为运行态；
- 成功运行中如果按下 "停止" 键，程序被挂起。之后，操作者可以按下 "运行" 键，使程序恢复执行，也可按下 "结束" 键，结束程序；
- 按下 "结束" 键后，系统进入终止态。当程序最终终止执行时，系统返回手动状态。

输入：会有一个控制面板来控制系统的开始与停止，控制面板上有六个按钮（上电、断电、手动、运行、停止、结束）和一个开关（程序选择开关）。

输出：执行的结果会显示在显示面板中。

外部接口需求：六个按钮、一个开关和一个显示面板。

控制面板显示如图 3-13 所示。

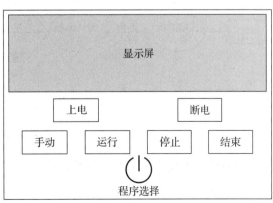

图 3-13　控制面板

系统状态迁移图如图 3-14 所示。

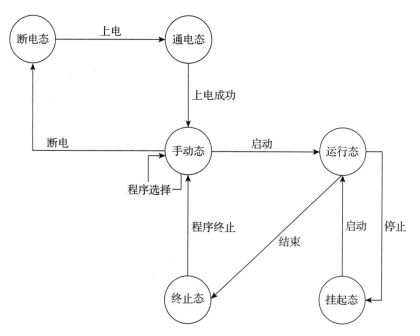

图 3-14 系统状态迁移图

设备控制系统任务数据流图如图 3-15 所示。

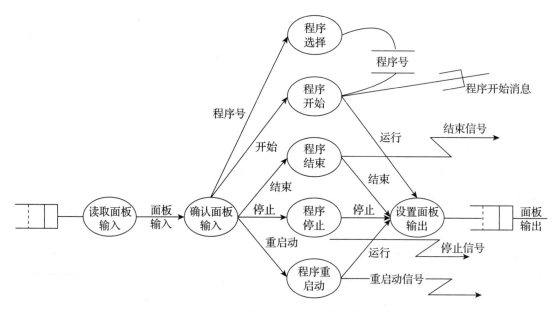

图 3-15 设备控制系统任务数据流图

设备控制系统任务模块结构图如图 3-16 所示。

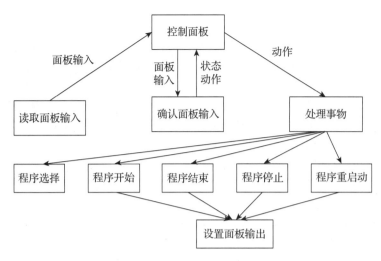

图 3-16　系统任务模块结构图

3.3　DARTS 系统设计

实时软件设计方法可分为两类：

1）对面向数据流、面向对象和面向数据的方法扩充实时能力；

2）基于有限状态机、Petri 网、消息传递机制或特殊的实时语言。

在实时系统的设计中，系统的瞬时表现是最难描述的，但同时也是最重要的因素。可以用于实时系统分析设计的方法有语言描述及数学分析、流程图、结构图、伪代码和编程设计语言（PDL）、有限状态机（FSM）、Petri 网、数据流图等方法。语言描述起说明作用，但不够明确，无法相应产生代码。数学分析精确，是一种正式的分析方法，可在此基础上进行代码优化；但难于应用，很多系统设计人员并不是都能够通过数学方式对系统进行分析。流程图对单任务系统非常适合；但没有并发处理，不能表现瞬时状态，多采用 GOTO 语句。结构图适合于小系统，鼓励自顶向下的设计方式；但没有条件转移，没有并发处理，不能表现瞬时状态。伪代码和 PDL 与编程语言接近，是正式应用的分析和设计方法；但易出错且难发现。有限状态机易于建立，方便于产生和优化代码；但没有并发处理，随着状态的增加，系统复杂性显著增加。Petri 网适合于多进程处理，对并行性有很好的表示；但应用于过小的系统时显得不必要。数据流图支持并发处理，易理解；但不易于表示同步性控制。

每种软件设计方法都有自己的长处和不足，选用哪种方法应考虑其适用的范围。鉴于上述方法的优缺点，有人对面向数据流、面向对象和面向数据的方法扩充实时能力以适应实时软件的设计。Gomma 在面向数据流的软件设计方法中，扩充了任务通信与同步的表示、状态依赖的表示以及将通常的数据流与实时客观世界连接的方法，产生了适用于实时系统设计的方法——DARTS（实时系统结构设计方法）。

DARTS 方法的任务同步采用互斥等待和信号灯交叉激活的方式实现；任务通信用消息收发机制实现。若产生消息的任务向接收消息的任务送出消息后立即等待回答，则称为紧耦合通信；反之两个任务各行其是，用消息队列缓冲消息，则称为松耦合通信。

DARTS 方法中系统设计包含数据流分析、划分任务和定义任务接口三个活动。这三个活动不是线性的，而是并行的。在结构化需求分析建模中，我们详细介绍了数据流图建模方法，下面将重点介绍实时软件中任务划分的方法。

3.3.1　划分任务

实时软件系统设计的主要目的是将系统分解成任务，并设计任务间的接口，以确定系统的整体架构。在 DARTS 方法中，系统设计是将系统分解成任务，通过任务及任务间的接口描述整个系统框架。

可将一个任务看作一段独立的顺序程序。实时软件按照任务分解系统，是因为实时任务在程序运行过程中有更高的优先级，当有实时任务请求时，系统要暂停低优先级任务，先执行高优先级任务，以保证系统的实时性。

数据流图已经进行了初步的系统功能分解，以便在图中对数据流有清楚的表示。但是，这些分解是对问题域的分解。在系统设计时，我们关注求解域，需要分析这些子系统分解，以得到求解域的实现方案所需的子系统分解，但不是直接使用需求阶段面向问题域的子系统分解。识别出系统的所有功能和它们之间的数据流后，下一步要做的是识别出并行性的功能。因此，DARTS 方法的下一步涉及怎样在数据流图上确定并发的任务。

DARTS 方法在划分任务时遵循 H·Gomma 原则，将在 DFD 中具有下列性质的某个或某组转换设计为一个独立的任务：

1）I/O 依赖性：将实现 I/O 交互功能的转换设计为一个独立的任务。

2）功能的时间关键性：将实现时间敏感功能的转换设计为一个独立的任务。

3）计算需求：将实现计算功能的转换设计为一个独立的任务。

4）功能内聚：将具有功能内聚性的一组转换设计为一个独立的任务。

5）时间内聚：将具有时间内聚性的一组转换设计为一个独立的任务。

6）周期执行：将需要按同一周期执行的一组转换设计为一个独立的任务。

1. I/O 依赖性（Dependency on Input/Output Device）

变换如果依赖于 I/O，应选择一个变换对应一个任务，I/O 任务的运行只受限于 I/O 设备的速度，而不是处理器。在系统设计中可创建与 I/O 设备数目相当的 I/O 任务，每个任务只实现与该设备相关的代码。如图 3-17 所示，I/O 依赖划分原则如下：

1）在系统中创建多个与 I/O 设备数目相当的 I/O 任务；

2）I/O 任务只实现与该设备相关的代码；

3）I/O 任务的运行只受限于 I/O 设备的速度，而不是处理器；

4）在任务中分离设备相关性。

2. 时间关键性的功能（Time-Critical Functions-Hard Deadline）

实时系统中影响实时性的关键是那些有最后时间期限要求的功能，在划分任务时，要保证这类任务必须在最后时间期限完成。如图 3-18 所示，其划分原则如下：

1）将有时间关键性（即最后时间期限 Deadline）的功能分离出来，组成独立运行的任务；

2）赋予这些任务高的优先级，以满足对时间的需求。

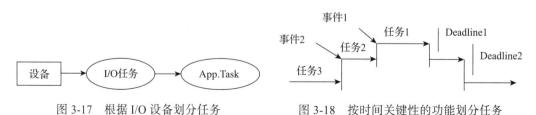

图 3-17　根据 I/O 设备划分任务　　　　图 3-18　按时间关键性的功能划分任务

3. 计算量大的功能（Heavy Computation Function）

计算量大的功能在运行的时候势必会占用很多的 CPU 时间，应当让它们单独成为一个任务。为了保证其他费时少的任务得到优先运行，应该赋予计算量大的任务较低优先级。这样允许它被高优先级的任务抢占。如图 3-19 所示，按计算需求进行任务划分的原则如下：

1）计算量大的功能占用 CPU 的时间多，把计算功能捆绑成任务，以消耗 CPU 的剩余时间；

2）赋予计算任务较低的优先级，使其能被高优先级的任务抢占，保持高优先级的任务是轻量级的；

3）多个计算任务可安排成同优先级，按时间片循环轮转。

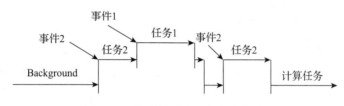

图 3-19　按计算需求进行任务划分

4. 功能内聚（Functional Relations）

系统中各紧密相关的功能，不能分别对应不同的任务，以免任务间的耦合度过高。通常，把逻辑上或数据上紧密相关的功能合并成一个任务，使各个功能共享资源或相同事件的驱动。如图 3-20 所示，按功能内聚的任务划分原则如下：

1）将紧密相关的功能变换组成一个任务，减少通信开销；

2）把每个变换都作为同一任务中一个个独立的模块，这不仅保证了模块级的功能内聚，也保证了任务级的功能内聚。

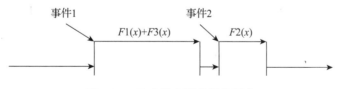

图 3-20　按功能内聚的任务划分

5. 时间内聚（Temporal Relations）

虽然时间内聚在结构化设计中并不被认为是一个好的模块分解原则，但在任务级是可以被接受的。将系统中在同一时间内能够完成的各个功能（即使这些功能可能是不相关的）合并成一个任务，以便在同一时间统一运行。每个功能都作为一个独立的模块来实现，从而达到模块级的功能内聚，这些模块组合在一起，又达到了任务级的时间内聚。如图 3-21 所示，按时间内聚划分任务的原则如下：

1）将在同一时间内完成的各功能（即使这些功能是不相关的）合并成一个任务；

2）功能组的各功能是由相同的外部时间驱动的（如时钟等），这样每次任务接收到一个事件，它们都可以同时执行。将这些功能合并成一个任务，由于减少了任务调度及切换的次数，因此减少了系统开销。

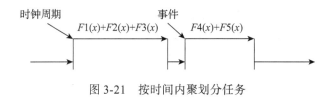

图 3-21　按时间内聚划分任务

6. 周期执行的功能（Cyclic Executing Function）

按周期执行的功能需要独立控制，周期相同的功能可以由同一个时钟控制管理，如图 3-22 所示，按周期执行划分任务的原则如下：

1）一个需要周期执行的功能可以作为一个独立的任务，按一定的时间间隔被激活；

2）将在相同周期内执行的各个功能组合成一个任务；

3）赋予运行频率高的任务高优先级。

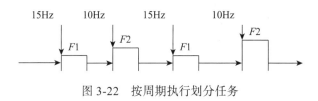

图 3-22　按周期执行划分任务

3.3.2　定义任务接口

数据流图的特点是强调数据的流动，不太强调控制信号的流动，对于确定并发性很有用。数据流图最主要的缺点是描述同步困难。DARTS 方法在 DFD 中扩充了任务通信与同步的表示、状态依赖的表示，将通常的数据流与实时客观世界连接起来。

系统任务确定后，DARTS 通过两类任务接口模块描述任务间的通信。两类任务接口模块分别称为任务通信模块（Task Communication Module）和任务同步模块（Task Synchronization Module）。

1. 任务通信模块

任务通信模块又细分为消息通信模块和信息隐藏模块。消息通信模块支持消息通信并通过管理消息队列和同步原语分别实现松耦合通信和紧耦合通信，如图 3-23 所示。信息隐藏模块集中实现数据结构和访问方法，以支持其他任务对数据集的访问，如图 3-24 所示。

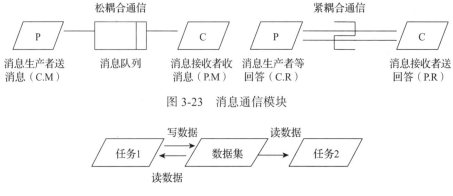

图 3-23　消息通信模块

图 3-24　信息隐藏模块

2.任务同步模块

任务同步模块管理"控制"（而不是"数据"）在任务间的传递。一个任务可向另一任务发出信号告知某个事件发生，另一任务可能正等待这一信号，如图 3-25 所示。

图 3-25　任务同步模块

3.3.3　人员进出房间系统设计实例

1.数据流分析

数据流分析是指，在系统需求说明的基础上，以数据流图作为分析工具，从系统的功能需求开始分析系统中的数据流，确定主要功能。扩展数据流图，并将其分解到足够的深度，识别出主要的子系统和每个子系统的主要成分。

每个数据流图都包含变换圈，表示系统完成的功能，箭头表示变换间的数据流动，数据存储区表示数据的存储场所。数据字典定义了数据流和数据存储区所包含的数据项。

人员进出房间系统最终的 DFD 图如图 3-26 所示。

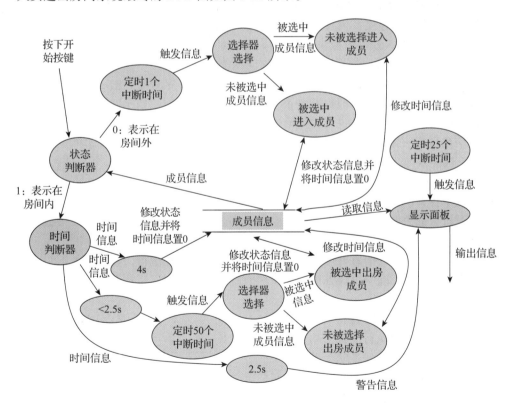

图 3-26　人员进出房间系统 DFD 图

系统的工作流程如下。

1）在开始时，系统首先调入数据库中所有的成员信息给状态判断器，状态判断器取出这些成员的状态信息标志进行判断,如果标志为 0,表示此成员在房间之外,如果为 1,表示此成员在房间之内。

2)如果成员在房间之外的话,定时器将对其定时 1 个中断时间,在此时间过去之后将成员信息发送到选择器,选择器按概率选择此成员进入或者不进入房间,如果此成员被选择进入房间的话,系统将修改成员的状态信息并将成员的时间信息置为 0,如果此成员未被选择进入房间的话,系统只修改其成员的时间信息。

3)如果成员在房间之内的话,则将成员信息送入时间判断器,取得成员的时间信息,如果时间信息大于等于 4s,系统将强制此成员出房间,系统需要修改成员的状态信息并将成员的时间信息置为 0,如果时间信息等于 2.5s,需要将警告信息送入输出面板输出,如果时间信息小于 2.5s,系统会定时 50 个中断时间,在这个时间过去之后,将成员信息发送到选择器,选择器按概率选择此成员出或者不出房间,如果此成员被选择出房间的话,系统将修改成员的状态信息,将其改成出房间的状态并将成员的时间信息置为 0,如果未被选择出房间的话,系统只修改其成员的时间信息。

4)定时器定时 25 个中断时间发一个触发信息给显示面板,显示面板从数据库中读取所有成员的信息并将其显示出来。

2. 任务划分

根据 H·Gomma 原则,将此系统的任务做如下的划分:

1)直接和 I/O 设备打交道的各功能都应成为独立的任务,因为它的运行速度受制于与它互操作的 I/O 设备的速度。因此显示面板输出(简称显示面板,OPT)变换应该作为一项独立的任务——CHOP(控制面板输出处理)。

2)时间内聚的原则:将系统中在同一时间内能够完成的各个功能(即使这些功能可能是不相关的)合并成一个任务,以便在同一时间统一运行。定时器不论定时多长时间,每一秒钟所做的工作都是相同的,即判断是否有任务定时的时间到,如果定时时间到则将这个用户的信息或信号交给其他任务执行。同时选择器每次只能处理一个成员的选择,之后对此成员的时间信息做出一定的处理,由于成员的时间信息处理必须在选择器选择完之后才能处理,因此,选择器与选中成员处理、未选中成员处理满足时间内聚原则。

3)功能内聚的原则:
- 系统中各紧密相关的功能不能分别对应不同的任务;
- 把逻辑上或数据上紧密相关的功能合并成一个任务,使各个功能共享资源或相同事件的驱动。

时间选择器对成员的信息处理必须在选择器选择之后马上进行,这两项处理是密切相关的,这是将它们合并在同一个任务中的另一个原因。对于时间判断器,由功能内聚的原则将它划分在一个任务中。

4)周期执行功能的原则:
- 将在相同周期内执行的各个功能组合成一个任务;
- 为运行频率越高的任务赋予越高的优先级。

对于状态判断器,在按下开关之后,它会定时地从成员信息数据库中读取一个成员数据信息,因此将它放在一个单独的任务中。

综合以上的划分原则,将系统划分成为五大任务:

1)状态判断器任务,其主要功能是在接收按键开的信息后,定时(一个相当短的时钟周期内)取出一个用户的信息并对其进行状态判断。

2）时间判断器任务，其主要功能是在接收判断器传过来的用户信息后，对此用户现在记录的时间信息进行时间判断处理。

3）定时任务，其主要功能实际上是每一个中断时间对 3 类进程进行判断，这 3 类进程分别是：被读入用户信息在通过时间判断器判断的时间小于 2.5 秒的进程、发送显示面板触发信息定时 25 个中断时间的中断任务进程、被读入用户信息在通过状态判断器判断结果为 0 的进程。每个中断时间对以上 3 类进程分别判断定时是否计时到 0，如果为 0，则将此进程传递给下一个任务进程处理，如果不为 0，则将其定时计时的时间减一个中断时间，并对其他任务进行处理。

4）概率选择任务，其主要功能是对所有传递过来的成员按照相应的概率选择是进房间或者出房间，并对需要修改的成员信息进行数据库修改。

5）显示面板任务，根据发送过来的相应的触发信息在面板上显示相应信息。

因此，任务划分如图 3-27 所示。

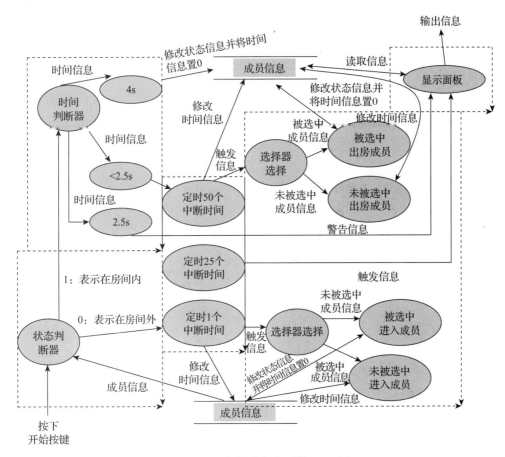

图 3-27 重新划分任务后的 DFD 图

因为状态判断器是在一定周期之内从成员的存储信息读取成员信息的，如果状态判断器在此周期之内没有完成对成员信息的处理而又到了周期时间需要从成员的存储信息读取成员信息时就会出现问题，因此在它们中间需要加一个队列。

时间判断器在状态判断器之后进行，如果时间判断器处理一个成员信息时在状态判断器处理下个成员信息之后才能完成，也会出以上类似的问题，因此需要在时间判断器和状态判断器之间加入消息队列。类似的情况也出现在时间判断器和时间定时器之间、成员的存储信息和显示面板之间、状态判断器和时间定时器之间。

选择器是在一些操作之后立即对成员的时间信息进行处理，因此它们之间都需要一个同步的信号。

当定时器中断 25 个中断时间时，它需要发送一个触发信号给显示面板，通知显示面板显示现在所有成员状态的信息。

当定时器中断 1 个中断时间时或者 50 个中断时间时，它也需要发送一个触发信号给选择器，让选择器选择出房间成员或者是进房间成员，在这里定时器中断 1 个中断时间和 50 个中断时间时发送给选择器的信号是不同的，选择器借此来判断出房间成员还是进房间成员。

如果时间判断器判断某个成员的时间信息到达 2.5 秒，需要将它的信息以警告信息的方式发送给显示面板，由显示面板来判断此警告信息并在面板中显示此成员。

3. 任务间接口

任务间的接口如图 3-28 所示。

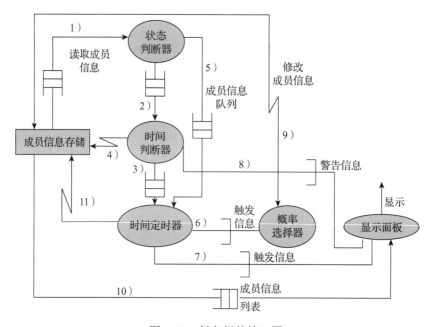

图 3-28 任务间的接口图

接口定义如下。

1）消息队列：状态判断器是在一定周期之内从成员的存储信息读取成员信息的，如果状态判断器在此周期之内没有完成对成员信息的处理而又到了周期时间需要从成员的存储信息读取成员信息时，就会出现问题，因此在它们中间需要加一个队列。

2）消息队列：时间判断器在状态判断器之后进行，如果时间判断器处理一个成员信息时在状态判断器处理下个成员信息之后才能完成，也会出以上类似的问题，因此需要在时间判断器和状态判断器之间加入消息队列。

3）消息队列：时间定时器是对通过时间判断器给的成员信息做定时以及定时判断处理，如果定时判断，它们之间的成员信息都通过消息队列传递，如果时间定时器处理一个成员信息时在时间判断器处理下个成员信息之后才能完成，也会出现上述的问题，因此需要在时间判断器和状态判断器之间加入消息队列。

4）写信号：如果时间判断器判断某个成员时间信息到达 4s 时，将对其数据库发出写信号，改写此成员的存储信息。

5）消息队列：状态判断器在对成员状态进行判断之后将成员信息以队列的方式传递给时间定时器。

6）触发信息：将时间定时器传过来的成员信息以触发信息的方式传递给概率选择器，概率选择器通过概率选择来修改数据库中此成员的信息。

7）触发信息：当定时器中断 25 个中断时间时，它需要发送一个触发信号给显示面板，通知显示面板显示现在所有成员状态的信息。

8）警告信息：如果时间判断器判断某个成员的时间信息到达 2.5s，则需要将它们的信息以警告信息的方式发送给显示面板，由显示面板来判断此警告信息并在面板中显示此成员。

9）修改成员信息信号：通过选择器对其数据库发出写信号，改写此成员的存储信息。

10）消息队列：将成员的信息以队列方式传递给显示面板，由显示面板显示。

11）修改成员信息信号：通过时间定时器对其成员的定时信息做出修改。

3.4　简单嵌入式软件架构设计

任务划分之后需要以一定的结构组织任务，即软件的架构设计。嵌入式软件按照软件架构可以分为单线程系统和事件驱动系统两大类。单线程系统适用于简单的应用场景，又可细分为循环轮询系统、有限状态机、函数队列调度结构和巡回服务结构四种结构类型。事件驱动系统适用于需要对外界做出响应的复杂场景，根据事件类型可分为中断驱动系统和多任务系统，其中多任务系统又包含单机多任务系统和分布式系统。嵌入式软件的分类架构如图 3-29 所示。

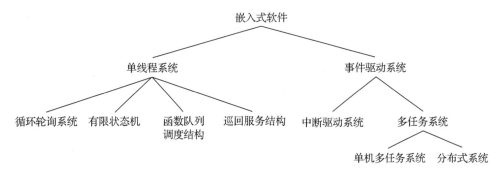

图 3-29　按照软件结构划分的嵌入式软件分类

3.4.1　单线程系统

单线程系统适用于简单的嵌入式应用，其编程简单且易于理解、运行效率高，但是事件的处理没有优先级，无法处理紧急事件，并且一旦出现故障，系统无法自动进行控制与恢复，安全性较差。

1. 循环轮询系统

循环轮询结构是最简单的结构，程序依次检查每个 I/O 设备，并且为需要服务的设备提

供服务，其结构如图 3-30 所示。比如一个采用循环轮询结构的产品包装系统，系统采用光
感应来判断是否有产品需要包装，一旦发现传输带上有物体，程
序主体就控制执行包装动作。

其特点是：没有中断，没有共享数据，无须考虑延迟时间，
对于简单的系统而言，便于编程和理解。例如，在数字万用表中
用于进行连续的测量并可改变显示的内容。

其缺点如下：

- 如果一个设备需要比微处理器在最坏情况下完成一个循环
  的时间更短的响应时间，那么这个系统将无法工作；
- 当有冗长的处理时，系统也会无法工作；
- 这种结构很脆弱，一旦增加额外的设备或者提出一个新的
  中断请求，就有可能让系统崩溃。

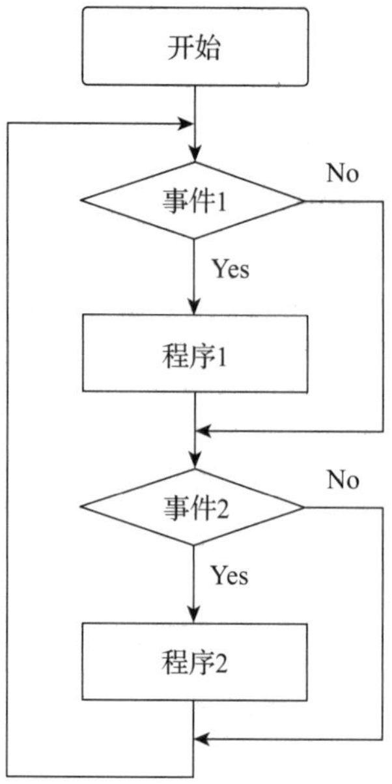

2. 有限状态机

有限状态机（Finite State Machine，FSM）通过描述对象在它
的生命周期内所经历的状态序列，以及如何响应来自外界的各种
事件，把复杂的控制逻辑变成离散状态之间的转换，符合计算机
的工作特点。

图 3-31 所示是一个控制门状态的有限状态机示意图。

其优点是：

- 对于小系统，便于编程和理解；
- 可以快速执行；
- 只是通过改变输出功能来改变机器的响应。

其缺点是：

- 应用领域有限；
- 不能保证确定性；
- 对于大的应用系统，难以调试。

图 3-30   循环轮询结构

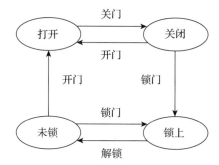

图 3-31   控制门状态的有限状态机示意图

3. 函数队列调度结构

在这种结构中，中断程序在一个函数指针队列中添
加一个函数指针，以供程序调用，主程序仅需要从该队列中读取相应的指针并且调用相关的函数。

其优点是：该结构没有规定主程序必须按中断程序发生的顺序来调用函数，主函数可以
根据任何可以达到目的的优先级方案来调用函数，这样任何需要更快响应的任务代码都可以
被更早地执行。

其缺点是：如果某个较低优先级的函数运行时间较长，就有可能影响较高优先级函数的
响应时间。

4. 巡回服务结构

如果嵌入微处理器 / 微控制器的中断源不多，那么一般采用软件巡回服务系统。这种结
构一般是轮询结构和函数队列调度的结合。

巡回服务系统的程序结构如下：

```
main()
{
```

```
    /* to do: 系统初始化 */
    while(1)
    {
        action_1();/* 巡回检测事件 1 并处理事件 */
        action_2();/* 巡回检测事件 2 并处理事件 */
        ……
        action_n();/* 巡回检测事件 n 并处理事件 */
    }
}
```

普通巡回服务系统的缺点是：处理器全速运行，系统开销大、功耗高，不适合电池供电的嵌入式系统。

通常，在巡回服务系统中处理器总是处于全速行动的状态，当处理器开销较大带来高能耗的问题时，可采用基于定时器的巡回服务结构。它是在处理器中加入一个定时器，根据外部事件发生的频度，设置合适的定时器中断的频率。其软件由主程序和定时器中断服务程序构成。

基于定时器的巡回服务系统的程序结构如下。

主程序：

```
main()
{
    /* to do: 系统初始化 */
    /* to do: 设置定时器 */
    while(1)
    {
        ...
        enter_low_power();
    }
}
```

定时器中断服务程序：

```
Isr_timer()       /* 定时器的中断服务程序 */
{
    action_1(); /* 执行事件 1 的处理 */
    action_2(); /* 执行事件 2 的处理 */
    ...
    action_n(); /* 执行事件 n 的处理 */
}
```

3.4.2 事件驱动系统

事件驱动系统是能对外部事件直接响应的系统，适用于复杂的嵌入式应用。一个事件驱动系统通常由事件消费者和事件产生者组成。事件消费者向事件管理器订阅事件，事件产生者向事件管理器发布事件。当事件管理器从事件产生者那里接收到一个事件时，事件管理器把这个事件转送给相应的事件消费者。如果这个事件消费者是不可用的，则事件管理者将保留这个事件，一段间隔之后再次转送该事件消费者。事件驱动系统的响应更为灵敏，具有更好的动态处理能力，更适合应用在多变的和异步的环境中。

1. 中断驱动结构

中断驱动系统可以解决单线程系统的安全性问题。在中断驱动系统中，有一个循环轮询的主程序控制中断响应程序的执行，程序结构如图 3-32 所示。当多个中断请求同时发生

（要考虑中断请求优先级）以及响应出现错误等情况发生时，主程序就须处理更复杂的任务管理，这时主程序已成为一个简单的嵌入式操作系统。如果上面的包装系统采用中断驱动系统，一旦发生错误，就会有一个错误中断请求执行错误响应程序，错误响应程序会处理该错误，使系统恢复正常。

前后台程序结构也称作中断（事件）驱动结构，包括主程序和中断服务程序两部分。主程序完成系统的初始化，例如硬件的初始化。主程序包括一个无限循环，巡回地执行多个事件，完成相应操作，这部分软件称为后台。中断服务程序处理异步事件，可以将这部分看作前台。每当外部事件发生时，相应的中断服务程序被激活，以执行相关处理。后台称为任务级，前台称为中断级。这种结构一般是轮询结构与带有中断轮询结构的结合或带有中断轮询结构与函数队列调度结构的结合，如图 3-33 所示。

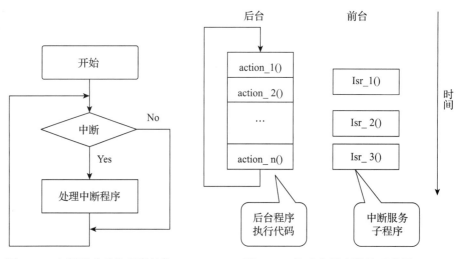

图 3-32　中断驱动系统程序结构　　　　图 3-33　前后台程序结构示意图

前后台结构的特点如下：
- 中断服务程序提供的数据（实时性数据）只有在后台轮询到的时候才能得到运行；
- 应用于低功耗、事件驱动的小系统，如微波炉、电话机、玩具等。

2. 单机多任务系统

所谓"单任务系统"是指该系统不能支持多任务并发操作，只能在宏观上串行地执行一个任务。而多任务系统则可以在宏观上并行（在微观上可能串行）地执行多个任务。

单机多任务系统中多任务并发执行的实现通常依赖于一个多任务操作系统，如图 3-34 所示。多任务操作系统的核心是操作系统任务调度器，它使用相关的调度算法来决定当前需要执行的任务。任务的调度是基于任务控制块（Task Control Block，TCB）实现的。TCB 包括任务的当前状态、优先级、要等待的事件或资源、任务程序码的起始地址、初始堆栈指针等信息。调度器在任务被激活时，要用到这些信息。此外，TCB 还被用来存放任务的上下文（context）。任务的上下文就是当一个执行中的任务被停止时所要保存的所有信息。通常，上下文就是计算机当前的状态，即各个寄存器的内容。当发生任务切换时，当前运行的任务的上下文被存入 TCB，并将要被执行的任务的上下文从它的 TCB 中取出，放入各个寄存器中。

需要注意的是，单机多任务系统同一时刻只能有一个任务可以运行，只是通过调度器的决策，看起来像所有任务同时运行一样。

单机多任务系统有如下特点：

- 多道：主存中有两道以上的程序，且这些程序所对应的进程在任一时刻都处于就绪、运行、等待三个状态之一。
- 宏观上并行：从宏观上看，这些程序都处于正在运行的状态中。
- 微观上串行：从微观上看，这些程序所对应的各个进程正在交替地执行，因为任何一个时刻只能有一个进程在处理机（CPU）上运行。

3. 分布式系统

在分布式系统结构中，整个系统的各个功能是分散到各个单机节点上的，分布式系统中的每一个功能都是相对独立存在的。嵌入式分布式系统通常采用三级分布式结构，包含总控设备、集控端和测控端，如图 3-35 所示。总控设备控制着 n 个集控端，而每个集控端又控制着 n 个测控端，测控端最终控制着被控对象，这一对象的控制情况主要取决于整个系统中被控对象的多少。在这种三级设备当中，测控端其实是第一级的，它所面向的是被测控的设备，主要完成对象的数据采集、控制等工作；第二级是集中控制检测端，它主要的作用是检测控制数据的集中和数据出现的异常情况，并

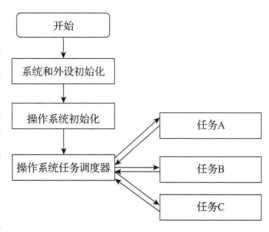

图 3-34　单机多任务系统结构示意图

将这些情况及时反馈给上一级；第三级是总控设备，它一般情况下都是由一台服务器组成的，以实现总体数据的集中性管理、控制命令的发送以及异常情况的处理等。

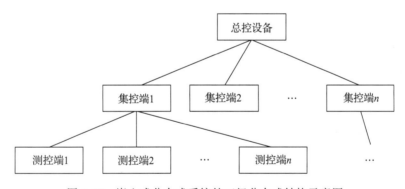

图 3-35　嵌入式分布式系统的三级分布式结构示意图

在实际应用中，典型的三级式分布式系统可以分为远程上位机、局部管理单元以及终端。其中：

1）远程上位机提供一个人机交互的界面，主要用来实现与局部管理单元的通信以及数据的双向传输等功能，而且非常便于工作人员从远程对整个系统进行相应的管理和控制。

2）局部管理单元具备通信功能，而且通信功能是可以远程控制的，这样就能够将所采集的数据信息通过通信的形式传送回远程上位机。局部管理单元够独立完成相应的操作。

3）终端需要与局部管理单元进行相应的数据交换，通常以前后台的形式工作，后台应用程序完成数据的采集和处理以及分布式系统状态的显示等功能；而前台则作为中断的处理

程序，处理时间要求相对比较严格的操作，以确保系统的正常运行。

分布式系统是多个处理机通过通信线路互联而构成的松散耦合的系统。从系统中某台处理机来看，其余的处理机和相应的资源都是远程的，只有它自己的资源才是本地的。分布式系统具有以下四个特征：

- 分布性：分布式系统由多个嵌入式单机系统组成，它们在地域上是分散的，可以散布在一个单位、一个城市、一个国家，甚至在全球范围内。整个系统的功能是分散在各个节点上实现的，因而分布式系统具有数据处理的分布性。
- 自治性：分布式系统中的各个节点都包含自己的处理器芯片和内存，各自具有独立的处理数据的功能。通常，各个节点彼此在地位上是平等的，无主次之分，既能自治地进行工作，又能利用共享的通信线路来传送信息，以协调任务处理。
- 并行性：一个大的任务可以被划分为若干个子任务，分别在不同的嵌入式单机系统上执行。
- 全局性：分布式系统中必须存在一个单一的、全局的进程通信机制，使得任何一个进程都能与其他进程通信，并且不区分本地通信与远程通信。同时，还应当有全局的保护机制。系统中所有单机上都有统一的系统调用集合，它们必须适应分布式的环境。如果所有的单机都采用同样的 CPU 内核，则协调工作会更加容易。

分布式系统的优点是：

- 资源共享：若干不同的节点通过通信网络彼此互联，一个节点上的用户可以使用其他节点上的资源。
- 计算速度快：如果一个特定的计算任务可以被划分为若干个并行运行的子任务，则可把这些子任务分散到不同的节点上，使它们同时在这些节点上运行，从而加快计算速度。另外，分布式系统具有计算迁移功能，如果某个节点上的负载太重，则可把其中一些作业移到其他节点去执行，从而减轻该节点的负载。这种作业迁移称为负载平衡。
- 可靠性高：如果其中某个节点失效了，则其余的节点可以继续操作，整个系统不会因为一个或少数几个节点的故障而崩溃。因此，分布式系统有很好的容错性能。
- 通信方便、快捷：分布式系统中各个节点通过一个通信网络互联在一起。通信网络由通信线路、调制解调器和通信处理器等组成，不同节点的用户可以方便地交换信息。在低层，系统之间利用传递消息的方式进行通信，这类似于单机系统中的消息机制。单机系统中所有高层的消息传递功能都可以在分布式系统中实现。

分布式系统的缺点是：

- 开发成本高。
- 存在信息丢失和网络安全问题。

3.5 任务设计

3.5.1 任务设计概述

任务设计要详细说明系统中各任务的设计考虑和执行流程，以利于程序员编写程序。任务设计主要包括以下设计活动：

1）任务体系结构：详细定义任务包含的子模块和模块间的关系；
2）任务执行流程：尽可能详细地描述任务的处理过程；
3）任务内部数据结构；

4）任务内模块间接口。

3.5.2　人员进出房间系统任务设计实例

由系统设计阶段定义好的任务间的接口图（见图 3-28）可以得出如下的几个任务模块。

1. 状态判断器任务

状态判断器任务的功能是对读入的成员的信息进行状态信息提取，并对状态值进行判断。它为其他任务提取成员信息，并提供成员状态信息的依据，时间判断器任务和定时器任务根据此判断的成员状态信息的依据做出相应的处理。

状态判断器任务数据流图如图 3-36 所示。固定一个时钟周期（很短的时钟周期）内取出一个成员信息，并对其状态信息进行判断，如果状态为 0，则表示成员此时在房间之外，将其信息直接通过消息队列的方式传递给时间定时器处理。如果其状态为 1，则表示成员此时在房间之内，将其信息直接通过消息队列的方式传递给时间判断器处理。

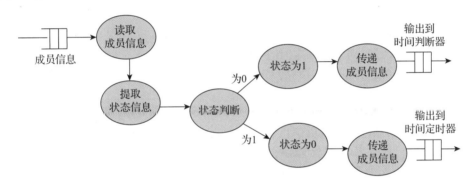

图 3-36　状态判断器任务数据流图

状态判断器任务的模块结构图如图 3-37 所示。

2. 时间判断器任务

时间判断器任务的主要功能是对获取的成员信息进行时间判断的处理。它为其他任务提供成员时间判断的依据，并在必要时修改成员信息，时间定时器通过其传递过来的成员信息对其成员进行定时操作，显示面板根据其传递过来的警告信息对此成员显示警告信息。

时间判断器任务数据流图如图 3-38 所示。从状态判断器任务提供的成员信息中提取某个时间信息，进行时间判断，需要注意的是成员信息中有关时间的信息应该有两个：一个为计时时间信息，所有的成员信息在按下启动键时就开始计时，为正计时；一个为定时时间信息，当成员信息通过定时器时此信息开始计时，为倒计时。此时提取的时间信息为计时时间信息，时间判断通过对此时获得的时间信息进行判断，如果时间大于等于 4s，则修改其成员信息，将此成员置于出房间状态，时间置 0；如果时间小于 2.5s，则将此成员信息以消息队列的形式传递给时间定时器任务；如果时间等于 2.5s，则把

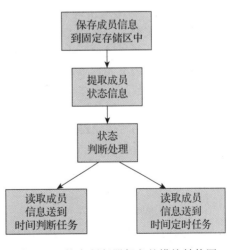

图 3-37　状态判断器任务的模块结构图

此成员信息以警告信息方式发送给显示面板任务。

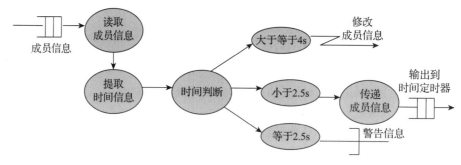

图 3-38 时间判断器任务数据流图

时间判断器任务的模块结构图如图 3-39 所示。

3. 时间定时器任务

时间定时器任务的主要功能是对获取的成员信息进行时间定时的处理,同时对所有成员的时间信息(包括计时时间信息和定时时间信息)进行递加若干个时钟中断时间。此任务根据对某个成员信息的定时时间计时判断来向选择器或者显示面板发出某些触发信息,这些触发信息封装了某个成员的成员信息。

时间定时器任务数据流图如图 3-40 所示。对于从状态判断器过来的成员信息,判断其定时标志位,如果其定时标志位被置1,表示已经被定时只是定时时间未到,如果定时标志位被置0,表示没有被定时,将其定时1个中断时间,这两种情况都将定时中断时间减1,然后对成员信息的定时时间进行判断,如果定时时间为0,表示定时到,则以触发信息的方式传递给选择器任务,如果定时时间为1,则从数据库中修改此成员的定时信息;对于从时间判断器过来的成员信息,判断其定时标志位,如果其定时标志位被置1,表示已经被定时只是定时时间未到,如果定时标志位被置0,表示没有被定时,将其定时50个中断时间,这

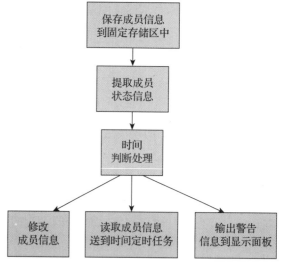

图 3-39 时间判断器任务的模块结构图

两种情况都将定时中断时间减1,然后对成员信息的定时时间进行判断,如果定时时间为0,表示定时到,则以触发信息的方式传递给选择器任务,如果为1,则从数据库中修改此成员的定时信息;同时选择器需要自己定义25个中断时间并且在每个时钟周期之内进行一次判断,如果定时时间满25个中断时间将向显示面板发起显示信息。需要注意的是:时间定时器每个时钟周期对每一个读入的成员都需要进行计时信息加1操作。时间定时器任务的模块结构图如图 3-41 所示。

4. 选择器任务

选择器任务的主要功能是对定时器任务传递过来的成员信息进行概率选择,选择其是否出房间或者入房间,并对数据库中相应成员的信息进行修改。这个任务是所有任务中最重要的。

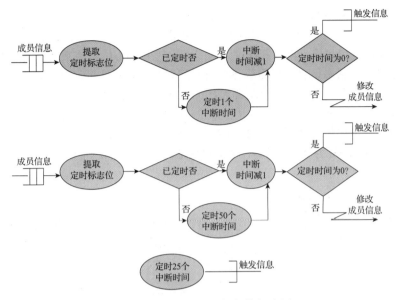

图 3-40　时间定时器任务数据流图

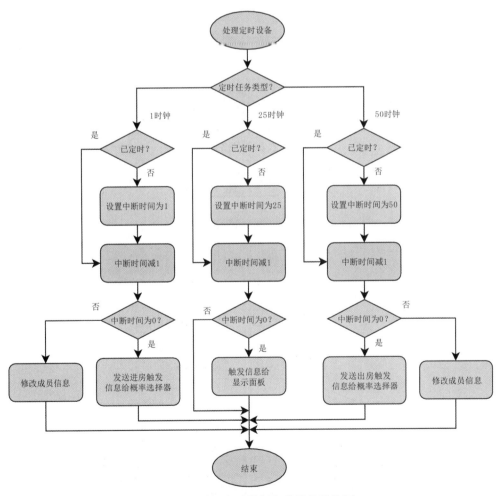

图 3-41　时间定时器任务的模块结构图

　　选择器任务数据流图如图 3-42 所示。首先定时器任务从传递过来的触发信息中获取判别信息,此信息用来记录不同的定时时间,用以区别进出房间,如果为 0,表示定时时间为 1 个中断时间,原来成员在房间外,需要选择进入房间内,利用 20% 的概率来选择其是否进入,如果被选中则需要修改其状态信息并且需要将定时时间和计时时间信息都置为 0,如果未被选中则需要修改时间信息,只需要将定时时间置为 0;如果为 1,表示定时时间为 25 个中断时间,原来成员在房间内,需要选择出房间,利用 20% 的概率来选择其是否出去,如果被选中则需要修改其状态信息并且需要将定时时间和计时时间信息都置为 0,如果未被选中则需要修改时间信息,只需要将定时时间置为 0。选择器任务的模块结构图如图 3-43 所示。

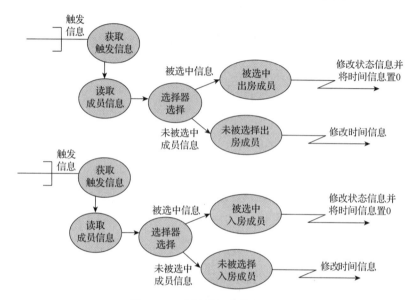

图 3-42　选择器任务数据流图

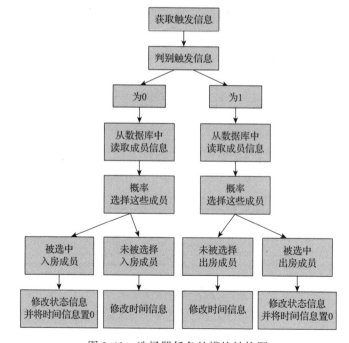

图 3-43　选择器任务的模块结构图

5. 显示面板任务

显示面板任务的主要功能是根据所获得的触发信息进行显示的操作。它最终的目标就是将某些成员的信息输出到显示面板中。

显示面板任务数据流图如图 3-44 所示。此任务一直在等待某些触发信息进行相应的任务处理，如果是从时间判断器任务发过来的警告信息，需要将警告信息中的成员信息取出来，并将其显示到输出面板中，如果是从定时器任务发过来的触发信息，就需要从数成员信息息据库中获取所有的成员的信息，并将其显示到显示面板中。显示面板任务的模块结构图如图 3-45 所示。

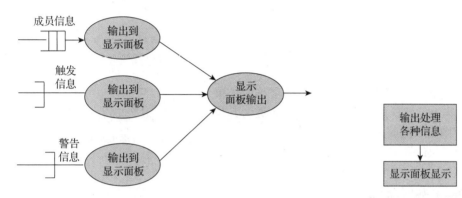

图 3-44 显示面板任务数据流图　　　　图 3-45 显示面板任务的模块结构图

3.6 模块设计

3.6.1 模块设计概述

系统和任务设计完成后，要进行每个模块的详细设计，直到每个具体函数的设计。在单元测试前不必编写完成模块的全部程序，可以分阶段进行编码和测试。模块的详细设计应一气呵成，避免以非结构化的方式构建系统。

函数设计应该包括以下内容：

1）函数描述：给出对该函数的简要描述，说明设计目的、意义以及特点。

2）功能：说明该函数应具有的功能、可采用 IPO（输入 – 处理 – 输出图）形式。

3）性能：说明对该函数的性能要求，包括精度、灵活性和时间特性等。

4）输入：定义每个输入项的特性，包括名称、标识、数据类型和格式、取值范围、输入方式、数据来源、保密方式等。

5）输出：定义每个输出项的特性，特性与输入相同。

6）算法：详细说明本函数所选用的算法，具体的计算公式和计算步骤。

7）流程：用流程图辅以必要的说明来表示本函数的逻辑流程。

8）接口：说明本函数与其他函数的调用关系，包括说明参数赋值和调用方式以及相关数据结构（如数据库、文件）。

9）存储分配：说明本函数的存储分配。

10）限制条件：说明本函数运行所受的限制。

11）测试计划：说明对本函数的测试计划，包括技术要求、输入数据、预期结果、人员安排等。

3.6.2 人员进出房间系统模块设计实例

下面介绍概率选择模块的设计，其他任务的模块结构在任务设计中已经介绍过，这里不再赘述。

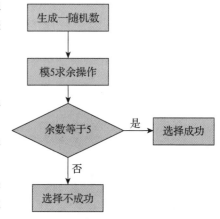

概率选择模块的任务是实现对某个成员进行概率（20%）选择，用来判断其是否进出房间，从而为选择器任务进行成员信息处理提供基础。

概率选择模块的算法思想如下。

在获取某个成员信息之后做如下处理：

- 首先利用随机数生成函数生成一个随机数，并将此结果保存；
- 接着对其生成的随机数进行模 5 求余操作，并记录其余数；
- 最后对生成的余数进行判定，如果余数的结果为 0，则表示此成员被选择中，如果余数为其他结果，则表示此成员未被选择中。

概率选择模块的算法流程图如图 3-46 所示。

图 3-46 概率选择模块算法流程图

3.7 任务与系统集成

对模块进行编码、测试完成后，就需要进行集成与集成测试。任务集成是将模块逐个连接和测试以构成任务。任务集成测试通过后，要进行系统集成与测试。系统集成是将任务逐个连接和测试以形成最终系统。任务与系统集成可分为两步：

1）在宿主机上模拟集成（软集成）；

2）在目标机上集成。

软集成的成本低，目标机上的集成则消耗较多的经费和时间。但是，目标环境的复杂性和独特性不可能被完全模拟，所以目标机上的集成是必不可少的。

在两个环境下可以出现不同的软件缺陷，可以选择在目标环境和宿主机环境下的集成测试内容。在宿主机环境下，可以进行逻辑或界面的测试以及与硬件无关的测试。在模拟或宿主机环境下的测试消耗时间通常相对较少，用调试工具可以更快地完成调试和测试任务。而与定时问题有关的白盒测试、中断测试、硬件接口测试只能在目标环境中进行。在软件测试周期中，基于目标的测试是在较晚的"硬件 / 软件集成测试"阶段开始的，如果不较早地在模拟环境中进行白盒测试，而是等到"硬件 / 软件集成测试"阶段进行全部的白盒测试，将耗费更多的财力和人力。

3.8 实时软件分析设计方法——CODARTS

CODARTS（Concurrent Design Approach for Real-Time System）源自 20 世纪 80 年代初，为了解决工业机器人控制系统问题中的分布式实时应用，在 DARTS 中融入了采用状态转换图对系统行为进行特征建模等方法，后来逐步演化为 CODARTS 建模方法。

CODARTS 是一种通用的设计方法，它借鉴了 COBRA（Concurrent Object Based Real-time Analysis）方法对系统进行分析建模的思想，强调将系统分解为多个子系统，并将子系统定义为一组由若干对象和功能支持的服务。在系统划分完成后，CODARTS 使用 DARTS

方法将任务结构化作为工作重点，提供了任务结构化标准以确定并发任务、任务间接口，使用事件序列图对整个系统建模，并支持设计方案的性能分析和软件的增量式开发。

CODARTS 建模方法结合了 COBRA 和 DARTS 方法的优点，通过将并发任务映射为并发对象的方式对问题域进行分析和建模，汲取了 COBRA 的对象结构化标准的优势；同时，通过控制 / 数据转换图描述系统行为，来保证系统的并发与实时性要求。

CODARTS 建模的主要步骤如下。

第 1 步，建立系统的环境模型和行为模型，使用 COBRA 方法对问题域进行分析和建模。

CODARTS 使用 COBRA 方法建立系统环境模型。系统环境模型描述了系统运行时所处的外部客观环境，包括系统的输入和输出。其关键问题是确定与系统之间存在接口的外部实体——终端。终端通常代表数据源或数字接收者或两者的结合。判断终端的标准通常是观察外部实体是否直接与系统连接。

因为通常开发的系统都是复杂的，所以 COBRA 要求将系统分解成为子系统，各个子系统之间应该是相对独立和松散耦合的。子系统内部要求具有较强的内聚性，并且要求合理定义子系统之间的接口，这样子系统可以独立进行设计。子系统的划分原则如下：

1）子系统可以由一个或多个功能紧密联系的对象构成；

2）外部实体仅与一个子系统存在接口；

3）数据存储应该封装在一个子系统中；

4）一个控制对象应该构成一个子系统。

完成于系统分解后，建立系统行为模型。行为模型是指描述系统在外部环境输入作用下的响应。通常，系统的响应是基于系统状态的，因此，用状态 / 数据转换图作为描述系统行为的方法是十分直观和有效的。

第 2 步，采用 COBRA 方法将系统分解成为若干子系统，并且确定子系统中的对象和功能以及它们在外部事件序列的场景下进行交互的方式。

对象和功能是系统中最小且具有并发性的组成成分。将子系统进一步细化成对象和功能，先要确定问题域中的对象，然后确定与这些对象进行交互的功能。COBRA 建模标准规定了以下几个标准的对象：设备 I/O 对象、用户角色对象、控制对象、数据抽象对象和算法对象。

第 3 步，应用任务结构化标准确定系统（或子系统）中的并发任务，主要内容包括并发任务的确定、任务间通信以及同步接口的确定。

嵌入式系统多为并发系统，因此将系统划分为多个任务可以使系统结构更加清晰，提高系统的执行效率，提高任务调度灵活性。CODARTS 方法的任务结构化标准可以分为 4 类：I/O 任务结构化标准、内部任务结构化标准、任务内聚标准和任务优先级标准。

I/O 任务结构化标准将任务分成：异步 I/O 设备任务（I/O 设备多采用中断通知系统）、定期 I/O 任务（基于系统时钟）、资源监视任务。

内部任务结构化标准同样将内部任务划分成为定期任务、异步任务，并增加了控制任务、用户角色任务。其中系统抗干扰数字滤波任务属于定期任务，用户使用键盘进行本地输入控制属于用户角色任务，执行控制子系统控制状态转化任务则属于控制任务。

对于嵌入式系统而言，实时性是非常重要的。根据具体应用情况，通过赋予系统任务不同的优先级别，可以提高系统的整体性能，从而在一定范围内（一定的硬件平台基础上）满足实时性要求。任务优先级标准将任务分成时间关键型任务和非时间关键计算集中型任务。

第 4 步，在系统环境建模、子系统划分以及任务结构化的基础上进行系统的详细设计，包括确定任务具体内容、设计任务间接口标准、信息隐藏模块设计、关键数据结构设计等。

第4章

复杂嵌入式软件分析设计

4.1 面向对象需求分析

复杂嵌入式软件大多数采用 C++ 或 C/C++ 混合开发，因此，我们采用面向对象的方法进行分析建模。面向对象的方法不但有利于技术人员分解问题、分析问题、解决问题，在与非技术人员进行交流过程中，也便于非技术人员理解问题的分析过程，因此面向对象的分析技术很快深入信息系统的各领域。

1997 年，对象管理组织（Object Management Group）发布的统一建模语言（Unified Modeling Language，UML）为面向对象的分析技术提供了一个统一的标准和平台。用 UML 进行分析、设计、开发等各个环节迅速在信息行业的各领域得到广泛应用。

4.1.1 面向对象需求定义

软件的每一次进化几乎都与分离有关，从开始的整体式的程序到分出主程序、子程序、函数等，使得软件的设计、实现与维护的效率大大提高。模块化的设计方法在 20 世纪 90 年代中期曾被大力推崇，到 20 世纪 90 年代中后期，面向对象的程序设计已经被普遍接受。

随着技术与嵌入式系统应用的发展，许多嵌入式系统的硬件平台已有很强的处理能力，越来越多的嵌入式系统开始使用嵌入式操作系统，中间件及面向对象的开发工具也开始被广泛使用，手机应用、车载系统等都开始使用 Java 这样的面向对象程序设计语言进行开发，这样的嵌入式软件系统，采用面向对象的分析设计方法更合适。

面向对象的概念是在模块化的基础上发展起来的。对象是指一个独立的、异步的、并发的实体。它能知道一些事情（即存储数据），做一些工作（即封装服务），并与其他对象协同（通过交换消息），从而完成（模块化）系统的所有功能。

本节介绍面向对象需求定义。面向对象需求定义主要包括以下活动：

1）确定执行者；

2）确定场景；

3）确定用例；

4）确定执行者与用例之间的关系；

5）确定非功能性需求。

软件的需求分析一般是从业务流程开始的，嵌入式系统却有很大的不同。因为嵌入式系统时刻都在与环境交互，并对外部请求和消息做出反应。在需求分析开始阶段，首先视系统为一个黑盒，标识出外部角色、外部事件流及反应方式，这就要先确定外部执行者。但在实际进行需求定义时，上述活动的顺序并不确定，而且这些活动往往是并发的。

1. 确定执行者（标识外部角色）

执行者是描述与系统交互的外部实体。执行者是角色抽象，不一定直接对应到人，有时能引起系统反应的外部事物（如外部系统）也是执行者。以电梯控制系统为例，电梯用户是执行者，电梯用户通过按电梯按钮与电梯控制系统发生交互并交换信息。电梯的火警系统也是执行者，当有某处温度超过可报警温度时，电梯的火警系统便开始执行一系列的操作。在这里，触发电梯火警系统的可以不直接对应到人，而是环境温度。

需求定义阶段执行者的确定只是完成分析模型的第一步。在需求定义阶段，要为每个用例生成执行者。由于用户不熟悉面向对象的概念，完整的分析模型通常不作为用户和开发人员之间的交流方式。然而，对象的描述（术语表中术语的定义）和属性对用户可见而且是可评审的。

确定执行者时，开发人员可以提出以下问题。

1）系统支持哪个用户群完成他们的工作？

2）哪个用户群执行系统的主要功能？

3）哪个用户群执行辅助功能，如维护和管理？

4）系统与外部硬件或软件系统交互吗？

在电梯控制系统中，通过这些问题能得到一系列的潜在执行者：电梯用户、电梯管理员、火源、电梯维修人员、电动机、失重系统等。在潜在执行者名单中，我们将相同操作功能的执行者合并，得到最终执行者。在电梯控制系统潜在执行者名单中，电梯用户与电梯管理员使用的功能相同，可以合并，火源不与电梯控制系统直接交互，而是火情探测系统在探测到火情时向电梯控制系统发送指令，因此最终执行者为电梯用户、电梯维修人员、火情探测系统、电动机、失重系统，如图 4-1 所示。

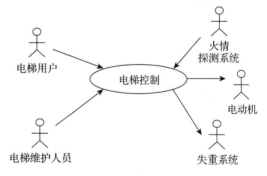

2. 确定场景

一旦执行者被确认，下一步的工作就是决定每个执行者可访问的功能，以及这些功能的执行过程。使用场景可以提取这些信息，而用例则可形式化这些信息。

图 4-1 电梯控制用例与执行者的关系图

场景是未来所用系统的具体示例，是解释单个案例的具体例子。场景是没有限制和非正式的。场景应该用应用域的术语编写。表 4-1 是对电梯控制系统的一个特定场景的描述。

表 4-1 使用电梯场景：上楼

场景名称	上 楼
参与执行者实例	张三、李四、王五：用户
	钱六：电梯管理员

（续）

场景名称	上　楼
事件流程	张三与李四在一楼电梯口等电梯，张三按下向上的按钮，一楼向上的电梯按钮指示灯亮。王五在四层电梯口等电梯，王五按下向上的按钮，四层向上的电梯按钮指示灯亮
	一号电梯在一层停，电梯门打开。张三、李四上电梯，告诉电梯管理员到 8 层。电梯管理员按下楼层"8"的按钮，该按钮指示灯亮
	一号电梯在四层停，电梯门打开。王五上电梯，告诉电梯管理员到 18 层。电梯管理员按下楼层"18"的按钮，该按钮指示灯亮
	一号电梯在 8 层停，电梯门打开，张三、李四下电梯。电梯继续上升，电梯到 18 层停，电梯门打开，王五下电梯
	电梯停在 18 层，等待新的指令

有些时候，可能会有多余或者缺少的场景，也可能是高层的或者说是特例的。上面描述的用户使用电梯场景只是使用电梯的一种场景。当电梯满员或发生故障时，又会是另外的场景。因此，在确认执行者后，对挖掘出来的场景也要进行确认。

下面的问题可以用来帮助确定场景。

1）执行者希望系统执行的任务是什么？主要功能有哪些？次要功能有哪些？

2）执行者操作什么信息？执行者在系统中扮演什么样的角色？

3）系统必须与之交互的物理设备或系统有哪些？谁生成数据？数据是可修改和可移动的吗？被谁修改和移动？

4）执行者需要通知系统哪些外部变化？多长时间一次？什么时间通知？

5）系统需要通知执行者什么事件？延时是多少？

开发人员可以利用应用域的已有文档回答这些问题。这些文档包括用户手册、程序手册、公司标准、用户注意事项和参考手册、用户和客户会谈记录。开发人员应该使用应用领域的术语和大家容易理解的术语，而不是技术人员自己领域的术语编写场景。

在需求定义和生命周期的其他活动中，场景还有许多其他的用处。

● 实际场景：描述当前的工作情况。

● 想象场景：描述从零设计的或重建的未来系统。想象场景可被看作一个造价不高的原型。

● 评价场景：描述用户任务，根据它评价系统。

● 培训场景：向新用户介绍系统的示例，帮助用户掌握系统的指导材料。

对于开发人员来说，确定执行者和场景的重点是理解应用域并定义合适的系统，这导致了对需要支持的用户工作过程和系统范围的共同理解。在早期分析中，对场景来说可用的对象是系统和在环境与用例图中识别出来的外部对象。在后期分析中，系统被分解成多个对象，这时场景的过程也可以应用于这些对象。

3. 确定用例

用例是对所有可能案例的抽象，用例详细说明了给定功能的所有场景，也就是说，场景是用例的一个实例。一旦开发人员确定并描述了执行者和场景，开发人员就把场景形式化为用例，内部场景必须映射到所给的用例。

用例能够用不同的方法来描述系统环境信息。用例是对系统整体行为的功能分解，但用例不定义甚至不暗指任何特定的内部结构。用例强调的是系统的行为，而非输入/输出事件。

在规范的 UML 建模体系中，完备的用例建模包括：

1）用例名称；

2）执行者；

3）用例内容简述；

4）用例前置条件（入口条件）；

5）用例描述（事件流程）；

6）备选（特殊条件）；

7）后置条件（退出条件）。

用例由执行者初始化。此后，用例描述一系列由用例初始化而导致的有关交互，从这个意义上来说，用例描述了一个贯穿系统的完整事件流程。系统用例描述的是用户眼中的系统，即用户希望系统有哪些功能和通过哪些操作完成这些功能。一个用例代表用户与系统交互的一种方式。用例图中要明确指出用例的执行者，并特别注意控制用例的粒度。用例数目过多、粒度太小，会造成系统复杂、难以设计；用例数目过少、粒度太大，又会表达不清整个系统。

用例可以为整个项目的开发提供统一的策略。用例中涵盖用户的需求及用户期望在最终产品中得到的事物。用例也通过系统验证测试提供了基本的测试集。用例将功能相近的场景分组，并能为所有阶段提供有价值的信息。

在确定用例时，分析人员必须确定每个用例中的以下问题：

1）执行者和系统在每个场景中扮演的角色；

2）要完成场景所必需的交互（流）；

3）实现场景所需的事件和数据序列；

4）场景可能发生的变化。

对于电梯控制系统来说，可以由已有场景引申出一般用例。表 4-2 描述的是"用户申请电梯"用例。

表 4-2　"用户申请电梯"用例

用例名称	用户申请电梯
执行者实例	用户
事件流程	1. 用户在某楼层电梯门外按上行按钮，上行按钮指示灯亮 2. 电梯控制系统经过合理计算，将一部电梯开到三层，电梯停稳 1s 后，系统打开电梯门 3. 用户进入电梯车厢，按关门按钮 4. 电梯控制系统关上车门 5. 用户按下要到达的楼层按钮，该按钮指示灯亮 6. 电梯控制系统将电梯开到所示楼层 7. 电梯车厢停稳 1s 后，电梯控制系统打开电梯门 8. 用户走出电梯车厢 9. 3s 后电梯自动关上电梯车门

确定用例是一个不断改进的过程。场景与用例用于创建用户在早期确认的需求。为了尽可能减少需求变更，在需求定义阶段要做许多变更与实验。有些用例被重写几次，另外一些用例得到充分改进，还有一些用例被完全放弃。为了节省时间，许多探索工作可利用场景和用户界面模型来完成。改进用例活动的重点是完整性和正确性，如增加遗漏的新的用例、增加执行者不常看到的情况和例外控制、增加系统支持用例。

编写场景与用例时可以使用下面的试探法：

1）利用场景与用户交流，确定功能。

2）改进一个元素的所有属性（如一个场景）来理解用户喜爱的交互模式。

3）利用所有元素的某一属性（如不够细致的场景）来定义系统范围，与用户共同确定。

4）用户界面模型仅仅作为可视化支持，一旦功能足够稳定，则把用户界面设计作为一项独立的任务来做。

5）给用户多种可选择方案（反对为用户提取一个单独的方案）。

6）当理解系统范围和用户喜好后，详述元素的所有属性，与用户共同确定。

4. 确定执行者与用例之间的关系

即使在中等规格的系统中也有许多用例，这些用例相互关联。通过确定执行者和用例之间的关系以及用例与用例之间的关系，可以降低建模的复杂性，并提高开发人员和用户对需求模型的可读性。可以使用执行者和用例之间的交流关系在功能层次上描述系统，使用扩展关系区分事件的例外和事件的共有流程，使用包含关系减少用例之间的冗余。

（1）执行者和用例之间的交流关系

执行者和用例之间的交流关系描述了用例过程中的信息流，在功能层次上描述系统。当确定用例以后，执行者和用例之间的关系就被确定了。需要注意的是，启动（initiate）用例的执行者应该与其他用例交流的执行者区分开来，访问控制（例如哪个执行者可以访问哪类功能）可以在这一层次进行描述。

图 4-2 是电梯控制系统中执行者和用例之间交流关系的示例（UML 用例图）。

（2）用例之间的扩展关系

通过用例之间的扩展关系可以区分事件的例外和事件的共有流程。如果被扩展的用例可以在特定条件下包含扩展（extend）行为，那么这个用例可以扩展另一个用例。扩展关系用基本用例的备选路径进行建模。在电梯控制系统的例子中，假设用户准备下电梯时，突然想起自己不是要到这一层，而是要改到另外一个楼层，这时，用户就要主动关电梯门，这时用户按下关电梯门的按钮。在这个动作中，不是用例描述中正常的事件流，这时候把正常事件流与用例中的异常事件流实例分开，如图 4-3 所示，使开发人员可以分别处理每种功能。被扩展的实例本身都是完整的用例。它们必须有一个入口和结束条件，并能被用户作为独立的整体所理解。

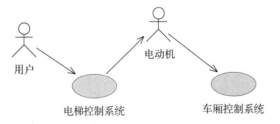

电梯中的执行者和用例之间的交流关系示例（UML用例图）。用户按按钮启动电梯控制系统用例，电动机接收到命令后提升车厢。用户不能直接提升车厢和开关车厢的门）

图 4-2　电梯控制系统中执行者和用例之间的交流关系

利用扩展关系的示例（UML用例图）。用户手动关门扩展电梯控制系统用例

图 4-3　电梯控制系统扩展用例示例

把基本用例与异常和任选的事件流区分开来有两个好处：

1）基本用例变得更短并易于理解；

2）把普通用例与异常用例分开，可以使开发人员分别处理每种功能。

需要注意的是，普通用例与异常用例都是完整的用例，它们必须有一个入口和结束条件。

可以通过下面的试探法，建立用例之间的扩展关系。

1）如果用例包括几个行为段，这些段具有可选特性或者异常特性，并且它们不会增加对用例主要目的的理解程度，则可以将这些行为分离出来作为新的扩展用例。而原始的用例则成为基本用例，扩展用例与之就形成了扩展关系。

2）对于复杂分支流和可选行为，最好将它们划分出来，形成扩展用例。通常此行为相当复杂，并且难以描述：将其包含在事件流中将更难看到"正常"行为。提取该行为将有助于提高对用例模型的理解。

3）在基本用例中需要声明扩展点，这些扩展点定义在基本用例中可能进行扩展的位置。

4）确保在无须引用扩展用例时，基本用例的事件流仍然保持完整而且可以让人理解。

5）只有扩展用例知道它和基本用例之间的关系。基本用例只知道它具有扩展点，而并不清楚什么样的扩展用例在使用这些扩展点。

6）简要描述所定义的每一个扩展关系。

7）定义产生扩展必须满足的条件。如果未定义任何条件，这意味着扩展始终在执行。

8）如果扩展用例包含几个行为段，这些行为段从不同的扩展点插入基本用例中，则要确保对这些行为段以及基本用例中每一个行为段的扩展点都做了定义。

（3）用例之间的包含关系

使用包含（include）关系可以减少用例之间的冗余。如果用例包括一个行为段，该段对于此用例其他部分的重要性完全在于它产生的结果，而不在于得到结果的方法，则可以将此行为分离出来作为新的**包含用例**，而初始的用例则成为与此包含用例有包含关系的**基本用例**。许多用例有过多的系统规格说明片段，如果行为被两个或几个用例共享，则应被提取出来成为一个单独的用例。包含关系有以下好处：

1）隔离和封装复杂的细节，使之不会模糊用例的实际含义；

2）包含涉及几个基本用例的行为，提高用例的一致性。

从用例中提取共同的行为有很多好处，如使描述简化、使冗余变少。例如，电梯控制系统发现车厢载重超过预定载重时，就要提醒用户，从而拉响警报。在这种情况下，拉响警报是必要的事件流，并且对车厢运行有直接影响，这时候可以把警报系统当成包含关系处理，如图 4-4 所示。

当有不止一个用例必须包含某个包含用例时，维护一个额外用例和包含关系才有价值。通常，通过略述包含的目的以及包含用例插入基本用例的位置，说明基本用例和包含用例之间的包含关系。在两个用例间的包含关系中，用例为保持其完整性，不仅要符合基本用例的说明，还应当遵循包含用例的说明。说明

用例之间的包含关系示例。当车厢超载时，警报系统响起警报

图 4-4　电梯控制系统中的包含关系示例

基本用例的事件流时，应当引用在插入位置上的包含用例。只有基本用例清楚它和包含用例的关系；而包含用例并不知道自己被其他什么用例所包含。

（4）扩展关系与包含关系的比较

用例间的扩展关系和包含关系是类似的结构，并且都可减少或消除冗余，它们的主要差别是关系的方向：

1）在包含关系中，启动目标用例的条件是在启动用例中描述的，就像事件流中的事件一样；

2）在扩展关系中，启动扩展的条件是在扩展中作为入口条件描述的。

确定扩展与包含关系的试探法如下：

1）对例外的、任选的或很少发生的行为使用扩展关系；

2）对两个或多个用例共用的行为使用包含关系。

（5）建立用例之间的泛化关系

如果两个或两个以上的用例在结构和行为上有相似之处，则可以将这些共同行为分离出来创建新的父用例。而初始的用例则成为与此父用例有泛化关系的子用例。子用例继承父用例中描述的所有行为，遵守子用例说明的用例实例还应当遵守父用例说明，这样才认为它是完整的。只有子用例知道它和父用例之间的关系；而父用例并不清楚哪个子用例是它的特例。为了帮助其他人理解这个模型，应当对泛化关系做简短的说明，解释创建泛化关系的原因。在子用例的事件流中，需要说明子用例如何通过插入新的行为段修改继承的行为序列。

一般而言，应当至少有两个子用例继承同一个父用例，这样维护父用例及其与子用例之间的泛化关系才有意义。有一种例外情况，即有两个用例，其中一个用例是另一个用例的特例，但它们都需要具有独立的可实例化性质。

在建立用例之间的关系时，应当与客户或用户不断地深入讨论如何合并包含、扩展和泛化关系，并确信他们对用例有清楚的理解和认识，并且对有关说明达成一致意见。如果需要，最好将用例组织成用例包。在这一阶段，要检查用例模型以核实所做工作没有偏离目标，但不必详细复审该模型。

5. 确定非功能性需求

非功能性需求描述用户可见的且与系统功能行为没有直接联系的系统部分。非功能性需求包括许多内容，包括用户界面外观和感觉、响应时间的需求及安全问题。非功能性需求与功能性需求是同时定义的，因为在系统的开发和花费上，它们有着相同的影响。

例如，考虑一个用于空中交通控制器的嵌入式显示系统，它用来显示飞行轨迹。嵌入式的显示系统通过编译雷达和数据库的一系列数据形成一个总的显示，指示在一个特定区域内的所有飞行器，包括它们的标识、速度和高度。因此，一个系统可以显示的飞行器的数目决定了空中交通控制器的性能和该系统的费用。如果该系统只能同时管理几个飞行器，就不能应用于繁忙的机场。另外，能管理大量飞机的系统建造起来花费更多、更复杂。

通过研究下面几个问题可以得到非功能性需求。

1）用户界面和人为因素：

- 该系统提供哪类界面？
- 使用该系统的用户类型是什么？
- 是否会有多种类型的用户使用该系统？
- 用户的专业水平如何？
- 每种类型的用户需要什么样的培训？
- 系统易于学习是否特别重要？
- 保护用户不出错是否特别重要？
- 可使用何种类型的人机界面输入/输出设备，其特点是什么？

2）文件：

- 需要何种标准文件？
- 每份文件将针对哪些受众？
- 是不是只提供用户文件？

- 维护人员有没有技术文件？
- 开发过程是否被记录？

3）硬件环境：

- 系统将在哪些硬件上运行？
- 目标硬件的特征是什么（例如内存大小和辅助存储空间）？

4）性能特征：

- 系统如何响应？标准负载和极限负载是多少？
- 系统是否存在任何速度、吞吐量或响应时间的限制？
- 系统处理的数据是否存在大小或容量限制？

5）错误处理和极限条件：

- 系统应如何响应输入错误？
- 系统应如何应对极端条件？

6）系统接口：

- 输入是否来自拟定系统之外的系统？
- 输出是否流向拟定系统之外的系统？
- 输入或输出必须使用的格式或媒体是否有限制？

7）质量问题：

- 可靠性的要求是什么？
- 系统必须捕获故障吗？
- 发生故障后，系统是否需要在一定时间内重启？
- 每 24h 可接受的系统停机时间是多少？
- 系统的可移植性（能够移植到不同的硬件或操作系统环境）是否重要？

8）系统修改：

- 系统的哪些部分可能会在以后进行修改？
- 预计会有什么样的修改？

9）物理环境：

- 目标设备将在哪里运行？
- 目标设备将位于一个位置还是多个位置？
- 环境条件是否会以任何方式出现异常（例如异常温度、振动、磁场等）？

10）安全问题：

- 必须控制对任何数据或系统本身的访问吗？
- 人身安全是一个问题吗？

11）资源问题：

- 系统多长时间备份一次？
- 谁将负责备份？
- 谁将负责系统安装？
- 谁将负责系统维护？

4.1.2 面向对象需求分析建模

面向对象需求分析主要是精化和结构化需求，清楚地描述系统内部，是系统设计的基础。在系统分析阶段，通过细化和结构化系统需求，可将系统需求转换成系统中的结构、类、对象和关系等实体元素，并从静态和动态两个角度来清楚描述这些实体元素。需求分析可分为两个步骤。

1）系统架构分析：运用面向对象技术描述系统的静态结构。系统结构分析是对系统元素静态的描述，它在系统需求的基础上确定系统的总体架构及内部对象。用部署图来描述系统的物理架构，然后用类图来描述系统静态的对象结构及其相互关系。我们可以从用例图中分解出一些类，并将这些类之间的结构描述出来。

2）系统行为分析：从动态的角度描述系统的对象间相互作用的特性。系统行为分析就是从多个角度来描述所研究系统的动态部分。我们可用状态图描述系统的状态行为，然后根据系统内部所具有的行为来定义和精化类的操作，另外，也可用顺序图和协作图从不同的角度来显示动态的信息流。根据嵌入式系统的特点，状态图不但包括嵌套层次结构状态的概念，还可用并发的概念来表示那些可以和其他状态同时处于活动状态的独立状态。

需求分析模型由功能模型、对象模型和动态模型组成。在 UML 中，功能模型用用例图表示，对象模型用类图表示，动态模型用状态图和顺序图表示，如图 4-5 所示。

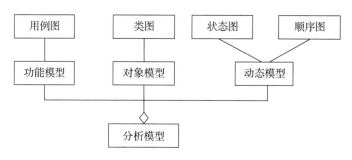

图 4-5　需求分析模型

需求定义阶段已经建立了用例模型，对象模型、动态模型都是在分析用例模型的基础上建立的，反过来，在分析和构建对象模型、动态模型时会进一步改进用例。

1. 功能模型

功能模型是需求分析模型中最基础的部分，用来表达系统的功能性需求或行为。功能模型一般通过用例图来表示，用例方法最早是由 va Jackboson 博士提出的，后来被综合到 UML 规范之中，成为一种标准化的需求表述体系。用例图展现了一组用例、参与者以及它们之间的关系。用例图仅仅是在外部观察系统功能，也就是从参与者使用系统的角度来描述系统中的信息，并不描述这些功能在系统内部具体是怎样实现的，即在用例建模阶段不考虑系统功能的实现规格和细节。用例图的主要目的是帮助开发团队以一种可视化的方式理解系统的功能需求，包括基于基本流程的参与者关系以及系统内用例之间的关系。用例图一般表示用例的组织关系，如整个系统的全部用例或具有某一功能的一组用例（例如，所有安全管理相关的用例）。要在用例图上显示某个用例，可绘制一个椭圆，然后将用例的名称放在椭圆的中心或椭圆下面的中间位置，参与者和用例之间的关系用简单的线段来描述。

图 4-6 是某人脸识别门锁系统的用例图。该系统有两个参与者：用户和管理员。用户可以通过刷脸开锁。管理员可以查看开锁日志、管理用户信息，也可以通过刷脸开锁。

用例将功能上相关的场景聚集在一起。场景则将功能上相关的消息聚集成一个协议，这些消息在对象间传递。需要注意的是，场景的完整集合定义了系统的外部行为。可以用顺序图、状态图、用例图对它们进行建模。在对系统进行对象分解之前，需要在构造这些图的过程中搜集相应的信息。对外部事件的特征，以及将这些事件集成到系统用例之中的过程，就形成了完整的系统外部视图。

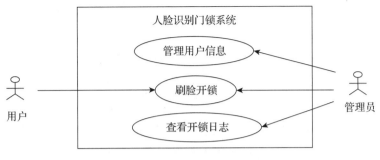

图 4-6　人脸识别门锁系统用例图

2. 对象模型

建立对象模型的主要目标是发现重要的抽象,错误的抽象会导致返工并修改模型。对象模型由类和类之间的关系组成。对象建模的步骤是首先基于可以发现抽象的基本假设识别类,然后标识属性、方法及类之间的关系。建模步骤的顺序是次要的,只是启发式的。对象建模是一个迭代过程,迭代很重要。

(1)标识对象

对象模型由实体对象、边界对象、控制对象组成。实体对象表示系统跟踪的持续的信息。边界对象表示执行者和系统之间的交互。控制对象表示用户执行的且由系统支持的任务。一般,系统边界比控制更可能发生变化,控制比应用域更可能发生变化,使用三种对象使模型变化更加灵活。UML 中没有区分对象类型,在对象模型中可以用 UML 模板描述对象类型。UML 提供 UML 模板的扩展机制来区分不同类型的对象。一个模板是一个被尖括号括起来的字符串,它与 UML 的一个元素(如类或关系)相连。也可以通过命名来区分不同的对象类型。图 4-7 给出了一个手表的三种对象表示示例。手表有两个边界对象,即按钮对象和显示对象;有三个实体对象,分别跟踪年、月、日信息;有一个控制对象,该对象负责对日期的更改控制。

图 4-7　三种类型的对象表示示例

(2)标识关系

确定了对象之后,需要标识对象关系。通常对象之间的关系有一对一关系、一对多关系、多对多关系,也可以通过受限对象属性确定受限关系,使关系更明确。此外还需要给归纳关系建模。

1)关系重数。在描述对象关系时须标注清楚关系重数。在 UML 中,关系的端点会有一套整数标记,这套整数称为重数。重数指出了从类的一个实例连接到该关系端点的合法连接数目。图 4-8 描述了手表的简单对象关系与重数。根据所标出的重数,可以明确需求,避免需求的多义性。根据图 4-8 中的重数,我们知道这个手表有两个按钮而非一个或三个,只有一个显示,一次只显示一个时间,而不是显示多个时区的时间。

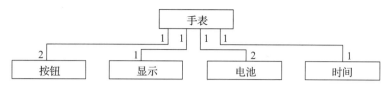

图 4-8 描述简单手表类图的示例

给关系添加重数使得我们能从应用域或解决域获得更多、更明确的信息。当我们决定需要用哪个用例来处理应用域对象时，确定关系重数变得非常重要。图 4-9 和图 4-10 都是描述一个文件系统的类图，两个类图的结构完全一样，只有关系重数不同。但这一点不同造成了系统的很大不同。图 4-9 是层次文件系统的类图，在层次文件系统中，一个目录可以包含任意多个文件系统元素（一个目录或文件），而一个给定的文件系统元素只能隶属于一个目录。图 4-10 是非层次文件系统的类图，在非层次文件系统中，一个目录可以包含任意多个文件系统元素（一个目录或文件），而一个给定的文件系统元素可隶属于多个目录。

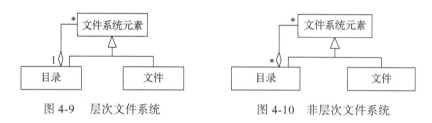

图 4-9 层次文件系统　　　　　图 4-10 非层次文件系统

2）受限关系。受限是一种用关键字来减少重数的技术。当模型越来越清晰而需要考虑的实例越来越少时，减少重数总是可取的。开发人员应检查每个有一对多或多对多重数的关系，是否可增添一个限定词。通常，这些关系能用目标类的一个属性来限定。增添一个限定词使类图更清晰，也增加了传达的信息。图 4-11 的受限关系说明在文件系统中，一个目录内的文件名是唯一的。

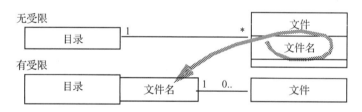

图 4-11 受限关系减少重数的例子（UML 类图）

3）聚合关系。聚合是一种整体与部分的层次关系。聚合关系类似于物料清单，一个产品可以被分解成多个零件。在 UML 中，用一个小菱形表示聚合关系的整体那一端。图 4-12 展示了一个汽车与其组成部分的聚合关系。

3. 动态模型

完成对象模型后就该建立系统的动态模型。动态模型由顺序图和状态图组成。嵌入式系统开发更多地要考虑时间和硬件因素，对象间的交互比一般的软件系统复杂得多，在嵌入式系统中，动态模型尤为重要。

（1）顺序图

顺序图是对对象之间的交互进行建模，顺序图将用例与对象捆绑在一起。它表示用例

（或场景）的行为是怎样在参与对象间分布的。顺序图通常不是一个与用户交流的良好媒介，然而它们代表另一个观察角度，使开发人员能够发现系统规格说明中疏漏的对象或界限不明的区域。图 4-13 是用户申请电梯用例的顺序图。

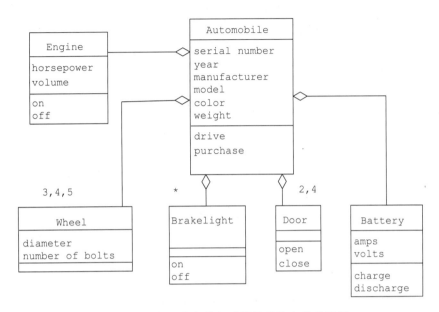

图 4-12　一个汽车与其组成部分的聚合关系示例

　　顺序图描述的是用例实例，一个用例是多个用例实例的抽象，所以一个用例描述多种事件流：正常的事件流，可选的事件流，异常的事件流。

　　对于一个用例，要用顺序图描述每一种用例实现（具体的事件流），因此比较烦琐，一个用例要画多个顺序图（至少三个）。

　　流程图有强大的描述能力，可以在一个图中描述所有分支（通过条件判断分支）。但流程图的缺点是只描述控制流，无法描述对象和信息流。来源于流程图的带泳道、对象流和同步条的活动图弥补了这一不足，可以用来描述用例，也可以通过泳道描述对象，所以活动图可以代替顺序图描述用例实现中对象间的交互，但缺点是对象间的消息不明了。

　　可以增强顺序图的描述能力，改变顺序图的描述角度：描述用例而不是用例实例，增加分支判断，这样就可以在一张顺序图中描述一个用例的所有事件流。

　　以往的流程图描述业务逻辑有很强的功能，但由于面向对象的缘故，要把职责分配给对象，因此有了顺序图，可是顺序图是一种实例图（描述一个具体的场景），损失了抽象能力，抽象由用例图和类图描述，但是顺序图在其中起的过渡作用不够。对于一个用例图，要画很多顺序图才能将它描述清楚，可在把它抽象成类图以后，从类图又很难找到和顺序图的对照关系。类图的关系抽象得太笼统（从图形可视角度讲）。所以顺序图作为一种抽象描述更合理，因为类图虽然可以抽象关系，但不能抽象逻辑（流程关系）。当然，实例场景的描述也可以由现有的顺序图来完成。

　　在第一次从场景导出用例描述时，可能会存在描述的逻辑性和系统之间的交互性混乱，这时，可以用顺序图将用例中所描述的过程表示出来，分析用例所描述的关系是否符合系统交互思维。顺序图可以帮助人们理解事件的流程走向，理解对象之间的时间顺序，这有助于嵌入式系统的时序正确性，还可以用状态图来分析和改进用例。

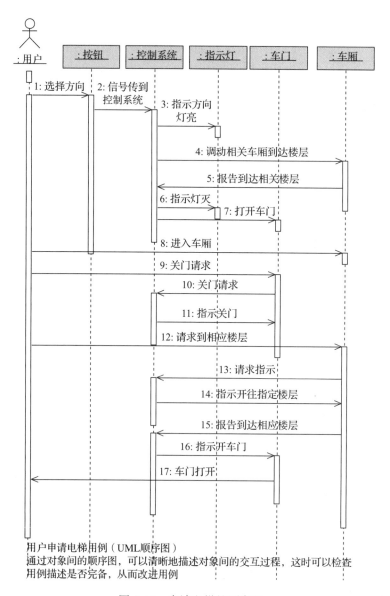

用户申请电梯用例（UML顺序图）
通过对象间的顺序图，可以清晰地描述对象间的交互过程，这时可以检查
用例描述是否完备，从而改进用例

图 4-13　申请电梯的顺序图

画顺序图的试探法如下：
- 第一列应对应启动用例的执行者；
- 第二列应是一个边界对象（执行者用来启动用例）；
- 第三列应是管理用例剩余部分的控制对象；
- 控制对象由初始化用例的边界对象创建；
- 边界对象由控制对象创建；
- 实体对象被控制和边界对象访问；
- 实体对象从不访问边界或控制对象，这更有利于在用例中共享实体对象。
顺序图的作用如下：
- 不仅对对象间的交互进行了建模，而且分配了用例的行为，即将一系列操作作为职责
  分派给每个对象；

- 这些操作可以被给定对象参与的所有用例共享；
- 在用例间共享操作可以减少系统规格说明书中的冗余，并提高一致性。但需注意：清晰度优先级高于消除冗余；
- 在分析中，顺序图有助于表示新的对象和遗漏的行为。

（2）状态图

顺序图在对象间分配行为并标识操作，它从单个用例的角度表示系统的行为。状态图从单个对象的角度表示行为，状态图是对单个对象的重要行为进行建模。我们不必为每个类都构建状态图，只有扩展的生命期限的对象和重要行为的对象的状态图才值得构建。图 4-14 是一个自动售货机的状态图示例。

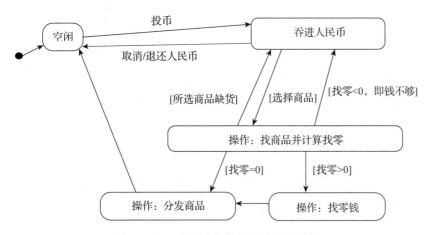

图 4-14　一个自动售货机的状态图示例

最终用户关注的是功能模型，系统的动态模型对设计人员很重要。在上面的例子中，"操作：分发商品"隐藏了这一操作的细节，这一状态还可以被进一步细化。如图 4-15 所示，我们可以将"操作：分发商品"这一活动的具体实现细节用一个状态图描述，该图称作嵌套状态图。"操作：分发商品"活动被分解成三个独立的活动：移动横向机械臂、移动纵向机械臂、将商品推出货架。这一细化使我们发现了三个新的对象，即横向机械臂、纵向机械臂和货架，以及一个新的操作（方法）：推出商品。这个例子也说明了如何通过动态建模改进对象模型。

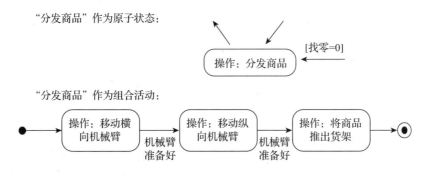

图 4-15　"操作：分发商品"的嵌套状态图

嵌套状态图可以降低系统的复杂度，在上层状态图中不需要对复杂状态进行详细建模，根据需要分层建立状态模型。在建立状态图时，一个状态图中的状态最好是 7+/-2 个状态。

（3）对并发建模

嵌入式系统中总是存在着并发。有两种层次的并发，一种是系统级并发，另一种是对象级并发。系统级并发是指一个系统中状态（行为、活动）的并发；对象级并发是指一个对象有多个独立的状态，这些状态可能产生并发。

并发往往是因为存在相互独立的状态，这些状态可以被设计成相互独立地完成，这样就会产生并发。在嵌入式系统中，一些并发是系统固有特性要求的，比如必须在同一时间、按同样的周期执行的任务，或是由同一事件触发的任务；一些并发是为了提高响应速度而设计出来的。

对象级的并发常常是在对象被识别出来时就会发现的。图 4-16 是一个对象级并发的例子，描述了自动售货机退出银行卡与找钱或退钱的并发操作。这一并发是系统设计的并发。

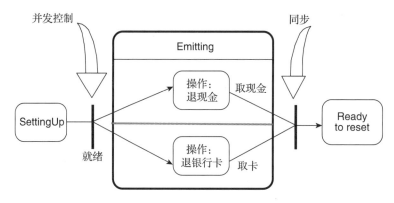

图 4-16　一个对象级并发的例子

如果发现在一个对象中存在并发，这有时意味着我们最初识别的对象可能过于粗糙。这时，系统分析人员首先应该问：在这个对象中隐藏着哪两个对象？很多时候，找出隐藏的对象可以使我们对系统有更深入的了解，并改进对象模型。有时并发是对象固有的特性，这时就不能再进一步分解对象了。但即使在这种情况下，从系统分析的角度讨论并发仍然是很重要的事情，因为在系统设计时仍然要对并发处理进行设计，比如用两个处理器进行并发处理或用两个线程实现并发。

（4）状态图与顺序图的比较

状态图描述对象或子系统状态随时间变化的情况。只需要对那些状态变化复杂的对象或子系统建立状态图。顺序图描述对象随时间变化的瞬时关系，或者是对一个或多个事件响应的操作顺序。状态图和顺序图都是描述系统的动态行为的。每个用例至少需要一个顺序图，但不是每个类或子系统都需要状态图。动态模型可以作为人机交互接口或进行导航路径设计时的参考。

（5）动态建模实用技巧

进行动态建模时，一定要注意模型的可读性，不要构建太多的冗余模型。可采用以下技巧。

1）只为重要的动态行为建立动态模型。如果系统中有成百上千个对象，不需要对所有对象建立动态模型，只对系统中那些非常重要的动态行为进行建模即可。如果有两个或多个对象有相同的动态行为，只需要为其中一个对象建立动态模型，然后用一句话说明其他对象有相同的动态模型即可。在下面的例子中，电源和车灯两个类就有同样的状态转换，所以只需要建立一个状态图，同时附以文字说明即可。

2）只考虑与动态行为相关的属性。许多状态变化体现在对象属性值的变化上，为了避免混乱，最好使用抽象。在动态模型中，只包括相关属性，而不包括与该动态行为无关的属性，这样可以减少状态图中不必要的状态。

3）避免命名混乱。检查同一状态的命名是否一致，同时检查同一名称的状态是否描述相同的行为。

4. 实例

下面以一个遥控玩具车方向遥控系统的简单实例介绍如何采用面向对象的方法对一个嵌入式系统进行需求建模。

（1）问题描述

- 电源开启时，玩具车开始移动，车灯打开。
- 电源关闭时，玩具车停止移动，车灯关闭。
- 玩具车可向前移动和向后移动，每次电源开启时都会改变方向。

（2）功能模型

根据问题描述，用例构建功能模型如下。

用例 1：系统初始化

- 入口条件：电源关闭，汽车处于静止状态。
- 事件流程：驾驶员打开电源。
- 退出条件：汽车向前移动，车灯闪烁。

用例 2：关闭车灯

- 入口条件：汽车向前移动，车灯闪烁。
- 事件流程：
  - 驾驶员关闭电源，汽车停止移动，车灯灭；
  - 驾驶员打开电源，车灯闪烁但汽车不动；
  - 驾驶员关闭电源，车灯灭。
- 退出条件：汽车不动，车灯灭。

用例 3：汽车向后移动

- 入口条件：汽车不动，车灯灭。
- 事件流程：驾驶员打开电源。
- 退出条件：汽车向后移动，车灯闪烁。

用例 4：停止向后移动的汽车

- 入口条件：汽车向后移动，车灯闪烁。
- 事件流程：
  - 驾驶员关闭电源，汽车停止，车灯灭；
  - 驾驶员打开电源，车灯闪烁但汽车不动；
  - 驾驶员关闭电源，车灯灭。
- 退出条件：汽车不动，车灯灭。

用例 5：汽车向前移动

- 入口条件：汽车不动，车灯灭。
- 事件流程：驾驶员打开电源。
- 退出条件：汽车向前移动，车灯闪烁。

分析上述用例,可以发现用例 1 和用例 5 除了用例名称不同外,其他完全一样。这样,我们可以删除多余用例,比如取消用例 5。

(3)对象模型

从用例和场景中可以发现关键的抽象对象为驾驶员和玩具汽车,进一步分析用例,可以得出玩具汽车包含三个对象:电源、车灯和车轮。玩具车遥控器方向控制系统的类图如图 4-17 所示。

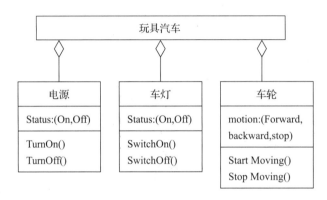

图 4-17　玩具车遥控器方向控制系统的类图

(4)动态模型

我们在建立动态模型前,先考虑下面的场景。

场景名称:开汽车

事件顺序:

1)小明打开遥控器电源;

2)车灯亮;

3)车轮开始向前移动;

4)车轮继续向前移动;

5)小明关闭遥控器电源;

6)车灯灭;

7)车轮停止移动。

车灯和电源的状态变化一致,只有车轮的状态变化稍复杂,需要通过场景与用例的事件流建立顺序图。根据上面的场景可以对遥控器方向控制系统建立动态模型,遥控器方向控制系统的顺序图如图 4-18 所示。遥控器方向控制系统状态图如图 4-19 所示。

4.1.3　面向对象需求规格说明书

整个需求活动首先是问题描述,需求定义,识别系统的功能需求、非功能需求和系统约束;然后通过用例描述系统的功能需求,构建系统的功能模型;接下来,构建系统的动态模型,用顺序图描述对象间的交互,用状态图描述感兴趣的对象行为;最后构建系统的对象模型,用类图描述系统的结构。在完成这些活动时,有一项非常重要的工作,就是记录需求,即完成系统的需求规格说明书。需求阶段的最后一项活动是审核需求规格说明书。表 4-3 是一个用面向对象进行需求分析的需求规格说明书模板。

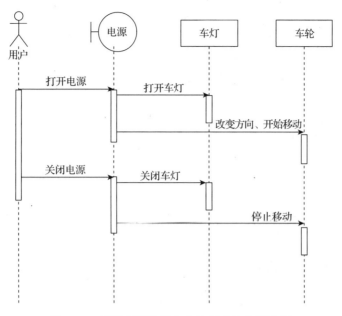

图 4-18　玩具车遥控器方向控制系统的顺序图

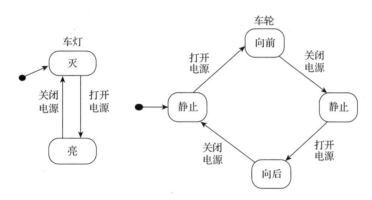

图 4-19　玩具车遥控器方向控制系统的状态图

表 4-3　面向对象需求分析的需求规格说明书模板示例

1. 介绍

1.1 系统目的

1.2 系统范围

1.3 对象和项目成功的标准

1.4 定义、首字母缩写词和缩写

1.5 参考资料

1.6 总结

2. 当前系统

3. 建议的系统

3.1 概述

3.2 功能性需求

3.3 非功能性需求

3.3.1 用户界面和人为因素

3.3.2 文件

3.3.3 硬件考虑

3.3.4 性能指标

3.3.5 错误处理和极限条件

3.3.6 质量标准

3.3.7 系统更正

3.3.8 物理环境

3.3.9 安全问题

3.3.10 资源约束

3.4 伪需求

3.5 系统模型

3.5.1 场景

3.5.2 用例模型

3.5.3 对象模型

3.5.3.1 数据词典

3.5.3.2 类图

3.5.4 动态模型

3.5.5 用户界面—导航路径和屏幕模型

4. 术语表

当完成需求规格说明书之后，系统分析员和技术人员常常处于继续完成项目的压力之下，很多人会马上开始技术设计与开发工作。但是在进入下一阶段前，请你停一下，给自己一个从完成的工作中学习的机会。需求的事后分析让你能够将收集的经验长期保存下来。

事后分析的主要问题是：如果让你必须重做一次，你将如何做？为什么？通过事后分析的结果得到一份书面的总结，在这份总结中，可包含这些内容：

1）我们学到的最重要的一些事是什么？

2）项目的历史有没有重用的可能？

3）项目的目标，我们实现了吗？

4）团队内的沟通与团队外的沟通存在什么问题？

5）需求规约中是否对设计问题产生积极的影响？

6）在这个需求工程的过程中，有什么值得注意的问题？

4.2 确定系统设计目标

在进行问题定义时，我们先要确定系统的目标，这些目标在后续活动中会不断被具体化，但是如果有很大的变化，前期的许多活动与成果都需要重新审核，往往会导致返工修改。系统目标是后续活动的决策依据，一些系统目标在需求分析阶段会以非功能性需求体现，非功能性需求必须是可测、可验证的系统目标。本节将要讲到的设计目标包含系统目标，但不仅仅是系统目标。系统目标是从客户与最终用户的角度确定的，系统设计目标不仅要考虑客户与最终用户对系统的期望，还要考虑开发者的利益。

下面是系统设计经常遇到的设计目标：

- 可靠性
- 可修改性
- 可维护性
- 可理解性
- 适应性
- 重用性
- 效率
- 可移植性
- 对需求的可追溯性
- 容错性
- 兼容性
- 性价比
- 稳定性（鲁棒性）
- 性能
- 好的文档
- 定义好的接口
- 用户友好性
- 组件的重用性
- 快速开发
- 最少的错误
- 可读性
- 易学性
- 易记性
- 易用性
- 提高生产率
- 低成本
- 灵活性

上述这些设计目标可以总结为性能、可靠性、费用、维护和最终用户五类设计指标。一般在需求中会指定或从应用角度推断出性能、可靠性和最终用户指标，费用指标和维护指标与合同约定、市场分析及开发商的利益相关。

1. 性能指标

性能指标包括对系统的速度和空间的要求，表 4-4 列出了常见的有关性能的指标。

表 4-4　常见的有关性能的指标

设计标准	定　义
响应时间	用户请求提交后多久给出答复
吞吐量	在固定时间内，用户能完成多少任务
存储器	系统运行需要多少空间

2. 可靠性标准

可靠性标准确定需要做出多大的努力才能减少系统崩溃及其后果，如系统多久可以崩溃一次、系统崩溃时有没有相关的安全问题。表 4-5 列出了常见的有关可靠性的指标。

表 4-5　常见的有关可靠性的指标

设计标准	定　义
健壮性	无效用户输入时系统可以运行的能力
可靠性	指定操作和应遵守的行为之间的区别
可用性	系统用于完成正常任务的时间百分比
容错	在错误的条件下运行的能力
安全性	抵挡恶意攻击的能力
平稳性	即使有错误和失败出现时，不危及人类生命的能力

3. 费用指标

费用指标包括系统开发、配置及管理的费用。开发指标不仅包括设计因素，还包括管理因素。替换旧系统时，要考虑新旧系统的兼容、数据的转换等费用。确定设计决策时，需在开发费用、用户培训费用、系统升级费用和维护费用等不同的费用之间权衡取舍。比如，保持与旧系统的兼容性会提高开发费用，但会降低系统数据转换的费用及最终用户的培训费用，如果旧系统在功能、性能上已经远远不能满足要求，那么首先要满足的是系统的功能与性能要求，而不是兼容性。表 4-6 列出了常见的有关费用的指标。

表 4-6　常见的有关费用的指标

设计标准	定　义
开发费用	开发最初系统的费用
配置费用	安装系统和培训用户的费用
升级费用	从以前的系统中转换数据的费用，这个标准导致与以前版本的兼容性需求
维护费用	修改错误以及改进系统的费用
管理费用	管理系统的费用

4. 维护指标

维护指标确定系统部署完成后修改系统的难度，如增加新功能的难度或可能性，包括系统的适应性、扩展性及可移植性等。表 4-7 列出了常见的有关维护的指标。

表 4-7　常见的有关维护的指标

设计标准	定　义
扩展性	增加系统的功能或新的类是否容易

（续）

设计标准	定 义
可修改性	改动系统的功能是否容易
适应性	将系统应用于不同的应用域是否容易
可移植性	将系统应用于不同的平台是否容易
可读性	通过阅读代码理解系统是否容易
需求的可追溯性	是否可以将代码映射到特定的需求

5. 最终用户指标

最终用户指标是从最终用户的角度对系统的期望，包括可用性、实用性等。许多设计人员往往不重视这些设计指标，但这些设计指标体现了软件产品作为一种商品的品质。表 4-8 列出了常见的有关最终用户的指标。

表 4-8　常见的有关最终用户的指标

设计标准	定 义
实用性	系统对用户的工作支持的程度
可用性	用户使用系统的容易程度

图 4-20 描述了常见设计目标之间的关系。图中按照客户、最终用户、开发者 / 维护者三类不同群体的关注程度将设计目标分为三组。

- 客户是项目的发起者或投资者，他们关心的是项目的成本（如低成本、快速开发）、收益与价值（如提高生产率、系统运行效率、可靠性、对需求的可追溯性）以及对已有投资的保护（如向下兼容性、灵活性）。
- 最终用户从使用的角度要求系统，他们关心的是系统的实用性和可用性，如功能、运行效率、可靠性、可移植性、用户友好性、易学、易用、容错、稳定等。
- 开发者 / 维护者关心的是系统开发及维护的成本及方便程度，如好的文档、最少的错误、可修改性、可读性、重用性等。

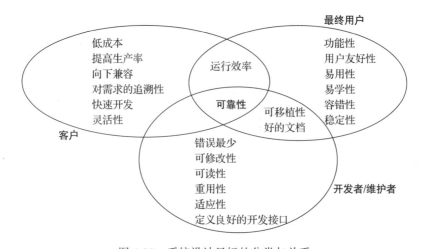

图 4-20　系统设计目标的分类与关系

不同的群体从自身利益出发，关注不同的设计目标。这些目标往往是相互冲突的。系统设计人员要综合各方的需求，对设计目标进行优先级排序，在不同的设计目标间达成均衡。确定设计策略是一个多目标优化问题，这类优化问题往往没有最优解，设计人员将根据资源、约束及目标确定一个满意解。不同的设计人员确定的设计策略会有差别，这些策略取决于设计者的经验与能力。

许多架构设计人员将设计重点放在系统的功能、性能及技术可实现等设计目标上。但许多时候，系统的最终用户指标和维护指标非常重要。长虹是一个著名的家电厂商，我们与长虹的技术人员讨论了其空调控制系统的设计。空调控制系统主要有三个部分：空调制冷压缩机控制、空调状态控制、空调状态显示控制。空调控制系统被设计成两个控制板，一块控制板控制空调制冷压缩机，另一块控制板集成空调状态控制和空调状态显示控制。为什么不将所有控制集成在一块控制板上？这从技术上完全可以实现，而且可以降低生产成本。但设计人员的回答是：从技术上讲似乎是这样的，但事实上显示与状态控制更易损坏，而长虹的维修人员在维修时是直接更换控制板，设计成两块板子可降低维修成本，同时由于可以使用不懂开发的维护人员，因此整个维护成本大大降低。

可见，不论是硬件架构设计还是软件架构设计，系统架构设计人员不能仅仅从技术实现角度考虑设计决策，而是要综合各个方面的因素确定设计决策。

4.3　复杂嵌入式软件架构设计

4.3.1　系统分解

软件架构设计的首要任务是将系统分解成易于管理的子系统，并且设计子系统间的接口、确定系统的软件体系结构。

软件架构设计中系统分解的子系统与实时软件设计划分的任务有何关系呢？复杂嵌入式软件也包含实时软件，对于复杂实时软件设计，第 3 章介绍的任务划分原则依然有效。任务划分的目的是保证实时性、区分任务优先级，软件架构设计是为了达到更好的扩展性、维护性、移植性等设计目标。任务有可能是软件架构中的一个子系统或模块，也有可能是软件架构中多个模块共同完成的一个功能。

任务通常是事件驱动的。不论是简单实时系统，还是复杂实时系统，任务都有优先级划分，实时软件的架构设计与任务划分是需要协同考虑的。

下面先介绍几个与系统分解相关的概念。

- **子系统**是一组为提供某类特定服务的相互关联的模块（类）的集合。在 UML 中用包表示子系统。
- **服务**是子系统提供的为实现某一共同目标的一组相关操作。服务是通过子系统接口提供的。服务应在架构设计阶段确定。
- **子系统接口**也称作子系统 API（Application Programmer's Interface）。子系统 API 在详细设计阶段确定。

系统分解通常是按照服务进行划分，即将为实现共同目标的服务放在一个子系统中，如任务调度管理、无线通信、设备驱动等。系统分解不仅要将系统分解为子系统，而且要确定子系统间的接口，即确定子系统间（而非子系统内部）的交互及信息流，子系统接口应该尽量简单。

系统分解有两个原则：一个是 Miller 法则，即一个系统应该分解成 7±2 个子系统；另一个是子系统应该具有最大的聚合度和最小的耦合度。

1. 分层与分区

系统设计的目标是通过将系统分解成可管理的较小的部分来降低复杂度。通过循环分解，直到子系统可由一个人或一个小组处理为止。系统分解一般有分层与分区两种分解方式，大型系统常常同时采用分层与分区进行系统分解。

分区是将系统分解为对等的子系统。子系统间依赖较少，每个子系统可以独立运行。

分层是将系统按照一定的层级结构划分。一个层是一个子系统，每层至少包括一个子系统，一层也可以继续划分成更小的子系统，图 4-21 将系统分解为三层。分层结构有以下特点：

1）每一层为更高级别的抽象层次提供服务；
2）每一层仅依赖于比自己级别低的层次；
3）每一层都不知道比自己级别高的层次的任何信息。

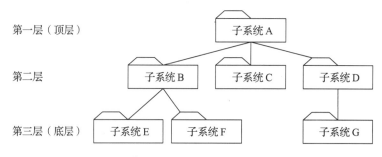

图 4-21　将系统分解成三层（UML 对象图）

分层结构有两种类型，一种是封闭结构，一种是开放结构。封闭的分层结构中，每一层只依赖于直接低于它的那一层。开放的分层结构中每一层可以访问低于它的层。

图 4-22 描述的开放系统互连（OSI）参考模型是一个典型的封闭分层体系结构的例子。OSI 模型将网络服务分解为 7 层，每一层负责不同的抽象层次。每一层只能访问它的直接下层。

分层结构中，层与层之间的子系统关系有两种。A 层"调用"B 层是在运行时建立 A 层与 B 层之间的关系；A 层"依赖于"B 层是在编译时建立 A 层与 B 层之间的关系。

分区结构中，子系统的依赖关系较松散，通常都是在运行时建立依赖关系。分区结构中子系统是同等的，A 区可以"调用"B 区，B 区也可以"调用"A 区。

2. 耦合度与聚合度

耦合度是两个子系统间依赖关系的强度。聚合度是子系统内部的依赖程度。

为了降低系统的复杂度，系统分解的一个原则是应尽可能地将交互保留在子系统内部，而不是子系统之间。理想情况下，分解的子系统应该有最小的耦合度和最大的聚合度。高聚合度指子系统中的模块（类）完成相似的任务并且相互关联。低聚合度指子系统中有许多不相关的、冗余的模块或操作。高耦合

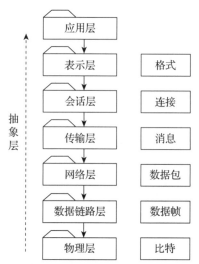

图 4-22　典型的封闭分层体系结构的例子

度指修改一个子系统时对其他子系统将产生很大影响，如修改模型、重新设计等。

通常，如果一个子系统总是调用另一个子系统的服务，可以考虑将此服务放在该子系统中。如果一些子系统总是互相调用服务，可以考虑重新划分子系统。

通过分解系统可以提高聚合度，但随着接口的增加，系统的耦合度也跟着提高。因此，系统分解时须注意：

1）由高向低分解。

2）过多的分层和分区会导致系统复杂度提高。因此，一个系统的分层不要超过 5±2 个层；一个层中不要超过 7±2 个概念；一个子系统中不要超过 7±2 种服务。

3）尽可能提高子系统的聚合度，降低其耦合度。

系统分解的结果是确定系统的体系结构。体系结构的设计过程主要关心的是为系统建立一个基本架构。它包括识别出构建系统的主要的子系统及这些子系统之间的通信。嵌入式系统的体系结构由硬件体系结构和软件体系结构一起构成。

清晰的体系结构有以下好处。

1）有利于项目相关人员的沟通。体系结构是系统的一个高层表示，可以作为不同的项目相关人员之间讨论的焦点。

2）有利于系统分析。在系统开发早期阶段给出系统的体系结构，实际上就是对系统的分析过程。对体系结构的设计决定对系统能否满足关键性需求（如系统的性能、可靠性和可维护性）具有极深的影响。

3）支持大规模复用。系统体系结构的内容是关于系统的组织和组件间的互操作，其形式是一个紧凑的易于管理的描述单元。体系结构能在具有相似需求的系统间互用，由此来支持大规模的复用。

不同的设计者以不同的方式构建体系结构的设计过程。选择什么样的过程要依赖于系统构建者的应用知识、技巧和直觉。常用的体系结构设计过程有：

1）系统结构化。将系统分解成一系列基本子系统，每个子系统都是一个独立的单元，并识别子系统之间的通信。对于嵌入式系统，两个最大的子系统分别是：硬件子系统和软件子系统。

2）控制建模。建立系统各部分之间控制关系的一般模型。

3）模块分解。把每个识别出来的子系统进一步分解成模块。结构设计人员要确定模块的类型以及模块之间的关联。

嵌入式系统的体系结构取决于以下主要因素：

1）系统是硬实时系统还是软实时系统。在硬实时系统的情况下，对定时的要求非常严格（如实时工业控制），因此，需要详细地进行定时分析。在软实时系统的情况下，对定时的要求没有那么严格，偶尔出错不会对系统造成不利的影响。

2）设计模型。选用什么样的设计模型，是采用先硬件后软件的设计模型还是采用软硬件协同设计的模型。从经验来看，一般对于中小型的嵌入式系统，常用的方法是先硬件后软件，因为选用已成型的硬件的系统比选用自己设计的硬件的系统实现上要快得多。进行复杂嵌入式系统设计时最好使用软硬件协同设计，尤其是架构设计阶段，更应该软硬件协同设计，即从系统的角度设计系统架构，进行硬件架构设计时要考虑软件架构设计，进行软件架构设计时要考虑硬件架构设计。

3）是否需要嵌入式操作系统。如果应用只包含非常简单的 I/O 操作，仅有一项或很少的任务需要处理，而且只要求软实时性能，那么操作系统可能就不是必需的，可以通过编写或采用一个很小的内核来创建必要的服务。

4）物理系统的成本、尺寸和耗电量是否是产品成功的关键因素。如果正在开发的嵌入式系统是某个客户的特殊应用，那么这些因素就不是关键因素。如果是产品，特别是消费类电子产品，那么这些因素就是关键。一般原则是：如果嵌入式系统中使用的算法和计算很可能会改变，那么软件实现是最理想的选择。

5）选择处理器和相关硬件。当前的处理器有三种：微控制器（包含 CPU、存储器和其他设备，一般针对小型的应用）、微处理器和 DSP（一般针对涉及信号处理（比如音频或视频处理）的应用）。

嵌入式系统设计中，电子设计决策，包括硬件体系结构，如系统中设备（尤其是指处理器）的数量和类型以及用来将它们连接在一起的物理通信介质等，与软件体系结构设计息息相关。处理器所涉及的软件方面的内容有：

- 在处理器上运行的软件的假想目标和作用域；
- 处理器的计算功率；
- 开发工具的可用性，比如所选语言的编译器、调试器、在线仿真器；
- 第三方构件的可用性，包括操作系统、容器库、通信协议及用户接口；
- 与处理器有关的经验和知识。

嵌入式系统在响应时间、可靠性和可用性等方面的要求远比通用或商业软件系统更为严格。随着嵌入式软件越来越复杂，系统的响应速度、可靠性等嵌入式系统的重要性能不仅取决于硬件结构，软件结构对它们的影响也越来越大。

4.3.2 子系统到软硬件的映射

这部分主要解决两个问题。

（1）如何实现子系统

根据系统响应时间、同步 / 并发等要求，确定子系统是由硬件实现还是软件实现。若硬件已实现，要考虑如何与软件集成。对于可靠性要求很高的系统，即使是硬件已实现的功能，在软件方面仍要考虑冗余或其他措施。

（2）如何将子系统映射到选定的硬件和软件

将子系统映射到相应的处理器、存储器、输入 / 输出设备等。

需考虑的处理器问题有：

- 一个处理器是否够用？比如，涉及数字信号处理和控制问题时，是否考虑用双核系统？
- 为了维护或应用的需要，是否要在多个处理器上完成任务？
- 若需要多个处理器，需要多少？分别是哪种处理器？

需考虑的存储器问题有：

- 存储器是否够用？
- 是否要持续存储某些数据？
- I/O 速度是否影响响应时间？

除了要考虑将子系统映射到相应的硬件设备上，还需要考虑子系统间物理连接关系的映射。子系统的连接关系不一定都要影射到物理连接，这里需要考虑哪些关系要映射到某种连接，如无线网络、串行网络、互联网等，应采取何种拓扑结构，这些将影响系统的分解、连接与部署。

许多设计难点是由强加的硬件和软件约束造成的。某些任务必须在特定的场所完成，如数据采集、现场控制等，这使得系统自然成为一个分布式系统。设计分布式嵌入式系统时，要考虑以下问题：

- 物理单元间的连接关系采用哪种拓扑结构（树形、星形、矩阵、环形等）？
- 采用何种传输介质（无线、串行总线、以太网等）？
- 采用何种通信协议（TCP/IP 等）？需考虑对协议功能、延迟、可靠性、带宽等的要求。
- 是同步通信还是异步通信？
- 对带宽的要求，传输哪种信息？数据量多大？

可以用 UML 部署图描述软硬件映射。图 4-23 所示是 UML 部署图中的几个重要图解元素。

类和对象是系统逻辑体系结构中的一部分。也就是说，它们代表系统的逻辑概念及内部连接的方式。构件是物理体系结构的一部分，是在运行时存在的开发工作。典型的构件是可执行文件、库、文件、配置表等。

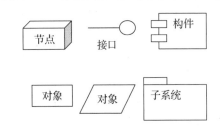

图 4-23　UML 部署图中的几个重要图解元素

总有大量的方法可以将逻辑体系结构映射到物理体系结构。事实上，相同的逻辑体系结构元素最终可能会实例化多个构件。例如，许多构件可能必须跨总线相互通信。它们可能都包含用来帮助串行化和反串行化各种总线传输的类。

在部署图中，最重要的图标是节点图标，节点代表处理器、传感器、路由器、显示器、输入设备、存储设备、定制的 PLA 或任何对软件来说较重要的物理对象。

在部署图中另一种常见的元素是子系统。在 UML 中，子系统同时是分类器和包的元子类。可以将子系统划分为两部分：一个用于行为规格说明；另一个用于实现。

图 4-24 是一个望远镜位置控制器部署图示例。

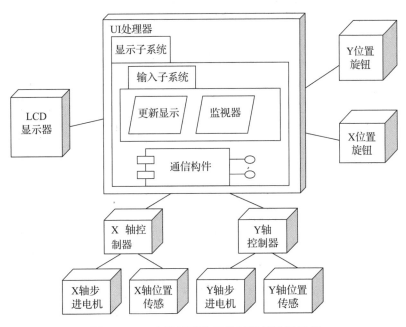

图 4-24　一个望远镜位置控制器部署图示例

4.3.3　开发环境和已有组件的选择

1. 开发环境的选择

在嵌入式系统架构设计阶段应该采用软硬件协同设计的方法。因为硬件架构与软件架构的设计相互影响，如选择何种芯片将影响编程语言、开发环境、RTOS 的使用等。

在嵌入式系统软件架构设计阶段应进行以下设计决策。

（1）确定编程语言

嵌入式软件开发中使用较多的是 C 语言、C++ 和汇编语言。为了提高软件的移植性，最好使用 C 语言开发。为了提高设备效率，一些底层软件采用汇编语言实现，但这会影响软件的可移植性。用 C++ 编程可以实现面向对象编程的优点，但某些环境不支持，面向对象的程序效率也会比 C 语言和汇编语言的程序效率低。随着嵌入式应用的扩展，软件开发采用的程序设计语言也越来越多，基于 WinCE 的应用可以用 C# 开发，移动嵌入式设备上的互联网应用也采用 Java 开发。

系统设计人员在确定编程语言时要考虑多方因素，如硬件与相应开发环境支持何种编程语言、开发人员熟悉哪种编程语言、是否要选择运行效率高的编程语言以满足系统性能要求。有时，可以选择多种编程语言满足不同的要求，但是一定要注意多种编程语言对开发环境的要求以及由此带来的系统集成的问题。

（2）选择开发环境

嵌入式系统开发环境对系统开发非常重要，系统的调试、仿真环境尤其重要。通常，硬件环境及软件环境确定后，则系统的调试、仿真环境的选择主要从价格方面来考虑。

（3）确定是否使用嵌入式操作系统及使用何种嵌入式操作系统

对于复杂的嵌入式系统，应考虑使用嵌入式操作系统。使用嵌入式操作系统可简化系统设计。实时嵌入式系统比非实时系统更难设计，使用实时多任务的内核能简化系统设计，可将复杂的应用程序分为几个不同的任务，由内核对它们协调处理。嵌入式操作系统为应用程序员提供可供调用的 API，允许程序员致力于应用程序的开发。

2. 组件设计

绝大多数工程学科中的设计过程都是基于组件复用的。机械或电气工程师的设计工作不需要对每个组件都从头设计，他们一般都是将其他系统中经过试验和测试的组件用于新系统的设计当中。组件复用的一个明显的好处就是降低了总体开发成本。

组件复用包括硬件组件的复用、软件组件的复用、整个系统的复用、单个功能的复用等。

硬件组件的复用在嵌入式系统工程中，出现得很早，复用级别较小的有处理器组件的复用、存储器组件的复用等，复用级别较大的有集成电路板组件等。为实现系统组件的复用，一定要在系统设计和需求工程过程期间就加以考虑。

嵌入式系统软件组件的复用比硬件组件的复用出现的晚得多，最早关于软件组件复用的研究是在 20 世纪 80 年代中期，在面向对象的研究方法应用兴起后，软件组件复用的研究得到了深入的发展。

嵌入式软件组件有时称为嵌入式系统构件、软件模块，对软件开发进行总体规划，将软件设计成模块化结构、组件化结构。这样的设计优点是：

- 增加可靠性；
- 降低过程风险；
- 与标准兼容；
- 加快开发速度；
- 提高软件的可移植性；
- 适用于并行开发。

但是，组件复用也会带来一些问题：

● 增加维护成本；

● 缺乏工具支持。

作为一种基于复用的系统开发方法，它的动机是源于面向对象方法中单一对象类太具体且太特殊，还需要在编译或系统连接时与应用捆绑在一起，需要掌握这些类的详细知识，因而在设计过程中尽可能实现各模块高内聚、低耦合的开发思想。

组件开发比对象类更为抽象，组件通过接口得到定义，一般情况下，组件可以被看作具有两个关联的接口，一是提供的接口，另一个是需要的接口。图 4-25 是一个组件接口图示例。

组件可以存在不同的抽象层次上，从简单的库子程序到完整的应用程序。通常，组件的抽象可以包括 5 个层次：

● 功能的抽象；

● 不规则的组合；

● 数据抽象；

● 聚集抽象；

● 系统抽象。

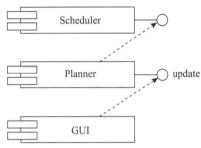

图 4-25　组件接口图示例

一个嵌入式系统的软件通常由许多模块组成，这些模块包括设备驱动模块、算法模块等。常见的软件组件如表 4-9 所示。

表 4-9　常见的软件组件

软件组件	模型特点	算法特点	接口函数
键盘	实现键盘的输入方法主要有两种：1）软件扫描。优点是节省硬件；缺点是增加 CPU 开销。2）缓存读取。优点是快速，缺点是消耗存储资源	包括扫描算法、去抖动、处理多个按键等	包括清除键盘缓冲区、读取扫描代码、检查键是否按下、键盘模块初始化
LED 显示器	连接方法有两种：如果数码管数目不多，可以直接使用处理器的 I/O 端口驱动数码管的显示；如果数码管较多，那么需要增加 I/O 端口	动态数码管显示电路的优点是节省 I/O 端口，缺点是不断地刷新显示	包括初始化模块、清除屏幕模块、指定位置显示模块、关闭显示模块
LCD 显示器	常见的产品有字符 LCD 显示、图形 LCD 显示、定制 LCD 显示器	—	包括初始化模块、关闭和打开模块、清屏模块、显示字符串、显示像素点
日历时钟	目前常用的是采用专用的日历时钟芯片实现，有的是外接电源，有的是内接电源	—	包括初始化模块、设置时间模块、读取时间模块
模拟量输入	接收由测量仪器输入的经模数转换的数据	—	接口模块
数字量 / 开关量输入	接收开关两种状态。方法有：直接以字节为单位处理开关量；包将以位为单位处理开关量	—	读取开关量模块
异步串行通信 UART	接收串行接口，实现处理器之间及处理器与其他装置之间的通信。有三种方式：单工、半双工、全双工	—	接收数据模块、发送数据模块

设计模式是组件复用的最好应用之一，将在后面的章节进行介绍。

进行架构设计时，需要考虑哪些已有的组件或代码（封装的库、子系统/模块代码等）可以复用，包括自己开发的以及可以外购的商业化组件及代码。由于所使用的处理器和（或）操作系统可能不同，因此嵌入式软件开发中组件及代码的复用往往涉及移植。因此，在选择可复用组件及代码时，需考虑其可移植性。

嵌入式软件的移植有裸机系统的软件移植、操作系统与应用软件整体移植、应用软件的移植。

裸机系统通常比较简单，使用汇编语言或 C 语言开发。如果采用汇编语言开发，则系统跨平台，模块化设计差，因此软件不可移植。

应用软件的移植一般有两种情况。一种情况是操作系统更换了，但是硬件（处理器）没有变化，主要移植应用软件，如一个应用运行于 NT 平台上，移植到安全性更高的 VxWorks 平台上。另一种情况是硬件平台和操作系统都更换了，需移植应用软件和设备驱动程序，如原来 Z80 系列的 STD 总线的工控机更新为 AT 总线的计算机，操作系统也随着更新。

嵌入式软件可移植条件是应用软件是层次化和（或）模块化设计的。前面讲到的基于中间层的分层结构，可实现应用软件层与硬件及操作系统的无关性。这种分层结构非常易于移植。例如把与操作系统紧密相关的部分单独在一个文件中实现，该文件中定义了虚拟的操作系统 API。在使用实际的操作系统时，利用实际的操作系统实现虚拟系统，进行软件移植时，只需要修改虚拟操作系统的实现。

为了便于移植，一些代码要尽量使用标准的 C 语言实现，不要使用操作系统特定的代码。例如大多数嵌入式操作系统都实现了队列的通信方式，在开发实际应用软件时，如果不使用系统提供的队列方式，自己开发，那么以后就可以减少移植工作的难度和工作量。在系统编译的时候，要把不同的操作系统代码裁减掉，以减少代码占用的存储器空间。

4.3.4　并发

实时系统一般具有多个同时执行的控制线程。可以将线程定义为一组顺序执行的动作。所谓动作就是以特定的顺序在同一优先级下执行的或执行某些内聚功能的一系列语句。这些语句可以属于不同的对象。整个线程也称为一个任务。某些系统会区分重量级线程和轻量级线程。重量级线程采用不同的数据地址空间，必须借助于扩展通信传输自身的数据。这种线程在隔离其他线程时，封装性和保护性相对好一些。轻量级线程共存于一个封闭的数据地址空间中，通过共享这种全局空间，它们提供了更快速的任务间通信，但封装性也因此被削减。

在面向对象设计中，单个任务中一般具有多个对象。对象本身就具有并发性，可以想象，每个对象都可以在自身的线程中执行。在体系结构设计过程中，对象必须安排在一组较少的并发线程中，以便提高效率。

对于考虑并发的系统，尤其是实时系统，在架构设计时，除了进行子系统分解外，还要将系统分割成一个个的线程，并确定线程之间的关系。线程的设计对系统性能有很大影响。

进行线程设计时，除了确定线程以及与其他线程的关系之外，必须自定义消息的特性。这些特性包括：

- 消息的传递模式和频率；
- 事件响应时限；
- 任务间通信的同步协议；
- 时效的硬度。

上述问题在多线程系统设计中是非常核心的内容。此外，还须注意定义线程会合。采用线程通信的两个主要原因是共享信息和同步控制。信息的采集、操作和显示都出现在具有不同周期的不同线程中，甚至出现在不同的处理器中，从而需要有能够在这些线程间共享该信息的方法。控制的同步在实时系统中很常见。在控制物理过程的异步线程中，一个线程的完成可能是其他过程的前置条件，线程同步必须保证满足这种前置条件。

以下是有关线程同步方面的重要问题。

- 存在线程通信的前置条件吗？前置条件一般是指必须设置的数据值或某些必须处于某个特定状态的对象。
- 如果不满足前置条件，而协作线程又不可用，会发生什么情况呢？会合可以：无限制等待，直到其他线程准备好（等待会合）；等待下去，直到所需的线程准备好，或者过了指定的时间（定时会合）；立即返回，并忽略线程通信的尝试（中止会合）；引发异常并将线程通信失败当作错误处理（保护会合）。
- 如果数据通过会合类共享，会合对象与包含必要信息的对象之间的关系有几种情况：会合对象直接包含信息；会合对象引用了包含信息的对象，或者引用了充当信息接口的对象；会合对象可以暂时保存该信息，直到该信息已被安全传送到目标线程。

图 4-26 是 ACME 空中交通控制系统的任务图。任务图最大的优势在于系统线程的整个组可以表示在一个单一的图中。这种表示方法是跨越线程边界来共享信息的方法。这些信息被动地保存在拓扑关系组织的特征信息中，一方面通过特征来更新线程，另一方面通过显示来读取。

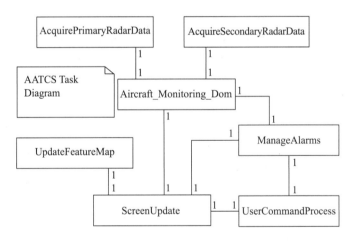

图 4-26　ACME 空中交通控制系统的任务图

UML 中类和对象图可以直接表示线程，也有人建议用状态图表示并发任务。因为对象的并发性通常产生于聚合，即由一个若干成员对象组成的复合对象，而这些成员对象中有些可能在不同的线程中执行。在这种情况下，复合对象的单一状态可以分解为这些成员对象的多个状态。

用活动图来显示正交性和状态图一样方便。如果对象状态转换到后续状态主要是因为前导状态中活动的完成或者因为在执行过程中创建或合并了线程，则使用活动图是很合适的。

顺序图在显示顺序方面相当强大，但是如果不为它提供一定辅助手段的话，无法在其中很清晰地显示线程。已有人采用两种方法，第一种是对处于不同线程中的消息进行颜色编码，第一个线程中的消息为红色、第二个线程中的消息为蓝色、第三个线程的消息为黄色等。第二种是标准 UML 采用的方法，即在消息名称前加上线程标识符。

与顺序图和时序图相比，时序图是并发场景中的一种更为自然的表示方式，因为大多数情况下对象在相同的控制线程中执行其所有方法，同时也因为时序图对对象的状态空间做了分割。

4.3.5 持续数据管理

绝大多数嵌入式系统中需持续管理的数据较少，但随着技术与应用的发展，需持续管理的数据越来越多，如掌上设备、车载设备需存储地图 / 地理信息和个人资料等。持续数据的管理有以下几种方式。

- 数据结构：适合动态变化的数据；
- 文件：采用文件可以长期存储数据，这种方式简单、费用低，适合存储读写要求较低的数据管理；
- 数据库：可以长期存储数据，有很强的数据管理能力，支持多用户的读写访问等。

在确定需要长期存储的数据的数据管理策略时，需要选择是用文件方式还是用数据库。如果数据量很大且结构简单（如 bmp 图形数据）或有大量的原始数据（如扫描图片等）或数据只是临时存储等，那么可以采用文件方式。如果需要多用户访问或需要检索较细粒度的数据或多个应用要访问这些数据等，那么可以考虑使用数据库。选择数据库时要考虑存储空间、响应时间、系统管理及费用等问题。

4.3.6 访问控制策略

访问控制也称作完整性控制，它是系统内部的机制和程序，用来保护系统和系统内信息。由于大多数的破坏来源于不合规范的访问，因此为保证系统完整性，设计接口时必须仔细考虑机制问题。完整性控制主要包括权限控制和安全机制控制。

完整性控制的目标是：

1）确保只有一个合适并正确的访问发生；

2）确保访问被正确地记录和处理；

3）保护信息。

系统访问控制是一种机制，它用来限制和控制用户能够使用系统的哪部分资源。它包括对程序中某一部分或功能的访问限制。其目的是保护系统及其数据的完整性控制。

广泛使用的输入完整性控制技术如下。

1）字段组合控制：检查所有字段的组合以保证输入的数据是正确的。例如，在 PDA 中的日程安排，计划日期要晚于现在的日期。

2）限制值控制：审核数字字段，确保输入数据是合理的。例如，记录的货币数的小数位数的保留。

3）完全控制：确保所有必需的字段是完备的。例如，单词学习的 ID 号。

4）数据有效性控制：确保包含代码的数字字段是正确的。例如，确保手机号是 11 位。

输出完整性控制策略有：

1）目的地控制：联机交互的数据能正确输出；

2）完整性、精确性和正确性控制。

4.3.7 全局控制流机制

控制流是系统中动作的先后次序。有三种控制流机制：

1）过程驱动：一旦需要来自操作者的数据，操作就等待输入。这种控制流机制大多用于过程化语言编写的系统，许多嵌入式系统都是用过程化语言编写的。

2）事件驱动：主循环等待外部事件。一旦外部事件发生，就触发相应的操作。基于中断的程序就是事件驱动的控制流机制。

3）线程驱动：也称为轻量级线程，以便与需要更多计算开销的进程分开，它是过程驱动控制流的并发变异，系统可以创建任意个线程，每个线程对应于不同的事件。

4.3.8　边界条件的处理

完整的边界控制可以更好地区分系统内与系统外的交互关系。系统设计越来越深地影响着系统的不变状态。然而，系统的设计必须包括三种状态，即初始状态、结束状态和异常状态，这三种状态决定了系统的边界条件。

- 初始状态。在系统设计中，描述系统的初始状态包括的内容有：怎么样开始系统？启动时加载什么样的数据？初始状态应包括什么样的功能和服务？开始状态应是什么样的界面？
- 终止状态。在什么样的条件下系统终止？是否可以单独终止一个子系统？终止一个子系统时是否要通知其他子系统？系统结束时要完成什么样的工作？以什么样的结束状态出现在用户的面前？
- 异常状态。引起系统异常的原因有很多。当一个异常出现时，是否引发数据保存？在恢复系统时，应从什么样的情形开始？这种异常情况下，系统恢复与系统启动一样吗？

通常，产生异常的原因有三种：用户错误、硬件错误、软件故障。不同的异常可能要采取不同的措施。

4.4　人机交互设计

在架构设计阶段，考虑人机界面设计仍然是较高层次的设计决策。嵌入式系统的人机界面设计与整个系统的设计都有关系，比如，选择何种人机界面，是用触摸屏还是高亮发光二极管，会影响硬件结构设计、软件架构、编程语言等。

系统人机交互界面设计需要从用户、任务、系统和环境等各个方面综合考虑，一般需要考虑以下问题。

1）谁用。使用者不同，界面设计也有很大差异。如果使用者的计算机应用能力较弱，人机交互界面应该尽可能简单，最好是傻瓜型的，而且对误操作的处理要有严格屏蔽或恢复机制。如果是专业人员使用，他们可能喜欢有更多的自己控制系统的空间，希望能够调整系统的某些参数等。

2）目的。系统的目的是确定界面设计决策最重要的一个因素。如果仅仅是为了显示当前的某个状态，可能用指示灯或者一个非常简单的发光数码管就可以。如果还需要输入复杂的参数、输出状态曲线，那么就需要有键盘和显示屏。而如果系统要播放视频，那么就必须考虑显示屏的大小、分辨率、色彩。

3）什么时候用。这个问题涉及使用的时间与频率。如果是在夜间使用，要考虑到光线、亮度，如果使用频率很高，那么要考虑使用的效率等。

4）哪里需要。如果在非常恶劣的环境下使用系统，界面应该越简单越好。而如果在苛刻环境下使用系统，还必须考虑系统的加固，如防水、防灰尘、防烟雾等。

5）有多少人用。使用人员的情况也会影响界面设计。如果是通用产品，如手机，各种不同层次、不同水平的人都使用，界面就应该大众化，使用户易于掌握其操作；如果系统是为某一客户定制的，那么界面只要符合客户的使用要求即可；如果系统是为某一类专业人士使用，一定要注意其专业术语、业务等。某些系统若考虑国际化市场，那么就会涉及多语种与文化，就要在界面布局上考虑不同用户的文化背景、语言及操作习惯。

界面设计同样要考虑 4.2 节中讲过的各种设计指标，在这些指标中尤其要注意的是可用性指标。

一般，界面设计要尽可能满足以下设计原则。

1）一致性。界面的布局、色彩、字体、操作方式应该尽可能一致，这样可以方便用户快速掌握系统的使用方法。微软的所有桌面软件几乎都采用同样的风格，界面的布局、色彩、按钮上的图标等都保持了一致，这样，一旦用户熟悉了其某一个产品，就能很快学会使用其他产品。

2）效率。系统的效率不是仅靠界面设计策略决定的，但界面设计策略同样会影响系统的效率。尤其是对使用者而言，许多时候，系统效率是通过人机交互界面的响应效率体现的。比如，大屏显示数据刷新的速度，如果产生一条新数据就显示一条，那么用户能感觉到系统在运行，反之，如果等到缓存中的新数据足够一整屏显示才全屏刷新，那么用户就会感到系统响应速度太慢。

3）易用。输入操作越简单，系统越容易使用，但这对设计者的要求也越高。

4）格式化 / 规范化。尽可能格式化或规范化输入 / 输出，这样可以提高使用效率，也可以减少输入 / 输出的错误。比如，对于状态选择，可以规范所有的状态，操作者不用从键盘输入状态，只需选择某一状态即可。

5）灵活性。系统应该适宜不同的人群使用。

在架构设计阶段，主要确定界面体系结构。设计一个好的用户界面体系结构涉及定义工具、材料以及用来摆放它们的环境（包括硬件与软件），并且把用户界面的所有内容分布到彼此不同但却相互关联的若干交互空间中去。例如，采用哪种人机交互方式，采用哪种硬件设备，是否要用到图形界面，如果用到图形界面，那么采用什么样的开发环境并要确定界面的布局、风格（比如，应该确定使用命令行还是菜单，或是两种都有；使用什么样的窗体、表单）等。此外，还应确定界面内容模型、环境导航图、整体风格与规范，如窗体的大小和位置以及界面上标题的字体、字号、颜色等。

（1）界面内容模型

界面内容模型是对系统的各种交互空间及其相互关联的一种抽象表示。在系统实现中，每个交互空间逐渐成为一个可识别的集合，其中包含用户界面的一个独特组成部分。

界面内容模型是一个"高逼真度"的抽象模型，它用抽象的方式把用户界面上分布的工具和材料真实而准确的表示出来。可采用"纸贴法"实现初级的界面建模。图 4-27 是抽象界面内容的低技术建模方法。

一旦用户理解了抽象的用户界面，就可以以提纲的形式简单地列出交互环境的内容。

一旦识别出用例的数据需求，就要对用例表述进行审视，以识别所需要的功能或操作。

（2）环境导航图

环境导航图可以用于若干不同的用途。对于内容模型中的交互空间部分来说，导航图起到检查的作用，它可以揭示有关任务如何在交互空间之间分布的各种问题。通过体系结构视图所提供的概貌，可以大致了解系统对于用户的复杂程度。

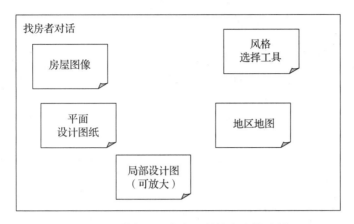

图 4-27　抽象界面内容的低技术建模示例

导航图是一种有力的工具，它可以用来：

- 建立系统文档。这特别有助于用户了解系统工作过程的概貌或者了解特定功能所处的位置。
- 理顺方案。导航图还可以揭示已有方案在组织结构上存在的问题，使可能的解决方案变得更清晰。

4.5　预期变化

在进行嵌入式系统软件架构设计时，还要预期可能发生的变化。这些可能出现的变化包括：新的供应商或新的技术；新的实现方法和方案；应用域的新复杂性；可能出现的错误；等等。这就要求在设计时考虑系统的移植性与扩展性，比如采用层次结构设计系统软件、采用设计模式设计子系统等。

大多数嵌入式系统的开发者都是电子、通信、控制、仪器仪表等专业的人员，这些系统与应用域结合紧密，开发人员更关注系统的功能、性能的实现，对软件工程的发展、新的设计开发方法的关注与跟踪较少。即使是从事嵌入式系统开发的计算机专业人员，一般也很少去跟踪软件工程方面的所取得的最新进展，很少在他们的工作中采用软件工程的新技术。

嵌入式系统也面临着与其他系统同样的问题。随着硬件技术的快速发展，以及需求的不断变化，嵌入式软件面临着快速适应硬件型号升级的问题，也面临着业务快速变更、可伸缩、可修改、可复用等问题。设计模式恰好为提高软件的可复用性和可伸缩性提供了良好的参考。

但是，由于 C 语言和汇编语言一直是嵌入式软件首选的开发工具，大多数系统都是采用结构化的方法进行设计的，而设计模式基本上都是用面向对象的方法来描述。所以，许多嵌入式系统开发者认为设计模式不适合嵌入式系统的设计与实现。事实上，抛开面向对象的描述方法，设计模式的设计思想完全可以用于嵌入式系统的设计与实现。其实，许多嵌入式系统已经用过设计模式，只是我们不知道而已。设计模式是从已有的设计与实现中发现、总结出来的，一些模式的使用在面向对象思想提出之前就已经出现了。很明显，一种描述格式不能适应所有的需求。比较具有普遍意义的是模式的概念：模式是记载并传达专家经验的工具——不论是哪个领域的专家的经验。如果模式不能记述专家的经验，那它们就没有任何意义。对于模式的作者来说，任何形式的专家经验都是可记载的。当然，在面向对象软件设计中有值得记载的经验，但是在非面向对象设计和分析等方面也同样有值得记载的经验。

本节介绍设计模式的概念，每个模式描述一个在我们的环境中一再出现的问题及其核心解决方案。本节仍然会用面向对象的方法描述设计模式，但是在具体的设计中，可以采用其设计思想，用结构化的方式描述具体系统的设计。

4.5.1　设计模式概述

模式的研究起源于建筑工程设计大师 Christopher Alexander 关于城市规划和建筑设计的著作。Alexander 在他的著作中指出，使用现在的设计方法所设计出的建筑物，不能满足所有工程设计的基本目的：改善人类的居住条件。Alexander 想要发明的建筑结构是能使人类在舒适度和生活质量上受惠的建筑结构。他得出的结论是，设计师必须不断努力，以创造出更加适合所有的住户、用户和他们的社区的结构，满足他们的需要。

Christopher Alexander 说过："每一个模式描述了一个在我们周围不断重复发生的问题，以及该问题的解决方案的核心。这样，你就能一次又一次地使用该方案而不必做重复劳动"。尽管 Alexander 所指的是城市和建筑模式，但他的思想也同样适用于软件的设计模式，只是在软件设计的解决方案里，用接口和对象代替了门窗和墙壁。两类模式的核心都在于提供了相关问题的解决方案。

模式化的过程是把问题抽象化，在忽略掉不重要的细节后，发现问题的一般性本质并找到普遍适用的解决方案的过程。模式所描述的问题及问题的答案都应当是具有代表性的问题和答案。所谓具有代表性，就是说它以不同的形式重复出现，允许使用者举一反三，将它应用到不同的环境中去。

设计模式在软件设计行业中的起源可以追溯到 1987 年。那时，Ward Cunningham 和 Kent Beck 在一起用 Smalltalk 语言设计用户界面。他们决定借助 Alexander 的理论发展出一种有五个模式的语言来指导 Smalltalk 新手，因此他们写成了一篇名为 "Using Pattern Languages for Object-Oriented Programs"（为面向对象程序使用模式语言）的论文（1987 年在奥兰多发表于 OOPSLA 会议）。

软件设计模式的开创性著作是发表于 1995 年的 *Design Patterns* 一书。此书发表之后，参加模式研究的人数呈爆炸性增长，被确定为模式的结构的数目也呈爆炸性增长。模式也不断被应用于软件工程的各个方面。在诸如开发组织、软件处理、项目配置管理等方面，都可以看到模式的影子；但至今得到最好研究的仍是设计模式和代码模式。

设计模式使人们可以更加简单、方便地复用成功的设计和体系结构，将已证实的技术表述成设计模式也会使新系统开发者更加容易理解其设计思路。

一般，一个模式包含四个基本要素。

（1）模式名称（pattern name）

一个助记名，它用一两个词来描述模式的问题、解决方案和效果。设计模式使我们在较高的抽象层次上进行设计。基于一个模式词汇表，同事之间就可以讨论模式并在编写文档时使用它们。模式名可以帮助我们思考，便于交流设计思想及设计结果。找到恰当的模式名也是设计模式编目工作的难点之一。

（2）问题（problem）

问题描述了应该在什么时候使用模式。它解释了设计问题和问题存在的前因后果，它可能描述特定的设计问题，如怎样用对象表示算法等，也可能描述导致不灵活设计的类或对象结构。有时候，问题部分会包括使用模式必须满足的一系列先决条件。

（3）解决方案（solution）

解决方案描述了设计的组成成分，它们之间的相互关系及各自的职责和协作方式。因为模式就像一个模板，可应用于多种不同的场合，所以解决方案并不描述一个特定而具体的设计或实现，而是提供设计问题的抽象描述和怎样用一个具有一般意义的元素组合（类或对象组合）来解决这个问题。

（4）效果（consequence）

效果描述了模式应用的效果及使用模式应权衡的问题。软件效果大多关注对时间和空间的衡量，同时也表述了语言和实现问题。因为复用是面向对象设计的要素之一，所以模式效果包括它对系统的灵活性、扩充性或可移植性的影响，显式地列出这些效果对理解和评价这些模式很有帮助。出发点不同，对模式的理解也不同。一个人理解的模式对另一个人来说可能只是基本构造部件。

设计模式命名、抽象和确定通用设计结构的主要方面，这些设计结构能被用来构造可复用的面向对象设计。设计模式确定了所包含的类和实例的角色、协作方式以及职责分配。每一个设计模式都集中于一个特定的面向对象设计问题或设计要点，描述什么时候使用它、在另一些设计约束条件下是否还能使用，以及使用的效果和如何取舍的问题。

4.5.2　适配器设计模式

嵌入式系统涉及许多外部设备接口的设计与实现。比如，一个系统既有串口也有 USB 接口，还有蓝牙接口，以后还会扩展其他的接口。许多时候，开发者针对这些不同的接口独立进行设计，独立实现。如图 4-28 所示，在这个例子中可以发现：

1）调用串口通信接口的程序和调用 USB 通信接口及调用蓝牙通信接口的程序很相似；

2）"传输数据"与"传输什么数据给谁"混合在一起；

3）如果扩展新的接口，则要重写程序；

4）不同的接口差异较大；

5）一旦接口的设计与实现发生变化，那么调用这些接口的程序也要跟着变化。

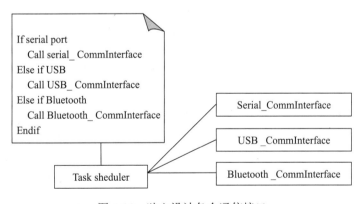

图 4-28　独立设计各个通信接口

如果抽象出一个抽象接口，所有的调用都是调用这些抽象接口，而不关心接口的具体实现，那么，具体实现的变化不会影响上层应用程序，扩展新的接口也不会对上层应用程序产生很大影响。采用适配器（Adapter）设计模式就可以做到这一点，适配器设计模式如图 4-29 所示。

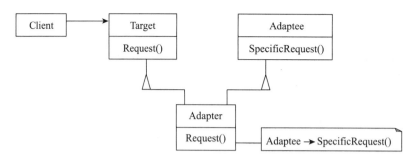

图 4-29　适配器（Adapter）设计模式结构图

图 4-30 是采用适配器模式设计的通信接口。这个设计有以下好处。

1）传输的具体信息与调用分离。程序更容易理解，也更容易测试。

2）传输的具体信息、传输给谁等只需要在 SeriaInterface、USBInterface、BluethoothInterface 中实现一次、出现一次。这样，具体实现的修改不影响其他程序。

3）如果增加新的接口，则只需要实现一个新的适配器。

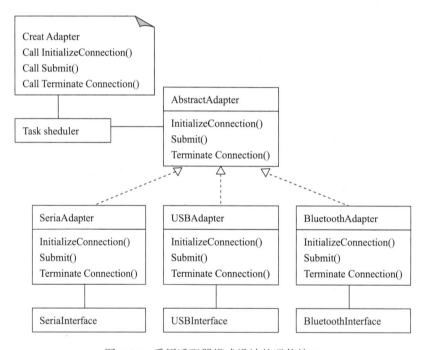

图 4-30　采用适配器模式设计的通信接口

可能有人曾用代码模板或其他方式实现过上述设计，其实这就是模式。但设计模式的优势不是代码重用，而是一种新的思维方式和编程方式。它让开发人员学习在更高层次去抽象、重用、继承及隐藏信息。比如：

1）任何事物都可以隐藏，不只是数据。算法可以隐藏、数据结构可以隐藏等；

2）任何事物都可以重用，代码可以重用，设计也可以重用；

3）如果有多种变化，则可以在设计中增加抽象层。

但是在嵌入式系统中，需要均衡增加抽象层带来的好处与坏处，坏处是可能会影响系统效率。

4.5.3　中断设计模式

许多设计模式都可以用在嵌入式系统的设计中，比如前面提到的适配器模式，除此之外，策略模式、观察者模式、迭代器模式等都可以应用于嵌入式系统，是否使用、如何使用设计模式完全取决于系统的需求及设计目标。下面介绍嵌入式系统中最常用的中断模式。

中断提供了一种对紧急需求的及时响应机制，这就是为什么中断广泛应用于实时嵌入式系统中的原因。但是，中断对于非周期现象的及时响应并不灵验。在某些情况下，中断可以非常高效，但是在另外一些情况下，中断可能会导致系统崩溃。下面将在中断模式中讨论这些问题。

1. 抽象

在许多实时和嵌入式应用中，对一些事件必须快速地、高效地做出响应，几乎可以不管这些事件什么时候发生，也不管当前系统正在做什么。如果这些响应相对较短，可以被原子化，那么中断模式是处理这类事件的最佳选择。

2. 问题

在某些系统中，一些事件非常紧急，如收发频率很高的事件或需要尽快做出响应的事件，这时需要一种手段来快速识别这些事件，并对其进行处理。这种情况无论在复杂的系统中，还是在简单的系统中，均普遍存在。

3. 模式结构

图 4-31 是基本的中断模式结构。这个系统（或操作系统）提供了一个中断向量表，它与处理向量线性的数组无异。可以把中断向量表抽象为一个带有 Set 和 Get 操作的类。Abstract Interrupt Handler 是一个类，它包含将中断链接到中断向量表的机制，以及处理中断的操作。

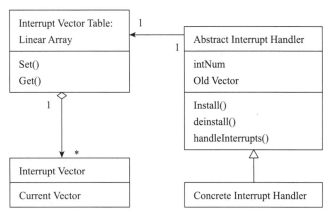

图 4-31　中断模式结构

Abstract Interrupt Handler 中操作的行为是非常直截了当的，如图 4-32 所示。把中断处理器设置为指向 handleInterrupts 方法的指针与给中断向量表中的中断向量写函数的指针没有什么不同。

有时安装一个新的中断处理器并不能避免调用旧的中断处理器，这通常被称为中断处理器的"链接"。可以通过调用一个旧处理器来实现，这个旧的处理器存放在中断处理器的旧向量属性中。

要尽量使中断程序短小，以避免漏掉其他中断的发生。如果中断处理确实很长，最常用的方法是把中断处理分成两个阶段：处理事件阶段和计算响应阶段。事件处理可以很快做完，事件及其相关信息及时入队，待其他线程在合适的时间处理。这样使中断处理器既快又能中断，同时允许中断的结果是通过复杂计算得出的。可以参考 Linux 的 top-half 和 bottom-half 机制。

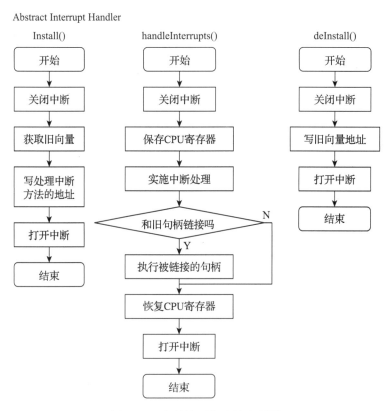

图 4-32　中断处理方法的流程图

4. 协作角色

抽象中断处理器定义了一些必要的操作，以链接到中断向量表和切断链接等。它提供了一个虚操作，在中断发生时去完成实际的处理工作。实现这个操作的实际方法由 Concrete Interrupt Handler 子类完成。

具体的中断处理器是抽象中断处理器的子类。它继承了所有的机制来链接中断向量表和去除与中断向量表的链接。此外，它还提供了真正处理中断的方法。如果需要，它可以链接以前的中断句柄。要力图使得在中断处理期间，它不能再中断，而完成后又能中断。因为中断时，系统可能在做某些事情，但所有的寄存器必须要保存原样并可恢复，以避免对其他的并发行为产生影响。

中断向量类是一个简单元抽象数据类型，表示为一个简单的函数指针。在启动阶段，中断向量类初始化所有的中断句柄。

中断向量表比简单的中断向量数组还要小，但它仍包含初始化向量、set/get 向量的操作。虽然在实践中，set/get 操作通常由中断句柄自己提供，但有些操作系统也提供完成该项工作的方法。这些方法在逻辑上应该是中断向量表的一个组成部分。

5. 结论

这些方法通常用于队列的事后响应（异步处理时）。它们很少作为唯一的并发策略，但对于某些情况是最好的方法，特别是系统在部分时间处理空闲状态、功能由一组简单的短时响应的事件组成的情况。在大多数情况下，中断方法常作为主并发策略的辅助手段，提供高效的响应以处理非常紧急的事件。但要力图保证这些中断响应短小、快捷，因为它们是原子的、不可中断的。

如果中断的处理程序做得很小，那么该模式可以提供非常迅速的、及时的响应。如果中断处理程序不可避免地要大一些，那么可以把它分成两个部分：快速响应部分和长时间计算部分。只将快速响应部分用于中断处理器，只管接收事件，并把后者放入事件队列，等待处理。处理由其他任务异步完成，这些任务可以运行在后台或者按其他策略调度。

中断模式有时会被不恰当地使用而失误。例如，响应时间太长或系统太活跃，使中断事件被丢失。

另外一个困难是，一个中断处理器相对很难与其他中断处理器共享信息。因为这些信息必须被保护，不允许被同时访问。并且，一旦信息正在被使用，中断处理器便不能阻塞它。

6. 实现策略

中断模式的实现是一件简单的事情。大多数 RTOS 提供了安装中断处理器的方法。要注意，中断处理器的操作是无参数的且不返回值。在许多语言中，参数和返回值放在调用栈中。由于返回地址也在调用栈中，列出参数或返回值会把调用栈弄乱，因此无法把应用返回到中断处理器被调用之前的位置。

在中断例程做其他事情之前，必须保存所有 CPU 寄存器，在处理完之前，再恢复各 CPU 寄存器。此外，中断例程返回时，要使用特殊的 RFI（Return From Interrupt）指令，而不是一般的 RET 指令。这通常通过直接插入汇编语言指令来实现。插入指令的位置是：中断处理程序任何可执行语句之前以及所有的可执行语句之后。某些编译器用非标准的关键字（如 interrupt）作为中断处理器类方法的标记，自动保存和恢复寄存器，以 RTI 指令终止，甚至以伪劣参数的方式传递 CPU 寄存器，使其内容对寄存器的内部可用。这是非常有用的，因为单向中断例程传递信息就是以一个值向某个特定的 CPU 寄存器加载，然后再调用中断。

Concrete Interrupt Handler 类必须有能够安装、链接、卸载中断处理器的方法。所谓安装是指中断向量被函数指针替换。这在 C++ 中有些微妙，因为 C++ 中对象所有的方法有一个不可见的参数传递调用（通过 this 指针），this 指针指向该类实例在内存中的地址，所以即便在 C++ 中有一个无参数的方法，但仍会有一个参数被传递到栈上。

C++ 中解决该问题的方法是，声明这个方法是静态的（Static）。这意味着它对所有类的实例一样，只能访问静态数据。所以，它不需要 this 指针参数。

在图 4-31 中，Concrete Interrupt Handler 类继承了抽象中断处理器类。显然不能用静态方法，因为静态方法有类范围的作用域，包括子类。控制这个最简单的方法是写一组 Concrete Interrupt Handler，它们均实现同一个接口。

7. 相关模式

扩展模式与其他模式（如消息队列模式）共存是可能的。但要注意，在共享的资源被激活时，要保证用的是阻行会合。阻行会合在资源共享中实现了非阻塞语义。特别是，如果有资源要求锁定，中断处理器不能阻塞。如果中断处理器不能传递消息，它可以做几件事，如可以放弃执行。另一个方法是在客户端，即当它打算使用共享资源时，关闭中断。于是，中断处理器不能被调用，便可以保证客户端能安全使用资源。当客户端使用完资源后，它可以打开中断。当中断处理器被关闭时，许多中断可以被丢失。在大多数硬件中，当中断处理器被关闭时，系统只保留一个中断。这意味着如果那时有两次中断发生，其中一个会丢失。中断处理器的另一个策略是在本地存储数据，当中断处理器被解禁后，再发送这些数据。最后，中断处理器和客户就替换两个资源达成一致，当两个资源被共享时，客户端将保证一次只锁定一个资源。

8. 样例模型

图 4-33 所示是一个中断模式的简单例子。每隔 500ms 必须检查一次反应器核心的温度。如果温度低于或等于预设值，则表明运行正常，中断例程终止；如果温度超过预设值，则调用 Safety Executive 对象的 EmergencyAlert() 操作。这个操作是可重入的。

对象的结构如图 4-33a 所示。Timer 和 Thermometor 作为行为者示出，因为它们代表实际的硬件。在硬件中有 Timer，当它被触发时会调用时钟中断向量。图 4-33b 是这种场景的交互顺序图。Timer 被触发时，会调用 Timer Int Vector，它再调用 TempChecker 对象的 HandleInterrupt() 操作。这个中断处理器随后调用 Thermometor::getValue() 获取当前的温度，然后把取得的温度值与预置的上限值做比较。在这个场景下，第一次测试通过，中断处理器从中断返回。第二次测试失败，所以调用 SafetyExecutive::EmergencyAlert() 传入一个参数，指示发生了什么故障。这是一个短小的例程，完成某些正确的动作之后，从 HandleInterrupt() 操作返回。

4.5.4　设计模式的应用

好的设计可以解决各种变化，包括技术变化、商业目标变化和用户期望的变化等。不同的设计模式可以解决不同的变化。设计模式主要关注系统的可维护性、代码重用和框架，以及抽象和算法隐藏等。

设计模式有以下好处：

1）软件架构、设计等更大范围的重用；

2）明确获取专家的知识并推广；

3）促进开发者的交流；

4）提高系统的可维护性，降低耦合度，提高聚合度。

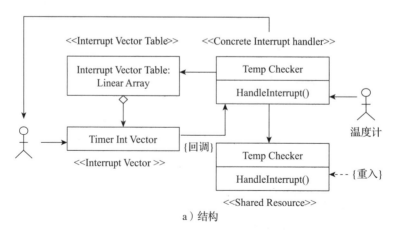

a）结构

图 4-33　中断模式的例子

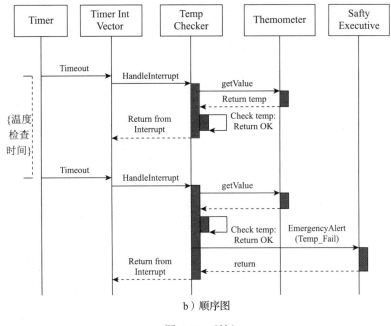

b）顺序图

图 4-33 （续）

但是，设计模式也有以下缺点：

1）不是代码的直接重用，仅是设计思想的重用。这使一些使用者在实现时仍然不知如何解决具体问题；

2）看上去很简单，事实上却隐含着多种变化，尤其是实现方法千变万化；

3）太强调模式的价值；

4）有效使用模式同样需要经验，包括设计经验、编程经验等；

5）多种设计模式的综合使用需要使用者对模式理解足够透彻且有很强的设计能力；

6）模式容易理解，但是在使用时选择合适的模式却并不是很容易。

使用模式时，还需要注意设计模式的以下特点：

1）设计模式以问题为中心，而非以解决方案为中心；

2）设计模式是从许多设计与代码中抽取出来的，而非创造出来的；

3）设计模式是对现有技术与方法的补充而不能替代已有技术；

4）设计模式提供设计一个灵活方案的策略，帮助开发人员创建灵活的、可重用的设计方案，但不是提供一个可以直接使用的库；

5）设计模式是与实现方式无关的，尤其是编程语言无关的；

6）设计模式是比一个类或算法更高层次的复用。

使用模式可以带来许多好处，但也有缺点，不同的模式解决不同的问题，所以是否使用设计模式、使用何种设计模式、如何使用设计模式，同样是一个优秀的设计人员需要解决的问题。模式解决问题的多种变化，因此，最好在要解决的问题有几种变化时使用，否则，则没有必要使用模式，毕竟任何抽象设计都要增加系统的层数，这是要消耗资源的，尤其是在嵌入式系统中，需要均衡决策。此外，模式的实现也需要一定的经验。许多解决方案需要多个步骤，但在具体实现时，不一定需要所有的步骤。尤其重要的是，不要为了模式而模式，不要企图将任何问题都用模式解决。

4.6　嵌入式软件设计中应注意的问题

在嵌入式软件架构设计时，应该注意以下问题。

（1）在设计阶段要考虑调试问题

在制订方案时，系统的总体设计者要想到在系统实验室联调时，应如何进行调试，以及采用什么样的步骤和顺序进行调试能很快成功。

（2）硬件与软件的折中应用

在进行架构设计时，用户需求的某些功能使用硬件实现可能很复杂，这时，可以考虑用软件来实现。

（3）设计检查

架构设计完成后，一定要进行设计检查，检查设计的正确性、完整性、一致性、现实性和易读性。

第 5 章

第 5 章

嵌入式操作系统与移植

5.1 嵌入式操作系统的特点

嵌入式操作系统（Embedded Operating System，EOS）是一种特殊的嵌入式软件，是基于嵌入式操作系统的嵌入式系统中软件层的基础，其他应用都建立在嵌入式操作系统之上。它实际上是段系统复位后首先执行的程序，主要负责嵌入系统的全部软、硬件资源的分配和调度，以控制、协调并发活动，它将 CPU 时钟、中断、定时器存储器、I/O 等都封装起来，提供给用户的是一个标准的 API 接口。嵌入式操作系统必须体现其所在系统的特征，能够通过装卸某些模块来达到系统所要求的功能。

许多早期的嵌入式系统开发者认为嵌入式系统不需要操作系统。但现在除了最简单的系统外，越来越多的嵌入式系统引入了操作系统，比如中断驱动系统在引入嵌入式操作系统之后，系统的可靠性、安全性、可扩展性、功能性、灵活性、可管理性都有了大幅提高。当然，我们所讲的操作系统不一定是 μC/OS、Linux、VxWorks、WinCE 等通用产品，还包括开发者自己编写的专用嵌入式操作系统。

这些嵌入式操作系统中封装了越来越多的功能。除了对任务的切换、高度通信、同步、互斥、中断管理、时钟管理等之外，还可进一步封装内存管理、网络通信协议、文件管理等功能，这些功能可根据需要进行裁剪。

嵌入式操作系统由应用程序接口、设备驱动程序接口、设备驱动程序、操作系统内核等几部分构成，如图 5-1 所示。

EOS 是相对于一般操作系统而言的，它除了具备一般操作系统最基本的功能，如任务调度、同步机制、中断处理、文件处理等外，还有以下特点。

1）可装卸性。开放性、可伸缩性的体系结构。

2）强实时性。EOS 实时性一般较强，可用于各种设备控制。

3）统一的接口。提供各种设备驱动接口。

4）操作方便、简单、提供友好的图形 GUI。

5）提供强大的网络功能。支持 TCP/IP 及其他协议，提供 TCP/UDP/IP/PPP 支持及统一的 MAC 访问层接口，为各种移动计算设备预留接口。

6）强稳定性，弱交互性。嵌入式系统一旦开始运行就不需要用户进行过多的干预，这就需要负责系统管理的 EOS 具有较强的稳定性。嵌入式操作系统的用户接口一般不提供操作命令，它通过系统的调用命令向用户程序提供服务。

7）固化代码。在嵌入式系统中，嵌入式操作系统和应用软件被固化在嵌入式系统计算机的 ROM 中。辅助存储器在嵌入式系统中很少使用，嵌入式操作系统的文件管理功能应该能够很容易卸载，因此采用各种内存文件系统存储代码。

8）更好的硬件适应性，也就是良好的移植性。

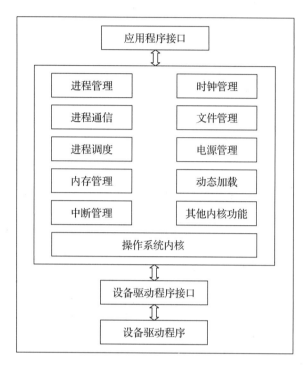

图 5-1 嵌入式操作系统的组成

5.2 嵌入式操作系统的分类

按照经营模式，目前市场上主流的嵌入式操作系统可分为商用和免费（开源）两类。按照实时性，可将操作系统划分成实时操作系统和非实时操作系统。

实时操作系统，简称为 RTOS，是指系统响应时间和事件处理有严格的时间限制，否则有可能产生系统崩溃。并非所有的嵌入式系统都要求使用 RTOS，应根据具体情况加以选择。通常只在有多个进程、ISR 和设备的管理极其重要时，RTOS 才是必须要有的。

实时操作系统主要面向控制、通信等领域的应用，如 WindRiver 公司的 VxWorks、ISI 的 pSOS、QNX 系统软件公司的 QNX、ATI 的 Nucleus 等；非实时操作系统主要面向消费电子产品的应用，这类产品包括个人数字助理（PDA）、移动电话、机顶盒、电子书、WebPhone 等。

实时系统是指能在确定的时间内执行其功能并对外部的异步事件做出响应的计算机系统。其操作的正确性不仅依赖于逻辑设计的正确程度，而且与这些操作进行的时间有关。"在确定的时间内"是该定义的核心。也就是说，实时系统是对响应时间有严格要求的。

实时系统对逻辑和时序的要求非常严格，如果逻辑和时序出现偏差将会导致严重后果。实时系统有两种类型：软实时系统和硬实时系统。软实时系统仅要求事件响应是实时的，并不要求限定某一任务必须在多长时间内完成；而在硬实时系统中，不仅要求任务响应要实时，而且要求在规定的时间内完成事件的处理。通常，大多数实时系统是两者的结合。实时应用软件的设计一般比非实时应用软件的设计困难。实时系统的技术关键是如何保证系统的实时性。

实时多任务操作系统是指具有实时性、能支持实时控制系统工作的操作系统。其首要任务是调度一切可利用的资源完成实时控制任务，其次才着眼于提高计算机系统的使用效率，以满足对时间的限制和要求。实时操作系统具有如下功能：任务管理（多任务和基于优先级的任务调度）、任务间同步和通信（信号量和邮箱等）、存储器优化管理（包含 ROM 的管理）、实时时钟服务、中断管理服务。实时操作系统具有如下特点：规模小，中断被屏蔽的时间很短，中断处理时间短，任务切换很快。

实时操作系统可分为可抢占型和不可抢占型两类。对于基于优先级的系统而言，可抢占型实时操作系统是指内核可以抢占正在运行任务的 CPU 使用权并将使用权交给进入就绪态的优先级更高的任务，是内核抢了 CPU 让别的任务运行。不可抢占型实时操作系统使用某种算法并决定让某个任务运行后，就把 CPU 的控制权完全交给了该任务，直到它主动将 CPU 控制权还回来。中断由中断服务程序来处理，可以激活一个休眠态的任务，使之进入就绪态；而这个进入就绪态的任务还不能运行，要一直等到当前运行的任务主动交出 CPU 的控制权。使用这种实时操作系统的实时性比不使用实时操作系统的系统性能好，其实时性取决于最长任务的执行时间。不可抢占型实时操作系统的缺点也恰恰是这一点，如果最长任务的执行时间不能确定，系统的实时性就不能确定。

可抢占型实时操作系统的实时性好、优先级高的任务只要具备了运行的条件或者进入了就绪态，就可以立即运行。也就是说，除了优先级最高的任务之外，其他任务在运行过程中都可能随时被比它优先级高的任务中断，让后者运行。这种方式的任务调度保证了系统的实时性，但是，如果任务之间抢占 CPU 控制权处理不好，则会导致系统崩溃、死机等严重后果。

5.3 几种代表性的嵌入式操作系统

1. VxWorks

VxWorks 操作系统是美国 WindRiver 公司于 1983 年为分布式环境设计开发的具备网络功能的一种嵌入式实时操作系统（RTOS），是 Tornado 嵌入式开发环境的关键组成部分，是典型的商用操作系统，其友好的开发环境、高性能的系统内核，在实时操作系统领域是首屈一指的。

VxWorks 由于其良好的实时性、稳定性和可靠性，被广泛应用于卫星、通信、军事、航空、航天等高技术领域。美国的 F-16 战斗机、B2 隐形轰炸机上都可以看到 VxWorks 的身影。著名的"索杰的"火星车（美国 JPL 实验室研制）采用的就是 VxWorks 操作系统，其性能可见一斑。

VxWorks 具有可裁剪微内核结构；高效的任务管理；灵活的任务间通信；微秒级的中断处理；支持 POSIX 1003.1b 实时扩展标准；支持多种物理介质及标准的、完整的 TCP/IP 网络协议等；支持多种处理器，如 x86、i960、Sun Spane、Motorla Me68xxx、Power PC 等。

由于 VxWorks 操作系统本身以及开发环境都是专有的，因此通常需花费较高的价格才能构建一个可用的开发环境，对每一个应用一般还要另外收取版税。一般不提供源代码，只提供二进制代码。此外，需要专门的技术人员掌握其开发和维护技术。

2. Windows CE

Windows Embedded 是由 Microsoft 开发的主要用于具有丰富应用程序和服务的 32 位嵌入式系统,其家族成员有 Windows CE 3.0、Windows NT Embedded 4.0 等。

Windows CE 与 Windows 系列有较好的兼容性,无疑是 Windows CE 推广的一大优势。其中 WinCE 3.0 是一种针对小容量、移动式、智能化、32 位的模块化实时嵌入式操作系统,为建立针对掌上设备、无线设备的动态应用程序和服务提供了一种功能丰富的操作系统平台,它能在多种处理器体系结构上运行,并且通常适用于那些对内存占用空间具有一定限制的设备。它是从整体上为有限资源的平台设计的多线程、完整优先权、多任务的操作系统。它的模块化设计允许它对从掌上电脑到专用的工业控制器的用户电子设备进行定制。操作系统的基本内核至少需要 200KB 的 ROM。由于嵌入式产品的体积、成本等方面有较严格的要求,因此处理器部分占用的空间应尽可能小。系统的可用内存和外存数量也要受到限制,而嵌入式操作系统就运行在有限的内存(一般在 ROM 或快闪存储器)中,这就对操作系统的规模、效率等提出了较高的要求。从技术角度上讲,Windows CE 作为嵌入式操作系统有很多的缺陷:没有开放源代码,应用开发人员很难实现产品的定制;在效率、功耗方面的表现并不出色,而且和 Windows 一样占用过多的系统内存,运行程序庞大;版权许可费用也是厂商不得不考虑的因素。

3. 嵌入式 Linux

这是嵌入式操作系统的一个新成员,其最大的特点是源代码公开并且遵循 GPL 协议。由于嵌入式 Linux 源代码公开,因此人们可以任意修改,以满足自己的应用,并且查错也很容易。遵从 GPL,无须为每例应用交纳许可证费。嵌入式 Linux 有大量的应用软件可用,其中大部分都遵从 GPL,也是开放源代码和免费的,稍加修改后可以应用于用户自己的系统。嵌入式 Linux 也有大量免费的优秀开发工具且都遵从 GPL,是开放源代码的。

嵌入式 Linux 的应用领域非常广泛,主要应用在信息家电、PDA、机顶盒、数据网络、远程通信、医疗、电子交通运输、各种计算机外设、工业控制、航空航天等领域。

嵌入式 Linux 有庞大的开发人员群体。无须专门的人才,只要懂 Unix/Linux 和 C 语言的人员即可。随着 Linux 在中国的普及,这类人才越来越多。所以软件的开发和维护成本很低。

此外,嵌入式 Linux 有优秀的网络功能,这在 Internet 时代尤其重要。稳定——这是 Linux 本身具备的一个很大优点。此外,Linux 内核精悍,运行所需资源少,十分适合嵌入式应用。

嵌入式 Linux 支持的硬件数量庞大。嵌入式 Linux 和普通 Linux 并无本质区别,对于 PC 上用到的硬件,嵌入式 Linux 几乎都支持。而且各种硬件的驱动程序源代码都可以得到,为用户编写自己专有硬件的驱动程序带来很大方便。

在嵌入式系统上运行 Linux 的一个缺点是 Linux 体系提供实时性能时需要添加实时软件模块。而这些模块运行的内核空间正是操作系统实现调度策略、硬件中断异常和执行程序的部分。由于这些实时软件模块是在内核空间运行的,因此代码错误可能会破坏操作系统从而影响整个系统的可靠性,这对于实时应用来说是一个非常大的弱点。

在开发嵌入式 Linux 的时候,要注意以下几个问题:

1)Linux 的移植。如果 Linux 不支持选用的平台,那么就需要把 Linux 内核中与硬件平台相关的部分进行改写,使之可以很好地使用选用的平台。

2)驱动程序的开发。Linux 的内核更新得很快,因此许多最新的硬件驱动很快就可以被支持。但是嵌入式系统的应用领域是多种多样的，所选用的硬件设备也各不相同，因此要格外重视设备驱动程序的开发。

3）内核的裁剪。嵌入式产品的可用资源比较少，所以 Linux 的内核相对嵌入式系统来说就显得有点大，需要对其进行剪裁，以达到可以利用的程度。

4）对中文字体的支持。

5）应用软件的开发与支持。由于 Linux 上的软件数量远远不如 Windows 上的软件，因此在开发的时候就会遇到一些困难。

4. μC/OS-Ⅱ / Ⅲ

μC/OS-Ⅱ / Ⅲ 是著名的源代码公开的实时内核，是专为嵌入式应用设计的，可用于 8 位、16 位和 32 位单片机或数字信号处理器（DSP）。它在原版本 μC/OS 的基础上做了重大改进与升级，并有近十年的使用实践，存在许多成功应用该实时内核的实例。

μC/OS-Ⅱ / Ⅲ 的主要特点如下：

1）公开源代码，容易就能把操作系统移植到各个不同的硬件平台上；

2）可移植性，绝大部分源代码是用 C 语言写的，便于移植到其他微处理器；

3）可固化；

4）可裁剪性，有选择地使用需要的系统服务，以减少所需的存储空间；

5）占先式，完全是占先式的实时内核，即总是运行就绪条件下优先级最高的任务；

6）多任务，可管理 64 个任务，任务的优先级必须是不同的，不支持时间片轮转调度法；

7）可确定性，函数调用与服务的执行时间具有可确定性，不依赖于任务的多少；

8）实用性和可靠性，成功应用该实时内核的实例是其实用性和可靠性的最好证据。

由于 μC/OS-Ⅱ / Ⅲ 仅是一个实时内核，这就意味着它不像其他实时存在系统那样提供给用户的只是一些 API 函数接口，还有很多工作需要用户自己去完成。

表 5-1 是上述四种操作系统之间性能的比较。

表 5-1 四种操作系统之间性能的比较

	VxWorks	Windows CE 3.0	嵌入式 Linux	μC/OS-Ⅱ / Ⅲ
大小	核心几十千字节到几百千字节	核心占 500KB 的 ROM 和 250KB 的 RAM。整个 Windows CE 操作系统，包括硬件抽象层 HAL、Windows CE Kernel、User、GDI、文件系统和数据库，大约共 1.5MB	核心从几十千字节到 500KB。整个嵌入式环境最小才 100KB 左右，并且以后还将越来越小	核心几十千字节到几百千字节，可裁减
可开发定制	用户开发定制不方便	用户开发定制不方便，受 Microsoft 公司限制较多	用户可以方便地开发定制，可以自由卸装用户模块，不受任何限制	用户可以方便地开发定制，可以自由卸装用户模块，不受任何限制
互操作性	互操作性强	互操作性比较强，Windows C 可通过 OEM 的许可协议使用其他设备	互操作性很强	互操作性很强
通用性	适用于多种 CPU 和多种硬件平台	适用于多种 CPU 和多种硬件平台	不仅适用于 x86 芯片，并且可以支持 30 多种 CPU 和多种硬件平台，开发和使用都很容易	适用于多种 CPU 和多种硬件平台

（续）

	VxWorks	Windows CE 3.0	嵌入式 Linux	μC/OS-Ⅱ / Ⅲ
实用性	比较好	比较好	很好	很好
适用的应用领域	应用领域较广，特别适用于军事领域	应用领域较广。Windows CE 是为新一代非传统的 PC 设备而设计的，这些设备包括掌上电脑、手持电脑以及车载电脑等	由于 Linux 内核结构及功能等原因，嵌入式 Linux 应用领域非常广泛，特别适用于进行信息家电的开发	应用领域较广，特别适用于工业控制领域

5.4 常见的嵌入式操作系统结构

5.4.1 单块结构

由几个逻辑上独立的模块构成的操作系统称为**单块结构**操作系统。单块结构的操作系统将操作系统按其功能划分为若干个具有一定独立性和大小的模块，每个模块具有某方面的管理功能，各模块之间通过已定义的接口实现交互，运行在内核态下，为用户提供服务。单块结构操作系统的体系结构图如图 5-2 所示。

Linux、FreeRTOS 都是单块结构的嵌入式操作系统。单块结构的 FreeRTOS 的代码可以分解为三个主要区块。

1）任务管理：大约 50% 的 FreeRTOS 的核心代码。

2）通信：大约 40% 的 FreeRTOS 核心代码是用来处理通信的。任务和中断使用队列互相发送数据，并且使用信号灯和互斥来发送临界资源的使用情况。

3）硬件接口：大约有 6% 的 FreeRTOS 的核心代码，在硬件无关的 FreeRTOS 内核与硬件相关的代码之间扮演着垫片的角色。

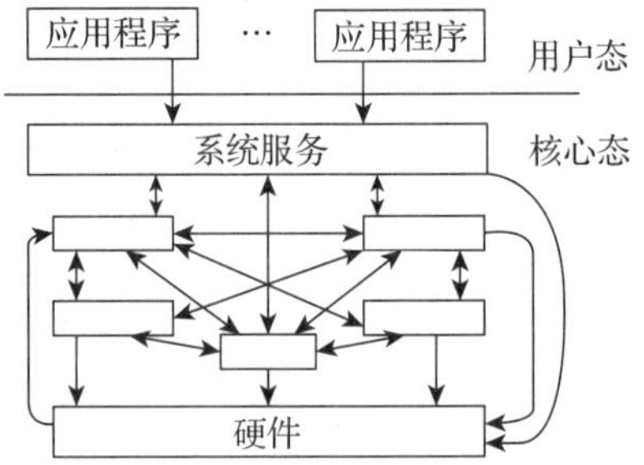

单块结构有如下缺点。

1）功能块直接关系复杂，修改任意功能块将导致其他所有功能块都需要修改，从而导致操作系统设计开发困难。

图 5-2 单块结构操作系统体系结构图

2）这种没有层次关系的网状联系容易造成循环调用，形成死锁，从而导致操作系统可靠性降低。

5.4.2 层次结构

层次结构的操作系统将操作系统的功能分成不同层次，低层次的功能为紧邻其上的一个层次的功能提供服务（就像网络操作系统结构中的客户机/服务器模式），而这一层次的功能又为更高一个层次的功能提供服务。每步设计都是建立在可靠的基础上，每一层仅能使用其提供的功能和服务，这样可使系统的安全和验证都变得更容易。层次结构的操作系统的体系结构图如图 5-3 所示。

Windows CE、eCos、iOS 都是层次结构的嵌入式操作系统。iOS 的体系结构如图 5-4 所示，包括核心操作系统层、核心服务层、媒体层、可触摸层四个层次，每一层都针对苹果手持设备的一种产品核心设计。虽然 Windows CE 与 iOS 都是层次结构的嵌入式操作系统，但是 iOS 是一个完全面向产品而设计的嵌入式操作系统，而 Windows CE 是一个通用的嵌入式操作系统。

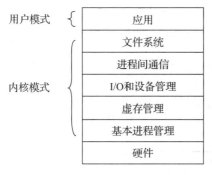

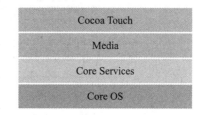

图 5-3　层次结构操作系统体系结构图　　　图 5-4　iOS 的体系结构

iOS 核心操作系统层：包括内存管理、文件系统、电源管理以及一些其他的操作系统任务。它可以直接和硬件设备进行交互。核心操作系统层包括以下组件：

1）OS X Kernel、Mach 3.0、BSD；

2）Sockets、Power Mgmt、File System；

3）Keychain、Certificates、Security；

4）Bonjour。

iOS 核心服务层：可以通过它来访问 iOS 的一些服务。它包括以下组件：

1）Collections、Address Book、Networking；

2）File Access、SQLite、Core Location；

3）Net Services、Threading、Preferences；

4）URL Utilities。

iOS 媒体层：通过它可以在应用程序中使用各种媒体文件，进行音频与视频的录制，进行图形的绘制，以及制作基础的动画效果。它包括以下组件：

1）Core Audio、OpenGL、Audio Mixing；

2）Audio Recording、Video Playback、JPG、PNG、TIFF；

3）PDF、Quartz、Core Animation；

4）OpenGL ES。

iOS 可触摸层：这一层为应用程序开发提供了各种有用的框架，并且大部分与用户界面有关，本质上来说它负责用户在 iOS 设备上的触摸交互操作。它包括以下组件：

1）Multi-Touch Events、Core Motion、Camera；

2）View Hierarchy、Localization、Alerts；

3）Web Views、Image Picker、Multi-Touch Controls。

层次结构操作系统的主要优点是：

1）保证了系统正确性；

2）使系统的扩充和维护更加容易。

5.4.3　客户 / 服务器结构（微内核结构）

单块结构与层次结构的操作系统的所有功能都在内核态下运行，而从用户态转换为内核态是有时间成本的，这就造成了操作系统效率低下。另外，在内核态运行的程序可以访问所有资源，因此其安全性和可靠性要求十分高。在操作系统很小时，将其设计得可靠和安全不是特别困难。因此就产生了微内核结构，它只将操作系统核心中的核心放在内核态运行，其他功能都移到用户态，这样同时提高了效率和安全性。

微内核结构是一种客户/服务器结构，如图 5-5 所示。不论是应用程序还是网络服务等，都向微内核发起服务请求，微内核按照任务来调度、管理、执行这些服务请求。

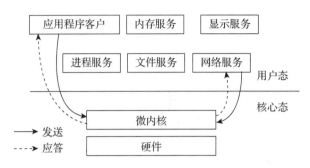

图 5-5 客户/服务器结构操作系统体系结构图

VxWorks、Android、Firefox OS、MeeGo、QNX4.25 都是客户/服务器结构的嵌入式操作系统。Android 的内核是 Linux，因此客户/服务器结构的内核不一定是小内核。

客户/服务器结构的操作系统的主要优点是：

1）微内核提供一致接口；

2）扩展对新的软件/硬件支持，进一步提高了可扩展性；

3）增强了系统的可靠性、安全性；

4）可伸缩，具有更好的灵活性；

5）提供了分布式系统的支持；

6）融入了面向对象技术，适用于面向对象操作系统环境，同时提高了可移植性。

客户/服务器结构的操作系统的缺点是：

1）通过微内核构造和发送信息、接收应答并解码所花费的时间比进行一次系统调用所花费的时间多；

2）很大程度上取决于微内核的大小和功能。

5.5 FreeRTOS 移植

5.5.1 FreeRTOS 简介

FreeRTOS 是由 Real Time Engineers 有限公司出品的免费的迷你实时操作系统内核，它非常适合使用微控制器或小型微处理器的深度嵌入式实时应用程序。RTOS 需占用一定的系统资源（尤其是 RAM 资源），只有 µC/OS-II、embOS、salvo、FreeRTOS 等少数实时操作系统才能在小 RAM 单片机上运行。相对于 µC/OS-II、embOS 等商业操作系统，FreeRTOS 操作系统是完全免费的操作系统，具有源码公开、可移植、可裁减、调度策略灵活的特点，可以方便地移植到各种单片机上运行。

作为一个轻量级的操作系统，FreeRTOS 的功能包括任务管理、时间管理、信号量、消息队列、内存管理、记录功能、软件定时器、协程等，可基本满足较小系统的需要。

FreeRTOS 内核支持优先级调度算法，每个任务可根据重要程度的不同被赋予一定的优先级，CPU 总是让处于就绪态的、优先级最高的任务先运行。FreeRTOS 内核同时支持轮换调度算法，系统允许不同的任务使用相同的优先级，在没有更高优先级任务就绪的情况下，同一优先级的任务共享 CPU 的使用时间。

FreeRTOS 的内核可根据用户需要设置为可剥夺型内核和不可剥夺型内核。当 FreeRTOS 被设置为可剥夺型内核时，处于就绪态的高优先级任务能剥夺低优先级任务的 CPU 使用权，这样可保证系统满足实时性的要求；当 FreeRTOS 被设置为不可剥夺型内核时，处于就绪态的高优先级任务只有等当前运行任务主动释放 CPU 的使用权后才能获得运行，这样可提高 CPU 的运行效率。

FreeRTOS 主要的特点如下：

1）基于硬件适配层实现跨平台可移植；

2）基于任务驱动的方式运行整个系统；

3）基于优先级抢占的方式实现实时性；

4）基于任务队列的方式实现核心的任务调度；

5）基于队列、信号量方式实现任务之间的通信和同步。

FreeRTOS 的协议栈代码完全开源、编码风格统一、逻辑清晰，官网提供了免费的补充资料及开发工具，由于 FreeRTOS 使用广泛，网络上各种相关资料也比较齐全，因此降低了学习门槛。

5.5.2 FreeRTOS 源码目录结构

FreeRTOS 的源码目录非常精简，如图 5-6 所示，代码的核心包含在三个文件中：tasks.c、queue.c、list.c。在该目录下还包含三个可选的文件 timers.c、event_groups.c 和 croutine.c，分别实现软件定时、事件组和协程功能，它们不是必需的，在工程中使用时可按照项目需求进行配置。另外，下载的 FreeRTOS 还提供 Demo 例程参考，放置在 Demo 文件夹中。

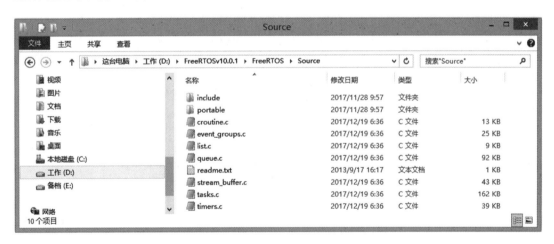

图 5-6　FreeRTOS 的源码目录

task.c 中的代码负责任务调度、创建、挂起、销毁等功能。

queue.c 中的代码负责提供消息队列、互斥量、信号量等 IPC 通信机制。

list.c 中实现基础的链表功能，为更高一层的内核服务提供支撑。

FreeRTOSConfig.h 主要是 OS 的配置选项，通过宏控来实现开关功能，截取的部分代码如图 5-7 所示。

portable 文件夹中的文件是和硬件平台相关的，如图 5-8 所示，每一款支持的处理器体系架构都需要少量的、与特定架构相关的 RTOS 代码。这是 RTOS 的移植层，这些代码放在 FreeRTOS/Source/Portable/[compiler]/[architecture] 子目录下，[compiler] 和 [architecture] 分别为用来创建接口的编译器和接口所要运行的处理器架构体系，确定使用的编译平台后，其他的文件夹都可以删除。

```
31  #define configUSE_PORT_OPTIMISED_TASK_SELECTION  1   // 配置使用通用方式还是使用硬件计算前导0的方式
32  #define configUSE_QUEUE_SETS                    1   // 启用队列
33  #define configUSE_IDLE_HOOK                     0   // 空闲函数里面的钩子函数，FreeRTOS规定了函数的名字和参数：void
34  #define configUSE_TICK_HOOK                     1   // 使用时间片钩子函数，FreeRTOS规定了函数的名字和参数：void vA
35  #define configCPU_CLOCK_HZ                      ( SystemCoreClock )  // 实际CPU内核的时钟频率，即CPU指令执行的频
36  #define configTICK_RATE_HZ                      ( 1000 )  // systick中断频率，即一秒中断的次数，每次中断RTOS都会进
37  #define configMAX_PRIORITIES                    ( 5 )  // 最大可用优先级
38  #define configMINIMAL_STACK_SIZE               ( ( unsigned short ) 130 )  // 最小栈的大小，即空闲栈的大小
39  #define configTOTAL_HEAP_SIZE                  ( ( size_t ) ( 46 * 1024 ) )  // 系统中堆的大小
40  #define configMAX_TASK_NAME_LEN                ( 10 )  // 任务名字的长度
41  #define configUSE_TRACE_FACILITY               1   // 启用可视化跟踪测试
42  #define configUSE_16_BIT_TICKS                 0   // 系统节拍计数器变量数据类型，1表示为16位无符号整形，0表示为32位
43  #define configIDLE_SHOULD_YIELD                1   // 空闲任务放弃CPU使用权给其他同优先级的用户任务
44  #define configUSE_MUTEXES                      1   // 使用互斥信号量
45  #define configQUEUE_REGISTRY_SIZE              8   // 设置可以注册的信号量和消息队列个数
46  #define configCHECK_FOR_STACK_OVERFLOW         2   // 大于0时启用堆栈溢出检测功能，如果使用此功能用户必须提供一个栈溢
47  #define configUSE_RECURSIVE_MUTEXES            1   // 使用递归互斥信号量
48  #define configUSE_MALLOC_FAILED_HOOK           1   // 使用内存申请失败的钩子函数
49  #define configUSE_APPLICATION_TASK_TAG         0
50  #define configUSE_COUNTING_SEMAPHORES          1   // 使用计数信号量
```

图 5-7　FreeRTOSConfig.h 部分代码

📁 ARMClang	Re-sync with upstream and stripping away none kernel related.
📁 ARMv8M	Fix free secure context for Cortex-M23 ports
📁 BCC/16BitDOS	Normalize files with mixed line endings (introduced in commit 3a413d1)
📁 CCS	fix typo (#399)
📁 CodeWarrior	Normalize files with mixed line endings (introduced in commit 3a413d1)
📁 Common	Associate secure context with task handle
📁 GCC	Update comments for the ARM_CA53_64_BIT_SRE port (#403)
📁 IAR	fix typo (#399)
📁 Keil	Re-sync with upstream and stripping away none kernel related.
📁 MPLAB	bugfix: Initialise stack correctiy on dsPiC port (#405)
📁 MSVC-MingW	Normalize files with mixed line endings (introduced in commit 3a413d1)
📁 MemMang	Fix the defect that Heap_1.c may waste first portBYTE_ALIGNMENT bytes...
📁 MikroC/ARM_CM4F	fix typo (#399)
📁 Paradigm/Tern_EE	Normalize files with mixed line endings (introduced in commit 3a413d1)
📁 RVDS	fix typo (#399)
📁 Renesas	Normalize files with mixed line endings (introduced in commit 3a413d1)
📁 Rowley	Normalize files with mixed line endings (introduced in commit 3a413d1)
📁 SDCC/Cygnal	Tidy up the 8051 sdcc port (#376)
📁 Softune	Normalize files with mixed line endings (introduced in commit 3a413d1)
📁 Tasking/ARM_CM4F	Normalize files with mixed line endings (introduced in commit 3a413d1)
📁 ThirdParty	Xtensa_ESP32: Add definition for portMEMORY_BARRIER (#395)

图 5-8　portable 文件夹中的文件

5.5.3　FreeRTOS 移植实例

下面介绍将 FreeRTOS 移植到 STM32 平台的方法，IDE 采用 MDK。

1. STM32 简介

STM32 的内核是 ARM®32 位 Cortex®-M3 CPU，最大频率为 72 MHz，1.25 Dmips/MHz。内存访问采用单周期乘法和硬件除法两种方式，具有 256～512 KB 的闪存，高达 64 KB 的 SRAM，带 4 个片上的灵活静态存储器控制器，支持紧凑型闪存、SRAM、PSRAM、NOR 和 NAND 存储器。STM32 的系统架构如图 5-9 所示。

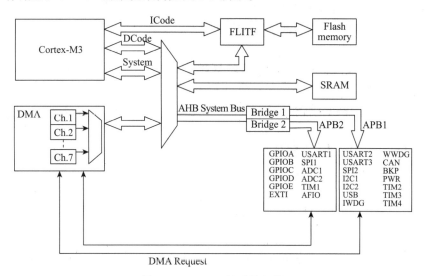

图 5-9　STM32 的系统架构

主系统由以下部分构成。

1）四个驱动单元：CortexM3 内核 ICode 总线（I-bus）、DCode 总线（D-bus）、统总线（S-bus）、GP-DMA（通用 DMA）。

2）三个被动单元：内部 SRAM、内部闪存存储器、AHB 到 APB 的桥（AHB2APBx）。AHB2APBx 连接所有的 APB 设备，所有的 APB 设备都是通过一个多级的 AHB 总线架构相互连接的。

3）DCode 总线：该总线将 Cortex-M3 内核的 DCode 总线与闪存存储器的数据接口相连接（常量加载和调试访问）。

4）系统总线：此总线连接 CortexTM-M3 内核的系统总线（外设总线）到总线矩阵，总线矩阵协调着内核和 DMA 间的访问。

5）DMA 总线：此总线将 DMA 的 AHB 主控接口与总线矩阵相连，总线矩阵协调着 CPU 的 DCode 和 DMA 到 SRAM、闪存和外设的访问。

6）总线矩阵：此总线矩阵协调内核系统总线和 DMA 主控总线之间的访问仲裁。此仲裁利用轮换算法。此总线矩阵由三个驱动部件（CPU 的 DCode、系统总线和 DMA 总线）和三个被动部件（闪存存储器接口、SRAM 和 AHB2APB 桥）构成。AHB 外设通过总线矩阵与系统总线相连，允许 DMA 访问。

7）AHB/APB 桥（APB）：两个 AHB/APB 桥在 AHB 和两个 APB 总线间提供同步连接。APB1 操作速度限于 36MHz，APB2 操作于全速（最高 72MHz）。

2. FreeRTOS 移植

（1）FreeRTOS 工程文件准备

首先在工程目录下新建一个文件夹 freeRTOS，然后在 freeRTOS 文件夹下新建两个文件夹，分别为 src 与 port（文件夹可以自行命名，不影响后续开发），src 文件夹中存放内核核心源码文件 event_groups.c、list.c queue.c、task.c、timers.c，port 文件夹中存放内存管理以及硬件相关的部分代码，例如处理器架构等，将 FreeRTOS 源码文件中 Portable/Keil、Portable/MemMang 文件夹中的内容复制到新工程的 port 文件夹中。Include 文件夹包含一些头文件，直接拷贝源码中的 include 文件夹即可。将 Demo\CORTEX_M4F_STM32F103XX-SK 目录下的 FreeRTOSConfig.h 文件复制到 freeRTOS 文件夹下。

至此，freeRTOS 工程文件已经准备完毕。

（2）修改代码

stm32f4xx_it.c 文件中定义了 STM32 的各种中断处理函数，工程搭建完成后，要使 FreeRTOS 运行起来还需要时钟信号来驱动，让 FreeRTOS 有同步信号来完成任务调度等功能，系统时钟 tick 已经在 stm32f4xx_it.c 文件中实现，我们只需要将系统时钟 tick 和 FreeRTOS 对接起来即可。

在 SysTick_Handler 函数中做如下改动：

```
void SysTick_Handler(void)
{
    #if (INCLUDE_xTaskGetSchedulerState  == 1 )
        if (xTaskGetSchedulerState() != taskSCHEDULER_NOT_STARTED)
        {
    #endif  /* INCLUDE_xTaskGetSchedulerState */
            xPortSysTickHandler();
    #if (INCLUDE_xTaskGetSchedulerState  == 1 )
        }
    #endif  /* INCLUDE_xTaskGetSchedulerState */
}
```

在 freeRTOSConfig.h 配置文件中，有如下 3 个宏定义：

```
#define vPortSVCHandler         SVC_Handler
#define xPortPendSVHandler      PendSV_Handler
#define xPortSysTickHandler     SysTick_Handler
```

需要在 stm32f4xx_it.c 文件中，将对应的三个空的函数定义注释掉。至此，编译已不会有错，移植工作已经完成。当然，在其他的基础库也需要使用 SysTick 时，也可以在中断中调用 xPortSysTickHandler() 函数来满足我们的需求。

至此，FreeRTOS 已经移植完成。

第 6 章

板级支持包与设备驱动

6.1 BSP 技术概述

6.1.1 什么是 BSP

板级支持包（Board Support Package，BSP）是针对某个特定嵌入式系统，介于底层硬件和上层软件之间的底层软件开发包。BSP 包括系统中大部分与硬件相关的软件模块，它的主要功能是屏蔽硬件。

对于使用操作系统的嵌入式系统，BSP 是嵌入式操作系统与硬件物理层交界的中间接口，其结构与功能随系统应用范围而表现出较大的差异，一般可以认为 BSP 属于操作系统的一部分，其主要目的是支持操作系统，使之能更好地运行于硬件。

得益于在系统中的特殊位置，BSP 具有以下主要特点。

1. 硬件相关性

嵌入式系统的硬件环境具有应用相关性，作为高层软件与硬件之间的接口，BSP 必须为操作系统提供操作和控制具体硬件的方法。

在嵌入式系统的开发中，硬件平台需要根据具体的应用量身订制，所用的处理器、存储器、外围设备等往往种类繁多，相互之间的差异也比较大，运行于一块目标板上的操作系统和应用程序，基本上不可能不加改造就能够运行在另一块不同的目标板上。即使在同样的处理器、同样的体系结构之下，少量的外设种类的差别就有可能导致程序运行失败，甚至导致系统崩溃。因此，BSP 是针对特定硬件的。

2. 操作系统相关性

不同的操作系统具有各自的软件层次结构，以及特定的硬件接口形式。因此，即使针对同一种硬件，对于不同的操作系统，BSP 程序也不一样。

由于 PC 系统采用统一的 X86 结构，操作系统（如 Windows、Linux）面对的"BSP"相应于 X86 架构是单一、确定的，不需要做任何修改就可以支持 OS 在 X86 上正常运行。PC 的"BSP"功能主要由 BIOS 和部分操作系统功能完成。

对于嵌入式系统，为使经剪裁的嵌入式操作系统正常运行，即使同一种 CPU，或外设稍做修改（如外部扩展 DRAM 的大小、类型改变），BSP 相应的部分也必须加以修改。例如，

VxWorks 的 BSP 和 Linux 的 BSP 相对于某一 CPU 来说尽管实现的功能一样，但是写法和接口定义完全不同。BSP 将根据不同的硬件配置，创建存储映像、I/O 映像、中断向量表等。

6.1.2　BSP 的作用与功能

对于 BSP 的作用，在嵌入式开发过程中不同的人对其认识和看法是不同的。根据嵌入式系统开发过程中的不同分工，可以将开发人员分为应用程序开发者、操作系统剪裁配置者、硬件及驱动开发者、嵌入式开发平台的 BSP 开发者四个层次，如图 6-1 所示。

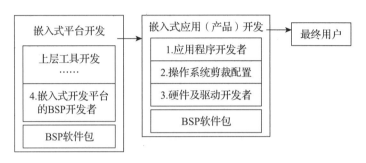

图 6-1　嵌入式系统开发过程中的 BSP

这四个层次的开发人员对 BSP 作用的认识分别描述如下。

1）应用程序开发者通常接触的是嵌入式系统提供商提供的某种应用解决方案，直接同嵌入式操作系统的 API 接口打交道，调用各硬件功能，BSP 对他们来说是不可见的，BSP 可以仅仅被看作硬件功能调用函数的底层支持函数库。

2）操作系统剪裁配置者以应用为目标，针对特定硬件平台对操作系统进行配置和剪裁，决定操作系统不同部件的取舍。BSP 对于他们来说是对硬件细节的屏蔽层，操作系统的调整不涉及对具体硬件的细节的调整，只涉及对硬件种类的选择，从而决定在操作系统中向上是否提供某类硬件应用层的调用接口，向下是否提供某类硬件驱动程序注册的接口。

3）硬件及驱动开发者为特定应用选择硬件，并为硬件提供相关驱动。在应用开发阶段，他们是直接与 BSP 打交道的人，BSP 最重要的一项功能就是实现对硬件功能的驱动，并向操作系统提供这些驱动函数。

4）嵌入式开发平台的 BSP 开发者需要为本公司的嵌入式开发平台提供特定操作系统的 BSP。这种 BSP 为他们的用户——嵌入式应用开发者，提供一个完整的软件包，用于支持该厂商的操作系统、应用软件能够在其提供的开发板上正常运行。为了达到这一目的，不仅要提供对标准硬件功能函数的实现，还要提供一个硬件驱动程序的模板化的抽象结构，以便于应用开发者顺利实现专有硬件设备的驱动程序。

从开发者的角度看，把 BSP 的功能分为三大部分：

1）系统上电时的硬件初始化；

2）为操作系统访问硬件驱动程序提供支持；

3）集成的硬件相关和无关的操作系统所需的引导模块。

在本章后面，我们会分别对这三类功能进行详细的叙述。

6.1.3　常见的 BSP 实现方式和开发方法

BSP 既要实现对硬件的初始化和控制，又要考虑到操作系统的调用接口和相关支持，因此，它的实现受到软硬件两方面的限制与影响。要想设计、开发一个好的 BSP，就必须对硬件接口以及所用的嵌入式操作系统知识有全面的认识和了解。一般来说，BSP 的实现可以分为两种方式，它们的优缺点与操作系统对驱动程序的管理和运行模式有关，因此在具体设计当中应该选择何种方式，需要参考被选定的操作系统的需求。

方式一：采用封闭的分层体系结构，各种功能函数和硬件驱动程序对上层应用完全透明，充分应用了硬件抽象技术。所有驱动程序由操作系统管理，应用程序要使用和控制硬件，必须通过操作系统的统一调用接口来完成调用。在这种方式下，应用程序与硬件驱动程序之间被隔离，需要通过操作系统的 API 接口才能访问到相关的硬件，应用程序根本看不到驱动程序的存在，驱动程序与应用程序分别加载并在系统上运行。

这种实现方式的优点是操作系统对设备驱动程序进行管理和调度，并提供标准 API 接口，应用程序使用驱动程序控制硬件时都必须通过操作系统的 API 接口才能完成。这使得驱动程序对于应用程序来说是不可见的，而驱动程序的改变和操作系统对于应用程序来说也不可见。也就是说，硬件及其驱动程序的变化不会影响应用程序设计及其对硬件的使用。这种透明性使得程序开发十分简便，也使得整个软件系统的移植工作变得十分高效。对于不同的硬件板，只要有相应的 BSP 加入系统中，操作系统和应用软件就都可以在该硬件板上运行。

当然，以这种方式实现的 BSP 也存在一些缺点：通过系统调用访问设备驱动程序，由于应用程序往往工作于用户态，系统则工作于核心态，因此应用程序使用 API 接口时将引起用户态向核心态的切换，而这种操作的开销较大，会影响系统效率。另外，在这种方式下设备驱动程序的开发需要按照操作系统的特定格式要求和注册流程进行设计，因此需要驱动程序开发者对操作系统的驱动程序体系结构有相当清晰的认识。

在某些特殊情况下，如果系统的设计与实现允许，可以使那些运行效率要求特别高的任务直接访问底层，在分层设计时就应考虑到如何提供这种机制。

方式二：各功能函数和硬件驱动程序对上层应用不完全透明，应用程序对硬件的控制和操作将通过直接调用其驱动程序特定的操作函数来完成。此时，应用程序可以与硬件驱动程序相互交叉，并以一个完整的运行程序放到操作系统上运行。

这种实现方式的优点是：驱动程序在整个系统中注册和登记过程十分简单，其实现也相对容易，而且由于应用程序可以直接调用驱动程序函数，因此可以减省管理环节和空间开销，以及应用程序与系统和驱动程序切换的开销，使效率得到更好保证。

但这种方式下，应用程序直接访问设备驱动程序，需要应用程序开发者对硬件有一定的了解和掌握，并能够准确控制硬件的操作。驱动程序的改变会引起应用程序的调整或重新编译，而且由于驱动程序不在操作系统控制下统一调度和使用，因此应用程序对外设的使用容易出现冲突和不稳定，从而有可能导致系统性能受到影响。

考虑到 BSP 实现的复杂性，在具体设计一个特定的 BSP 时，我们往往会借助一些工具，使用一些快捷的开发方法。

（1）以经典 BSP 为参考

在设计 BSP 时，首先选择与应用硬件环境最为相似的参考设计，例如 Motorola 的 ADS 系列评估板等。针对这些评估板，不同的操作系统都会提供完整的 BSP，这些 BSP 是学习和开发自己 BSP 的最佳参考。针对具体应用的特定环境对参考设计的 BSP 进行必要的修改和增加，就可以完成简单的 BSP 设计。在设计过程中应该注意 BSP 是与操作系统相关的，硬件相关的设备驱动程序随操作系统的不同而有比较大的差异，设计过程中应参照操作系统相应的接口规范。

（2）操作系统本身提供 BSP 模板

通常 OS 针对不同的硬件平台提供不同的 BSP 模板，用户就近选择一个模板做相应修改并增加额外的设备驱动即可。但是由于硬件平台众多，操作系统不可能为每种硬件平台都提供相应的 BSP。比较普遍的做法是操作系统提供相应的 BSP 模板（一组需要编写的文件），根据模板的提示可以逐步引导开发者完成特定 BSP。

相比较而言，第一种方法最为简单、快捷，与具体的硬件联系紧密，能够很方便地完成对硬件的相关配置，能够充分发挥硬件资源的功能；第二种方法得到的 BSP 比较规范，与操作系统本身联系比较紧密。因此，在实际设计过程中，通常以第一种方法为主，同时结合使用第二种方法。

以上是对操作系统的使用者和开发者而言，而对操作系统的设计者来说，必须从系统设计的角度来考虑 BSP 的框架设计和接口规范。操作系统设计者在设计实现 BSP 功能时，大多采用以下两种不同的设计方法。

1）"自底向上"地实现 BSP 中的初始化操作：从片级初始化开始到系统级初始化。首先考虑底层硬件设备，如微处理器的体系结构等，然后是具体硬件设备驱动程序的接口，最后是操作系统内核的初始化引导。

2）"自顶向下"地设计硬件相关的驱动程序：从系统 API 开始，到操作系统内部的通用设备驱动程序，再到 BSP 内部硬件相关的设备驱动程序，最后到底层具体的硬件设备。

板级支持包是嵌入式应用开发中的关键环节。通常，BSP 由汇编语言程序和 C 语言程序相结合的函数库组成。每个 BSP 包括一套模板，模板中有设备驱动程序的抽象结构代码、具体硬件设备的底层初始化代码等。

BSP 的编程大多数是在成型的嵌入式目标机（板）上进行的。为了减少开发难度和周期，BSP 的可移植性变得非常重要。在进行应用系统的设计和选择时，尤其要注意 BSP 的稳定性和完整性，确保建立 BSP 良好的内核结构。

BSP 还可以包含与系统外设有关的基本驱动（打印、串口、网口等），开发人员可以编程修改 BSP，在 BSP 中任意添加一些与操作系统内核无关的驱动程序，甚至可以把上层开发软件放到 BSP 中，根据系统的大小、任务难易程度以及结构合理与否等做出规划与设计。

6.1.4　主流嵌入式操作系统及其 BSP 技术

随着嵌入式技术的逐步发展，嵌入式操作系统已经成为嵌入式系统的核心。BSP 作为操作系统的重要支持部件，是操作系统与硬件之间的一个桥梁，没有了 BSP 的支持，操作系统根本无法在硬件平台上运行，也无法提供给应用程序硬件功能调用。下面我们对三个应用广泛的嵌入式操作系统的 BSP 进行简单介绍，重点介绍 Linux 中 BSP 包需要考虑的几个问题和要求。

1. Windows CE

Windows CE 是微软公司面向嵌入式应用推出的一个嵌入式操作系统，它的 BSP 包括四个部分。

（1）一个引导程序

引导程序用于完成最初的硬件设置和相关初始化工作，并完成操作系统的装入。

（2）OEM 适配层（OEM Adaptation Layer，OAL）

OAL 是针对不同目标板的抽象层，它是 Windows CE 操作系统中处于核心系统 Kernel 的一个子层。其作用是隔离 OS 内核与硬件细节，提供 OS 的可移植性，而且 OAL 需要实现 CPU、内存、中断、时钟、实时时钟、调试口等设置程序。OAL 和 Kernel 的紧密结合主要通过 OAL 例程调用 Kernel 的一些标准调用接口和其他内部函数来实现。Windows CE 针对不同的 CPU 平台，提供相应的调用库，用户通过使用与硬件 CPU 平台相关的库函数开发适合自己硬件平台的 OAL，最终和这些库函数连接在一起，生成 Windows CE 系统的内核。

（3）系统配置文件

对于 Windows CE 来说，这是描述系统和配置操作系统的一个重要文件。

（4）设备驱动程序

这是对硬件进行有效控制和使用的重要手段，在 Windows CE 中包括两种方式的设备驱动程序，一种是嵌入式的设备驱动程序，另一种是可安装的设备驱动程序。嵌入式设备驱动程序作为操作系统的一部分，由 Windows CE 平台制造者提供。而对于一般外接设备则以可安装的驱动程序方式开发。实现上，在 Windows CE 中设备驱动程序都运行于用户模式，通过内核提供的设备管理模块对其进行管理，并提供给应用程序调用。

Windows CE 从开始设计时就更多地关心系统内核，底层利用 OAL 对不同硬件平台进行配置，属于典型的"自顶向下"的设计。Windows CE 的 BSP 开发途径也有很多，提供了很多硬件平台的 BSP 模板，但需要单独购买，而且价格不菲。

2. VxWorks

与 Windows CE 不同，在风河公司的嵌入式操作系统 VxWorks 系统中，BSP 主要有两部分。

（1）目标系统的系统引导部分

这部分主要是目标系统启动时的硬件初始化，这部分的代码在目标系统上电后开始执行，主要用于配置处理器的工作状态、初始化系统内存等，这部分的程序一般在系统引导时执行，为操作系统运行提供硬件环境。

（2）目标系统的设备驱动程序

这部分主要是驱动目标系统配置的各种设备，包括字符型设备、块存储设备、网络设备等，这些设备驱动程序完成对硬件的配置，操作系统通过设备驱动程序来访问硬件，从而完成数据读取以及与外界的交互等。但在实际应用中，为获得更好的稳定性和执行效率，许多设备驱动程序会直接和应用程序捆绑在一起，而不是由操作系统来管理。

VxWorks 作为一个商用的专用实时操作系统，从系统设计开始就很重视系统内核的可移植性，能够适应硬件平台的多样性，属于"自底向上"的设计。经过多年的应用和开发，VxWorks 的 BSP 开发技术已经很完善，如开发非常规范、结构层次非常清晰，并提供很多系统引导和设备驱动程序的开发模板。VxWorks 的集成开发环境 Tornado 在 BSP 配置上提供了很多图形化的设置，更是极大地方便了 VxWorks 的 BSP 开发。

3. 嵌入式 Linux

我们先讨论通用 Linux 的 BSP 结构，然后再具体分析嵌入式 Linux 的特征。传统的 Linux 中 BSP 基本上也分为两部分：系统引导和设备驱动。由于 Linux 是单体（monolithic）内核结构，因此这部分代码同内核结合十分紧密，很难轻易将它分离出来，也不太容易自行开发。因此在考虑 Linux 的 BSP 时一般不会在 BSP 包中涉及对不同 CPU 的支持。虽然，内核包括了几乎作为一个嵌入式系统所有的代码，但它却不包括引导加载程序，需要从另外的渠道获得对 Linux 内核的引导和加载。这个引导和加载程序的功能就类似于 VxWorks 中的 BOOTROM。BOOTROM 主要是在系统上电后初始化处理器、内存以及必要的设备等；然后获取系统映像，并转入系统映像解压、拷贝、传递启动参数、转交控制权给内核、完成 Linux 操作系统装载。而 Linux 操作系统下的驱动程序也是按照字符设备、块设备、网络设备这种方式进行分类开发和管理的。只是驱动程序只能由内核管理，应用程序只能通过一定的接口对其进行访问。

　　Linux 的 BSP 也是采用了"自顶向下"的设计思想，这与 Windows CE 有类似之处，因为两个操作系统都是由桌面操作系统内核改造过来的，一开始就没有考虑到嵌入式系统硬件平台的多样性。这样做的好处显而易见：可以充分利用桌面操作系统驱动开发的经验。但是缺点也十分明显：与硬件平台结合程度较低，BSP 开发过程较为复杂，系统实时性能较低；容易将一些不适合嵌入式系统特点的开发思想带到实际开发中，留下隐患。

　　嵌入式 Linux 操作系统是从桌面 Linux 操作系统剪裁和修改而来的，因此有些也带有明显的桌面系统的特色。针对嵌入式 Linux 的 BSP 主要包括板级初始化、操作系统引导、驱动程序包三个部分。但因硬件的不同，在 BSP 开发中涉及的任务也是不一样的。在商业化的 X86 开发板上，一般都已经由厂商设计实现了板级初始化的相关代码，并将其保存在板上的 BIOS 芯片中，开发板上电即可工作。对于这类硬件板，BSP 的板级初始化工作由 BIOS 完成，BSP 的开发人员只需要完成操作系统引导和驱动程序包两个部分。而且这时引导程序可以通过 BIOS 提供的中断功能来实现，因此功能可以做得比较丰富，有利于操作系统进行调试和修改。用户为特定开发目标设计的硬件板很少能通用 BIOS 支持这类硬件，因此硬件复位之后的所有程序都必须由开发人员自己完成，这时的开发工作就包括 BSP 的所有部件，即板级初始化、操作系统引导、驱动程序包。在实际的实现过程中，板级初始化和操作系统引导是一个连续的过程，它们往往并不分开，而是编写在一个程序中。而且为了能够较快地开发，往往都只包括了十分简单的功能，只完成必要的内核加载即可。为了减小体积，Linux 内核编译后是压缩存放的。因此，在加载 Linux 系统时必须解压之后才能得到可执行代码，也就是说 Linux 的引导程序需要具有解压功能。

　　另外，在实际应用中，一些嵌入系统中使用了 DOC 或 CF 卡等块存储设备，并在这些设备上建立了文件系统。当加载操作系统时，引导程序还可能具有对文件系统进行识别和读取的能力，如常用的 Grub 引导程序就能够直接从 FAT、minix、FFS、ext2 或 ReiserFS 分区中读取 Linux 内核。表 6-1 中对三种操作系统 BSP 的主要特征进行了比较。

表 6-1　三种操作系统 BSP 的比较

操作系统	BSP 构成	设计方法	运行状态
Windows CE	引导程序	自顶向下	OS 启动之前
	OAL 层		非运行
	配置文件		非运行
	驱动程序		用户态运行由核心台调用
VxWorks	引导程序	自底向上	OS 启动前
	驱动程序		与应用程序一起
Linux	引导程序	自顶向下	OS 启动前
	驱动程序		核心态运行

　　由表 6-1 可以看出，在系统引导部分，这三种操作系统的引导代码差异很小，都使用汇编和 C 语言编写，与操作系统无关，只与硬件相关。在一定程度上，甚至可以互相通用。

　　在设备驱动程序上，Linux 操作系统和 Linux 引导程序在结构上是分离的，使得这两者之间在设备驱动程序上不能通用。VxWorks 的 BOOTROM 和运行版本的设备驱动是相同的，因为设备驱动的运行版本和 BOOTROM 的结构是一致的，它们使用同一操作系统内核。

　　Windows CE 的设备驱动程序运行在用户空间，但是同样运行在用户空间的应用程序访问驱动程序又必须通过系统调用而不能直接使用，因此，需要在内核空间和用户空间中进行切换，对效率影响较大。

Linux 操作系统的设备驱动运行在内核空间，用户进程运行在用户空间。在 Linux 操作系统中，内核空间和用户空间的内存管理和映射方式是不同的，应用程序和设备驱动在数据传递中涉及不同的内存空间，会在一定程度上影响到效率。

VxWorks 操作系统没有将内核空间和用户空间分开，设备驱动和应用都运行于同一空间，相互之间都可以访问，数据交换非常方便，但这种结构的稳定性不如 Windows CE 和 Linux 系统好。

6.2 嵌入式系统的硬件初始化技术

6.2.1 嵌入式系统的硬件初始化

BSP 的主要功能之一就是初始化底层硬件，提供操作系统的运行支持。系统初始化就是根据实际的硬件配置及操作系统的要求，完成对硬件的直接操作，向操作系统提供底层硬件信息并为下一步引导系统做好准备。根据实际需要完成对特定硬件的检测工作。

硬件初始化程序要完成的任务随目标板的不同而有所差异。初始化程序的工作一般包括：屏蔽硬件中断，内存初始化，设置堆栈，初始化部分硬件为已知状态，如中断控制器、定时器、串行口、网口、软驱、DOC 或 CF 卡控制器等。具体需要对哪些硬件进行初始化，与使用的操作系统、整个系统处于什么样的运行状态以及以何种方式加载操作系统有关。

在开发调试阶段，可能要求在最初的代码中就对网口、串行口等与外部通信的设备进行设置，以便下一步的引导程序通过这些接口从主机方装入待调试的程序并与主机交换信息。在开发完成之后，正常使用情况下，与外部通信的驱动功能就可以不放在硬件初始化阶段来完成，由于内核会从固化的 Flash 芯片上读出，因此需要将相关驱动放在硬件初始化阶段。与外界联系的接口可能不会再使用，如果使用，也会通过操作系统加载之后来完成驱动和通信等工作。

通常，硬件的初始化程序需完成的工作主要包括：

1）初始化 CPU 速度；

2）初始化内存，包括启用内存库、初始化内存配置寄存器等；

3）初始化串行端口；

4）启用指令 / 数据高速缓存；

5）设置堆栈指针；

6）设置参数区域并构造参数结构和标记；

7）进行 POST（加电自检）来标识存在的设备并报告问题；

8）为电源管理提供挂起 / 恢复支持。

下面以 Linux-ARM 系统为例，说明在此系统下硬件初始化必须完成的四个任务，这是 Linux 内核加载前对硬件初始化工作的最低要求。

（1）设置和初始化内存

硬件初始化首先要确定系统的总内存大小以及内存的地址分布状况，并对内核将要使用的内存空间进行初始化（如数据空间中全部填写 00 ）。这部分工作是与硬件设备相关的，不同的硬件板会有不同的内存结构和分布。

（2）检测并初始化一个串口

在嵌入式 Linux 中，为了能够使用其控制台功能，在硬件没有提供显示设备的时候，初始化一个串口，用于完成在 Linux 启动过程的监控和交互是十分必要的。而对于需要支持调试的硬件初始化来说，可能还需要打开第二个串口或网络接口，以便同主机连接进行交叉调试。

（3）检测机器类型

这项工作主要是通过一些相关手段完成对硬件设备类型的检测，这主要是针对 CPU 类型的检测，用以确定 CPU 类型，然后将相关信息传递给内核参数，以保证内核的相关程序能够正常运行。

（4）检测并设置内核存储设备

这里的内核存储设备可以是硬盘、Flash 存储器、ROM 等掉电非易失的存储设备。对这些设备的操作可以直接以块设备的方式进行，对 Flash 芯片也可以用内存操作的方式进行。

另外，硬件初始化工作还可能包括计数器的设置、显示设备的控制等，不同的硬件会有不同的要求。需要根据硬件具体要求，在硬件初始化过程中进行取舍。以上提到的四部分功能是针对 Linux 操作系统的引导并转入内核操作所需要的最小硬件初始化要求。当引导程序需要完成更多的功能（如与用户交互、提供网络下载和调试、支持文件系统等）时，这些初始化要求会有所增加，而且其复杂程度也会有提高。

6.2.2　BSP 与 PC 中 BIOS 硬件初始化的比较

BIOS（Basic Input/Output System）程序是在 PC 及其兼容机中，用于开机硬件检测和加载操作系统、完成基本外围 I/O 处理子程序的代码，这些代码被保存于主板的 ROM、EPROM 或 FlashROM 中。对于 BIOS，用过 PC 的读者可能都比较熟悉，它主要有以下几个功能：

1）开机自检 POST（Power On Self Test）。在开机系统将控制权交给 BIOS 时，POST 会针对 CPU 各项寄存器，先检查是否运行正常，接下来会检查 8254timer（可编程外围计时芯片）、8259A（可编程中断控制器）、8237DMA（DMA 控制器）的状态。

2）初始化（Initial）。对动态内存（DRAM）、主板芯片组、显卡以及相关外围寄存器做初始化设置，并检测是否能够正常工作。所谓初始化设置，就是依照该芯片组的技术文件规定，做一些寄存器填值、改位的动作，使得主板 / 芯片组的内存、I/O 的功能得以正常运行。

3）记录系统设置值，并将其存储在非挥发性内存中，如 CMOS 或 Flash Memory（ESCD 区域）等。

4）将常驻程序库常驻于某一段内存中，供操作系统或应用程序调用。

由于 PC 应用比较普遍，因此将其 BIOS 的硬件初始化功能与嵌入式系统中的 BSP 硬件初始化功能进行比较，以更进一步了解 BSP 的功能。

BIOS 作为一种标准技术，为其他程序提供了一套较为完整的底层支持。BIOS 从尽可能通用的角度出发，在操作系统加载时可以直接使用硬件而不需要单独编写驱动程序。BIOS 不仅能够支持主板上所有芯片的控制、读写、显示等功能，而且为其他程序提供了良好的调用接口。另外，BIOS 还加入了对即插即用、电源管理、防病毒功能的支持等。而嵌入式硬件上的硬件初始化代码主要用于 CPU、内存等硬件环境的设置和检测，使后续程序在已知的 CPU 状态下开始工作。初始化代码一般都是针对特定硬件板设计和编写的，很少以通用为目的，即使是参考某个评估板设计的硬件，也可能需要修改才可以应用。驱动代码简单，不提供统一的调用接口。因此使用方式也比较灵活，这也是与嵌入式系统资源有限的情况相适应的。

另外，BIOS 与操作系统之间是完全无关的，它通过从块设备（或网络）中读取特定位置的代码并让这段代码获得 CPU 控制权的方式，同操作系统或其他程序发生关联。而嵌入式硬件初始化代码往往是加载程序的一部分，同加载程序编译在一起，并共同下载到目标硬件中。因此可以将它看作引导程序的前导。

由以上分析可以看出，虽然 BIOS 与硬件初始化代码之间存在很多差异，两者运用于不同的系统中，但是其主要任务都是为操作系统或后续代码的运行设置硬件环境。从这个意义上说，BIOS 可以被看作最为完善和强大的硬件初始化程序，在进行嵌入式硬件初始化代码的编写时，BIOS 的一些技巧是值得借鉴的。

6.3　嵌入式系统的引导技术

本节研究的重点是嵌入式系统 BSP 的第二个环节：引导技术。引导代码与具体目标板硬件的配置与设计相关，其设计过程关系到许多硬件的细节问题。但是最重要的问题却是引导代码的执行模式，即代码的构成、代码的运行环境、代码的运行空间和时间效率等问题。目前最常用的引导技术是 Boot Loader 技术。

6.3.1　Boot Loader 概述

在 PC 的体系结构中，引导加载程序由 BIOS 和位于硬盘 MBR 中的 OS Boot Loader（如 LILO 和 GRUB 等）一起组成。BIOS 在完成硬件检测和资源分配后，将硬盘 MBR 中的 Boot Loader 读到系统的 RAM 中，然后将控制权交给 OS Boot Loader。Boot Loader 的主要任务就是将内核映象从硬盘上读到 RAM 中，然后跳转到内核的入口点去运行，即开始启动操作系统。

而在嵌入式系统中，通常没有像 BIOS 那样的固件程序，因此整个系统的加载启动任务就完全由 Boot Loader 来完成。比如在一个基于 ARM7TDMI 内核的嵌入式系统中，系统在上电或复位时通常都从地址 0x00000000 处开始执行，而这个地址处安排的通常就是系统的 Boot Loader 程序。

简单地说，Boot Loader 就是在操作系统内核运行之前一段小程序。通过这段小程序，我们可以初始化硬件设备、建立内存空间的映射图，从而使系统的软硬件环境达到一个合适的状态，以便为最终调用操作系统内核做好准备。通常，Boot Loader 严重依赖于硬件而实现，特别是在嵌入式系统中。因此，在嵌入式领域里建立一个通用的 Boot Loader 几乎是不可能的。尽管如此，仍然可以对 Boot Loader 归纳出一些通用的概念，以指导用户对特定 Boot Loader 的设计与实现。表 6-2 列出了一些比较常见的 Boot Loader，可以根据自己的开发板型号下载相应的 Boot Loader 进行开发调试。

表 6-2　常见的 Boot Loader

BootLoader	说　明	体系结构					
		X86	ARM	PPC	MIPS	Super-H	M68K
LILO	Linux 主要的磁盘引导加载程序	×					
GRUB	LILO 的 GNU 版后继者	×					
Blob	来自 LART 硬件计划的加载程序		×				
U-boot	以 PPCBoot 和 ARMBoot 为基础的通用加载程序		×	×			
RedBoot	以 eCos 为基础的加载程序	×	×	×	×	×	×
Sh-Boot	Linux SH 计划的主要加载程序					×	
vivi	韩国 MIZI 公司为三星的 S3C2410 开发的加载程序		×				

6.3.2　嵌入式 Linux 的 Boot Loader 设计思想

下面介绍设计嵌入式 Linux 的 Boot Loader 时采取的步骤及可以选择的方法。

1. Boot Loader 的安装媒介

系统加电或复位后，所有的 CPU 通常都从某个由 CPU 制造商预先安排的地址上取指令。比如，基于 ARM7TDMI 内核的 CPU 在复位时通常都从地址 0x00000000 取它的第一条指令。而基于 CPU 构建的嵌入式系统通常都有某种类型的固态存储设备（比如 ROM、EEPROM 或 FLASH 等）被映射到这个预先安排的地址上。因此在系统加电后，CPU 将首先执行 Boot Loader 程序。用户交叉调试成功的应用系统程序代码都要求能固化到非易失性的存储器上，使这些系统一开启就能由引导程序引导操作系统和应用程序的执行。现在有两种嵌入式实时应用软件的固化技术：一种是嵌入式软件在 RAMDISK 中的固化；另一种是嵌入式软件在 FLASH、ROM 等芯片中的固化。

2. 控制 Boot Loader 的设备或机制

主机和目标机之间一般通过串口建立连接，Boot Loader 软件在执行时通常会通过串口来进行 I/O 操作，比如，输出打印信息到串口、从串口读取用户控制字符等。

3. Boot Loader 的启动过程

Boot Loader 的启动过程有两种方法，分为单阶段（Single Stage）和多阶段（Multi-Stage）。通常多阶段的 Boot Loader 能提供更为复杂的功能，以及更好的可移植性。从固态存储设备上启动的 Boot Loader 大多都包含两阶段的启动过程，即启动过程可以分为步骤一和步骤二两部分。

4. Boot Loader 的操作模式

大多数 Boot Loader 都包含两种不同的操作模式："启动加载"模式和"下载"模式。这种区别仅对开发人员有意义，但从最终用户的角度看，Boot Loader 的作用就是加载操作系统，而并不存在所谓的启动加载模式与下载模式的区别。

1）启动加载模式：这种模式也称为"自主"模式，即 Boot Loader 从目标机的某个固态存储设备上将操作系统加载到 RAM 中运行，整个过程并没有用户的介入。这种模式是 Boot Loader 的正常工作模式，因此在发布嵌入式产品时，Boot Loader 显然必须工作在这种模式下。

2）下载模式：在这种模式下，目标机上的 Boot Loader 将通过串口连接或网络连接等通信手段从主机下载文件，如下载内核映象和根文件系统映像等。从主机下载的文件，通常首先被 Boot Loader 保存到目标机的 RAM 中，然后再被 Boot Loader 写到目标机上的 Flash 类固态存储设备中。Boot Loader 的这种模式通常在第一次安装内核与根文件系统时被使用；此外，以后的系统更新也会使用 Boot Loader 的这种工作模式。工作于这种模式下的 Boot Loader 通常都会向它的终端用户提供一个简单的命令行接口。像 Blob 或 U-Boot 等这样功能强大的 Boot Loader 通常同时支持这两种工作模式，而且允许用户在这两种工作模式之间进行切换。

5. Boot Loader 的主要任务

前面介绍 Boot Loader 启动过程分为两个阶段，在这两个阶段中会按一定的先后顺序实现不同的任务。

步骤一：

1）硬件设备初始化；

2）为加载 Boot Loader 的步骤二准备 RAM 空间；

3）拷贝 Boot Loader 的步骤二到 RAM 空间中；

4）设置好堆栈；

5）跳转到步骤二的 C 入口点。

实际上，这里的步骤一包括前面讨论的硬件初始化程序。在嵌入式环境下，由于硬件数量十分有限，因此初始化任务是可以确定的，只需要对这些必需的硬件进行初始化和设置即可。因此，嵌入式系统的硬件初始化工作通常由引导程序来完成，这部分工作有可能会放在步骤一中，也可能在用到某个硬件时由步骤二自己完成。也就是说，在嵌入式系统中硬件初始化和引导程序的界限划分不是很清楚，只是在功能上的一种逻辑性划分。

为了获得更快的执行速度，通常把步骤二加载到 RAM 空间中来执行，因此必须为加载 Boot Loader 的步骤二准备好一段可用的 RAM 空间范围。由于步骤二通常使用 C 语言执行代码，因此在考虑空间大小时，除了步骤二可执行映像的大小外，还必须把堆栈空间也考虑进来。步骤二阶段的地址范围一般可以任意安排。在将步骤二拷贝到 RAM 中之前，需要首先对内存进行检测。拷贝时要确定两点，即步骤二的可执行映像在固态存储设备的存放起始地址和终止地址，以及 RAM 空间的起始地址。在一切就绪后，就可以跳转到 Boot Loader 的步骤二去执行了。比如，在 PowerPC 系统中，可以通过修改 PC 寄存器为合适的地址来实现。

步骤二：

1）初始化本阶段要用到的硬件设备；

2）检测系统内存映射（memory map）；

3）将 Kernel 映像（可能有根文件系统映像）从 Flash 上读到 RAM 空间中；

4）为内核设置启动参数。

内存映射的检测是指检测整个物理地址空间中，有哪些地址范围被用来寻址系统的 RAM 单元，比如在三星 S3C44B0X CPU 中，从 0x0c000000 到 0x10000000 之间的 64MB 地址空间被用作系统的 RAM 地址空间。虽然 CPU 通常预留出一大段足够的地址空间给系统 RAM，但是在搭建具体的嵌入式系统时却不一定占用全部 RAM 地址空间。也就是说，具体的嵌入式系统往往只把 CPU 预留给 RAM 全部地址空间中的一部分映射到 RAM 单元上，而让剩下的那部分预留 RAM 地址空间处于未使用状态。步骤二必须在将存储在 Flash 上的内核映象复制到 RAM 空间之前，检测整个系统的内存映射情况，即它必须知道 CPU 预留的全部 RAM 地址空间中，哪些被真正映射到 RAM 地址单元，哪些处于未使用状态。

还要注意，上面所说的步骤一和步骤二是为了便于将一些底层的开发和上层开发分离而做的一种划分，在实际编译结果中，不一定分两个文件单独下载到目标机中。在第 11 章中，我们就是将 vivi 直接烧写到 Flash 当中，再次启动目标机的时候，Boot Loader 就会自动装载到 RAM 空间。

6.4　嵌入式系统的设备驱动程序

6.4.1　驱动程序的重要性

驱动程序是嵌入式系统中不可缺少的重要部分。随着嵌入式技术的发展，外部设备种类越来越多，对它们的控制也变得越来越复杂。一个系统通常都具有多个物理设备，一个设备可以有多个功能，每一个设备功能都需要一个驱动程序。例如，定时器设备执行定时功能，还执行计数功能，同时，它还执行延迟功能和周期性的系统调用。收发设备既具有接收功能又具有发送功能，它不仅是一个转发器，还有可能具有超长控制和冲突控制等功能。声音数据传真调制解调器设备具有对声音、传真和数据的接收和发送功能。程序员对这些设备和功能进行直接控制比较困难，需要一个公用的驱动程序或者针对某一个设备功能的单独的驱动程序，间接地对设备功能实现控制。

操作系统和驱动程序在嵌入式领域中的引用大大方便了对外部设备的控制。驱动程序为上层软件提供各种各样的接口，上层软件只需调用驱动程序提供的接口，而不用理会设备的具体内部操作。这样，上层软件开发人员的工作就集中于自己的功能代码的开发而不用关心与下层硬件的交互。例如，一个网络应用程序产生一个字节流，按照网络协议处理完毕以后，需要通过网卡将其发送到目的地，为了使用网卡的发送功能，必须要有网络驱动程序提供应用程序与网卡控制之间的接口。

驱动程序的编写方式，通常能够使程序开发人员不必了解其内部构造而直接使用（黑盒结构）。一个函数命令就可以驱动设备。有了驱动程序以后，应用程序开发人员不需要知道关于设备使用的机制、地址、寄存器、位和标志等情况。例如在时钟控制中，要将时钟设置为 2 ms（即每秒 500 次），用户程序只要调用函数 OS_Ticks(500) 即可。这个函数的用户没有必要知道该函数将执行哪一个定时器设备、地址是什么、将使用哪一个驱动程序、哪一个设备寄存器将存储数值设为 500 等这些直接与硬件相关的复杂问题。当然，对于驱动程序设计人员而言，就需要对这些问题有一定甚至深入的了解。

因为驱动程序最终直接与硬件外设打交道，上层软件最后都会调用驱动程序的接口来完成最后的工作，所以驱动程序的性能对整个系统的工作性能影响很大。一个好的驱动程序和一个差的驱动程序对同一个系统的性能测试结果相差很大。

一个好的驱动程序不仅要实现设备的基本功能函数，如初始化、中断响应、发送、接收等，使设备的基本功能能够实现，而且因为设备在使用中还会出现各种各样的差错，所以驱动程序还应该有完备的错误处理函数，以便能够快速从错误中恢复来继续工作。当设备不能从工作中的错误恢复时，设备将处于死机状态，只有重新启动设备才能再次正常工作。

一个好的嵌入式操作系统中的所有驱动程序都会遵循通用的接口。组织时，可采用面向对象的方法，一个设备就是一个对象（数据结构），而对象内部有自己的数据和方法。从这一点来说，嵌入式系统的驱动程序的组织和面向对象设计中对象的概念是一致的。对上层应用程序而言，设备驱动程序隐藏了设备的具体细节，对各种不同型号、不同种类的设备提供了简单、高效的接口，应用程序可以如同调用数据结构一样对此设备进行操作。

接下来，将以 Linux 操作系统为例，介绍驱动程序的原理与设计思想。

6.4.2　机制与策略的问题

在驱动程序的设计思想中，驱动程序的底层只与硬件设备有关。通过这一层程序，可以将硬件功能以软件的形式表现出来，从而向上层程序提供相应的调用。所谓"机制"就是驱动程序能够提供什么样的功能，如串行设备驱动程序具有设置波特率的功能。而"策略"是指驱动程序提供的这种功能如何被应用，例如根据需要，可以将串口波特率设置为 9.6kbps。在 Linux 内核中采用"机制"与"策略"分离的思想，要求"机制"的实现不考虑"策略"，而只与硬件和功能有关。为了能够在"策略"中看到机制提供的功能，以便通过这些功能实现对硬件的控制，"机制"中需要完成两个任务：一是向上将设备控制函数注册到设备子类管理系统中；二是向下实现设备控制函数功能，完成对硬件设备的操作控制。

6.4.3　设备驱动的分层管理

Linux 操作系统中将所有的设备看作具体的文件，通过文件系统层对设备进行访问。所以在 Linux 框架结构中，与设备相关的处理可以分为两个层次，即文件系统层和设备驱动层。设备驱动层屏蔽具体设备的细节，文件系统层则向用户提供一组统一的、规范的用户接口。这种设备管理方法可以很好地做到"设备无关性"，以便根据硬件外设的更新进行方便的扩展。比如，要实现一个设备驱动程序，只要根据具体的硬件特性向文件系统提供一组访问接口即可。而程序员在编写程序的时候，可以将设备作为普通的文件进行处理。图 6-2 是 Linux 设备驱动的分层结构示意图。

1. 应用层

用户进程一般位于内核之外，当它需要操作设备的时候，可以像访问普通文件一样，通过调用 read()、write() 等函数来完成对设备文件的访问和控制。

2. 文件系统层

文件系统层位于应用层下面，属于内核空间。其基本功能是执行适合于所有设备的输入 / 输出功能，使用户透明地访问文件。通过本层的封装，在上一层看来，设备文件和普通文件没有什么区别，拥有读、写和执行权限，还拥有与它对应的索引节点等。在用户进程发出系统调用以要求输入 / 输出操作时，文件系统层处理请求的权限，通过设备驱动层的接口将任务传到驱动程序。

3. 设备驱动层

设备驱动程序位于内核当中，它根据文件系统的输入 / 输出请求来操作硬件上的设备控制器，完成设备的初始化、打开 / 释放以及数据在内核和设备间的传递等操作。

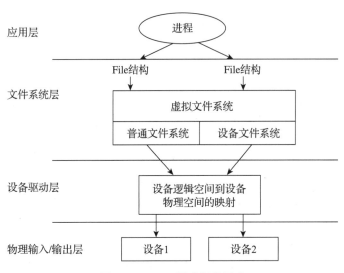

图 6-2　Linux 驱动程序层次

6.4.4　设备类型和设备号

Linux 中的设备可以分为三类：字符设备、块设备和网络设备。其中字符设备没有缓冲区，数据的处理是以字节为单位按顺序进行的，不支持随机读写。普通打印机、系统的串口以及终端显示器都是比较常见的字符设备，嵌入式系统中简单的按键、触摸屏、手写板也都属于字符设备。块设备是指那些在输入 / 输出时数据处理以块为单位的设备，它一般都采用了缓存技术，支持数据的随机读写。典型的块设备有硬盘等。对于用户来说，块设备和字符设备的访问接口都是一组基于文件系统的调用，如 read、write 等，在实现上，它们的细微区别仅在于内核和驱动程序的软件接口。Linux 中的网络设备实现方法不同于字符设备和块设备，它面向的上一层不是文件系统而是网络协议层，设备节点只有在系统正确初始化网络控制器之后才能建立。内核和网络设备驱动程序间的通信与以前的方法也完全不同。

传统的设备管理方式中，除了设备类型以外，内核还需要相应的设备号来实现对相应设备的管理。主设备号用于标识设备对应的驱动程序，主设备号相同的设备使用相同的驱动程序。Linux 有关各方已就一些典型设备的主设备号达成一致。

在 /dev 目录下，每一个文件对应相应的设备节点，可以用 ls -l 来查看这些文件的属性。

在图 6-3 的显示结果中，b 或 c 用来表示设备是块设备还是字符设备，数字 13、27 分别表示它们的主设备号，后面的 126、127、71 等表示它们的次设备号。

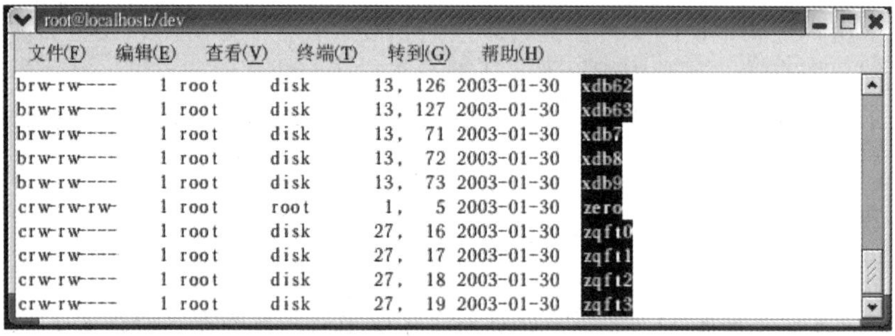

```
root@localhost:/dev
文件(F)  编辑(E)  查看(V)  终端(T)  转到(G)  帮助(H)
brw-rw----   1 root   disk   13, 126 2003-01-30 xdb62
brw-rw----   1 root   disk   13, 127 2003-01-30 xdb63
brw-rw----   1 root   disk   13,  71 2003-01-30 xdb7
brw-rw----   1 root   disk   13,  72 2003-01-30 xdb8
brw-rw----   1 root   disk   13,  73 2003-01-30 xdb9
crw-rw-rw-   1 root   root    1,   5 2003-01-30 zero
crw-rw----   1 root   disk   27,  16 2003-01-30 zqft0
crw-rw----   1 root   disk   27,  17 2003-01-30 zqft1
crw-rw----   1 root   disk   27,  18 2003-01-30 zqft2
crw-rw----   1 root   disk   27,  19 2003-01-30 zqft3
```

图 6-3　文件属性

设备节点除了可以在设备驱动程序中自动创建以外，还可以通过命令手动创建：

```
$mknod   name   type   major   minor
```

此命令用来创建一个标识符为 name、类型为 type、主设备号为 major、次设备号为 minor 的设备节点。

6.4.5 模块化编程

Linux 系统中提供了一种模块化机制。利用这种机制，可以根据需要在不重新编译内核的情况下，将编译好的模块动态地加载到运行中的内核或者将内核中已经存在的模块卸载。这种机制为驱动程序的开发调试提供了很大的便利，在已经运行的 Linux 系统中可以通过 lsmod 查看内核中已经动态加载的模块。

在模块化编程中，源程序必须提供 init_module() 和 cleanup_module() 两个函数。init_module() 是在插入模块时需要调用的函数。clean_module() 是在移出模块时需要调用的函数。

模块编译的时候需要定义宏 __KERNEL__ 和 MODULE，表示代码将被编译成一个内核模块：

```
$gcc -c -D__KERNEL__ -DMODULE -o mydev mydev.c
```

编译以后会产生一个 mydev.o 文件，我们就可以用相应的命令将编译好的模块动态加载
到内核当中。模块的加载和卸载可以通过以下命令实现，其操作对象是经过编译但没有连
接 .o 文件：

```
$insmod    mydev
$rmmod     mydev
```

6.4.6　设备文件接口

在 6.4.3 节中已经讲到，在 Linux 系统中，对用户程序而言，设备驱动程序隐藏了设备
的具体细节，对各种不同设备提供了一致的接口。一般是把设备映射为一个特殊的设备文
件，用户程序可以像对普通文件一样对此设备文件进行各种操作。在系统内部，I/O 设备的
存取通过一组固定的入口点来进行，这组入口点是每个设备的驱动程序提供的。字符型设备
驱动程序通过 include/linux/fs.h 中的 flile_operations 结构提供如下几个入口点：

```
struct file_operations{
    struct module *owner;
    loff_t (*llseek) (struct file *, loff_t, int);
    ssize_t (*read) (struct file *, char *, size_t, loff_t *);
    ssize_t (*write) (struct file *, const char *, size_t, loff_t *);
    int (*readdir) (struct file *, void *, filldir_t);
    unsigned int (*poll) (struct file *, struct poll_table_struct *);
    int (*ioctl) (struct inode *, struct file *, unsigned int, unsigned long);
    int (*mmap) (struct file *, struct vm_area_struct *);
    int (*open) (struct inode *, struct file *);
    int (*flush) (struct file *);
    int (*release) (struct inode *, struct file *);
    int (*fsync) (struct file *, struct dentry *, int datasync);
    int (*fasync) (int, struct file *, int);
    int (*lock) (struct file *, int, struct file_lock *);
    ssize_t (*readv) (struct file *, const struct iovec *, unsigned long, loff_t *);
    ssize_t (*writev) (struct file *, const struct iovec *, unsigned long, loff_t *);
    ssize_t (*sendpage) (struct file *, struct page *, int, size_t, loff_t *, int);
    unsigned long (*get_unmapped_area)(struct file *, unsigned long, unsigned
        long, unsigned long, unsigned long);
};
```

应用程序对设备的打开、关闭、读、写操作分别通过调用 file_operation 结构中的 open()、
close()、read()、write() 函数来完成。

除了打开、关闭、读、写操作以外，应用程序有时还需要对设备进行控制，这可以通过
设备驱动程序中的 ioctl() 函数来完成。ioctl() 的用法与具体设备密切相关，因此，需要根据
设备的实际情况进行具体分析。

6.4.7　字符驱动程序编写实例

下面编写一个简单的字符驱动程序，来了解一下设备驱动程序的编写流程。这个驱动程
序将用两个缓冲数组实现对现实设备的模拟，wbuff 用来存储写入设备中的字符串，rbuff 用
来存储从设备中读出的字符串。wbuff 中的字符串将被逆序传送到 rbuff 当中。我们暂且把
要模拟的设备称为 spioc。

首先，驱动程序需要包括一些特定的头文件：

```
#ifndef __KERNEL__
# define __KERNEL__
#endif                    /* 表明这个模块将用于内核, 也可以在编译时通过 -D 选项指定, 如 gcc -D__KERNEL__ */

#ifndef MODULE
# define MODULE
#endif                    /* 表明这个驱动程序将以模块的方式编译和使用, 也可以在编译时通过 -D 选项指定 */

#include <linux/config.h>
#include <linux/module.h>
#include <linux/kernel.h>
#include <linux/fs.h>
#include <linux/errno.h>
#include <linux/slab.h>
#include <linux/mm.h>
#include <linux/init.h>
#include <asm/uaccess.h>
#include "spioc.h"
```

其中 spioc.h 是我们自己定义的头文件, 里面定义了设备号以及数组大小等相关信息。

```
/*
 * spioc.h
 */

#define SPIOC_MAJOR 21
#define BUFFSIZE 64

/* 在 wbuff 中记录字符数的计数器  */
int count;

/* 缓冲区指针, 缓冲区将在设备初始化中分配 */
char *wbuff, *rbuff;
```

以下是文件的打开与关闭函数:

```
/* 文件的打开与关闭 */

static int spioc_open(struct inode *inode, struct file *filp)
{
    memset(wbuff, 0, BUFFSIZE);
    memset(rbuff, 0, BUFFSIZE);
    count = 0;

    MOD_INC_USE_COUNT;
    return 0;
}

static int spioc_close(struct inode *inode, struct file *filp)
{
    MOD_DEC_USE_COUNT;
    return 0;
}
```

这两个接口函数主要使用了 MOD_INC_USE_COUNT 和 MOD_DEC_USE_COUNT 宏。因为 Linux 内核需要跟踪系统中每个模块的信息, 以确保设备的安全使用。这两个宏的作用分别是检查使用驱动程序的用户数、记录当前访问设备文件的进程数。

```
/* 文件的读写 */

static ssize_t spioc_read(struct file *filp, char *buf, size_t cnt, loff_t *off)
{
    int i;
    if(!count)
        return 0;
    for(i=0; i<count; i++)
        rbuff[i] = wbuff[count-i-1];
    if(cnt > count)
        cnt = count;
    copy_to_user(buf, rbuff, cnt);
    return cnt;
}

static ssize_t spioc_write(struct file *filp, const char *buf, size_t cnt, loff_t
    *off)
{
    if(cnt > BUFFSIZE)
        cnt = BUFFSIZE;
    copy_from_user(wbuff, buf, cnt);
    count = cnt;
    return cnt;
}

/* ioctl */

static int spioc_ioctl(struct inode *inode, struct file *filp, unsigned int cmd,
    unsigned long arg)
{
    switch(cmd) {
    default:
        break;
    }
    return 0;
}
```

spioc_read() 函数实现了将 wbuff 中的字符逆序拷贝到 rbuff 中的功能，同时 copy_to_user() 将字符从内核空间拷贝到用户空间。

同理，spioc_write() 函数实现了将字符数组内容写入设备当中的功能。

接下来，用已经定义好的函数创建一个 file_operations{} 结构的实例，这样就把应用程序的调用接口与我们自己的设备处理函数关联在一起了。

```
/* the device fops */

static struct file_operations spioc_fops = {
    owner:          THIS_MODULE,
    read:           spioc_read,
    write:          spioc_write,
    ioctl:          spioc_ioctl,
    open:           spioc_open,
    release:        spioc_close,
};
```

以下是相应的模块加载函数，当调用 insmod 命令的时候，函数就会使用 register_chrdev() 函数将设备注册到内核当中，同时设备名就会出现在 /proc/devices 当中。如果注册失败，就会返回一个负值。调用 rmmod 命令的时候，函数就会使用 unregister_chrdev() 将设备从内核中卸载。

```
static int __init spioc_init(void)
{
    int result;

    wbuff = kmalloc(BUFFSIZE, GFP_KERNEL);
    rbuff = kmalloc(BUFFSIZE, GFP_KERNEL);

    result = register_chrdev(SPIOC_MAJOR, "spioc", &spioc_fops);

    if(result < 0) {
        printk(KERN_ERR "Cannot register spioc device.\n");
        kfree(wbuff);
        kfree(rbuff);
        return -EIO;
    }
    return 0;
}

static void __exit spioc_exit(void)
{
    int result;

    result = unregister_chrdev(SPIOC_MAJOR, "spioc");
    if(result < 0) {
        printk(KERN_ERR "Cannot remove spioc device.\n");
        return;
    }
    if(wbuff)
        kfree(wbuff);
    if(rbuff)
        kfree(rbuff);
    return;
}

module_init(spioc_init);
module_exit(spioc_exit);
```

这样，一个简单的驱动程序就完成了，你可以根据前面介绍的模块加载、卸载命令自己动手尝试一下。下面给出相应的测试程序，在加载模块以后可以运行测试程序，对驱动的功能进行简单的测试。

```
/*test of  spioc*/
#include <unistd.h>
#include <sys/types.h>
#include <sys/stat.h>
#include <fcntl.h>

int main(int argc, char **argv)
{
    int portfd;
```

```
    char wstr[32], rstr[32];
    int number;

    portfd = open( "/dev/spioc", O_RDWR | O_NOCTTY | O_NDELAY);
    if(portfd == -1) {
        printf( "cannot open /dev/spioc.\n" );
        return -1;
    } else {
        printf( "open /dev/spioc successful.\n" );
    }

    printf( "write string abcdefghij to spioc.\n" );
    strcpy(wstr, "abcdefghij" );
    number = strlen(wstr) - 1;
    write(portfd, wstr, number);

    printf( "read data from spioc.\n" );
    read(portfd, rstr, number);
    rstr[number] = 0;
    printf( "the output string is %s.\n", rstr);

    close(portfd);

    return 0;
}
```

6.5　实例：STM32 设备驱动程序

6.5.1　时钟系统

时钟是 MCU 运行的基础，MCU 的各个单元在统一的时钟信号下执行相应的指令，协作完成任务。时钟系统就是 MCU 的脉搏，决定 MCU 的指令执行速率，不同频率的时钟下，系统功耗不同，各个外设的运行速度也不相同。图 6-4 展示了 STM32 的时钟系统。

为了适应复杂场景的应用，STM32 的时钟系统中包含多个独立的时钟，包括 HSI、HSE、LSI、LSE 等，下面分别进行介绍。

- HSI：内部高速时钟，RC 振荡器，频率为 8MHz。
- HSE：外部高速时钟，由外部器件提供，可接石英/陶瓷晶体或者其他形式的高精度外部时钟源，频率范围为 4~16MHz，精度较高。
- LSI：内部低速时钟，RC 振荡器，频率为 40kHz。
- LSE：外部低速时钟，接外部晶体，频率为 32.768kHz。
- PLL：锁相环，将 HIS 或者 HSE 倍频输出，以提供更高频率的时钟信号。

HSI、HSE、PLL 可以用来驱动系统时钟 SYSCLK，LSI、LSE 作为第二时钟源，40kHz LSI 可驱动独立的看门狗。32.768kHz 外部晶体可以用来驱动 RTC（Real Time Clock）。

上述时钟源均可独立开关，用于优化系统功耗。

编程实例

使用 8MHz 外部时钟 HSE 对系统时钟进行初始化，关键代码清单如下：

```
RCC_DeInit();
    RCC_HSEConfig(RCC_HSE_ON);            // 打开外部高速时钟晶振 HSE
```

```
RCC_WaitForHSEStartUp();              // 等待外部高速时钟晶振工作
RCC_HCLKConfig(RCC_SYSCLK_Div1);      // 设置 AHB 时钟 (HCLK)
RCC_PCLK2Config(RCC_HCLK_Div1);       // 设置 APB2 时钟 (APB2)
RCC_PCLK1Config(RCC_HCLK_Div2);       // 设置 APB1 时钟 (APB1)
RCC_PLLConfig(RCC_PLLSource_HSE_Div1, RCC_PLLMul_9);      // 设置 PLL
RCC_PLLCmd(ENABLE);                   // 打开 PLL
while(RCC_GetFlagStatus(RCC_FLAG_PLLRDY) == RESET);       // 等待 PLL 工作
RCC_SYSCLKConfig(RCC_SYSCLKSource_PLLCLK);               // 设置系统时钟
while(RCC_GetSYSCLKSource() != 0x08);     // 判断 PLL 是否为系统时钟
```

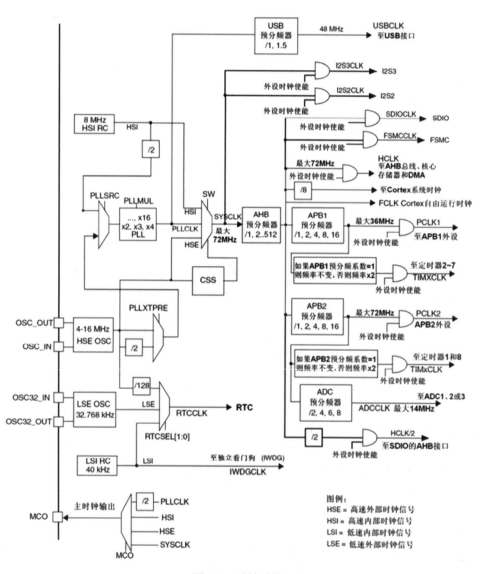

图 6-4　时钟系统

6.5.2　GPIO

　　GPIO（General Purpose I/O）是 MCU 实现输入 / 输出的一种基本组件，如图 6-5 所示。通用输入 / 输出端口 GPIO 具有两大功能，一是作为一个可控的端口引脚，二是通过端口映射功能连接到芯片外设。最为常用的功能是，可以作为一个可控的端口引脚配置该引脚为输入或者输出。输出功能包括强推挽输出和开漏输出两项，当配置为强推挽输出时，用户可以对该引脚任何时刻的电平状态定义为高电平或者低电平，当配置为开漏输出时，此时需要外接上拉电阻才能输出高电平信号。输入功能可以对任意时刻的引脚电平状态进行查看，其中输入功能包括输入上拉、输入下拉、高阻态三种，输入上拉和输入下拉分别设定输入引脚处于高电平和低电平状态，而设置成高阻态模式时，输入引脚电平不稳定。

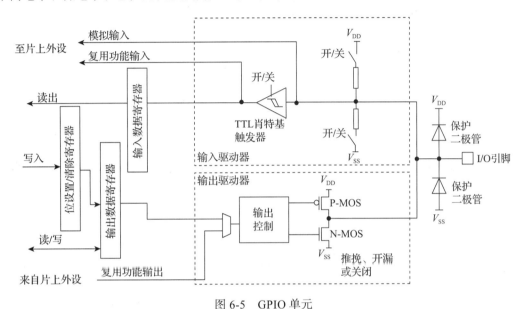

图 6-5　GPIO 单元

STM32 提供了 8 种 GPIO 工作模式，以增强系统的适用性，来符合多种应用场景，现在分别介绍如下。

（1）输入模式

1）输入浮空（GPIO_Mode_IN_FLOATING）。顾名思义，输入管脚处于悬空状态，既不为高也不为低，其电平状态完全由外部输入决定，常用于 ADC 输入管脚等场景。

2）输入上拉（GPIO_Mode_IPU）。输入上拉指的是内部电路将该管脚的不确定信号通过一个电阻钳位在高电平状态，当外部输入电平为低时，管脚导通到 GND，MCU 读取到该管脚电平为低；当外部输入电平为高时，管脚被钳位在高电平状态，电压值通常为 MCU 的电源电压 VCC。

3）输入下拉（GPIO_Mode_IPD）。原理同输入上拉，只是内部接入的是下拉电阻，将该管脚的不确定信号钳位在低电平状态。

4）模拟输入（GPIO_Mode_AIN）。该模式主要用于 ADC 进行模拟信号采集，管脚的电压信号直接输入到模数转换模块。

（2）输出模式

1）开漏输出（GPIO_Mode_Out_OD）。其优势在于可以很方便地调节输出的电平，因为输出电平完全由上拉电阻连接的电源电平决定。所以在需要进行电平转换的地方非常适合使用开漏输出。

2）开漏复用功能（GPIO_Mode_AF_OD）。用于 GPIO 配置第二功能时使用。

3）推挽式输出（GPIO_Mode_Out_PP）。既可以输出高电平，也可以输出低电平。推挽电路是指两个参数相同的三极管或 MOSFET，以推挽方式存在于电路中，各负责正负半周的波形放大任务，电路工作时，两只对称的功率开关管每次只有一个导通，所以导通损耗小、效率高。输出既可以向负载灌电流，也可以从负载抽取电流。推拉式输出级既增强了电路的负载能力，又提高了开关速度。

4）推挽式复用功能（GPIO_Mode_AF_PP）。用于 GPIO 配置第二功能时使用。

下面以控制 LED 为例来说明 GPIO 的编程过程，GPIO 驱动程序的核心在于 GPIO_InitTypeDef 这个结构体，其具体成员如下：

```
typedef struct
{
    uint32_t Pin;                               // 选定将被配置的 GPIO 引脚
    uint32_t Mode;                              // 指定选定的引脚运行模式
    uint32_t Pull;                              // 指定选定的引脚上位或下拉
    uint32_t Speed;                             // 指定选定的引脚速度
    uint32_t Alternate;                         // 复用功能连通选定的引脚
}GPIO_InitTypeDef;
```

使用 GPIO 前需要初始化 GPIO 配置，这里配置 GPIO 工作在推挽输出模式：

```
void led_init(void)
{
    GPIO_InitTypeDef GPIO_InitStruct;                           // 定义初始化结构体
    RCC_APB2PeriphClockCmd(RCC_APB2Periph_GPIOA,ENABLE);        // 使能 GPIOA 时钟
    GPIO_InitStruct.GPIO_Mode    = GPIO_Mode_Out_PP;            // 配置模式
    GPIO_InitStruct.GPIO_Pin     = GPIO_Pin_0;                  // 配置 I/O 口
    GPIO_InitStruct.GPIO_Speed   = GPIO_Speed_50MHz;            // 配置 I/O 口速度，仅输出有效
    GPIO_Init(GPIOA,&GPIO_InitStruct);                          // 初始化 GPIOA 的参数为以上结构体
}
Void led_on(void)
{
    GPIO_ResetBits(GPIOA,GPIO_Pin_0)                            // 拉低电平

}
Void led_off(void)
{
    GPIO_SetBits(GPIOA,GPIO_Pin_0)                              // 拉低电平
}
```

6.5.3 中断

STM32 将所有的中断分为两个部分，即内核异常和用户中断，中断发生后，内核跳转的地址都编写在中断向量表中，STM32 中断向量表如表 6-3 所示。

表 6-3 STM32 中断向量表

位置	优先级	优先级类型	名　称	说　明	地　址
—	—	—	—	保留	0x0000_0000
—	−3	固定	Reset	复位	0x0000_0004
—	−2	固定	NMI	不可屏蔽中断 RCC 时钟安全系统（CSS）链接到 NMI 向量	0x0000_0008
—	−1	固定	硬件失效（HardFault）	所有类型的失效	0x0000_000C
0	0	可设置	存储管理（MemManage）	存储器管理	0x0000_0010

（续）

位置	优先级	优先级类型	名　称	说　明	地　址
	1	可设置	总线错误（BusFault）	预取指失败，存储器访问失败	0x0000_0014
	2	可设置	错误应用（UsageFault）	未定义的指令或非法状态	0x0000_0018
—	—	—	—	保留	0x0000_001C ~0x0000_002B
	3	可设置	SVCall	通过 SWI 指令的系统服务调用	0x0000_002C
	4	可设置	调试监控（DebugMonitor）	调试监控器	0x0000 0030
—	—	—	—	保留	0x0000 0034
	5	可设置	PendSV	可挂起的系统服务	0x0000 0038
	6	可设置	SysTick	系统嘀嗒定时器	0x0000_003C
0	7	可设置	WWDG	窗口定时器中断	0x0000_0040
1	8	可设置	PVD	连到 EXTI 的电源电压检测（PVD）中断	0x0000_0044
2	9	可设置	TAMPER	侵入检测中断	0x0000_0048
3	10	可设置	RTC	实时时钟（RTC）全局中断	0x0000_004C
4	11	可设置	FLASH	闪存全局中断	0x0000_0050
5	12	可设置	RCC	复位和时钟控制（RCC）中断	0x0000_0054
6	13	可设置	EXTI0	EXTI 线 0 中断	0x0000_0058
7	14	可设置	EXTI1	EXTI 线 1 中断	0x0000_005C
8	15	可设置	EXTI2	EXTI 线 2 中断	0x0000_0060
9	16	可设置	EXTI3	EXTI 线 3 中断	0x0000_0064
10	17	可设置	EXTI4	EXTI 线 4 中断	0x0000_0068
11	18	可设置	DMA1 通道 1	DMA1 通道 1 全局中断	0x0000_006C
12	19	可设置	DMA1 通道 2	DMA1 通道 2 全局中断	0x0000_0070
13	20	可设置	DMA1 通道 3	DMA1 通道 3 全局中断	0x0000_0074

表 6-3 中阴影所标识的中断为内核中断，第 7 项开始为用户中断，用户中断可编程指定中断处理函数，在相应的中断发生后，内核保存现场，将参数入栈，然后通过中断向量表找到并调用对应的中断处理函数，中断处理函数返回后，由内核恢复现场，继续执行用户程序。

STM32 的中断较多，还有很多复用功能，所以 STM32 内置了 NVIC，嵌套中断向量控制器来处理中断事件。NVIC 是 Cortex-M3 系列控制器内部独有的集成单元，与 CPU 结合紧密，可降低中断延迟时间并且更加高效地处理后续中断。

STM32 的中断具有抢占属性和响应属性，NVIC 最重要的作用是配置中断的抢占优先级和响应优先级。

1）抢占优先级：抢占属性是指可以打断其他中断的特性，具有这个属性会出现中断嵌套（在执行中断服务函数 A 的过程中被中断 B 打断，执行完中断服务函数 B 再继续执行中断服务函数 A），抢占优先级较高的中断可以打断抢占优先级较低的中断。

2）响应优先级：在抢占优先级相同的情况下，响应优先级较高的中断能够率先获得内核响应，若响应优先级相同，则按照中断向量表中的顺序来决定优先响应的中断。

通过配置NVIC，可以按照抢占优先级和响应优先级的分配方式将中断分为5组，从而对多个中断进行灵活的配置。

使用STM32的中断可按照如下流程进行编程，以外部中断EXTI为例来说明。

1）配置NVIC，为中断分配优先级。

```
static void NVIC_Config(void) /* 主要是配置中断源的优先级与打开使能中断通道 */
{
    NVIC_InitTypeDef NVIC_InitStruct;
    NVIC_PriorityGroupConfig(NVIC_PriorityGroup_1);

    /* 配置中断源 */
    NVIC_InitStruct.NVIC_IRQChannel = KEY1_EXTI_IRQN;//EXTI0_IRQn
    /* 配置抢占优先级 */
    NVIC_InitStruct.NVIC_IRQChannelPreemptionPriority = 1;
    /* 配置子优先级 */
    NVIC_InitStruct.NVIC_IRQChannelSubPriority = 0;
    /* 使能中断通道 */
    NVIC_InitStruct.NVIC_IRQChannelCmd = ENABLE;
    /* 调用初始化函数 */
    NVIC_Init(&NVIC_InitStruct);

    /* 对 key2 执行相同操作 */
    NVIC_InitStruct.NVIC_IRQChannel = KEY2_EXTI_IRQN;//EXTI15_10_IRQn
    NVIC_InitStruct.NVIC_IRQChannelPreemptionPriority = 1;
    NVIC_InitStruct.NVIC_IRQChannelSubPriority = 1;
    NVIC_InitStruct.NVIC_IRQChannelCmd = ENABLE;
    NVIC_Init(&NVIC_InitStruct);
}
```

NVIC_InitTypeDef是配置NVIC的核心结构体：

```
typedef struct {
    uint8_t NVIC_IRQChannel;                    // 中断源
    uint8_t NVIC_IRQChannelPreemptionPriority;  // 抢占优先级
    uint8_t NVIC_IRQChannelSubPriority;         // 子优先级
    FunctionalState NVIC_IRQChannelCmd;         // 中断使能或者失能
} NVIC_InitTypeDef;
```

初始化结构体的作用是收集中断源的信息（包括配置的是哪个中断源、中断源的抢占优先级是多少、中断源的子优先级是多少、中断源的使能是否开启）。

- NVIC_IRQChannel用来设置中断源，不同的中断源不一样，如果写错了会导致内核不响应中断。
- NVIC_IRQChannelPreemptionPriority和NVIC_IRQChannelSubPriority分别设置抢占优先级和子优先级，要根据中断优先级分组来确定具体的值。
- NVIC_IRQChannelCmd设置中断使能（ENABLE）或者失能（DISABLE）。

2）配置外部中断EXTI。

EXTI（External interrupt/event controller）管理控制器的20个中断/事件线，每个中断/事件线都对应一个边沿检测器，可以实现输入信号的上升沿检测和下降沿检测。每个输入线可以独立地配置输入类型（脉冲或挂起）和对应的触发事件（上升沿或下降沿或者双边沿都触发）。每个输入线都可以独立地被屏蔽。挂起寄存器保持着状态线的中断请求。

```
void EXTI_Config() /* 主要是连接 EXTI 与 GPIO */
{
    NVIC_Config();
```

```
    GPIO_InitTypeDef GPIO_InitStruct ;
    EXTI_InitTypeDef EXTI_InitStruct ;
    /* 开启 GPIOA 与 GPIOC 的时钟 */
    RCC_APB2PeriphClockCmd(KEY1_EXTI_GPIO_CLK | KEY2_EXTI_GPIO_CLK, ENABLE);
/* ---------- 初始化 EXTI 的 GPIO----------------*/
    GPIO_InitStruct.GPIO_Pin = KEY1_EXTI_GPIO_PIN;
    GPIO_InitStruct.GPIO_Mode = GPIO_Mode_IN_FLOATING;
    GPIO_Init(KEY1_EXTI_GPIO_PORT , &GPIO_InitStruct);
    GPIO_InitStruct.GPIO_Pin = KEY2_EXTI_GPIO_PIN ;
    GPIO_InitStruct.GPIO_Mode = GPIO_Mode_IN_FLOATING;
    GPIO_Init(KEY2_EXTI_GPIO_PORT , &GPIO_InitStruct);

    /* 初始化 EXTI 外设 */
    RCC_APB2PeriphClockCmd(RCC_APB2Periph_AFIO, ENABLE); // EXTI 的时钟要设置 AFIO 寄存器
    GPIO_EXTILineConfig(KEY1_GPIO_PORTSOURCE, KEY1_GPIO_PINSOURCE); //选择作为EXTI线的GPIO引脚
    /* 配置中断 / 事件线 */
    EXTI_InitStruct.EXTI_Line = KEY1_EXTI_LINE;              // EXTI_Line13
    EXTI_InitStruct.EXTI_LineCmd = ENABLE;                   // 使能 EXTI 线
    EXTI_InitStruct.EXTI_Mode = EXTI_Mode_Interrupt;        // 配置模式：中断或事件
    EXTI_InitStruct.EXTI_Trigger = EXTI_Trigger_Rising;     // 配置边沿触发上升或下降
    EXTI_Init(&EXTI_InitStruct);
    GPIO_EXTILineConfig(KEY2_GPIO_PORTSOURCE, KEY2_GPIO_PINSOURCE);
    EXTI_InitStruct.EXTI_Line = KEY2_EXTI_LINE;             // EXTI_Line0
    EXTI_InitStruct.EXTI_LineCmd = ENABLE;
    EXTI_InitStruct.EXTI_Mode = EXTI_Mode_Interrupt;
    EXTI_InitStruct.EXTI_Trigger = EXTI_Trigger_Falling;
    EXTI_Init(&EXTI_InitStruct);
}
```

EXTI 初始化的核心结构体为：

```
typedef struct
{
    uint32_t EXTI_Line;                                     // 中断 / 事件线
    EXTIMode_TypeDef EXTI_Mode;                             // EXTI 模式
    EXTITrigger_TypeDef EXTI_Trigger;                       // 触发类型
    FunctionalState EXTI_LineCmd;                           // EXTI 使能
} EXTI_InitTypeDef;
```

- EXTI_Line：中断线选择，可选 EXTI_0 至 EXTI_19（共 20 个）。因为刚才配置好了与 GPIO 引脚对应的 EXTI 线，所以初始化结构体中的 EXTI 线就是与 GPIO 连接的那个线。
- EXTI_Mode：EXTI 模式选择，可选为产生中断或者产生事件。就是决定信号的发展方向，是产生中断呢？还是产生事件呢？此处是中断。
- EXTI_Trigger：EXTI 边沿触发模式，可选上升沿触发、下降沿触发或者上升沿和下降沿都触发。
- EXTI_LineCmd：控制是否使能 EXTI 线，可选使能 EXTI 线或禁用。

3）编写中断处理函数。

```
void EXTI0_IRQHandler(void)
{
    if(   EXTI_GetITStatus(KEY1_EXTI_LINE)!=RESET)
    {
        LED1_TOGGLE;                                        //LED1 的亮灭状态反转
```

```
    }
    EXTI_ClearITPendingBit(KEY1_EXTI_LINE);
}
// #define KEY2_EXTI_LINE      EXTI_Line13
void EXTI15_10_IRQHandler(void)
{
    if(  EXTI_GetITStatus(KEY2_EXTI_LINE)!=RESET)
    {
        LED2_TOGGLE;    //LED2 的亮灭状态反转
    }
    EXTI_ClearITPendingBit(KEY2_EXTI_LINE);

}
```

每次进入中断函数后，ITStatus EXTI_GetITStatus(uint32_t EXTI_Line) 读取中断是否执行，执行完之后要利用 void EXTI_ClearITPendingBit(uint32_t EXTI_Line) 清除中断标志位，以免不断进入中断。

6.5.4　定时器

STM32F1 系列中，除了互联型的产品之外，共有 8 个定时器，分为基本定时器、通用定时器和高级定时器，如图 6-6 所示。基本定时器 TIM6 和 TIM7 是一个 16 位的只能向上计数的定时器，只能定时，没有外部 I/O。通用定时器 TIM2/3/4/5 是一个 16 位的可以向上 / 下计数的定时器，可以定时，可以输出比较，可以输入捕捉，每个定时器有四个外部 I/O。高级定时器 TIM1/8 是一个 16 位的可以向上 / 下计数的定时器，可以定时，可以输出比较，可以输入捕捉，还可以有三相电机互补输出信号，每个定时器有 8 个外部 I/O。

（1）定时器时间基准

定时器的核心是时间基准，时钟源可以提供定时器所需的时基信号，定时器时钟 TIM×CLK，即内部时钟 CK_INT，经 APB1 预分频器后分频提供，如果 APB1 预分频系数等于 1，则频率不变，否则频率乘以 2，库函数中 APB1 预分频的系数是 2，即 PCLK1=36MHz，所以定时器时钟 TIM×CLK=36×2=72MHz。

（2）计数器时钟

定时器时钟经过 PSC 预分频器之后，CK_CNT 用来驱动计数器计数。PSC 是一个 16 位的预分频器，可以对定时器时钟 TIM×CLK 进行 1～65 536 之间的任何一个数进行分频。

具体计算方式为：CK_CNT=TIM×CLK/（PSC+1）。

（3）计数器

CNT 是一个 16 位的计数器，只能往上计数，最大计数值为 65 535。当计数达到自动重装载寄存器的时候产生更新事件，清零并从头开始计数。

（4）自动重装载寄存器

自动重装载寄存器 ARR 是一个 16 位的寄存器，这里面装着计数器能计算的最大数值。当计数到这个值的时候，如果使能了中断的话，定时器就产生溢出中断。

```
// 使能定时器时钟
RCC_APB1PeriphClockCmd();
// 初始化定时器，配置 ARR、PSC (声明结构体)
TIM_TimeBaseInit();
typedef struct
{
    uint16_t TIM_Prescaler;
```

```
        uint16_t TIM_CounterMode;
        uint16_t TIM_Period;
        uint16_t TIM_ClockDivision;
        uint8_t TIM_RepetitionCounter;
} TIM_TimeBaseInitTypeDef;
// 开启定时器中断, 配置 NVIC
NVIC_Init ( );
NVIC_InitStructure.NVIC_IRQChannel=TIM3_IRQn;                    // 定时器 3 中断
NVIC_InitStructure.NVIC_IRQChannelPreemptionPriority=0x01;       // 抢占优先级 1
NVIC_InitStructure.NVIC_IRQChannelSubPriority=0x03;             // 响应优先级 3
NVIC_InitStructure.NVIC_IRQChannelCmd=ENABLE;
NVIC_Init (&NVIC_InitStructure);                                // 初始化 NVIC
TIM_Cmd (TIM3, ENABLE);                                         // 使能定时器 3
// 设置 TIM3_DIER 允许更新中断
TIM_ITConfig ( );
// 使能定时器
TIM_Cmd ( );
// 编写中断服务函数
TIMx_IRQHandler ( );
// 定时器 3 中断服务函数
void TIM3_IRQHandler (void)
{
    if (TIM_GetITStatus (TIM3, TIM_IT_Update) ==SET)            // 溢出中断
{
/* 处理的程序段 */
}
TIM_ClearITPendingBit (TIM3, TIM_IT_Update);                    // 清除中断标志位
}
TIM3_Int_Init (5000-1, 8400-1); // 定时器时钟为 84MHz, 分频系数为 8400, 所以有 84MHz/8400=
                                   10KHz 的计数频率, 计数 5000 次为 500ms
void TIM3_Int_Init (u16 arr, u16 psc)
{
TIM_TimeBaseInitTypeDef TIM_TimeBaseInitStructure;
NVIC_InitTypeDef NVIC_InitStructure;
RCC_APB1PeriphClockCmd (RCC_APB1Periph_TIM3, ENABLE);           // 使能 TIM3 时钟
TIM_TimeBaseInitStructure.TIM_Period = arr;                     // 自动重装载值
TIM_TimeBaseInitStructure.TIM_Prescaler=psc;                    // 定时器分频
TIM_TimeBaseInitStructure.TIM_CounterMode=TIM_CounterMode_Up;   // 向上计数模式
TIM_TimeBaseInitStructure.TIM_ClockDivision=TIM_CKD_DIV1;
TIM_TimeBaseInit (TIM3, &TIM_TimeBaseInitStructure);            // 初始化 TIM3
TIM_ITConfig (TIM3, TIM_IT_Update, ENABLE);                     // 允许定时器 3 更新中断
TIM_Cmd (TIM3, ENABLE);                                         // 使能定时器 3
NVIC_InitStructure.NVIC_IRQChannel=TIM3_IRQn;                   // 定时器 3 中断
NVIC_InitStructure.NVIC_IRQChannelPreemptionPriority=0x01;      // 抢占优先级 1
NVIC_InitStructure.NVIC_IRQChannelSubPriority=0x03;            // 子优先级 3
NVIC_InitStructure.NVIC_IRQChannelCmd=ENABLE;
NVIC_Init (&NVIC_InitStructure);
 }
// 定时器 3 中断服务函数
void TIM3_IRQHandler (void)
{
if (TIM_GetITStatus (TIM3, TIM_IT_Update) ==SET)               // 溢出中断
{
LED1=! LED1;//DS1 翻转
}
```

```
TIM_ClearITPendingBit(TIM3, TIM_IT_Update);                    // 清除中断标志位
}
```

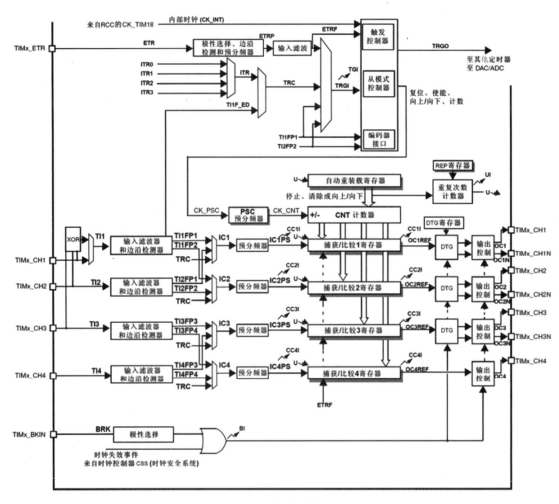

图 6-6　定时器单元

定时器初始化结构体如下：

```
typedef struct {
uint16_t TIM_Prescaler;                    // 预分频器
uint16_t TIM_CounterMode;                  // 计数模式
uint32_t TIM_Period;                       // 定时器周期
uint16_t TIM_ClockDivision;                // 时钟分频
uint8_t TIM_RepetitionCounter;             // 重复计算器
} TIM_TimeBaseInitTypeDef;1234567
```

1）TIM_Prescaler：定时器预分频器设置，时钟源经该预分频器才是定时器时钟，它设定 TIMx_PSC 寄存器的值。可设置范围为 0～65 535，实现 1～65 536 分频。

2）TIM_CounterMode：定时器计数方式，可为向上计数、向下计数以及中心对齐三种模式。基本定时器只能是向上计数，即 TIMx_CNT 只能从 0 开始递增，并且无须初始化。

3）TIM_Period：定时器周期，实际就是设定自动重载寄存器的值，在事件生成时更新到影子寄存器。可设置范围为 0～65 535。

4）TIM_ClockDivision：时钟分频，设置定时器时钟 CK_INT 频率与数字滤波器采样时钟频率分频比，基本定时器没有此功能，不用设置。

5）TIM_RepetitionCounter：重复计数器，属于高级控制寄存器专用寄存器位，利用它可以非常容易地控制输出 PWM 的个数。这里不用设置。

6.5.5　ADC

STM32f103 系列有 3 个 ADC，精度为 12 位，每个 ADC 最多有 16 个外部通道，如图 6-7 所示。其中 ADC1 和 ADC2 都有 16 个外部通道，ADC3 一般有 8 个外部通道，各通道的 A/D 转换可以单次、连续、扫描或间断执行，ADC 转换的结果可以左对齐或右对齐的方式存储在 16 位数据寄存器中。ADC 的输入时钟不得超过 14MHz，其时钟频率由 PCLK2 分频产生。

STM32 的转换通道可以分为两组，即规则通道和注入通道，同一个组的通道转换顺序可以任意排列。

- 规则通道最多可以容纳 16 个通道，规则通道的通道序号以及转换顺序需要写入寄存器 ADC_SQRx。
- 注入通道最多可以容纳 4 个通道，注入通道的通道序号以及转换顺序需要写入寄存器 ADC_JSQRx。

ADC 模块需要一个触发信号来启动转换动作，STM32 的 ADC 控制器提供了多种触发方式。

一种方式是通过直接配置寄存器触发，配置控制寄存器 CR2 的 ADON 位，写 1 时开始转换，写 0 时停止转换。在程序运行过程中只要调用库函数将 CR2 寄存器的 ADON 位置 1 就可以进行转换，比较好理解。

另外，还可以通过内部定时器或者外部 I/O 触发转换，也就是说可以利用内部时钟让 ADC 进行周期性的转换，也可以利用外部 I/O 使 ADC 在需要时转换，具体的触发由控制寄存器 CR2 决定。

ADC 工作模式

（1）单次模式

单次转换模式下，ADC 只执行一次转换。该模式既可通过设置 ADC_CR2 寄存器的 ADON 位（只适用于规则通道）启动，也可通过外部触发启动（适用于规则通道或注入通道），这时 CONT 位为 0。

（2）连续模式

在连续模式下，ADC 对配置的通道按顺序进行采样转换，一次转换结束后，ADC 控制器会立即开始下一次转换。

（3）扫描模式

此模式用来扫描一组模拟通道。扫描模式可通过设置 ADC_CR1 寄存器的 SCAN 位来选择。一旦这个位被设置，ADC 扫描所有被 ADC_SQRX 寄存器（对规则通道）或 ADC_JSQR（对注入通道）选中的所有通道。在每个组的每个通道上执行单次转换。在每个转换结束时，同一组的下一个通道被自动转换。如果设置了 CONT 位，则转换不会在选择组的最后一个通道上停止，而是再次从选择组的第一个通道继续转换。 如果设置了 DMA 位，则在每次 EOC 后，DMA 控制器把规则组通道的转换数据传输到 SRAM 中。而注入通道转换的数据总是存储在 ADC_JDRx 寄存器中。

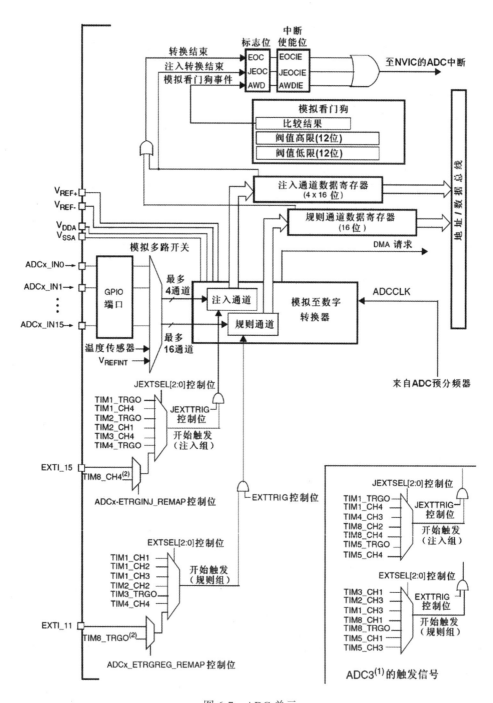

图 6-7　ADC 单元

ADC 控制配置的核心结构体定义如下:

```
typedef struct
{
    uint32_t ADC_Resolution;
    FunctionalState ADC_ScanConvMode;
    FunctionalState ADC_ContinuousConvMode;
    uint32_t ADC_ExternalTrigConvEdge;
```

```
    uint32_t ADC_ExternalTrigConv;
    uint32_t ADC_DataAlign;
    uint8_t  ADC_NbrOfConversion;
}ADC_InitTypeDef;
```

其中：

- ADC_Resolution：ADC 工作模式选择，ADC 分辨率。
- ADC_ScanConvMode：ADC 扫描（多通道）或者单次（单通道）模式选择。
- ADC_ContinuousConvMode：ADC 单次转换或者连续转换选择。
- ADC_ExternalTrigConvEdge：ADC 外部触发极性配置。
- ADC_ExternalTrigConv：ADC 转换触发信号选择。
- ADC_DataAlign：ADC 数据寄存器对齐格式。
- ADC_NbrOfConversion：ADC 转换通道数目。

以使用 ADC1 进行转换为例，ADC 初始化的代码清单如下：

```
void adc_init()
{
GPIO_InitTypeDef GPIO_InitStructure;
ADC_InitTypeDef ADC_InitStructure;
RCC_APB2PeriphClockCmd(RCC_APB2Periph_GPIOA|RCC_APB2Periph_AFIO|RCC_APB2Periph_ADC1,ENABLE);
RCC_ADCCLKConfig(RCC_PCLK2_Div6);                       // 设置 ADC 的时钟
GPIO_InitStructure.GPIO_Pin=GPIO_Pin_1;                 // ADC
GPIO_InitStructure.GPIO_Mode=GPIO_Mode_AIN;             // 管脚设置为模拟输入
GPIO_InitStructure.GPIO_Speed=GPIO_Speed_50MHz;
GPIO_Init(GPIOA,&GPIO_InitStructure);

ADC_InitStructure.ADC_Mode = ADC_Mode_Independent;
ADC_InitStructure.ADC_ScanConvMode = DISABLE;
ADC_InitStructure.ADC_ContinuousConvMode = DISABLE;
ADC_InitStructure.ADC_ExternalTrigConv = ADC_ExternalTrigConv_None;
ADC_InitStructure.ADC_DataAlign = ADC_DataAlign_Right;
ADC_InitStructure.ADC_NbrOfChannel = 1;
ADC_Init(ADC1, &ADC_InitStructure);

// 指定 ADC 为规则组通道
ADC_RegularChannelConfig(ADC1,ADC_Channel_1,1,ADC_SampleTime_239Cycles5);

ADC_Cmd(ADC1,ENABLE);
ADC_ResetCalibration(ADC1);                             // 重置指定 ADC 校准寄存器
while(ADC_GetResetCalibrationStatus(ADC1));             // 获取 ADC 重置校准寄存器的状态

ADC_StartCalibration(ADC1);                             // 开始指定 ADC 校准状态
while(ADC_GetCalibrationStatus(ADC1));                  // 获取校准状态
ADC_SoftwareStartConvCmd(ADC1, ENABLE);                 // 使能 ADC 转换，让 ADC 进行转换
}
```

第7章

嵌入式数据库

7.1 嵌入式数据库概述

嵌入式数据库是指可在嵌入式设备中独立运行的数据库管理系统（Database Management System，DBMS），用以处理大量的、时效性强且有严格时序的数据，它以高可靠性、高实时性和高信息吞吐量为目标，其数据的正确性不仅依赖于逻辑结果，而且依赖于逻辑结果产生的时间。

嵌入式数据库主要用于管理存放在 SRAM、ROM 或 Flash ROM 中的系统和用户数据，由于系统内存小、CPU 速度慢，因此在嵌入式数据库系统中，数据的结构和算法以及数据查询处理算法就显得非常关键，必须采用特殊的数据结构、算法及相关的数据库精简技术。

嵌入式应用系统一般只要求完成简单的数据查询和更新操作，但是对处理速度要求高且要求存储在设备中的数据具有高可靠性。除此之外，还要求易于维护、规模较小。

在嵌入式系统中，如果在实时操作系统上使用数据库管理系统，那么要求数据库必须具备良好的实时性能，这样才能保证与操作系统结合后，不会影响整个系统的实时性能。

随着开源嵌入式数据库的发展，越来越多的系统选择用数据库管理数据。比如，嵌入式数据库系统可以支持移动用户在多种网络条件下有效地访问所需数据，完成数据查询和事务处理；通过数据库的同步技术或者数据广播技术，即使在断开连接的情况下用户也可以继续访问所需数据，这使得嵌入式数据库系统具有高度的可用性；它还可以充分利用无线网络固有的广播能力，以较低的代价同时支持多移动用户对后台主数据源的访问，从而实现高度的可伸缩性。

7.1.1 嵌入式数据库的特点

嵌入式（实时）数据库指事务和数据都可具备显式定时限制的数据库管理系统，系统的正确执行既要满足逻辑约束又要满足时间约束，因此，事务处理中有众多不可预测的因素存在，即时间约束与逻辑约束的并存导致实时事务的模型、调度策略和并发控制技术成为关键。与大型数据库系统相比，嵌入式数据库系统的主要特点有以下几个方面。

1. 占用存储空间小

嵌入式数据库系统资源有限，有些甚至没有磁盘。因此，嵌入式数据库系统的数据不像磁盘数据库系统（Disk Resident Database System，DRDB）的数据那样可以驻留在磁盘中，在一个 DRDB 中，系统开销主要花费在 I/O 操作上，而在嵌入式数据库系统中，数据大部分存储在内存中，因而在这种情况下嵌入式数据库系统数据处理有着其自身适合嵌入式应用的特点。

2. 可靠性、可管理性和安全性

嵌入式数据库系统通常在移动、相对封闭的环境下使用，信息技术支持人员无法对其提供现场技术支持。因此，嵌入式数据库系统必须可靠，而且能在无须人工管理的情况下运行。鉴于这一特点，对于嵌入式系统中使用的数据库来说，其自身的可靠性、可管理性和安全性显得特别重要。

3. 互操作性和可移植性

嵌入式数据库系统都是针对具体的开发平台和操作系统设计和实现的，但为了保证与其他嵌入式数据库或者大型企业数据库进行信息共享，数据库开发人员在开发系统的过程中应该能提供一定的机制，实现与其他数据处理程序的互操作，以及相应的数据同步功能。同时嵌入式系统的应用领域非常广泛，所采用的操作系统等软件和硬件环境也千差万别，为了适应这种差异性，必须充分考虑嵌入式数据库系统的可移植性。

4. 可剪裁性

嵌入式应用对嵌入式数据库系统的要求常常差别很大。一个嵌入式应用一般不会使用嵌入式数据库系统所提供的所有功能，因此，为了节省磁盘空间和提高效率，嵌入式数据库必须支持可剪裁性，这样开发人员才能够根据特定的应用定制嵌入式数据库的功能。

7.1.2 嵌入式数据库的体系结构

1. 典型的数据库系统

图 7-1 所示为典型的数据库系统的组成及工作原理，数据库系统主要包括数据定义语言命令处理器、缓冲区管理器、事务管理器、查询处理器 4 个部分。

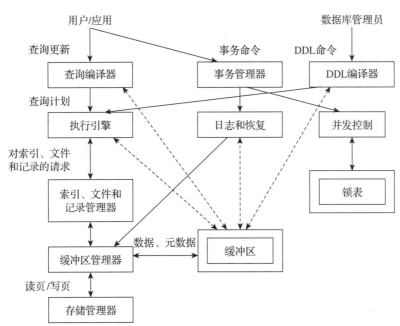

图 7-1 典型的数据库系统的组成及工作原理

（1）数据定义语言（Data Definition Language，DDL）命令处理器

数据定义语言命令由数据库管理员输入，以执行模式修改命令。进行模式修改的 DDL 命令由 DDL 处理程序进行分析，然后传递给执行引擎，由执行引擎经过索引 / 文件 / 记录管理器去改变元数据，即数据库的模式信息。

（2）缓冲区管理器

数据库中的数据通常驻留在第二级存储器中。目前的计算机系统中，第二级存储器通常是磁盘。然而，数据必须在主存储器中才能对数据进行有效的操作。于是，数据库管理系统中有一个缓冲区管理器，它负责将可利用的主存空间分割成缓冲区。缓冲区是页面同等大小的区域，磁盘块的内容可以被传送到缓冲区中。这样，所有需要从磁盘得到信息的数据库管理成分都与缓冲区和缓冲区管理器打交道，或直接通过执行引擎执行。

（3）事务管理器

为了保证数据操作的原子性、持久性等特征，需要引入事务管理器。事务管理器执行日志记录、并发控制和死锁解决。

（4）查询处理器

查询处理器可以分为查询编译器和执行引擎两个部分。查询编译器将用户的查询翻译成内部形式，称作查询计划。查询计划是在数据上执行的一系列操作。查询编译器包括查询分析器、查询预处理器和查询优化器三个主要部分。查询分析器对用户的输入字符串进行分析，通常为 SQL 语句分析，形成一个树结构；查询预处理器对查询进行语法检查，并进行某些树结构转换，形成最初的查询计划的代数操作符；查询优化器将最初的查询计划转化为对实际数据的最有效的操作序列。

2. 嵌入式数据库系统的体系结构

图 7-2 所示为嵌入式数据库系统的体系结构，嵌入式数据库系统可以分为外壳和内核两大模块。

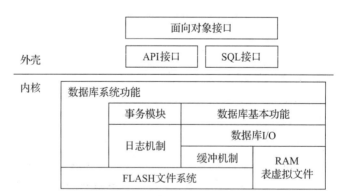

图 7-2　嵌入式数据库系统的体系结构

（1）外壳

外壳指用户可以直接调用的 API 接口、SQL 接口或面向对象接口，用户通过这些接口在数据库应用程序中对嵌入式数据库进行管理。外壳中的对外接口是一些抽象接口，抽象了嵌入式数据库系统提供的对数据的统一操作。这些接口屏蔽了数据库系统实现细节，具体实现由内核决定。

（2）内核

内核是数据库系统的核心，包含嵌入式数据库的所有核心功能，主要包括事务处理、日

志管理、数据库基本功能、数据库 I/O、缓冲管理等。内核通过数据库引擎实现对整个数据库系统的全局控制，保证数据库系统正确、高效、协调地工作。数据库引擎监视数据库运行过程中的所有操作，控制、分配和管理数据库资源等。数据库引擎对不需要接口层进行处理的 API 调用进行直接处理，决定将数据库操作引导到相应的处理模块，同时可进行安全性控制和存取权限控制。

目前，大多数嵌入式数据库应用解决方案都采用如图 7-3 所示的体系结构。在这个体系结构中，嵌入式数据库系统和嵌入式操作系统有机地结合在一起，为应用开发人员提供有效的本地数据管理手段，同时提供各种定制条件和方法。目前，各种嵌入式数据库系统提供应用定制的方法主要有编译法和解释法两种。编译法是指将应用所使用的数据管理操作固定在应用中，在应用生成后，如果需要调整操作，也要重新生成参数。而解释法则将数据操作的解释器集成在应用中，生成后的应用对新的操作也能够起作用。

图 7-3　基于嵌入式操作系统与嵌入式数据库的应用架构

7.2　嵌入式数据库的分类

按照数据存储方式，嵌入式数据库可以分为内存嵌入式数据库、文件型嵌入式数据库、网络型嵌入式数据库。

（1）基于内存方式的数据库

基于内存的数据库系统（Main Memory Database System）是实时系统和数据库系统的有机结合。实时事务要求系统能较准确地预报事务的运行时间，但对磁盘数据库而言，磁盘存取、内外存的数据传递、缓冲区管理、排队等待及锁的延迟等，使得事务实际平均执行时间与估算的最坏情况执行时间相差很大。如果将整个数据库或其主要的"工作"部分放入内存，使每个事务在执行过程中没有 I/O，则为系统较准确地估算和安排事务的运行时间使之具有较好的动态可预报性提供了有力的支持，同时也为实现事务的定时限制打下了基础。

内存数据库是支持实时事务的最佳技术，其本质特征是以其"主拷贝"或"工作版本"常驻内存，即活动事务只与实时内存数据库的内存拷贝打交道。对于内存数据库，可归纳出如下定义。

定义：设有数据库 DB，DBM(t) 是 t 时刻 DB 在内存中的数据集，DBM(t) 真包含于 DB；TS 为所有事务的集合，AT(t) 是 t 时刻的活动事务集，AT(t) 真包含于 TS；Dt(T) 为 T 在 t 时刻的操作数据集，Dt(T) 真包含于 DB；若在任一时刻 t，均有对任一事务有 $T \in$ AT(t)，Dt(T) 真包含于 DBM(t) 成立，则称 DB 为一个内存数据库，简记为 MMDB。

按此定义，MMDB 的"工作版本"（当然也可以是整个数据库）常驻内存，任何一个事务在执行过程中没有内外存间的数据 I/O。显然，它要求较大的内存量，但并不是要求任何时刻整个数据库都能存放在内存，即内存数据库系统也要处理 I/O 事件。内存数据库已脱离传统磁盘数据库的概念，传统数据库适用的数据结构、事务处理算法与优化、并发控制及恢复等技术对内存数据库不一定合适，需独立设计。

实时内存数据库的设计应该打破传统磁盘数据库的设计观念，考虑内存直接快速存取的特点，以 CPU 和内存空间的高效利用为目标来重新设计和开发各种策略与算法、技术、方法及机制。

目前，内存数据库系统已广泛应用于航空、军事、电信、电力、工业控制等领域，而这些应用领域大部分都是分布式的，因此分布式内存数据库系统成为新的研究热点。

（2）基于文件方式的数据库

文件型数据库文件（file-based）为组织方式，数据被按照一定格式储存在磁盘里，使用时由应用程序通过相应的驱动程序甚至直接对数据文件进行读取。由于这种数据库的访问方式是被动式的，只要了解其文件格式，任何程序都可以直接读取，因此它的安全性很低。

虽然文件数据库存在诸多弊端，但针对嵌入式系统的空间、时间的特殊要求，基于文件方式的数据库还有一定的用武之地。DBF（DBase/Foxbase/Foxpro）、Access、Paradox 数据库都是文件型数据库，嵌入式数据库 Pocket Access 也是文件型数据库，只要有一个文件就可以运行。

（3）基于网络的嵌入式数据库

根据数据库与应用程序是否存放在一起，可以将嵌入式数据库简单地分为嵌入式本地数据库和嵌入式网络数据库。嵌入式网络数据库系统是指客户端为嵌入式设备，数据存放在远程服务器上的数据库系统。客户端通过网络协议，可以使用 SQL 接口或者其他接口访问远程数据信息。客户端的主要技术在于网络协议的实现；远程服务器除了提供基本的数据服务之外，关键是要处理好多用户并发问题，并维护数据的一致性。

7.3 数据库应用设计

按照 Eric J. Naiburg 等人的总结，数据库应用设计主要按如下几个阶段进行。

1. 第一阶段，构建数据库模型

通常数据库设计的重点是逻辑数据模型和物理数据模型。逻辑数据模型是由实体、属性及不同实体之间的关系构成的，即实体关系模型（ER 模型）。逻辑数据模型与程序设计语言、数据库系统无关，逻辑数据模型建模的重点是捕获来自用户的数据，性能和使用数据库的应用程序都不是这个阶段要考虑的主要问题。

2. 第二阶段，数据库设计

数据库建模把重点放在描绘数据库，数据库设计则着眼于从整个需求的产生、业务逻辑、逻辑分析、物理数据库构建到数据库的开发的全过程。例如，在数据库设计中，物理数据模型包含的建模过程不仅包括表和列，而且包括表空间、分隔、硬件及整个数据库系统的组织。数据库设计包括对需求的分析与建模、业务处理、逻辑模型、物理数据模型、必需的信息、不同成分关联及与数据通信的方法和整个系统实现的方法等。

3. 第三阶段，优化数据库建模方案

可以借助不同的建模工具进行模型优化。

4. 第四阶段，分析和设计数据库

数据库分析与设计可通过以下步骤完成。

（1）分析和初始设计

初始设计的意义在于确定你想做什么。在分析和初始设计中，我们的目的是：

1）建立能够迎合业务需要和需求的系统设计；

2）为开发团队建立公用的设计图。

（2）数据库设计模型

这是对需求分析中得来的初步结果进行数据库建模。这一阶段的工作包括：

1）映射模型。将应用程序或数据库需求直接映射到数据模型，如需要把面向对象设计

的类映射到表格、把属性映射到列、把类型映射到数据类型、把关联映射到关系。这些将有助于开发组理解应用程序怎样与数据库交互。

2）设计标准化。处理逻辑关系图以使之标准化，用来创建数据库设计模型，如可以创建映射到当前类的独立实体，并保证每一个类只定义一个内容，这样才能将它们恰当地转化到数据库模型。

（3）模型到表的实现

在进行模型到数据库表的映射过程中，有几点要注意：

1）构件映射到表时，要注意候选键里的属性不能为空。主键是一个特定的候选键，用来唯一标识记录的候选键；外键是用来实现关联和泛化的候选键。

2）域（属性类型）。简单的域很容易实现，仅仅定义了相应的数据类型和大小，并且每个用了域的属性，都必须为每个域约束加入一条 SQL 检查语句。

3）多对多关联的实现。用一个单独的表来实现一个多对多关联，关联的主键是每个类的主键的合并，如图 7-4 所示。

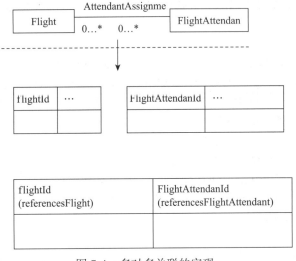

图 7-4 多对多关联的实现

4）一对多关联的实现。把一个外键隐藏在"多"表中，角色名字成为外键属性的一部分。

5）若用面向对象方法进行设计，不要合并多个类，不要把关联强制成一个单独的表；不要把一个一对一关联隐藏两次，每次隐藏在一个类里。

6）不要用相同的属性来实现多个关联角色，相同的属性使编程复杂，降低了扩展性。

（4）数据库的物理实现

数据库设计会带来很多软件开发工作，而且必须把它们部署到数据库硬件环境中，这就需要对许多物理上的属性做出决定。这一阶段的主要目标是将建模的实现集中于数据存储。数据库设计者应重点考虑：

1）数据库大小；

2）数据库运行的环境；

3）数据的划分；

4）应用程序如何与数据库通信。

这一过程主要包括的操作内容有：

1）使用先前创建的建模要素与数据库模型建立一个统一的图。

2）进行数据库的部署描述。在 UML 中，用于数据库和应用软件的硬件配置图是部署图。在部署图中，可用部件、设备及相互的依赖关系来描述数据库。

7.4 基于 SQLite 的嵌入式软件持续数据管理

7.4.1 SQLite 简介

SQLite 是一个数据库、一个程序库、一个命令行工具。SQLite 支持 ANSI SQL92 的一个大子集（包括事务、视图、检查约束、关联子查询和复合查询等），还支持其他很多关系型数据库的特色，如触发器、索引、自动增长字段和 LIMIT/OFFSET 子句等。

SQLite 可以很快、很容易地安装在各类操作系统中，它的数据库文件可以自由共享，不需要任何转换，它的程序和数据库文件仅用 U 盘就能传递。

SQLite 具有以下特点。

（1）零配置

从 SQLite 的设计之始，就没准备在应用时使用 DBA。配置和管理 SQLite 很简单，程序员可以全部完成。

（2）兼容性

SQLite 在设计时特别注意兼容性。它可以编译运行在 Windows、Linux、BSD、Mac OS X 及商用的 UNIX 系统（如 Solaris、HPUX 和 AIX）中，还可以应用于很多嵌入式平台，如 QNX、VxWorks、Symbian、Palm OS 和 Windows CE。它可以无缝地工作在 16 位、32 位和 64 位体系结构中并且能同时适应字节的大端格式和小端格式。SQLite 的兼容性并不只表现在代码上，还表现在其数据库文件上。SQLite 的数据库文件在其所支持的所有操作系统、硬件体系结构和字节顺序上都是二进制一致的。可以上 Sun SPARC 工作站上创建一个 SQLite 数据库，然后在 Mac 或 Windows 的机器上——甚至移动电话上——使用它，而不需要做任何转换和修改。此外，SQLite 数据库还可以支撑 2TB 的数据量（受操作系统限制），还同时支持 UTF-8 和 UTF-16 编码。

（3）紧凑性

SQLite 的设计功能齐全但体积很小：一个头文件，一个库，不需要扩展的数据库服务。所有的东西，包括客户端、服务器和虚拟机等，都被打包在 0.25MB 大小之内。如果在编译时去掉一些不需要的特性，则程序库可以缩小至 170KB（在 x86 硬件平台上使用 GNU C 进行编译）。

（4）易用性

作为程序库，SQLite 的 API 简单易用，并提供一些独特的功能来提高易用性，包括动态类型、冲突解决和"附加"多个数据库到一个连接的能力。

（5）适应性

作为一个内嵌式的数据库，SQLite 可伸缩的关系型数据库前端和简单而紧凑的 B-Tree 后端，使其成为一个适应性极强的数据库。

（6）开源性

SQLite 的全部代码都开源在公共域中，不需要授权。SQLite 的任何一部分都没有附加版权要求。所有曾经为 SQLite 项目贡献过代码的人都签署过一个宣誓书，同意将他们的贡献发布到公共域。也就是说，无论你如何使用 SQLite 的代码，都不会有法律方面的限制。你可以修改、合并、发布、出售或将这些代码用于任何目的，不需要支付任何费用，不会受到任何限制。

（7）可靠性

SQLite 的核心软件（库和工具）由约 30 000 行代码组成，但分发的程序中还包含超过 30 000 行的回归测试代码，它们覆盖了 97% 的核心代码。超过一半的 SQLite 项目代码是专门用于回归测试的，也就是说，差不多每写一行功能代码就要写一行测试代码对它进行测试。

1. 内嵌式数据库

目前市场上有多种为内嵌应用所设计的关系型数据库产品，如 Sybase SQL Anywhere、InterSystems Caché、Pervasive PSQL 和微软的 Jet Engine。有些厂家从它们的大型数据库产品中翻新出内嵌式的变种，如 IBM 的 DB2 Everyplace、Oracle 的 10g 和微软的 SQL Server Desktop Engine。开源的数据库 MySQL 和 Firebird 都提供内嵌式的版本。在所有这些产品中，仅有 Firebird 和 SQLite 两个是完全开放源代码且不收许可证费用的，而在这两者中，仅 SQLite 是专门为内嵌式应用设计的。

SQLite 是一个进程内的数据库，实现了自给自足的、无服务器的、零配置的、事务性的 SQL 数据库引擎。SQLite 引擎不是一个独立的进程，可以按应用程序需求进行静态或动态连接。SQLite 直接访问其存储文件，数据库服务器就在程序中，好处是不需要网络配置和管理。

如图 7-5 所示。一个 Perl 脚本、一个标准 C/C++ 程序和一个使用 PHP 编写的 Apache 进程都使用 SQLite。Perl 脚本导入 DBI::SQLite 模板，并通过它来访问 C API。PHP 采用与 C 相似的方式访问 C API。总之，它们都需要访问 C API。尽管每个进程中都有独立的数据库服务器，但它们可以操作相同的数据库文件。SQLite 利用操作系统功能来完成数据的同步和加锁。

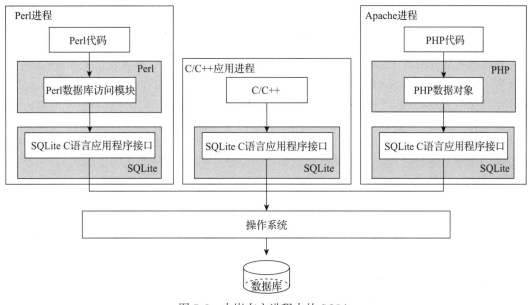

图 7-5 内嵌在主进程中的 SQLite

2. SQLite 体系结构

SQLite 采用模块化的体系结构，由 8 个独立的模块组成，如图 7-6 所示。在体系结构的顶部编译查询语句，在中部执行，在底部处理操作系统的存储和接口。

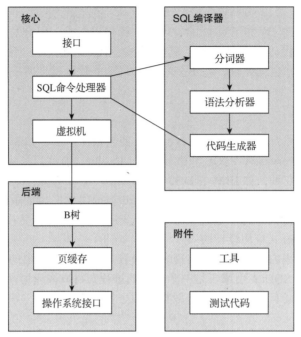

图 7-6 SQLite 体系结构

下面介绍 SQLite 体系结构中主要的组成部分。

（1）接口（Interface）

接口由 SQLite C API 组成，也就是说不管是程序、脚本语言还是库文件，最终都是通过它与 SQLite 交互的（我们经常使用的 ODBC/JDBC 最后也会转化为相应 C API 的调用）。

（2）编译器（Compiler）

编译过程从分词器（Tokenizer）和分析器（Parser）开始。它们协作处理文本形式的结构化查询（Structured Query Language，SQL）语句，分析其语法有效性，将其转化为底层更方便处理的层次数据结构——语法树，然后把语法树传送给代码生成器（Code Generator）进行处理。SQLite 分词器的代码是手工编写的，分析器代码是由 SQLite 定制的分析器生成器（称为 Lemon）生成的。一旦 SQL 语句被分解为串值并组织到语法树中，分析器就将该树下传给代码生成器进行处理。而代码生成器根据它生成一种 SQLite 专用的汇编代码，最后由虚拟机（Virtual Machine）执行。

（3）虚拟机（Virtual Machine）

架构中最核心的部分是虚拟机或者叫作虚拟数据库引擎（Virtual Database Engine，VDBE）。它和 Java 虚拟机相似，解释执行字节代码。VDBE 的字节代码（称为虚拟机语言）由 128 个操作码（Opcode）构成，主要进行数据库操作。它的每一条指令用来完成特定的数据库操作（比如打开一个表的游标、开始一个事务等）或者为完成这些操作做准备。总之，所有的指令都是为了满足 SQL 命令的要求。VDBE 的指令集能满足任何复杂 SQL 命令的要求。所有的 SQLite SQL 语句——从选择和修改记录到创建表、视图和索引——都是要编译成这种虚拟机语言，生成一个独立程序，完成给定的命令。

（4）后端（Back-end）

后端由 B 树、页缓存（Page Cache）和操作系统接口（即系统调用）构成。B 树和页缓存共同对数据进行管理，它们操作的是数据库页，这些页具有相同的大小，就像集装箱。页里面的"货物"是表示信息的大量比特，这些信息包括记录、字段和索引入口等。B 树和页缓存都不知道信息的具体内容，它们只负责"运输"这些页，页不关心这些"集装箱"里面是什么。

B 树的主要功能就是索引，它维护各个页之间的复杂的关系，便于快速找到所需数据。它把页组织成树形结构（这是它名称的由来），这种树是为查询而高度优化的。页缓存为 B 树服务，为它提供页。页缓存的主要作用就是通过 OS 接口在 B 树和磁盘之间传递页。磁盘操作是计算机到目前为止所必须做的最慢的事情。所以，页缓存应尽量提高速度，其方法是把经常使用的页存放到内存当中的页缓存区里，从而尽量减少操作磁盘的次数。它使用特殊的算法来预测下面要使用哪些页，从而使 B 树能够更快地工作。

（5）工具和测试代码（Utilities and Test Code）

工具模块中包含各种各样的实用功能，还有一些如内存分配、字符串比较、Unicode 转换之类的公共服务也在工具模块中。这个模块就是一个包罗万象的工具箱，很多其他模块都需要调用和共享它。

测试模块中包含无数的回归测试语句，用来检查数据库代码的每个细微角落。这个模块是 SQLite 性能如此可靠的原因之一。

7.4.2　SQLite 应用

1. SQLite 命令

标准的 SQLite 命令类似于 SQL，包括 CREATE、ALTER、SELECT、INSERT、UPDATE、DELETE 和 DROP。这些命令基于它们的操作性质可分为以下几种。

（1）DDL（数据定义语言）
- CREATE：创建一个新的表、一个表的视图或者数据库中的其他对象。
- ALTER：修改数据库中的某个已有的数据库对象，比如一个表。
- DROP：删除整个表、表的视图或者数据库中的其他对象。

（2）DML（数据操作语言）
- INSERT：创建一条记录。
- UPDATE：修改记录。
- DELETE：删除记录。

（3）DQL（数据查询语言）
SELECT：从一个或多个表中检索某些记录。

2. SQLite 语法

SQLite 语法遵循一定的规则和准则，下面列出了部分常用的基本 SQLite 语法。

（1）大小写敏感性

SQLite 是不区分大小写的，但也有一些命令是大小写敏感的，比如 GLOB 和 glob 在 SQLite 语句中有不同的含义。

（2）SQLite CREATE TABLE 语句

```
CREATE TABLE table_name(
    column1 datatype,
    column2 datatype,
    column3 datatype,
```

```
.....
columnN datatype,
PRIMARY KEY( one or more columns )
);
```

SQLite 的 CREATE TABLE 语句用于在任何给定的数据库中创建一个新表。创建基本表时涉及命名表、定义列及每一列的数据类型。

（3）SQLite CREATE VIEW 语句

```
CREATE VIEW database_name.view_name  AS
SELECT statement....;
```

SQLite 的视图是使用 CREATE VIEW 语句创建的。SQLite 视图可以从一个单一的表、多个表或其他视图创建。

（4）SQLite COUNT 子句

```
SELECT COUNT(column_name)
FROM table_name
WHERE CONDITION;
```

（5）SQLite DELETE 语句

```
DELETE FROM table_name
WHERE {CONDITION};
```

SQLite 的 DELETE 查询用于删除表中已有的记录。可以使用带有 WHERE 子句的 DELETE 查询来删除选定行，否则所有的记录都会被删除。

（6）SQLite DROP TABLE 语句

```
DROP TABLE database_name.table_name;
```

SQLite 的 DROP TABLE 语句用来删除表定义及其所有相关数据、索引、触发器、约束和该表的权限规范。

（7）SQLite DROP VIEW 语句

```
DROP VIEW view_name;
```

（8）SQLite EXISTS 子句

```
SELECT column1, column2....columnN
FROM table_name
WHERE column_name EXISTS (SELECT * FROM   table_name );
```

（9）SQLite INSERT INTO 语句

```
INSERT INTO table_name( column1, column2....columnN)
VALUES ( value1, value2....valueN);
```

SQLite 的 INSERT INTO 语句用于向数据库的某个表中添加新的数据行。

（10）SQLite LIKE 子句

```
SELECT column1, column2....columnN
FROM table_name
WHERE column_name LIKE { PATTERN };
```

SQLite 的 LIKE 运算符用来匹配通配符指定模式的文本值。如果搜索表达式与模式表达式匹配，LIKE 运算符将返回真（true），也就是 1。这里有两个通配符与 LIKE 运算符一起使用: 百分号（%）和下划线（_）。百分号（%）代表零个、一个或多个数字或字符。下划线（_）代表一个单一的数字或字符。这些符号可以被组合使用。

（11）SQLite SELECT 语句

```
SELECT column1, column2....columnN
FROM table_name;
```

SQLite 的 SELECT 语句用于从 SQLite 数据库表中获取数据，以结果表的形式返回数据。这些结果表也被称为结果集。

（12）SQLite UPDATE 语句

```
UPDATE table_name
SET column1 = value1, column2 = value2....columnN=valueN
[ WHERE  CONDITION ];
```

SQLite 的 UPDATE 查询用于修改表中已有的记录。可以使用带有 WHERE 子句的 UPDATE 查询来更新选定行，否则所有的行都会被更新。

（13）SQLite WHERE 子句

```
SELECT column1, column2....columnN
FROM table_name
WHERE CONDITION;
```

SQLite 的 WHERE 子句用于指定从一个或多个表中获取数据的条件。如果满足给定的条件，即为真（true）时，则从表中返回特定的值。你可以使用 WHERE 子句来过滤记录，只获取需要的记录。

3. SQLite 数据类型

SQLite 数据类型是一个用来指定任何对象的数据类型的属性。SQLite 中的每一列、每个变量和表达式都有相关的数据类型。在 SQLite 中，值的数据类型与值本身是相关的，而不是与它的容器相关。

（1）SQLite 存储类

每个存储在 SQLite 数据库中的值都具有以下存储类中的一种类型，如表 7-1 所示。

表 7-1　SQLite 存储类

存储类	描　　述
NULL	值是一个 NULL 值
INTEGER	值是一个带符号的整数，根据值的大小存储在 1B、2B、3B、4B、6B 或 8B 中
REAL	值是一个浮点值，存储为 8B 的 IEEE 浮点数字
TEXT	值是一个文本字符串，使用数据库编码（UTF-8、UTF-16BE 或 UTF-16LE）存储
BLOB	值是一个 blob 数据，完全根据它的输入存储

（2）SQLite 亲和（Affinity）类型

SQLite 支持列的亲和类型概念。任何列仍然可以存储任何类型的数据，当数据插入时，该字段的数据将会优先采用亲和类型作为该值的存储方式。SQLite 目前的版本支持以下 5 种亲和类型，如表 7-2 所示。

表 7-2　SQLite 亲和类

亲和类型	描　述
TEXT	数值型数据在被插入之前，需要先被转换为文本格式，之后再插入目标字段中
NUMERIC	当文本数据被插入亲和类型为 NUMERIC 的字段中时，如果转换操作不会导致数据信息丢失以及完全可逆，那么 SQLite 就会将该文本数据转换为 INTEGER 或 REAL 类型的数据，如果转换失败，SQLite 仍会以 TEXT 方式存储该数据。对于 NULL 或 BLOB 类型的新数据，SQLite 将不做任何转换，直接以 NULL 或 BLOB 的方式存储该数据。需要额外说明的是，对于浮点格式的常量文本，如"30000.0"，如果该值可以转换为 INTEGER 同时又不会丢失数值信息，那么 SQLite 就会将其转换为 INTEGER 的存储方式
INTEGER	对于亲和类型为 INTEGER 的字段，其规则等同于亲和类型为 NUMERIC，它们之间唯一的差别是在执行 CAST 表达式时的表现不同
REAL	其规则基本等同于 NUMERIC，唯一的差别是不会将"30000.0"这样的文本数据转换为 INTEGER 存储方式
NONE	不做任何的转换，直接以该数据所属的数据类型进行存储

（3）Boolean 数据类型

SQLite 没有单独的 Boolean 存储类。相反，布尔值被存储为整数 0（false）和 1（true）。

（4）Date 与 Time 数据类型

SQLite 没有一个单独的用于存储日期和 / 或时间的存储类，但 SQLite 能够把日期和时间存储为 TEXT、REAL 或 INTEGER 值。用户可以以表 7-3 中的格式来存储日期和时间，并且可以使用内置的日期和时间函数来自由转换不同格式。

表 7-3　SQLite 日期存储格式

存储类	日期格式
TEXT	格式为"YYYY-MM-DD HH:MM:SS.SSS"的日期
REAL	从公元前 4714 年 11 月 24 日格林尼治时间的正午开始算起的天数
INTEGER	从 1970-01-01 00:00:00 UTC 算起的秒数

4. SQLite 常用函数

SQLite 有许多内置函数，用于处理字符串或数字数据。表 7-4 列出了一些有用的 SQLite 内置函数，所有函数都是大小写不敏感的，这意味着可以使用这些函数的小写形式或大写形式或混合形式。

表 7-4　SQLite 常用内置函数

函　数	描　述
COUNT	SQLite COUNT 聚合函数用来计算一个数据库表中的行数
MAX	SQLite MAX 聚合函数允许选择某列的最大值
MIN	SQLite MIN 聚合函数允许选择某列的最小值
AVG	SQLite AVG 聚合函数计算某列的平均值
SUM	SQLite SUM 聚合函数允许为一个数值列计算总和
RANDOM	SQLite RANDOM 函数返回一个介于 −9223372036854775808 和 +9223372036854775807 之间的伪随机整数

（续）

函 数	描 述
ABS	SQLite ABS 函数返回数值参数的绝对值
UPPER	SQLite UPPER 函数把字符串转换为大写字母
LOWER	SQLite LOWER 函数把字符串转换为小写字母
LENGTH	SQLite LENGTH 函数返回字符串的长度
sqlite_version	SQLite sqlite_version 函数返回 SQLite 库的版本

5. SQLite 的 C/C++ 接口

SQLite 提供了多个编程接口，以供程序员在 C/C++ 程序中调用。最简单的程序只要使用三个函数就可以完成：sqlite3_open()、sqlite3_exec() 和 sqlite3_close()。

（1）打开和关闭数据库

函数原型如下：

```
/* 打开一个名为 char* 的数据库，sqlite3 是得到的数据库结构体的指针，返回一个整数错误代码 */
int sqlite3_open(const char*, sqlite3**);
/* 关闭数据库 */
int sqlite3_close(sqlite3*);
```

（2）执行 SQL 语句

函数原型如下：

```
int sqlite3_exec(sqlite3 *db, const char *sql, callback, void* NotUsed, char** zErrMsg);
```

其中，*db 是需要操作的数据库；*sql 是用户输入的 SQL 命令，一次可以编译和执行零个或多个 SQL 语句，每执行一条 SQL 语句，并且返回一个结果，就执行一次回调函数 callback；callback 是回调函数；*NotUsed 与回调函数 callback 相同；** zErrMsg 为返回的错误信息。

（3）回调函数 callback

函数原型如下：

```
static int callback(void *NotUsed, int argc, char **argv, char **azColName)
```

回调函数 callback 必须是静态的，也可以是类的成员函数。形式参数 argc、argv、azColName 是 sqlite_exec 帮我们填写的。其中，argc 是查询语句返回的字段数目；argv 是查询到的一条记录的各个字段；azColName 是每一列的域名。

NotUsed 是 sqlite3_exec() 和 callback() 都具有的一个形式参数，可以从 sqlite3_exec() 传递一个对象的指针到 callback() 中，再把 void * 强制转换成原来的类型，然后进行一系列操作。不使用的时候就在 sqlite3_exec() 中设置为 NULL。

（4）SQLite 用户自定义函数

SQLite 可以让用户自己定义函数。用户自定义函数在注册之后可以像系统内置函数一样在 SQL 语句中使用。用户使用自定义函数类似存储过程，方便用户对常见功能的调用，也加快了执行速度。用户自定义函数整体上可以分为两种：简单函数和聚集函数。

```
int sqlite3_create_function(
sqlite3 *,                          // 数据库句柄
const char *zFunctionName,          // 自定义的函数名
int nArg,                           // 表明自定义函数的参数个数
```

```
int eTextRep,                          // 表明传入参数的编码形式
void*pUserData,                        // 在函数实现中用 sqlite_user_data() 得到
/* 回调函数：普通的函数只需要设置 xFunc 参数，而把 xStep 和 xFinal 设为 NULL。聚合函数则需要设置
   xStep 和 xFinal 参数，然后把 xFunc 设为 NULL */
void (*xFunc)(sqlite3_context*,int,sqlite3_value**),
void (*xStep)(sqlite3_context*,int,sqlite3_value**),
void (*xFinal)(sqlite3_context*)
);
```

用户自定义简单函数。该函数在注册时将用户的数据传入，然后调用自定义函数时，返回传入的值。下面的例子将传入的数据插入数据库中：

```
void get_key_func( sqlite3_context * ctx, int dummy1, sqlite3_value ** dummy2 )
{
    sqlite3_result_int( ctx, *(int *)sqlite3_user_data( ctx ) ) ;
}
sqlite3_create_function( db->db, "get_key", -1, SQLITE_ANY, &db->key, get_key_
    func, NULL, NULL ) ;
```

调用自定义函数的查询语句为：

```
INSERT INTO tbl VALUES( get_key() );
```

上面实现了自定义函数并且将其进行注册，在注册时将 db->key 作为用户数据传入，每次插入数据前，对 db->key 的值进行修改，get_key_func() 就会返回新的数据，然后将其插入数据库中。

（5）SQLite 编程接口简单应用实例

①主函数

```
int main(int argc, char** argv)
{
    sqlite3 * db = NULL;
    char* zErrMsg = NULL;
    int rc;
    sqlite3_open( ":memory:", &db );      // 打开内存数据库
    rc = sqlite3_exec(db, "create table employee(id integer primary key, age integer);",
        NULL, 0, &zErrMsg);              // 执行 SQL 语句创建数据库
    for( int i= 0; i < 10; i++ )
        {                                // 插入数据
        statement = sqlite3_mprintf( "insert into employee values(%d, %d);",
            NULL, 0, &zErrMsg, rand()%65535, rand()%65535 );
        rc = sqlite3_exec( db, statement, NULL, 0 , 0 );
        sqlite3_free( statement );
    }
    rc = sqlite3_exec(db, "select * from employee;" , callback, 0, &zErrMsg ); //
        查询并调用回调函数
    sqlite3_close(db);                    // 关闭数据库
}
```

②回调函数

```
int calltimes = 0;
static int callback(void* notused, int argc, char** argv, char** azColName)
{
    int i;
    calltimes++;
```

```
for(i=0; i<argc; i++)
{
    printf("%s = %s\n", azColName[i], argv[i] ? argv[i] : "NULL");  // 打印出查询结果
    }
printf("number %d callback\n", calltimes);                      // 打印出回调的次数
return 0;
}
```

7.4.3 SQLite 开发环境移植

本节以 Linux 为平台，采用 arm-unknown-linux-gcc 移植 SQLite 开发环境，并编程实现基本数据库操作。下面所用 SQLite 为 2.8.17 版本。

编译步骤如下。

1. 第一步，SQLite 在 arm-linux 下的编译

1）下载 SQLite。到 http://www.sqlite.org 下载 SQLite 源文件包，将下载的代码包解开，生成 SQLite 目录，另外新建一个 build 目录，如 sqlite-arm-linux，它应该是和 SQLite 目录平行的同级目录。

2）准备交叉编译工具 arm-unknown-linux-gcc。可用 echo $PATH 命令查看。

3）为了在 arm-linux 下能正常运行 SQLite，需要修改一处代码，否则在 ARM 板上运行 SQLite 时会出现下面的内容：

```
=====================================
在文件 btree.c 中抛出断言，
assert( sizeof(ptr)==sizeof(char*) );
=====================================
```

此断言是为了保证 btree（B 树）有正确的变量大小，如 ptr 和 char*。在不同体系结构的 Linux，如 x86 和 ARM，会有些差别。刚好在 arm-linux 下遇到了，那么我们可以做一定的修改。

修改 sqlite/src/sqliteInt.h，找到如下部分代码：

```
# ifndef INTPTR_TYPE
# if SQLITE_PTR_SZ==4
# define INTPTR_TYPE int
# else
# define INTPTR_TYPE long long
# endif
```

在上面的代码前加上一句：

```
#define SQLITE_PTR_SZ 4
```

这样后面的 "type def INTPTR_TYPE ptr;" 就是定义的 int 类型，而不是 long long 类型。

4）准备使用 configure 进行一些配置。在 sqlite 目录下的 configure 中找到如下 4 处代码，并将它们注释掉，这样可以让 configure 不去检查你的交叉编译环境。在此提示：请确定 "arm-linux-" 系列命令在你的 PATH 环境变量中，如可以输入 "arm- linux-" 再按 TAB 键，看其是否自动完成命令行。

```
#if test $cross_compiling = yes; then
# { { echo $as_me:12710: error: unable to find a compiler for building build tools >&5
```

```
#echo $as_me: error: unable to find a compiler for building build tools >&2;}
# { (exit 1); exit 1; }; }
#fi
...
#else
# test $cross_compiling = yes &&
# { { echo $as_me:13264: error: cannot check for file existence when cross compiling >&5
#echo $as_me: error: cannot check for file existence when cross compiling >&2;}
# { (exit 1); exit 1; }; }
. . .
#else
# test $cross_compiling = yes &&
# { { echo $as_me:13464: error: cannot check for file existence when cross compiling >&5
#echo $as_me: error: cannot check for file existence when cross compiling >&2;}
# { (exit 1); exit 1; }; }
. . .
#else
# test $cross_compiling = yes &&
# { { echo $as_me:13490: error: cannot check for file existence when cross compiling >&5
#echo $as_me: error: cannot check for file existence when cross compiling >&2;}
# { (exit 1); exit 1; }; }
```

注释掉后，就可以执行 configure 了。在 sqlite-arm-linux 目录下，输入如下命令：

```
../sqlite/configure --host=arm-linux
```

这样在你的 build 目录中就将生成 makefile 和一个 libtool 脚本，这些将在 make 时用到。

5）修改 makefile 文件，将下面的这行代码：

```
BCC = arm-unknown-linux-gcc -g -O2
```

改成：

```
BCC = gcc -g -O2
```

我们通常是将 SQLite 放到开发板上运行，所以一般将其编译成静态链接的形式。如果是共享 so 库的话，比较麻烦。所以继续修改 makefile，找到如下地方：

```
sqlite:
```

将其后的"libsqlite.la"改成".libs/libsqlite.a"，大功告成，现在可以 make 了。

应该不会出错，生成 sqlite、libsqlite.a、libsqlite.so。你可以使用命令 find -name sqlite;find -name *.a;find -name *.so 查看文件所在的目录。

此时生成的 sqlite 文件是还未用 strip 处理过的，你可以使用命令 file sqlite 查看文件信息。用 strip 处理过后，将去掉其中的调试信息，执行文件也将小很多。命令如下：

```
arm-unknown-linux-strip sqlite
```

2. 第二步，在 ARM 板上运行 SQLite

将 SQLite 拷贝到你的 ARM 板上并开始运行：

```
>chmod +wx sqlite
>./sqlite test.sqlite
```

会出现

```
sqlite>
```

提示符号，使用 ".help" 来查看命令：

```
sqlite>.help
```

现在 SQLite 已经在 arm-linux 下运行起来。下面就可以在 ARM 板上使用 select * from 语句了。
在使用过程中可能会碰到如下几个问题：

1）src/os.h 中有一个大小为 64 的值需要定义为 32，否则目前使用的 arm-linux-gcc 会报错。

2）如果上面的说法还有错误，可以尝试这种方法：在编译结束后，将 ./libs/libsqlite.a
复制到上一层目录，再加上 -static 参数重新运行最后两条编译语句，也可以生成基于 ARM
的 SQLite。

C 语言测试程序：

```c
/***********************************************************
** 函数名：          sqlite.c
** 功能：            打开已有数据库，并执行相应查询
** 作者：            刘景伟
** 建立日期：        20061122
** 说明下面是一个 C 程序的例子，显示怎么使用 SQLite 的 C/C++ 接口 .
** 数据库的名字由第一个参数取得且第二个参数或更多的参数是 SQL 执行语句
** 这个函数调用 sqlite_open() 打开数据库
***********************************************************/

#include <stdio.h>
#include "sqlite.h"
#include<stdlib.h>

int main(int argc, char **argv)
{
        sqlite *db;
        char *zErrMsg = 0;
        int rc;
        char *sql=0;/* 使用时可以将此串设成相应的 SQL 语句 */
        int nrow = 0, ncolumn = 0;
        char **azResult; // 二维数组存放结果

    if( argc!=3 )
    {
        fprintf(stderr, "Usage: %s DATABASE SQL-STATEMENT\n", argv[0]);
        exit(1);
    }
    db = sqlite_open(argv[1], 0666,&zErrMsg);
    if( db==NULL )
    {
        fprintf(stderr, "Can't open database: %s\n", &zErrMsg);
        sqlite_close(db);
        exit(1);
    }

    sqlite_get_table(db,sql,&azResult,&nrow,&ncolumn,&zErrMsg);
    /* 所查找到的数据被放入 azResult 数组中 */
    for(i=0;i<100;i++)
        printf("%s\n",azResult[i]);

    printf("row:%d column=%d \n",nrow,ncolumn);
```

```
        printf("zErrMsg = %s \n", zErrMsg);
        sqlite_close(db); // 关闭数据库
        return 0;
}
```

以上程序在 arm-linux-gcc 下调试通过，只是为了说明 SQlite 的 C 语言接口的简单用法，在实际开发应用中，对于 SQLite 的操作方式主要是其与程序语言的接口，当然也可以通过命令行的方式进行操作。对于 SQLite 相关的程序语言的接口调用，请查看 sqlite.h 文件。SQLite 相关语法请查看 www.sqlite.org 上相关文档。

当然，SQLite 也存在一些开发方面的限制。

1）不支持外键。如果遇到，SQLite 会将其忽略。参考：http://www.sqlite.org/cvstrac/wiki?p=ForeignKeyTriggers。

2）若用 SQLite 实现网络功能，则需要通过文件共享来访问数据库，这样做性能较差，而且可能有写冲突，不能实现数据库的聚类。

3）在处理非常大的数据集事务时，SQLite 会在内存中分配一个脏页面表：每 1MB 的数据库会耗用 256B 的内存。如果数据库修改达到数吉字节，则内存耗用会非常大。

4）大量并行读写可能存在冲突，因此不适合多个进程并行读写的情况。

第 8 章

嵌入式软件图形用户界面设计

8.1 人机交互界面设计概述

8.1.1 人机交互技术

人机交互（Human Machine Interaction）是研究人、计算机、环境和它们之间相互关系的技术。它们之间通过信息交换进行交互，这种交互是双向的，可由人向计算机输入信息，也可由计算机向人反馈信息。随着技术的发展和应用的变化，交换的内容从简单的字符信息向图形图像、声音、视频等多媒体信息发展；交互的方式也变得多种多样。

人机交互的软件和硬件支撑称为人机界面，如带有鼠标的图形显示终端，它是用户与计算机系统间的通信媒体或手段。人机交互是通过一定的人机界面来实现的，因此，从严格意义上说，这两者是不同的两个概念。

在计算机发展初期，计算机主要用于科学计算等任务，当时用户不关心界面方面的细节。随着计算机的发展和普及，人们对人机交互的要求越来越高，对它的研究受到了人们的高度重视。美国 21 世纪信息技术计划的基础研究内容（软件、人机交互、网络、高性能计算）中就包含了人机交互技术的研究，日本 FPIEND21（Future Personalized Information Enviroment Development）计划的目标就是开发 21 世纪的计算机界面。

目前，通用计算机的人机交互主要采用图形用户界面（Graphical User Interface，GUI）。而自然人机交互是新一代人机界面技术的目标，自然人机交互是"以人为中心的计算"，即计算机的使用将更加符合人的习惯，以建立一个自然人机界面与和谐的人机环境。未来的计算机将能听、能看、能说，而且应能"善解人意"，能够理解和适应人的情绪或心情。未来计算机的发展以人为中心，必须使计算机易用、好用，使人可以使用语言、文字、图像、手势、表情等自然方式与计算机打交道。这样，计算机将"嵌入"到人们的日常环境（如办公室、家庭、公共场所）和常用设备中，我们与这样的环境交互就像与他人交流一样自然，设备的使用也将更为简便。围绕"自然人机交互"的研究方向如下。

1）智能环境：嵌入了多种感知、计算等设备的物理空间，能够根据上下文识别人的身体姿态、手势及语音等，进而判断出人的意图，以有效提高人们的工作和生活质量。

2）多通道用户界面及人类认知方面的研究：目的是得到让人们能够在任何时间、任何地点用更自然、更高效的方式与互联网上的任何计算装置进行通信和交流的新一代网络用户界面。

3）可穿戴的计算（Wearable Computing）：士兵身上佩戴的具备感知、通信、防备和进攻能力的装置，与人的智能融合在一起就成为战场上灵活完备的作战系统。

4）信息设备（Information Appliance）、移动计算（Mobile Computing）：目前已经有一些成果，如自动监控老人的房间，可判断老人出现的意外并及时通知相关人员。

需要自然人机交互技术的绝大多数系统是嵌入式系统。但是，目前由于理论基础、计算机技术、人类认识水平等的限制，对于自然人机交互的自然语言理解、语音识别、多通道用户接口、虚拟现实等技术尚处于实验室研究阶段。因此，多媒体图形用户界面（GUI）是目前主要的人机交互形式。

8.1.2　用户界面设计原则

用户界面设计者必须考虑系统使用者的体力和脑力。人的能力是界面设计原则的基础。Shneiderman 列出了一个专门有关用户界面设计指南的列表。其中较重要的有以下 5 项：
- 用户熟悉；
- 一致性；
- 意外最小化；
- 可恢复性；
- 用户差异性。

另外，Theo Mandel 创造了三条黄金规则。

1）置于用户控制之下。具体内容有：以不强迫用户进入不必要的或不希望的动作的方式来定义交互模式；提供灵活的交互；允许用户交互可以被中断和撤销；当技能级别增长时可以使交互流水化并允许定制交互；设计应允许用户与出现在屏幕上的对象直接交互等。

2）减少用户的记忆负担。其具体内容有：减少对短期记忆的要求；建立有意义的缺省；定义直觉性的捷径；界面的视觉布局应该基于真实世界的隐喻等。

3）保持界面一致性。在应用系统内保持一致性；如果过去的交互模型已经建立起了用户期望，不要改变它的内容。

Larry L.Constantine 等人给出了用户界面设计的原理。

1）结构原理。根据清楚而一致的模型，以一种有意义和有用的方式对用户界面进行组织，把相关的东西放在一起，把不相关的东西分开，区分不同的东西，使类似的东西看起来相似。

2）简单性原理。使简单、常用的功能简便易行，用用户自己的语言进行简明易懂的交流，对冗长的操作过程提供与其语义相关的快捷方式。

3）可见性原理。让完成给定任务所需的所有选项和材料对用户可见，不要让额外或冗余的信息干扰用户。

4）反馈原理。通过用户所熟悉的清楚、简洁和无歧义的语言，让用户时刻了解系统对用户操作的反应和解释。

5）宽容原理。保持灵活和宽容，通过提供撤销和重做功能来减少用户出错和不当操作所带来的开销。

6）重用原理。对内部和外部的组件和行为加以重用，有目的而不是无目的地维持一致性，从而减少用户重新思考和记忆的需要。

8.1.3　界面设计活动

一旦任务分析完成，终端用户所需要的所有任务（对象和动作）已经被标识，界面设计活动就开始了。在架构设计阶段，已经确定了界面体系结构，接下来就是具体的详细设计与实现，可以通过下述步骤完成：

1）建立任务的目标和意图；

2）为每个目标或意图制订特定的动作序列；

3）按在界面上执行的方式对动作序列进行规约；

4）指明系统状态；

5）定义控制机制，即用户可用的改变系统状态的设备和动作；

6）指明控制机制如何影响系统状态；

7）指明用户如何通过界面的信息解释系统状态。

8.1.4 界面评价

界面评价就是评定一个界面的可用性并检查它是否符合用户需求的过程。可用性可以从以下几方面进行评定。

1）可学习性。一个新用户需要多长时间才能成为一个系统熟练的使用者。

2）操作速度。系统响应与用户工作情况的匹配程度如何。

3）可恢复性。系统从用户错误中恢复能力如何。

4）适应性。系统与单一工作模式结合的紧密程度如何。

8.2 图形用户界面概述

许多嵌入式系统的用户界面非常简单，比如只有几个按钮，甚至可能没有显示界面。但随着电子技术的发展和嵌入式应用领域的扩展，许多系统都涉及图形界面的开发。我们在PC 上会看到各种界面美观、操作方便且功能全面的图形用户界面（GUI），但在嵌入式系统中常常要求用户界面具有轻小型、占用资源少、高性能、高可靠性和可配置等特点。嵌入式系统的资源限制使得嵌入式系统的图形界面开发要考虑与 PC 软件界面不同的一些问题，比如如何在尺寸小的显示屏上进行快捷操作或展示足够的信息。不同的嵌入式系统对图形界面的要求不同，导致设计开发的重点也不同。

上述要求是 PC 上的图形用户界面系统不能够满足的，因此嵌入式系统要为特定的硬件设备或环境设计符合要求的图形用户界面系统。

嵌入式系统的 GUI 设计一般来说主要包括以下三个方面：

1）硬件设计，通过 LCD 控制器把 LCD 显示器和开发系统连接起来；

2）驱动程序设计，为输入 / 输出设备（如 LCD）设计驱动程序，使硬件能驱动起来，并移植嵌入式 GUI 系统，为上层程序设计提供图形函数库；

3）用户界面程序设计，使用嵌入式系统提供的函数库进行图形化程序设计。

这里主要介绍用户界面设计。好的用户界面设计对一个系统的成败是至关重要的，一个使用起来困难的界面，轻者会造成高层用户的错误，对于重者，用户将直接拒绝使用该系统。不管系统的功能如何，如果信息的表达方式是混乱的或容易误解的，那么用户可能会误解信息的含义。

界面设计主要包括三个方面：

1）设计软件构件间的接口；

2）设计模块和其他非人的信息生产者和消费者的接口；

3）设计人和系统间的界面。

8.2.1 图形用户界面的基本特征

尽管在嵌入式系统中，基于文本的用户界面仍被广泛使用，但现在的用户希望应用系统具有与计算机用户界面相同的效果，特别是现在的手机用户已经基本实现了良好的界面功能。表 8-1 给出了这种类型界面的主要特征。

表 8-1 图形界面的主要特征

特性	描述
窗口	多窗口允许不同的信息被同时显示在用户屏幕上
图标	图标代表不同类型信息
菜单	命令是通过菜单选择的
指点	通过指点设备（如触摸屏）从菜单中选择感兴趣的项
图形	在同一个显示中，可以既有图形又有文字

图形用户界面具有以下优点。

1. 易于用户操作

图形用户界面采用的是位映像图形显示技术，用户对应用程序的控制主要通过操纵显示在屏幕上的图形对象来完成，这些图形对象（如窗口、菜单、按钮等）都是软件控制下的位映像图形。随着图形界面的发展，软件的主要控制流机制由过程驱动演进为事件驱动，即应用程序的运行不再由编程安排好的过程来驱动，而是由用户通过图形用户界面引入的输入设备来移动光标或点触图形对象，实现对应用程序的直接操纵，用户成为应用过程中的主体，不必像以前采用命令行的人机交互模式时一样记忆大量烦琐的命令了。

2. 自由定制界面

图形用户界面允许开发者根据具体需要对界面的风格进行统一规划，这样开发出来的应用程序的界面风格和交互方式都具有良好的一致性。

3. 开发工具及控件的多样化

在图形用户界面环境下进行应用程序的开发时，用户一般不需要担心资源枯竭的问题，因为厂商们都会提供大量的开发工具以及丰富的控件支持。开发工具是图形用户界面系统的一个重要组成部分，是用户在图形用户界面环境下开发应用程序的重要手段。

8.2.2 图形用户界面的结构模型

一个图形用户界面系统通常由三个基本层次组成，它们是显示模型、窗口模型和用户模型。用户模型包含显示和交互的主要特征，因此图形用户界面这一术语有时也仅指用户模型。图 8-1 给出了图形用户界面系统的层次结构。

图 8-1 中最底层的是计算机硬件平台，硬件平台上面是计算机的操作系统。大多数图形用户界面系统都只能在一两种操作系统上运行，只有少数的产品例外。

操作系统之上是显示模型、窗口模型、用户模型以

桌面管理系统
应用程序接口（API）
用户模型
窗口模型
显示模型
操作系统
硬件平台

图 8-1 图形用户界面系统的层次结构

及这三个模型的应用程序接口。其中显示模型决定了图形在屏幕上的基本显示方式。不同的图形用户界面系统采用的显示模型不同。例如，大多数在 UNIX 上运行的图形用户界面系统都采用 X 窗口作为显示模型；MS Windows 则采用 Microsoft 公司自己设计的图形设备接口（GDI）作为显示模型。

显示模型之上是窗口模型。窗口模型描述在屏幕上如何实现应用程序界面的形象，例如构造可移动和可伸缩的窗口、菜单、滚动条、对话框等，通常包括编程工具和说明信息。有些图形用户界面系统包含有独特的窗口系统，另一些图形用户界面系统则使用公共的窗口系统。例如，X 窗口不但规定了如何显示基本图形对象，也规定了如何显示窗口，所以它不仅包含了显示模型，也包含了窗口模型。

窗口模型之上是用户模型，图形用户界面的用户模型也称为图形用户界面的外观与视感，它包括两部分：一部分是用户界面的设计工具，例如工具箱和框架集；另一部分是对于如何在屏幕上组织各种图形对象以及这些对象之间如何进行交互的说明。

另外，图形用户界面的应用程序接口（API）由以上三个模型的应用程序接口共同组成，各模型的应用程序接口主要是该模型提供给开发者的开发工具。

8.2.3 图形用户界面的实现

图形用户界面的实现要考虑图标的使用、界面的创新和如何编程。

1. 图标的使用

用户界面中的图标是用户界面设计的重要一环。如同好的用户界面设计一样，图标可以帮助用户更快地理解和接收系统的信息而不需要更多的解释。一个图标对于界面设计意味着一种操作、状态或对象。按 Callahan(1994) 的划分方法，在符号学中，图标是符号的基本分类之一，这三个基本分类如下。

1）指示性符号。它与所代表的东西有一种必然的物理或逻辑联系。例如，烟是火的一个指示。

2）象征性符号。

3）相似性符号。它的含义是它所代表的事物存在某种类似和相像关系。

对于用户界面图标的实现，每个设计师都有自己的观点，但是，在设计常见的图标时有一些基本原则。

1）工具栏。把相似和相近功能的图标安排在一起，便于对比操作。

2）菜单。菜单应按照语义及任务结构来组织；对菜单的访问可提供更灵活的方案，如可来自按键也可来自选择方式等。

2. 界面创新

每次从内容模型到可视设计的转化都是一次创新的机会。创新可以从多方面进行，如美学上、形式上、行为上、功能上、结构上等。通过聪明的构思和设计，使界面具有教学能力。指导性界面依靠内在特点而不依靠外部帮助或提示，其特点是可猜测的、可探索的。

3. 编程实现

对于许多设计人员来说，真正的乐趣在于为用户界面进行纸面原型设计或者可视化设计。对于大多数编程人员来说，内容模型和屏幕表示形式之间的差别是很大的，实现模型并不只限于为每一个交互环境进行布局安排和选择相应部件，系统应当做到运行起来和看起来一样好。

（1）原型和原型建造

原型有许多种形式：主动的和被动的，高逼真的和低逼真的，水平的和垂直的。

创建界面原型最大的优点就是创建原型比实际编程更容易，但在实现原型过程中，有几点要注意：

- 限制原型的迭代次数，不要陷入无休无止的修改之中；
- 要注意保存好原型的早期版本；
- 原型不能替代良好的分析和设计。

（2）模型间的映射

把内容模型转换为实现模型并不是在两者之间建立起对应关系，或者像用实际组件来代替抽象内容那样简单。要实现模型必须解决三类问题。

- 环境。所实现的交互环境是什么？
- 组件。环境中用户界面组件有哪些？
- 组成。每一个交互环境中的组件布局和组织形式如何？

8.3　图形用户界面与嵌入式系统

8.3.1　嵌入式图形用户界面的特点

虽然硬件的发展很快，但是绝大多数嵌入式系统的图形用户界面仍然受硬件条件的限制，如系统体积小、显示屏幕小、内存小等，这对用户界面的设计提出了更高的设计要求。

嵌入式系统经常有一些特殊的要求，比如特殊的外观效果、控制提供给用户的函数、提高装载速度、特殊的底层图形或输入设备等。在实时性要求非常高的实时控制系统中，不希望建立非常消耗系统资源的操作系统和 GUI，因此许多这类系统都建立在 DOS 上，实现 GUI 的方法也比较简单。

嵌入式图形用户界面是在嵌入式系统中为特定的硬件设备或环境而设计的图形用户界面系统。显然，嵌入式图形用户界面系统与 PC 图形用户界面系统有很大差别。从用户的观点来看，GUI 应该易于使用并且非常可靠。但它还需要有内存意识，以便可以在内存受限的、微型嵌入式设备上无缝执行。所以，它应该是轻量级的，并且能够快速装入。从二次开发者的角度看，GUI 是一个友好的开发环境，开发者无须经过艰苦的学习就能适应开发过程。这样才能使基于此平台的应用很快地丰富起来，二次开发商才有兴趣使用此平台产品为终端产品提供商完成解决方案。

嵌入式系统往往是一种定制设备，它们对 GUI 的需求也各不相同。有的系统只要求一些图形功能，而有些系统要求完备的 GUI 支持。因此，嵌入式 GUI 也必须是可定制的。

8.3.2　嵌入式系统的图形用户界面开发方案

在嵌入式产品的开发过程中，对于不同的图形需求，可以采用不同的解决方案，对于一些功能简单的图形设计，并不一定采用单独的 GUI 产品。下面是嵌入式系统开发中几种常用的图形界面开发方法。

1）针对特定图形输出设备的接口，自行开发图形相关的功能函数。这些自行编写的程序大多数无法将显示逻辑和数据处理逻辑划分开来，从而导致程序结构不好，不便于调试，并导致出现大量的重复代码。这种方案的缺点很明显，即可移植性差、维护成本高。一些较简单的使用单色 LCD 输出屏的底端嵌入式产品，比如电子词典，经常使用这种方案解决图形问题。

2）购买针对特定嵌入式操作系统的图形中间件软件包。一些嵌入式操作系统厂商也为自己的操作系统专门开发了对应的 GUI 中间件产品，如 uC/OS-II 上的 uC/GUI、Nucleus 上的 GRAFIX 包、VxWorks 上的 WindML 包等。这种方案为嵌入式产品开发提供了直接可用的方案，并且能够和原有操作系统良好配合；但缺点是这类软件包的功能通常比较简单且价格高昂。另外，基于这些软件包开发的 GUI 应用软件不具备跨操作系统的可移植性，也就是说，基于这些软件包开发的应用软件越复杂，将来替换操作系统的可能性就越小。

3）采用开放源码的嵌入式 GUI 支持系统。随着嵌入式 Linux 操作系统的应用，开源社区也在不断为嵌入式系统提供不同的开放源码嵌入式图形解决方案，如 MicroWindows、OpenGUI，以及新近出现的 picoGUI 等。这些开放源码的嵌入式 GUI 软件提供免授权费的解决方案。然而，由于缺少商业公司的支持，这些软件一般存在较多的软件缺陷，加上缺乏有担保的技术支持，因此存在很大的开发风险。

4）使用由独立软件开发商提供的嵌入式 GUI 产品。这类产品有 MiniGUI、Qt/Embedded 等。这两种产品都是开源（遵循 GNU 的 GPL 条款发布）的嵌入式 GUI 软件产品，但均采用双授权模式，即针对商业使用收取软件许可费用。MiniGUI 属于中低端产品，具有跨操作系统特性，并适合嵌入式产品的小巧、高效的特点。Qt/Embedded 属于高端产品，只支持嵌入式 Linux 操作系统，需要 16MB 以上的静态存储空间及 64MB 以上的动态存储空间。

8.3.3 嵌入式图形用户界面的体系结构层次

嵌入式 GUI 系统基本上都是以应用组件的方式供应用使用，对应用和系统而言，它们是可配置的。与桌面 GUI 系统不同，嵌入式 GUI 还要求具有良好的可移植性、可扩展性和可裁剪性，能够满足多种操作系统和硬件设备的要求。因此，嵌入式 GUI 系统的可移植性、可配置性、可剪裁性和可扩展性是嵌入式 GUI 设计的重要工作。这些特性与嵌入式 GUI 在嵌入式系统中的体系结构层次密切相关。GUI 在嵌入式系统中的体系结构如图 8-2 所示。

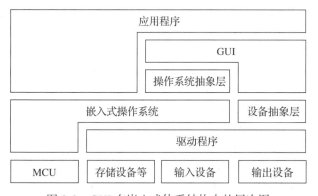

图 8-2 GUI 在嵌入式体系结构中的层次图

从图 8-2 可以看出，嵌入式 GUI 通常需要与三个方面进行交互：对上层应用提供使用接口，这是设计 GUI 的根本目的；GUI 需要运行在特定的操作系统之上，需要得到操作系统的支持；GUI 本身是为用户提供图形化接口，当用户通过键盘、鼠标等设备操作 GUI 时，GUI 应该做出相应的反应，如改变显示设备上的显示内容等，因此 GUI 还需要与输入设备和输出设备进行交互，得到设备的支持。

图 8-3 是一个基本的嵌入式 GUI 的内部体系结构。一个嵌入式 GUI 除了与用户打交道外，与底层的图形设备和输入设备关系也很密切，因此要实现对硬件的抽象。

1）API 提供操作各种 GUI 对象（如窗口、菜单等）的应用编程接口函数。

2）内核提供核心的图形操作功能，如消息机制、图形设备接口、字体窗口与桌面等的管理功能。

应用程序编程接口		
嵌入式GUI内核		
GAL	IAL	设备抽象层
图形显示设备	输入设备	硬件系统

图 8-3　可移植嵌入式 GUI 的基本实现结构

3）IAL 和 GAL 指硬件设备输入抽象层和图形输出抽象层。一个能够移植到多种硬件平台上的嵌入式 GUI 系统，至少应该抽象出这两类设备。其中 GAL（Graphic Abstract Layer）是基于图形显示设备（如 VGA 卡）的抽象层。它主要用于完成系统对具体的现实硬件设备的操作，以提供对于上层 API 的支持，在极大程度上隐藏各种不同硬件实现的具体技术细节，为应用程序开发人员提供统一的显示操作接口。IAL（Input Abstract Layer）是基于输入设备（如键盘、触摸屏等）的输入抽象层。它需要实现对于各类不同的输入设备的控制操作，提供 API 中对于这一类设备的统一调用接口，能够让使用者通过输入设备与系统进行交互。这一设备抽象层的设计概念在极大程度上隐藏了对于各种不同硬件的技术实现细节，为程序开发人员提供了统一的图形编程接口，同时提高了嵌入式 GUI 的可移植性。

GAL 和 IAL 是支持嵌入式 GUI 高级图形系统功能的底层实现基础。目前比较成熟、功能比较强大的几种底层支持系统有 VGA lib、SVGA lib、LibGGI、Framebuffer、X Window。

- VGA lib：VGA lib 是较早应用于 DOS 操作系统的、直接针对标准 VGA 卡的底层图形库，常见于基于 DOS 的 PC/104 系统中。但是由于 DOS 自身是单任务操作系统，应用较为单一，但当前嵌入式系统的应用大多以多任务为主，这从根本上限制了它的应用与发展。

- SVGA lib：SVGA lib 是应用于 Linux 控制台系统的一套比较早的底层图形库，是从 Linux 下的 VGA lib 1.2 中发展出来的。它分为两个部分：vga 和 vgagl。其中 vga 提供对于显示卡设备的最底层操作和接口，vgagl 是建立在 vga 上的一套图形绘制库，在 Linux 内核版本 2.2 之前较多应用于 Linux 控制台中的一些游戏中。

- LibGGI：是一个比较新的图形函数库，支持 Linux 控制台，比 SVGA lib 能够较好地支持 X Window，使用 LibGGI 开发的程序能够很容易地移植到 X Window 中。但是随着 Linux 内核 2.2 中 Framebuffer 设备的出现，LibGGI 和 SVGA lib 在高于 2.2 版本的 Linux 系统中已经渐渐失去了存在的意义。

- Framebuffer：从 Linux 内核版本 2.2 开始，后来的 Linux 内核都增加了对于显示设备的统一抽象形式——帧缓冲的支持。它将各种不同类型的显示设备（VGA 卡或 LCD 控制器）抽象为接口统一的一类设备，也就是 Framebuffer。通过 Linux 系统调用 mmap 可以获得系统显示缓存的映像指针，从而可以采用对内存的操作方式控制屏幕上输出的图形，编程接口十分简单。

- X Window：它是 UNIX/Linux 系统中应用最为广泛的 GUI 系统底层支持系统，采用标准的 Server/Client 结构，可移植性很强，但是由于自身过于庞大，在一定程度上造成了嵌入式应用中的效率低。目前已经出现了嵌入式 Linux 中删减过的 X Window 系统，但其自身体系结构限制了它在多媒体领域的发展。

8.3.4 嵌入式图形用户界面主要技术分析

1. 消息机制和事件驱动

（1）消息机制的体系结构

消息机制的提出，最初是为了解决早期程序设计中基于硬件中断的事件处理问题。因为中断事件的发生是不可预期的、"突发"性的，当有多个应用等待并处理中断事件时，就会出现问题。消息机制可以很好地解决事件驱动的多应用设计问题，并且可以形成一种处理多个系统之间、系统内部件和部件之间关系的简洁且可靠的方法。目前的大多数操作系统都采用了消息机制，基本上形成了一种应用设计的结构风格。消息机制的体系结构如图 8-4 所示。

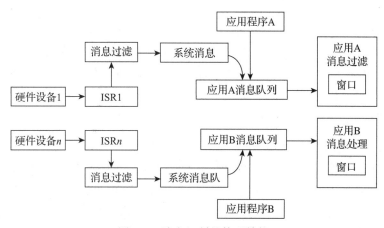

图 8-4 消息机制的体系结构

系统为不同的消息建立不同的消息过滤器。硬件产生的消息被送往消息过滤器，经过滤处理后的消息被送往消息队列，等待处理程序处理。消息处理机制具有以下特性：

1）消息反映的是系统硬件事件的发生，因此与事件有相同的"突发"性，满足了对中断事件的处理需要。

2）消息到达应用之前需要进行过滤和排队等处理，这样为扩展消息的处理特性和集中管理消息提供了环境，但是同时也降低了消息响应的实时性。这一点对于 GUI 这种对实时性要求不是特别高的系统而言是完全可以满足的。

3）应用对于消息的响应不是在中断服务程序中直接进行的，这就为灵活设计甚至动态调整外部事件与应用响应创造了条件，也为抽象和分层提供了条件和可能。

（2）消息机制的工作过程

从图 8-4 可以看出，消息机制包括消息的产生、传递（发送和接收）、管理、分派和处理等过程。消息作为一种系统之间、部件之间以及系统与部件之间的信息和数据联系，并不一定由硬件事件产生，完全可以由应用程序、其他系统和其他部件产生，并被发送到其他应用或者系统中去，以激活和控制系统的行为。

消息在传递过程中需要得到过滤器的处理，然后进入消息队列。一般来说，消息过滤器都是安装在应用端的，应用开发者可以根据自己的要求修改或者重写过滤器，从而改变应用对事件（消息）的响应。消息的传递可以采用点对点（Point-to-Point）方式和广播（Broadcasting）方式。消息机制本身是一种异步机制，消息发生后一般不会得到立即响应，因此需要特定的机构对消息进行管理。队列的先进先出特性比较适合对消息进行管理，因此我们采用消息队列进行消息管理，主要工作包括消息入队、消息缓存、消息分发等。消息管理和消息分发是消息机制的核心。

消息机制本身是一种异步机制，消息和消息响应之间不是一一对应的，同一个消息在产生后究竟会由什么过程来响应是由当时系统运行的状态决定的。这样，消息和消息响应已经不是直接调用关系，而形成了"隐式调用"关系。隐式调用的含义是指，当一个部件需要调用另一个部件的某个操作时，它通过激发一个事件或者发送一个消息完成操作，而不是直接调用所期望的操作。消息发生后，系统通过消息机制把消息传送到对该消息注册过的、正在等待处理消息的应用，由应用的消息处理函数对该消息进行处理。因此，事件或者消息隐含地导致了对应用模块的过程调用。

采用消息机制，消息和消息响应之间完全通过消息建立关系，这种关系是松散的耦合关系。系统之间、部件之间只有消息连接，彼此之间没有直接的联系。发送消息的部件只需要发送消息，并不关心接收和处理消息的部件，也不关心具体的消息响应。同样，消息接收者也不需要考虑消息的来源，而只需要对接收到的消息进行响应。采用消息机制后，应用形成了一个通过消息发送和隐式调用的部件的集合，部件之间通过消息异步发送连接起来，各部件在收到消息后，按照自己的行为对消息进行响应，从而构成整个系统的运行特性。

（3）消息机制的优点

采用消息机制后，部件之间形成了完全松散的耦合关系，增加了系统部件连接和集成的灵活性，这是通过消息和响应的非直接、隐式调用实现的。

消息机制和隐式调用的优点是对软件复用具有强有力的支持，这也正是面向对象思想的初衷。选用消息机制、面向对象技术作为嵌入式 GUI 系统的设计，正好也适合嵌入式系统本身的特点。嵌入式 GUI 本身只需要维持一个消息处理机，其他的部件可以进行配置、剪裁，大大增加了系统的可移植性。采用消息机制，任何部件只要定义了消息和响应过程之间的连接关系，都可以不加限制地加入系统中和谐地工作，因此用户关心的只是产生消息和处理消息。

采用消息机制后，系统变得更加容易维护，升级方便。系统中的任何部件都可以极为简单地被另一个部件替换，而不需要对接口做任何修改。这一特点正好满足 GUI 本身要求的可扩展性，用户可以根据特定的要求对部件进行修改和定制，打造自己的界面风格。

消息机制是一种异步激发机制，在并发部件的行为激发和控制方面，消息是一种极好的并发调度和控制机制。对于激发和执行之间不要求快速响应逻辑控制关系，消息是一种非常好的控制机制。消息机制完全可以满足 GUI 的调度要求，因此嵌入式 GUI 系统采用了消息机制。

（4）消息机制的缺点

然而，消息的发生者无法预知和控制特定的消息序列对系统行为的影响，因为任何部件不可能对产生的消息具有控制的权利，也不能确定处理的先后顺序。因此，消息机制响应速度慢，基本不能保证强实时性，此外，异步机制本身的弱点在消息机制中都无法避免。

2. 屏幕管理技术

随着嵌入式系统的发展和应用的要求，嵌入式 GUI 也由单窗口系统向多窗口系统发展。单窗口系统和多窗口系统的最大的差别在于对窗口单元的管理问题，单窗口系统几乎不需要窗口管理系统，只是在需要进行窗口切换时将另一个窗口显示出来。但是多窗口系统要求能够显示丰富的信息，而且可以进行方便、快速的切换，它在很大程度上依赖于窗口管理系统（又称为屏幕管理）。任何显示设备的显示区域总是有限的，而且在一个区域同时只能显示有限的信息。这对多窗口系统来说是远远不够的，多窗口系统需要强大的屏幕管理功能，这就对窗口系统本身的设计和实现提出了较高的要求。

多窗口系统中，我们将每个可见的、具有独立功能的矩形区域定义为一个窗口单元。多窗口系统由若干窗口单元组成，屏幕管理就是对窗口单元和窗口单元之间的相互关系进行管理和处理。这些窗口单元之间的相互关系主要有：窗口单元之间的相互位置关系；窗口单元之间的显示顺序关系；当窗口单元的位置信息和显示顺序发生变化时，窗口单元之间的变化关系；等等。

窗口单元间的关系可以分为两种：平面关系和立体关系。窗口单元间的平面关系是指任何时候平行于显示屏幕的切面上窗口单元之间的状态和关系，它们是平面的、静止的，这种关系可以通过坐标系统进行表示。但是多个窗口位于同一个屏幕时，窗口单元之间将会相互覆盖，这种关系是立体的，只有位于立体上面的窗口单元才会被显示出来。这种关系称为窗口单元 Z 序。

（1）坐标系统

目前 GUI 系统常采用的坐标系统主要有两种：相对坐标系统和绝对坐标系统。相对坐标系统是指，窗口系统中的每个窗口单元都有自己的坐标系统，一般定义左上角的坐标为（0,0）。绝对坐标系统是指，整个窗口系统采用统一的坐标系统，每个窗口单元的位置都是相对于窗口系统的左上角的。图 8-5 说明了相对坐标系统和绝对坐标系中各个窗口单元之间关系。

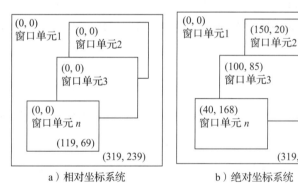

a）相对坐标系统　　　　b）绝对坐标系统

图 8-5　坐标系比较

坐标系统的建立对于 GUI 系统是非常关键的，它是屏幕管理的基础，关系到窗口单元位置的计算。当窗口单元的位置发生变化时，屏幕管理就通过坐标系统来定位窗口单元，同时改变窗口单元显示的先后顺序，图 8-5 中的窗口单元 3 部分覆盖了窗口单元 2。

（2）窗口单元 Z 序

从坐标系统的图上可以看出，窗口单元之间存在相互覆盖的关系，只有位于上层的窗口单元才是用户可见的。图 8-6 显示了多窗口系统中多个窗口重叠时，窗口之间的关系。在平行于显示屏幕的方向上看，多个窗口之间就构成了窗口单元 Z 序。

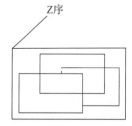

图 8-6　窗口单元之间的 Z 序关系

（3）资源管理技术

一个完善的窗口系统除了窗口单元之外，还需要大量的资源支持，如显示字库、图标 Icon、位图资源 Bitmap、输入法和码表，以及其他一些相关资源。这些资源是凌乱的，每种资源之间没有太大的共性，对它们的管理将会决定窗口系统使用的方便性和完善性。因此资源管理对 GUI 系统也是非常重要的。

8.4 使用 Qt/Embedded 实现图形化界面设计

Qt/Embedded 提供了几个跨平台的工具，使得开发变得快速和方便，尤其是它的图形设计器，其中有两个最实用的工具 qmake 和 Qt 图形设计器，qmake 和 Qt 图形设计器是完全集成在一起的。

qmake 是一个为编译 Qt/Embedded 库和应用而提供的 Makefile 生成器，它能够根据一个工程文件（.pro）产生不同平台下的 Makefile 文件。qmake 支持跨平台开发和影子生成，影子生成是指当工程的源代码共享给网络上的多台机器时，每台机器编译链接这个工程的代码将在不同的子路径下完成，这样就不会覆盖他人的编译链接生成的文件。qmake 还易于在不同的配置之间切换。

Qt 图形设计器可以使开发者可视化地设计对话框而无须编写代码。使用 Qt 图形设计器的布局管理可以生成能平滑改变尺寸的对话框。

本节的内容主要从应用角度介绍 Qt/Embedded 在 Linux 环境下的安装、配置、编译、运行的过程，并且用最简单的例子使大家对 Qt/Embedded 建立起一个感性的认识。

8.4.1 Qt/Embedded 的架构

Qt/Embedded 以原始 Qt 为基础，做了许多出色的调整以适用于嵌入式环境，它通过 Qt API 与 Linux I/O 设施直接交互，成为嵌入式 Linux 端口。Qt/Embedded 很节省内存，在底层抛弃了 Xlib，采用 framebuffer（帧缓冲）作为底层图形接口；同时将外部输入设备抽象为 keyboard 和 mouse 输入事件。Qt/Embedded 的应用程序可以直接写内核缓冲帧，避免了开发者使用烦琐的 Xlib/Server 系统。

1. 窗口系统

一个 Qt/Embedded 窗口系统包含一个或多个进程，其中的一个进程可作为服务进程，该服务进程会分配客户显示区域，并产生鼠标和键盘事件，还能够给运行起来的客户应用程序提供输入方法和一个用户接口。

客户端与服务器之间的通信是使用共享内存的方法实现的，通信量应该保持最小，例如客户端进程直接访问帧缓冲来完成全部的绘制操作，而不会通过服务器，客户端程序需要负责绘制它们自己的标题栏和其他样式。这就是 Qt/Embedded 库内部层次分明的处理过程。客户端可以使用 QCOP 通道交换消息。服务进程简单地将 QCOP 消息广播给所有监听指定通道的应用进程，接着应用进程把一个槽连接到一个负责接收的信号上，从而对消息做出响应。消息的传递通常伴随着二进制数据的传输，这是通过一个 QDataStream 类的序列化过程来实现的。

QProcess 类提供了另外一种异步的进程间通信机制，它用于启动一个外部的程序并通过写一个标准的输入和读取外部程序的标准输出、错误码来和外部程序通信。

2. 字体

Qt/Embedded 支持 4 种不同的字体格式：True Type 字体（TTF）、Postscript TYPE1 字体、位图发布字体（BDF）和 Qt 的预呈现（Pre-rendered）字体（QPF）。Qt 还可以通过增加 Qfont-Factory 的子类来支持其他字体，也可以支持以插件方式出现的反别名字体。

每个 TTF 或者 TYPE1 类型的字体首次在图形或者文本环境下被使用时，这些字体的字形都会以指定的大小被预先呈现出来，呈现的结果会被缓冲。根据给定的字体尺寸（如 10 或 12 点阵）预先呈现 TTF 或者 TYPE1 类型的字体文件并把结果以 QPF 的格式保存起来，这样可以节省内存和 CPU 的处理时间。QPF 文件包含一些必要的字体，这些字体可以通过

makeqpf 工具获得，或者通过运行程序时加上"-savefonts"选项获取。如果应用程序中用到的字体都是 QPF 格式，那么 Qt/Embedded 将被重新配置，并排除对 TTF 和 TYPE1 类型的字体的编译，这样就可以减少 Qt/Embedded 的库的大小和存储字体的空间。

3. 输入设备及输入法

Qt/Embedded 支持几个鼠标协议：BusMouse、IntelliMouse、Microsoft 和 MouseMan。Qt/Embedded 还支持 NECVr41XX 和 iPAQ 的触摸屏。通过 QWSMouseHandler 或者 Qcalibrated-MouseHandler 派生子类，开发人员可以让 Qt/Embedded 支持更多的客户指示设备。

对于非拉丁语系字符（如阿拉伯、中文、希伯来和日语）的输入法，需要把它写成过滤器的方式，并改变键盘的输入。Qtopia 提供了 4 种输入方法：笔记识别器、图形化的标准键盘、Unicode 键盘和机遇字典方式提取的键盘。

4. 屏幕加速

通过子类化 QScreen 和 QgfxRaster 可以实现硬件加速，从而为屏幕操作带来好处。

8.4.2　搭建 Qt/Embedded 开发环境

本节介绍了 Qt/Embedded 的编译与安装的详细过程，包括 Qt/Embedded 的安装的前期准备——交叉编译链的安装，并对 Qt/Embedded 的 ./configure 配置的常用参数进行了说明。

本节要使用的免费的 Qt 软件包可以从以下地址下载：https://download.qt.io/archive/qt/。需要的软件环境如下：

- Ubuntu 16.04 操作系统
- arm-linux-gcc-4.4.3.tar.gz（若是直接通过 apt-get 获得则不需要）
- qt-embedded-linux-opensource-src-4.4.0.tar.gz
- tslib-1.4.0.tar.bz2

开发环境的具体搭建步骤主要包含以下三步。

1. 安装交叉编译工具链

安装交叉编译工具链的方式有两种，可以直接联网通过 apt-get 安装：

```
# sudo apt-get install gcc-arm-linux-gnueabi
```

也可以通过下载源码包安装，运行命令：

```
# tar zxvf arm-linux-gcc-4.4.3.tar.gz
```

解压缩安装包。

执行 cd 命令进入解压后的目录，运行命令：

```
# find . -name 'arm-linux-*'
```

得到 arm-linux-gcc 所在的目录，例如 /user/local/arm/4.4.3/bin，运行命令：

```
# sudo gedit /etc/profile
```

添加环境变量，将 export Path=/usr/local/arm/4.4.3/bin:$PATH 加在 profile 文件末尾，保存并退出。

执行 source /etc/profile 命令更新环境变量。

执行 arm-linux-gcc -v 检验交叉编译工具链是否成功安装，若成功安装则显示交叉编译工具链的具体信息。

2. 安装 tslib

tslib 是一个开源的程序，能够为触摸屏驱动获得的采样提供诸如滤波、去抖、校准等功能，通常作为触摸屏驱动的适配层，为上层的应用提供了一个统一的接口。因为 Qt 源码编译需要依赖于 tslib 源码，所以在编译 Qt 源码之前，需要先编译 tslib 源码。

将 tslib-1.4.0.tar.bz2 移动到 /home/qt4/for_arm 目录下（读者可以根据自己的喜好选择目录地址，但注意后续安装过程需保持一致），执行命令：

```
# cd /home/qt4/for_arm
# tar -jxvf tslib-1.4.0.tar.bz2
# cd tslib-1.4
# vi build.sh
```

修改该脚本文件如下：

```
# #/****************** 脚本内容 ****************************/
# #/bin/sh
# export CC=arm-linux-gcc
# ./autogen.sh
# echo "ac_cv_func_malloc_0_nonnull=yes" >arm-linux.cache
# ./configure --host=arm-linux --cache-file=arm-linux.cache
# -prefix=$PWD/../tslib1.4-install
# make
# make install
# #/*******************************************************/
```

这样 tslib 就被安装在 /home/qt4/for_arm/tslib1.4-install 目录下了。

3. 下载 Qt/Embedded

在 Qt 官网可以看到不同平台下不同版本的 Qt 源码，如图 8-7 所示。

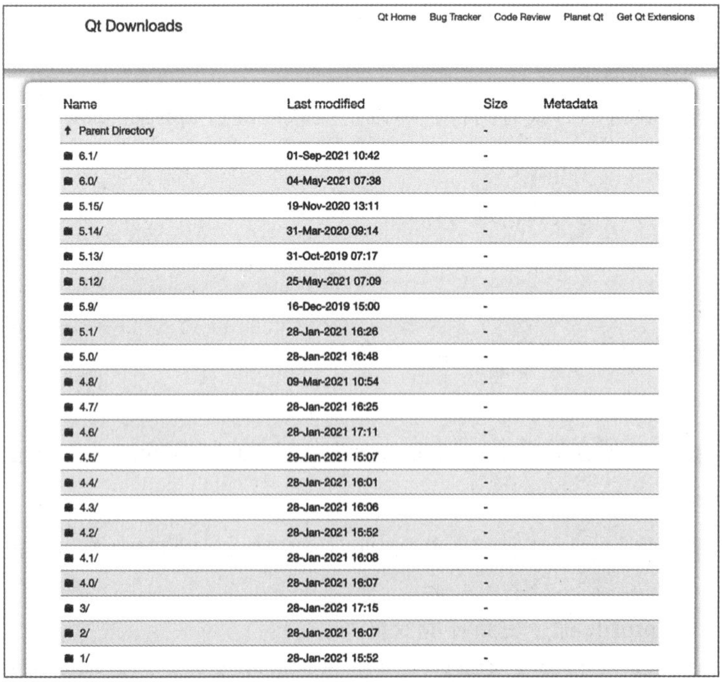

图 8-7　窗口单元之间的 Z 序关系

本节只介绍 Qt/Embedded 的安装，选择的是 qt-embedded-linux-opensource-src-4.4.0.tar.gz，读者可以自行选择需要的版本。下载完成后将其拷贝到一个常用目录，如 /opt。

4. 解压，配置，编译，安装

执行命令：

```
# cd /opt
# tar -zxvf qt-embedded-linux-opensource-src-4.4.0.tar.gz
# cd qt-embedded-linux-opensource-src-4.4.0
# cp -a /home/ qt4/for_arm/tslib1.4-install/lib/*  /lib/
# cp -a /home/ qt4/for_arm/tslib1.4-install/include/ts*  /include/
# ./configure -embedded arm -xplatform qws/linux-arm-g++ -depths 16 -little-endian
  -qt-mouse-linuxtp -qt-mouse-tslib -I/home/ qt4/for_arm/tslib1.4-install/include
  -L/home/ qt4/for_arm/tslib1.4-install/lib -debug-and-release -qt3support -qt
  -zlib -qt-libtiff -qt-libpng -qt-libmng -qt-libjpeg -make libs -nomake examples
  -nomake demos -nomake docs -no-cups -iconv -qt-gfx-qvfb -prefix /usr/local/qte-arm
```

将前一步安装的 tslib 库文件复制到 Qt/Embedded 的库文件中。有关最后一步 .configure 命令的详细说明，可以输入 ./configure -help 查看。

执行 make 命令编译 Qt/Embedded。

执行 make install 命令安装 Qt/Embedded。

安装完成后，切换到安装目录：

```
# cd /usr/local/qte-arm
# cd bin
```

接下来通过软连接的方式将 qmake 的路径添加到 path：

```
# cd /usr/bin
# mv qmake qmake.bak
# ln -s /usr/local/qte-arm/bin/qmake qmake
```

最后执行 qmake -v 命令检查安装是否成功。

8.4.3　编写 Qt/Embedded 程序

本节首先介绍一个简单的 Hello Qt 例子，它只包含创建和运行 Qt 应用程序所需要的最少代码，这个程序会建立一个主窗口，然后在窗口中显示 "Hello Qt!" 字符串。

源代码如下：

```
# include <QtQui>                            /* 代码中需要使用的类的头文件 */
Int main(int argc, char * argv[])
{
    QApplication app(argc, argv);            /* 创建一个 QApplication 对象，管理应用
                                                程序资源 */
    QLabel *label = new QLabel("Hello Qt!"); /* 创建一个 QLabel 对象，这是 Qt 提供的一
                                                个小控件，显示一行文本 */
    label->show();                           /* 显示 QLabel*/
    return app.exec();                       /* 让程序进入消息循环。等待可能的菜单、工
                                                具条、鼠标等的输入，进行响应 */
}
```

将上述代码保存到名为 hello.cpp 的文件中，执行命令 qmake -project 编译并生成平台无关的工程文件 hello.pro。在 hello.pro 文件所在目录下执行命令 make 会生成最终的可执行文

件 hello。执行命令 ./hello 即可看到程序运行结果。

下一个例子介绍 Qt 的 "信号和槽" 机制，即 Qt 程序是怎么响应信号的。与 Hello Qt 程序的源代码相似，这个例子的 Label 控件被一个按钮代替，单击该按钮时退出程序。

源代码如下：

```
# include <QtQui>
Int main(int argc, char * argv[])
{
    QApplication app(argc, argv);
    QPushButton *button = new QPushButton("Quit");
    QObject::connect(button, SIGNAL(clicked()), &app, SLOT(quit()));
    button->show();
    return app.exec();
}
```

当有动作或者状态改变时，Qt 的控件会发出消息（signal）。例如本例中，当单击按钮时，按钮会发送 clicked() 消息，这个消息可以连接到一个函数上（本例中为 slot）。连接后，当发送消息后，slot 函数会自动执行（本例中会执行 QApplicationquit 函数）。

本节的最后一个例子用来说明如何在一个窗口中排列多个控件，学习利用 "信号和槽" 的机制使控件同步，程序要求用户通过 spin box 或者 slider 输入年龄。

程序中使用了三个控件：QSpinBox、QSlider 和 QWidget。QWidget 是程序的主窗口，QSpinBox 和 QSlider 被放在 QWidget 中，它们是 QWidget 的子控件，也可称 QWidget 是 QSpinBox 和 QSlider 的父控件。QWidget 没有父控件，因为它是程序的顶层窗口。在 QWidget 及其子类的构造函数中，都有一个 QWidget * 参数，用来指定它们的父控件。

源代码如下：

```
# include <QtQui>
Int main(int argc, char * argv[])
{
    QApplication app(argc, argv);
    /* 建立程序的主窗口控件并设置标题 */
    QWidget *window = new QWidget;
    window->setWindowTitle("Enter Your Age");
    /* 创建主窗口的 children，并设置允许值的范围 */
    QSpinBox *spinBox = new QSpinBox;
    QSlider * slider = new QSlider(Qt::Horizontal);
    spinBox->setRange(0, 130);
    slider->setRange(0, 130);
    /* 进行 spinBox 和 slider 的链接，使之同步显示同一个年龄值。不管哪个控件的值发生变化，都会发出
       valueChanged(int) 信号，另一个空间的 setValue(int) 函数就会为这个控件设置一个新值 */
    QObject::connect(spinBox, SIGNAL(valueChanged(int)), slider, SLOT(setValue(int)));
    QObject::connect(slider, SIGNAL(valueChanged(int)), spinBox, SLOT(setValue(int)));
    /* 将 spinBox 的值设置为 35，这时 spinBox 发出 valueChanged(int) 信号，int 类型的参数值为
       35，这个参数传递给 slider 的 setValue(int) 函数，将 slider 的值也设置为 35。同理 slider 也
       会发出 valueChanged(int) 信号，触发 spinBox 的 setValue(int) 函数。这时 spinBox 的当前
       值就是 35，所以 spinBox 不会发送任何信号，不会引起死循环 */
    spinBox->setValue(35);
    /* 使用一个布局管理器排列 spinBox 和 slider 控件，布局管理器能够根据需要确定控件的大小和位置 */
    QHBoxLayout *layout = new QHBoxLayout;
    layout->addWidget(spinBox);
    layout->addWidget(slider);
    /*QWidget::setLayout() 把这个布局管理器放在窗口上。这语句将 spinBox 和 slider 的 parent 设
```

为窗口，即布局管理器所在的控件。现在虽然还没有看见 spinBox 和 slider 控件的大小和位置，但它们已经水平排列好。QHBoxLayout 能合理地安排它们 */

```
window->setLayout(layout);
window->show();
return app.exec();
}
```

以上介绍了最简单的 Qt/Embedded 程序编写，实际应用的 Qt 程序远比这个复杂，而且要根据相应的目标板对其进行移植，这就更需要对 Qt 和目标板体系结构有一定的了解，限于篇幅，这里不再多做介绍，感兴趣的读者可以参考 Qt 开发手册。

8.5　C 语言图形界面编程

本节内容主要介绍如何在 Linux 环境下不借助第三方图形界面开发工具，只使用 C 语言将图形显示到屏幕上。

8.5.1　帧缓冲区

帧缓冲是 Linux 系统为显示设备提供的一个接口，它将显示缓冲区抽象，屏蔽图像硬件的底层差异，允许上层应用程序在图形模式下直接对显示缓冲区进行读写操作。用户不必关心物理显示缓冲区的具体位置及存放方式，这些都由帧缓冲设备驱动本身来完成。对于帧缓冲设备而言，只要在显示缓冲区中与显示点对应的区域与人颜色值，对应的颜色会自动在屏幕上显示。

帧缓冲设备为标准字符设备，主设备号为 29。帧缓冲驱动的应用非常广泛，在 Linux 的桌面系统中，X Window 服务器就利用帧缓冲进行窗口的绘制。嵌入式系统中的 Qt/Embedded 等图形用户界面环境也基于帧缓冲而设计。

8.5.2　Framebuffer

Framebuffer 是 LCD 对应的一种 HAL（硬件抽象层），提供抽象的、统一的接口操作，用户不必关心硬件层是怎么实施的。这些都是由 Framebuffer 设备驱动来完成的，Framebuffer 设备驱动结构如图 8-8 所示。

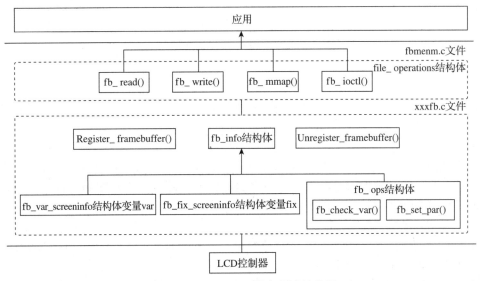

图 8-8　Framebuffer 设备驱动结构图

帧缓冲设备对应的设备文件为 /dev/fb*，如果系统有多个显示卡，Linux 下还可支持多个帧缓冲设备，最多可达 32 个，分别为 /dev/fb0～/dev/fb31，而 /dev/fb 则为当前默认的帧缓冲设备，通常指向 /dev/fb0，在嵌入式系统中支持一个显示设备就够了。帧缓冲设备为标准字符设备，主设备号为 29，次设备号则为 0～31，分别对应 /dev/fb0～/dev/fb31。

fb 也是一种普通的内存设备，可以读写其内容。例如，命令行屏幕抓屏命令 cp /dev/fb0 tmp，虽然可以像内存设备（/dev/mem）一样，对其进行读操作（read）、写操作（write）、重新定位文件读写的位移（seek）以内存映射（mmap）。但区别在于 fb 使用的不是整个内存区，而是显存部分。

对于应用程序而言，fb 和其他设备并没有什么区别，用户可以把 fb 看成是一块内存，既可以向内存中写数据，也可以从内存读数据。fb 的显示缓冲区位于内核空间。应用程序可以把此空间映射到自己的用户空间，再进行操作。

通过 /dev/fb，应用程序的操作主要有以下几种。

（1）读 / 写（read/write）/dev/fb

相当于读 / 写屏幕缓冲区。例如，用 cp /dev/fb0 tmp 命令可将当前屏幕的内容拷贝到一个文件中，而命令 cp tmp > /dev/fb0 则将图形文件 tmp 显示在屏幕上。

（2）映射（map）操作

由于 Linux 工作在保护模式，每个应用程序都有自己的虚拟地址空间，因此在应用程序中是不能直接访问物理缓冲区地址的。而帧缓冲设备可以通过 mmap() 映射操作将屏幕缓冲区的物理地址映射到用户空间的一段虚拟地址上，然后用户就可以通过读写这段虚拟地址访问屏幕缓冲区并在屏幕上绘图了。

（3）I/O 控制

对于帧缓冲设备，对设备文件的 ioctl 操作可读取 / 设置显示设备及屏幕的参数，如分辨率、屏幕大小等。ioctl 的操作是由底层的驱动程序来完成的。

如图 8-9 所示，在应用程序中，操作 /dev/fb 的一般步骤如下：

1）打开 /dev/fb 设备文件；

2）用 ioctl 操作取得当前显示屏幕的参数，根据屏幕参数可计算屏幕缓冲区的大小；

3）将屏幕缓冲区映射到用户空间；

4）映射后即可直接读写屏幕缓冲区，进行绘图和图片显示。

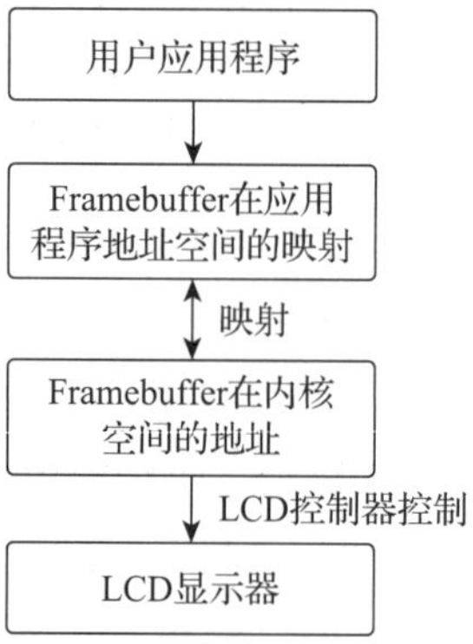

图 8-9 Framebuffer 与应用程序交互示意图

Framebuffer 相关数据结构介绍如下。

（1）fb_info 结构体

fb_info 结构体帧缓冲设备中最重要的数据结构体，这个结构体用于描述当前显卡的状态，只能在内核中可见，包括帧缓冲设备属性和操作的完整性属性。现代显卡不仅支持单通道显示，也支持多通道显示，每个显示法必须拥有一个自己的独立的数据区，也就是说，不同显示方法可以共享显卡，所以 fb_info 就是用于区分不同显示方法的结构，每一个显示方法必须拥有自己独立的 fb_info，如果支持多通道显示，则必须定义 fb_info 数组或者动态内存分配多个 fb_info 结构体变量。

（2）fb_ops 结构体

fb_ops 结构体是 fb_info 结构体的成员变量，fb_ops 为指向底层操作的函数的指针。

（3）fb_var_screen 结构体

fb_var_screen 用于描述显卡的一般特性，是用户可以修改的显示控制器参数，比如屏幕实际分辨率、虚拟分辨率、实际分辨率与虚拟分辨率之间的位移、透明度等。

（4）fb_fix_screen 结构体

fb_fix_screen 用于描述显卡自身的属性，是用户不能修改的显示控制器参数，包含识别符、缓存地址、显示类型、缓冲区的物理地址、缓冲区的长度等。

（5）fb_cmap 结构体

在进行 LCD 显示时，通常需要进行相关的颜色设置，fb_cmap 用于描述设备无关的颜色映射信息。可以通过 FBIOGETCMAP 和 FBIOPUTCMAP 对应的 ioctl 操作设定或获取颜色映射信息。

（6）fb_bitfield 结构体

fb_bitfield 结构体用于描述每一个像素显示缓冲区的组织方式，包含位域偏移、位域长度和 MSB（最高有效位）指示。

8.5.3　Framebuffer 核心函数

1. open 函数

open 函数的原型为：

```
# int open(const char *pathname, int flags);
# int open(const char *pathname, int flags, mode_t mode);
```

所需的头文件为：

```
# #include <sys/types.h>
# #include <sys.stat.h>
# #include <fcntl.h>
```

函数说明如下。

- pathname 表示打开文件的路径。
- flags 表示打开文件的方式，常用的有以下 6 种：
  - O_RDWR 表示以可读可写方式打开；
  - O_RDONLY 表示以只读方式打开；
  - O_WRONLY 表示以只写方式打开；
  - O_APPEND 表示如果这个文件中本来是有内容的，则新写入的内容会接续到原来内容的后面；
  - O_TRUNC 表示如果这个文件中本来是有内容的，则原来的内容会被丢弃，截断；
  - O_CREAT 表示当前打开文件不存在，我们创建它并打开它，通常与 O_EXCL 结合使用，当没有文件时创建文件，有这个文件时会报错。
- mode 表示创建文件的权限，只有在 flags 中使用了 O_CREAT 时才有效，否则忽略。
- 返回值：打开成功则返回文件描述符，打开失败将返回 –1。

2. ioctl 函数

ioctl 函数的原型为：

```
# int ioctl(int fd, unsigned long request, ...);
```

所需的头文件为：

```
# #include <sys/ioctl.h>
```

函数说明如下。

- fd 表示文件描述符；
- request 表示与驱动程序交互的命令，用不同的命令控制驱动程序输出我们需要的数据；
- ... 表示可变参数 arg，根据 request 命令，设备驱动程序返回输出的数据；
- 返回值：打开成功则返回文件描述符，打开失败将返回 −1。

ioctl 的作用非常强大。不同的驱动程序内部会实现不同的 ioctl，应用程序可以使用各种 ioctl 与驱动程序交互：可以传数据给驱动程序，也可以从驱动程序中读出数据。

3. mmap 函数

mmap 函数的原型为：

```
# void *mmap(void *addr, size_t length, int prot, int flags, int fd, off_t offset);
```

所需的头文件为：

```
# #include <sys/mman.h>
```

函数说明如下。

- addr 表示指定映射的内存起始地址，通常设为 NULL，表示让系统自动选定地址，并在成功映射后返回该地址；
- length 表示将文件中多大的内容映射到内存中；
- prot 表示映射区域的保护方式，可以为以下 4 种方式的组合：
  - PROT_EXEC 映射区域可被执行；
  - PROT_READ 映射区域可被读出；
  - PROT_WRITE 映射区域可被写入；
  - PROT_NONE 映射区域不能存取。
- flags 表示影响映射区域的不同特性，常用的有以下两种：
  - MAP_SHARED 表示对映射区域写入的数据会复制回文件内，原来的文件会改变；
  - MAP_PRIVATE 表示对映射区域的操作会产生一个映射文件的复制，对此区域的任何修改都不会写回原来的文件内容中。
- fd 表示文件描述符；
- 返回值：若成功映射，将返回指向映射的区域的指针，失败将返回 −1。

8.5.4 Framebuffer 编程

本节介绍一个 Linux 环境下使用 Framebuffer 将 LCD 屏幕填充成蓝色的程序，帮助读者深入理解前文介绍的相关知识。

一个典型的使用 Framebuffer 的程序结构如下：

```
# include <linux/fb.h>
int main()
{
    int fb = 0;
    struct fb_var_screeninfo fbvar;
    struct fb_fix_screeninfo fbfix;
    long int screensize = 0;
    /* 打开设备文件 */
    fbfd = open("/dev/fb0", O_RDWR);
    /* 获取屏幕相关参数 */
```

```
    ioctl(fb, FBIOGET_FSCREENINFO, &fbfix);      // 获取 fb_fix_screeninfo 结构信息
    ioctl(fb, FBIOGET_VSCREENINFO, &fbvar);      // 获取 fb_var_screeninfo 结构信息
    /* 计算屏幕缓冲区大小 */
    screensize = fbvar.xres * fbvar.yres * fbvar.bits_per_pixel/8;
    /* 映射屏幕缓冲区到用户地址空间 */
    fbp = (char *)mmap(0, screensize, PORT_READ|PORT_WRITE, MAP_SHARD, fb, 0);
    /* 通过 fbp 指针读写缓冲区 */
    ...
    /* 释放缓冲区，关闭设备 */
    munmap(fbp, screensize);
    close(fb);
}
```

第一步，打开设备，映射 Framebuffer：

```
# static void *fbbuf;
# int openfb(char *devname)
# {
#     int fd;
#     fd = open(devname, O_RDWR);
#     if (ioctl(fd, FBIOGET_VSCREENINFO, &fbvar) < 0)
#         return -1;
#     bpp = fbvar.bits_per_pixel;
#     screen_size = fbvar.xres * fbvar.yres * bpp / 8;
#     fbbuf = mmap(0, screen_size, PROT_READ | PROT_WRITE, MAP_SHARED, fd, 0);
#     return fd;
# }
```

第二步，数据准备，假设 LCD 控制器被初始化为 565，16 位格式：

```
# static inline int make_pixel(unsigned int a, unsigned int r, unsigned int g,
    unsigned int b)
# {
#     return (unsigned int)(((r>>3)<<11)|((g>>2)<<5|(b>>3)));
# }
```

第三步，将想要显示的数据复制到 Framebuffer，本例为填充颜色：

```
# static void fill_pixel(unsigned int pixel, int x0, int y0, int w, int h)
# {
#     int i, j;
#     unsigned short *pbuf = (unsigned short *)fbbuf;
#     for (i = y0; i < h; i ++) {
#         for (j = x0; j < w; j ++) {
#             pbuf[i * screen_width + j] = pixel;
#         }
#     }
# }
```

第四步，将 LCD 屏幕填充为蓝色：

```
# fill_pixel(make_pixel(0, 0, 0,0xff), 0, 0, screen_width, screen_height);
```

第 9 章

嵌入式软件可靠性设计

9.1 可靠性概述

可靠性的理论基础最初是将统计方法运用于工业产品的质量控制中。二战期间，许多复杂系统如航空电子、通信系统等暴露出了可靠性方面的严重设计缺陷，20 世纪五六十年代的太空研究促进了可靠性学科的兴起。如今，可靠性已应用于各个领域，成为衡量产品质量和竞争力的重要指标。

在 4.2 节曾经介绍过可靠性标准。可靠性标准确定需要做出多大的努力才能减少系统崩溃。可靠性标准包括系统的健壮性、可靠性、可用性、容错、安全性和平稳性指标。可靠性是可靠性标准之一。

可靠性是指产品在规定条件下和规定时间内，完成规定功能的能力。这里的产品可以泛指任何系统、设备和元器件等。系统的不可靠是指由某些随机的因素而引起的数据错误、状态混乱以及性能不稳。在嵌入式系统中，引起系统性能不稳定的主要原因如下：

1）由系统某种设计缺陷造成的；

2）由电源系统的干扰引起的；

3）由数据通道的干扰引起的；

4）由电磁辐射的干扰引起的；

5）由温度、湿度等因素引起的；

6）由系统实现的缺陷造成的。

这些不稳定因素中，前 5 个都在可靠性的设计范畴之内。系统的可靠性设计应该贯穿于系统设计的始末，在系统设计的开始阶段，就应根据系统在实际中将面临的各种可能的干扰及约束等采取各种有效的措施，提高系统的可靠性。嵌入式系统由硬件和软件两大部分组成，因此嵌入式系统的可靠性设计也可从硬件和软件这两个方面来考虑。

下面分别介绍可靠性对硬件设计和软件设计的具体要求。

1. 硬件方面

一个系统在遇到强烈的环境干扰的情况下会出现一些暂时的性能不稳，严格说来，这是不可避免的，而可靠性设计所能做的是：

1）如何抑制这些干扰，使其不至于给后面的电路带来更大的影响；

2）即使出现某种干扰，也不会导致严重的后果，带来重大经济损失；

3）即使系统在干扰信号引起状态混乱后，仍能正确地引导系统，使其重新开始正常工作。

如果能够满足这些要求，就是一个较成功的工程设计。

2. 软件方面

嵌入式系统的软件可靠性主要体现在以下几个方面。

1）恶劣环境下的抗干扰能力。嵌入式系统的运行环境复杂多变，甚至相当恶劣。嵌入式代码的执行要求具备一定抗干扰的能力，如高温、潮湿、电磁辐射等。

2）嵌入式系统的正常运行。嵌入式系统的外部事件的发生具有并发性和随机性的特点，嵌入式系统需要充分考虑系统中可能出现的各种情况，使得系统在任何外部情况下都能正确运行。

3）嵌入式系统的自我保护能力。嵌入式系统应该具有一定的自我保护能力，能够识别和拒绝应用程序对操作系统进行的非法操作，比如识别应用程序在使用操作系统的系统调用时传递的非法参数，拒绝应用程序对系统资源进行直接的写操作。

4）应用程序的错误识别。由于实时系统中外部事件的随机性，应用程序的设计不可能预见系统中可能出现的所有情况，因此在应用程序中的操作错误也是不可能完全避免的。操作系统应该能识别这类错误，并将错误原因和类型信息返回给应用程序。

9.2　可靠性涉及的性能指标

出于分析、评估及提高系统可靠性的考虑，作为设计者需要对可靠性的指标有一定的了解。由于系统故障的出现有可能是随机的，因此需要通过统计方法总结故障发生的分布规律和与之对应的维修时间的分布规律。

可靠度：可靠度是在规定的时间和条件下产品（设备、元器件、系统）成功完成规定功能的概率。

假设有 N 个同样的产品（设备、元器件、系统）同时工作在相同的规定条件下，在 T 时间长度范围内，有 $N_f(T)$ 个系统发生了故障，有 $N_s(T)$ 个系统工作正常，则可得该产品的可靠度为：

$$R(T) = N_s(T)/N(T) \tag{9-1}$$

则系统的不可靠度为：

$$F(T) = N_f(T)/N(T) \tag{9-2}$$

这两者为互斥事件。

故障率：根据故障所带来的后果的严重程度，可以将故障事件分为灾难性故障和一般性故障。灾难性故障通常是突然发生的，而它造成的后果很严重，往往会带来巨大的损失。一般性故障可能是由于元器件慢慢老化等因素引起的，通常只造成局部的甚至更轻微的影响。故障率为产品（设备、元器件、系统）单位时间 T 内发生故障次数与未发生故障的产品数之比。假定 N 个系统的可靠度为 $R(T)$，在 T 时刻到 $T+\Delta T$ 时刻的故障次数为 $N \times [R(T) - R(T+\Delta T)]$，那么单位时间 T 内的故障率为 $N \times [R(T) - R(T+\Delta T)]/\Delta T$。于是故障率可以表示为：

$$\lambda(T) = N \times [R(T) - R(T+\Delta T)]/ N \times R(T)\Delta T \tag{9-3}$$

大量调查数据表明，电子产品（设备、元器件、系统）的故障出现的阶段是有一定规律的，大体分为频发期、稳定期、衰老期。频发期位于产品等投入使用的开始阶段，由元器件在制造过程中的设计不当、焊接不牢、密封不好、材料不合格等各种因素引起。这个阶段比较短,大约在几十至几百个小时内结束。稳定期也称为寿命期,该阶段的失效率比较低并且稳定。这是由于在频发期故障已经被排除,该失效的已经失效过。这段时间内故障只是偶然发生。衰老期内的故障率会大大增加,可靠性下降。在这个阶段,产品的元器件的使用期限已满,应当更换新的元器件。当整个系统达到这个阶段时,应进行整体检修甚至淘汰。这一时期又称为元器件的寿命期。

平均故障间隔时间 MTBF/ 平均维修时间 MTTF:分别用于描述可修复产品和不可修复产品。

$$MTBF = \int_0^\infty R(T)dt \qquad (9\text{-}4)$$

利用率:利用率就是指系统长时间工作中正常工作的概率,即系统的使用效率,通常用 A 来表示:

$$A = MTBF/(MTBF + MTTR) \qquad (9\text{-}5)$$

从上式可以看出,减少平均维修时间 MTTR,可以提高系统利用率,即要使所设计的系统尽可能少出故障,并在出现故障时能很快修复。当平均维修时间远小于平均故障间隔时间时,系统的利用率接近 100%。

9.3 嵌入式系统的可靠性设计

在设计系统的时候,首先是根据系统的性能指标和功能要求决定系统的结构形式、划分软硬件的分工、确定具体电路形式及元器件选型等设计工作,系统的设计方案在很大程度上决定了系统的可靠性。在进行系统方案设计时,应遵循如下原则。

1. 简化方案

系统的可靠性是由组成系统的各个单元直到每个元件的可靠性决定的,所以应该尽量提高元器件或独立单元的可靠性。从失效率的角度看,系统的失效率是其所有组成元件的总和,避免一个元件失效的最好方法是在系统中省去这个元件。所以,只要能满足系统的性能和功能指标,就要尽可能地简化系统结构。当然,如果某种附加设计有利于提高系统可靠性,则是必要的,例如抗干扰设计、容错设计、冗余设计等。一切实现都是为了最终的目的,在这基础上可以舍弃一些不必要的功能,达到简化设计方案的目的,从而使整个系统的可靠性得到很大的提高。

2. 避免片面追求高性能指标和过多的功能

随着技术的发展,产品的性能和功能应该是越来越强的,但在一定阶段内和力所能及的技术条件下,应注意协调高指标与可靠性的关系。如果给系统定下过高的指标,势必使系统复杂化,一方面使用过多的元器件,直接降低了系统的可靠性;另一方面增加了设计中的不合理、不可靠的隐患。

3. 合理划分软硬件功能

这是嵌入式控制系统特有的问题,由于微处理器的参与,软件在数据处理、逻辑分析、通信和分时处理等方面具有硬件难以比拟的功能,而且软件在通过实践的验证后,不存在失效性的问题。在进行方案设计时,能够方便地用软件完成的功能一定要坚决地贯彻"以软代硬"的原则。另外,就嵌入式控制系统而言,功能再强大的软件也需要硬件的支持,如果软件担负的任务过多,既增加了开发的难度,又不易保证软件的可靠性。所以需要合理地划分软硬件功能,"以软代硬"至少要在 MCU 时间资源允许的前提下进行。现在有很多可编程的集成芯片,一方面简化了硬件电路,提高了其可靠性,另一方面又促进了进一步"以软代硬"的可能。嵌入式控制系统是由软件和硬件构成的,两者必然相辅相成,不能偏废任何一方。

4. 尽可能用数字电路代替模拟电路

数字电路稳定性好、抗干扰能力强、可标准化设计、易于器件集成制造。数字式集成电路代替模拟式集成电路是电子技术的一个发展趋势。另外,还要尽可能多地采用集成芯片且集成度越高越好,集成芯片密封性好、机械性能好、焊点少,其失效率比同样功能的分离电路要低得多。

5. 变被动为主动

影响系统可靠性的因素很多,在发生的时间和程度上的随机性也很大,在设计方案时,对易遭受不可靠因素干扰的薄弱环节应主动地采取可靠性保障措施,以免在问题发生时被动地应付。抗干扰技术和容错设计是变被动为主动两个重要手段。系统设计中采用了抗 EMC 技术和冗余的程序设计,能够主动抗击一定程度的干扰并达到一定程度的容错。

9.3.1 嵌入式系统硬件可靠性设计

硬件系统的设计主要是在系统元器件级别上的设计,包括元器件的选取、系统的布局等。

1. 元器件的合理选用

可以说,系统的彻底失效都是以元器件的失效而告终的。所以,在设计和研制嵌入式系统时,合理地选用元器件是提高系统可靠性的重要步骤,同时也会提高系统的性价比,增强系统的可维护性。

合理地选用一方面是指设计阶段,根据应用条件选择合适的器件及其工作点;另一方面是指在研制阶段对器件进行筛选,使用可靠的器件。在系统设计中选用军工级别的芯片而不是普通的工业级别的芯片,能够有效提高芯片的可靠性和减少外部干扰,如温度等对芯片的干扰。系统设计在元器件的选择上遵循选取功能能够满足系统要求的可靠性最高的元器件,比如在选择隔离放大器时候,由于 AD202 的可靠性比 ISO100 要高得多,而且采用载波原理进行信号的传送,隔离效果也更好,因此虽然其价格较高,但在系统中还是选择 AD202。

选择元器件时要考虑到以下几个方面:

1)满足系统功能和性能的需求,不要贪多;
2)满足系统可靠性的要求,要使每个独立的元器件都是合格的、稳定的;
3)元器件要标准化,便于维护与升级;
4)注意元器件的抗静电能力;
5)对工作环境进行认真分析。

选择元器件后,使其工作在额定的电气条件下,甚至工作在某些极限条件下,再加上应力,如使其工作在高温、高湿、振动等应力下,对它们进行测试,以剔除不合格的元器件。

常用方法有高温存储筛选法、功率老化筛选法、交替温度筛选法、振动冲击法、湿度筛选法等。总之,就是模拟真正工作环境的极端情况,以保证系统最终的稳定性。

当样机制作出来后,在正式进入工作条件时,先让其加电连续工作数十至数百个小时,使其到达故障发生的稳定期。

2. 电阻和电位器

固定电阻和电位器可按照其制造材料分类，如合金型（线绕、合金箔）、薄膜型（碳膜、金属膜）和合成型（合成实心、合成薄膜、玻璃釉）等，随着电子技术的发展，新型品种也不断出现。在使用固定电阻和电位器时，应考虑阻值的稳定性、工作频率、功率负荷、噪声等。由于电位器无论是性能指标还是可靠性都比同类的固定电阻要差很多，一般其失效率比固定电阻要大 10～100 倍，因此在电路中要尽量少用电位器，同时对某些可能因电位器失效造成严重故障的电路应采取相应的容错措施，如开路、短路保护等。在点火控制器系统中有一个对工作电池测量的分压设计，由于该输入电压的最高值是 +27V，如果采用电位器分压，一旦电位器失效，那么就可能造成 ADC0809 的输入电压超高，引起 ADC0809 的损坏，因此在设计过程中采用了两个比值为 9：1 的电阻进行分压，以减少系统的不可靠程度。

3. 电容器的选用

电容器根据其介质材料的不同，可分为无机介质、有机介质和电解介质三类，若考虑具体的材料，则种类众多、性能各异，电容器的选用可从以下方面考虑：频率范围、容量稳定性、噪声性能、电压负荷、承受功率。对用于电源滤波这类场合的电容器，应该考虑其承受功率负荷的问题，当电流脉动较大时，电容器的温度也会升高，性能指标下降，最终导致被击穿而失效。系统中在集成芯片的电源和地之间设计滤波电路，要使用大量的电容器；同时电源稳压时候也需要滤波电容，但是由于系统电源采用电池供电，因此所以不会产生太大的尖峰和浪涌输出（即脉动不大），电容不太容易被击穿，所以系统中，电源滤波选取 0.33μF 和 0.01μF 的无极性电容，芯片滤波选用 0.1μF 的无极性电容。

9.3.2 常用元器件的可靠性分析

电子元器件是构建嵌入式系统的基本组成部分，对系统的可靠性起着至关重要的作用。因此，在嵌入式系统的设计过程中必须要注意电子元器件的可靠性。

电子元器件的失效：由于某种原因使电子元器件丧失了应有的功能，称为故障。通常需要更换电子元器件。

失效的分类如下。

1）按失效模式分，可分为开路失效、短路失效、功能退化和突变失效等。

2）按时间特性分，可分为渐变失效、突然失效、间歇失效、退化失效等。

3）按严重程序分，可分为致命失效、严重失效、一般失效。

4）按失效原因分，可分为初始失效、随机失效、损耗失效、环境应力失效等。

失效的原因如下。

1）元器件质量问题引起的失效。

2）使用不当引起的失效。各种元器件都有其额定的工作条件及环境，务必在厂家规定的电气条件、环境条件下使用它们。

3）环境因素的影响。有些元器件，温度每增加 10℃，其失效率可增加一个数量级。因此，在进行系统设计时，除了按照元件额定工作条件使用每种元件外，还必须想办法降低外部环境对电子元件的影响。

4）结构设计不合理引起的失效。在硬件故障中，由于结构设计不合理而引起的硬件故障也占了较大的比重，如某些元件设计得太靠近热源、通风不当或将易受干扰元件放在继电器等较大干扰源附近等。此外，由于结构不合理，对于维修系统带来了极大的困难。

9.3.3　提高嵌入式系统可靠性的具体措施

1. 冗余设计

冗余设计指为保证整个系统在局部发生故障时仍能够正常工作，在系统中设置了一些备份部件，一旦故障发生便投入使用，从而保证系统的工作状态稳定。

冗余设计的方式有以下几种。

（1）硬件冗余

利用增加额外的硬件设备来达到消除故障影响的目的，保证系统在局部故障时，通过调用额外部件保证工作的正常进行。硬件冗余可以在元器件级、部件级、分系统级上进行。但是会造成系统体积、重量的增加，提升成本。

（2）软件冗余

采用多版本程序设计技术及恢复块技术等。多版本程序设计技术是一种软件的冗余技术，即设计 n 个功能相同的不同程序模块，以及一个用于管理的表决器模块。通过表决器对 n 个模块的运行结果按某种规则进行表决，通常以占多数的结果为正确结果。各软件程序版本最好采用不同的算法和不同的程序语言来编写，以尽可能地减少版本间的重合故障。恢复块技术的思路类似于硬件冗余，即将软件分成独立的程序块，同时每一程序块有多个按照同一需求而设计的备用程序块。其工作过程为：运行程序块，并通过某种规则检测结果的正确性，若正确，则接收，否则执行备份块直到有一块执行结果为正确时接收结果，继续运行下一块程序，若所有备份块都执行完毕仍未接收，则系统报警。

（3）时间冗余

时间冗余设计即增加系统的运行时间以达到消除故障的目的，如程序回卷、对外设接口指令的复执行等。

（4）信息冗余

信息冗余设计即利用软件或硬件手段，增加一些冗余信息和校验，达到在信息传递、存储过程中的可靠性要求，如海明校验、奇偶校验、循环冗余校验等都采用了信息冗余设计的思想。

2. 减少环境因素对可靠性的影响

环境因素对多数电子类产品都会产生很大的影响。20 世纪 70 年代，美国对其机载电子设备一年内发生的故障原因进行分析统计得到的结论如表 9-1 所示。

表 9-1　美国机载电子设备一年内发生故障的原因

故障原因	所占比例	故障原因	所占比例
温度引起	22.2%	盐雾引起	1.94%
振动引起	11.38%	低气压引起	1.94%
湿度引起	10%	冲击引起	1.11%
粉尘引起	4.16%	其他原因	47.3%

从统计结果来看，温度、振动、湿度这三项所引起的故障就超过了总故障的 43%，可见环境影响之大。为提高嵌入式系统的可靠性及对环境的适应能力，应酌情加强环境方面的设计，如针对气候影响的设计、针对机械振动的设计、抗电磁干扰的设计、抗辐射的设计等。

对于电阻器、电感器等，在一定的温度范围内，温度每升高 10℃，其寿命就会降低一半。对于半导体器件，温度每升高 10℃，其失效率增加一倍。为此，对于嵌入式系统，防热设计必不可少。应从发热源、环境及散热等多个方面来考虑。防热经常采取的措施有：

1）选择耐热元器件；

2）减少器件发热，适当降低元器件的频率，降频的目的是降低功耗，功耗降低了，其散发出的热量也就少了；

3）添加散热装置，自然冷却与强制冷却相结合；

4）合理布局。

某些环境下的振动、冲击也会导致元器件的工作状态不稳定。为防止振动和冲击，就须注意防振设计。常用的防振措施有：使敏感元件远离振动源、隔离敏感元件与振动源、采用减振措施、将元器件牢固固定。

人们通常所说的三防设计是指防潮湿、防霉菌、防盐雾。对于电子设备，三防设计十分重要。有资料显示，电子产品大约有 30% 的故障是由这三个原因引起的。三防设计可以采取如下措施：

1）采用防潮、防霉、防锈蚀材料；

2）采取必要的密封措施；

3）添加干燥装置；

4）喷涂防护层。

9.4 嵌入式软件的可靠性设计

嵌入式系统是软件和硬件的结合体，需要两部分相互配合、协调一致，任何一部分出现不稳定都将影响整个系统的正常工作。硬件可靠性经过近 30 年的发展，已经建立了一套完整的量化指标、测试手段和实际可行的措施。与硬件可靠性的发展相比，软件可靠性发展相对迟滞，尚无完整的定量规范可以使用。

软件可靠性（Software Reliability，SR）是指一个基于软件的系统或者部件在规定的环境下、在规定的时间内运行而不发生故障的能力。也就是指，在给定时间内、特定环境下软件无错运行的概率。软件可靠性是软件质量特性中重要的固有特性和关键因素，软件可靠性反映了用户的质量观点。

在许多项目开发过程中，对可靠性没有提出明确的要求，开发商（部门）也不在可靠性方面花更多的精力，在软件投入使用后才发现大量可靠性问题，增加了维护难度和工作量，严重时只有将其束之高阁，无法投入实际使用。

应用软件系统规模越来越复杂，其可靠性也越来越难保证。应用本身对系统运行的可靠性要求越来越高，在一些关键的应用领域，如航空、航天等，软件可靠性比硬件可靠性更难以保证，这会严重影响整个系统的可靠性。

9.4.1 软件可靠性与硬件可靠性的区别

软件可靠性与硬件可靠性之间主要存在以下区别。

1）最明显的是硬件有老化损耗现象，硬件失效是物理故障，是器件物理变化的必然结果，有浴盆曲线现象；软件不发生变化，没有磨损现象，有陈旧落后的问题，没有浴盆曲线现象。

2）硬件可靠性的决定因素是时间，受设计、生产、运用的所有过程影响，软件可靠性的决定因素是与输入数据有关的软件差错，是输入数据和程序内部状态的函数，更多地取决于人。

3）硬件的纠错维护可通过修复或更换失效的系统重新恢复功能，软件只有重新设计。

4）对硬件可采用预防性维护技术预防故障，采用断开失效部件的方法诊断故障，而软件则不能采用这些方法。

5）事先估计可靠性测试和可靠性的逐步增长等技术对软件和硬件有不同的意义。

6）为提高硬件可靠性可采用冗余技术，而同一软件的冗余不能提高可靠性。

7）硬件可靠性检验方法已建立，并已标准化且有一整套完整的理论，而软件可靠性验证方法仍未建立，更没有完整的理论体系。

8）硬件可靠性已有成熟的产品市场，而软件产品市场还很新。

9）软件错误是永恒的、可重现的，而一些瞬间的硬件错误可能会被误认为是软件错误。

总的来说，软件可靠性比硬件可靠性更难保证，即使是美国宇航局的软件系统，其可靠性仍比硬件可靠性低一个数量级。

9.4.2　影响软件可靠性的因素

造成软件可靠性低的原因主要有：需求分析有误、设计方案有误、编程语言选用不当、编程错误、人为因素等。软件差错是软件开发各阶段潜入的人为错误：

1）需求分析定义错误，如用户提出的需求不完整、用户需求的变更未及时消化、软件开发者和用户对需求的理解不同等；

2）设计错误，如处理的结构和算法错误、缺乏对特殊情况和错误处理的考虑等；

3）编码错误，如语法错误、变量初始化错误等；

4）测试错误，如数据准备错误、测试用例错误等；

5）文档错误，如文档不齐全、文档相关内容不一致、文档版本不一致，缺乏完整性等。

从上游到下游，错误的影响是发散的，所以要尽量把错误消除在开发前期阶段。

错误引入软件的方式可归纳为两种特性。

1）程序代码特性：程序代码一个最直观的特性是长度，另外还有算法和语句结构等，程序代码越长，结构越复杂，其可靠性越难保证。

2）开发过程特性：开发过程特性包括采用的工程技术和使用的工具，也包括开发者个人的业务水平等。

除了软件可靠性外，影响可靠性的另一个重要因素是健壮性，即对非法输入的容错能力。所以提高可靠性从原理上看就是要减少错误和提高健壮性。

9.4.3　提高软件可靠性的方法和技术

1. 建立以可靠性为核心的质量标准

在软件项目规划和需求分析阶段就要建立以可靠性为核心的质量标准。这个质量标准包括实现的功能、可靠性、可维护性、可移植性、安全性、吞吐率等，虽然还没有一个衡量软件质量的完整体系，但仍可以通过一定的指标来指定标准基线。

软件质量从构成因素上可分为产品质量和过程质量。产品质量是软件成品的质量，包括各类文档和编码的可读性、可靠性、正确性，以及用户需求的满足程度等。过程质量是开发过程环境的质量，与所采用的技术、开发人员的素质、开发的组织交流、开发设备的利用率等因素有关。

还可把质量分为动态质量和静态质量。静态质量是指通过审查各开发过程的成果来确认的质量，包括模块化程度、简易程度、完整程度等内容。动态质量是指通过考察运行状况来确认的质量，包括平均故障间隔时间（MTBF）、软件故障修复时间（MTRF）、可用资源的利用率。在实际工程中，人们一般比较重视动态质量而忽视静态质量。

质量标准度量至少应达到以下两个目的。

1）明确划分各开发过程（需求分析过程、设计过程、测试过程、验收过程），通过质量检验的反馈作用确保差错及早排除并保证一定的质量。

2）在各开发过程中实施进度管理，产生阶段质量评价报告，对不合要求的产品及早采取对策。

确定划分的各开发过程的质量度量。

1）需求分析质量度量。需求分析定义是否完整和准确（有无二义性）、开发者和用户之间是否存在理解不同的情况、文档完成情况等，要有明确的可靠性需求目标、分析设计及可靠性管理措施等。

2）设计结果质量度量。设计工时，程序容量和可读性、可理解性，测试情况数，评价结果，文档完成情况等。

3）测试结果质量度量。测试工时、差错状况、差错数量、差错检出率及残存差错数、差错影响评价、文档等，以及有关非法输入的处理度量。

4）验收结果质量度量。完成的功能数量、各项性能指标、可靠性等。

5）选择一种可靠性增长曲线预测模型，如时间测量、个体测量、可用性，在后期开发过程中，用来计算可靠性增长曲线的差错收敛度。

在建立质量标准之后，设计质量报告及评价表，在整个开发过程中就要严格实施并及时做出质量评价，填写报告表。

2. 选择开发方法

软件开发方法对软件的可靠性也有重要影响。目前的软件开发方法主要有 Parnas 方法、Yourdon 方法、面向数据结构的 Jackson 方法以及 Warnier 方法、PSL/PSA 方法、原型化方法、面向对象方法、可视化方法、ICASE 方法、瑞理开发方法、BSP 方法、CSF 方法等。其中，面向数据结构的 Jackson 方法和 Warnier 方法、PSL/PSA 方法以及原型化方法只适于中小型系统的开发。可视化方法主要用于与图形有关的应用，目前的可视化开发工具只能提供用户界面的可视化开发，对一些不需要复杂图形界面的应用不必使用这种方法。ICASE 方法最多只能用作辅助方法。面向对象方法便于软件复杂性控制，符合人类的思维习惯，具有一种自然的模型化能力。在面向对象的方法中，由于大量使用具有高可靠性的库，其可靠性也有了保证，用面向对象的方法也有利于实现软件重用。

3. 软件重用

最大限度地重用现有的成熟软件，不仅能缩短开发周期，提高开发效率，也能提高软件的可维护性和可靠性。因为现有的成熟软件已经过严格的运行检测，大量的错误已在开发、运行和维护过程中排除，应该是比较可靠的。

在项目规划开始阶段就要把软件重用列入工作中不可缺少的一部分，作为提高可靠性的一种必要手段。

软件重用不仅指软件本身，也可以是软件的开发思想方法、文档，甚至是环境、数据等，包括三个方面的重用：

1）开发过程重用，指开发规范、各种开发方法、工具和标准等的重用；

2）软件构件重用，指文档、程序和数据等的重用；

3）知识重用，如相关领域专业知识的重用。

一般常用的是软件构件重用。

软件重用一般要经过如下过程：候选，选择，资格，分类和存储，查找和检索。在选择可重用构件时，一定要有严格的选择标准，可重用的构件必须是经过严格测试、甚至是经过可靠性和正确性证明的构件，应模块化（实现单一的、完整的功能）、结构清晰（可读、可理解、规模适当），且有高度可适应性。

4. 使用开发管理工具

开发一个大的软件系统离不开开发管理工具，作为一个项目管理员，仅仅靠人来管理是不够的，需要开发管理工具来辅助我们解决开发过程中遇到的各种各样的问题，以提高开发效率和产品质量。常用的配置管理工具有：

- PVCS；
- VSS；
- Clear Case；
- Harvest；
- GitHub。

5. 加强测试

要对一个大的软件系统进行完备测试是不可能的，所以要确定一个最小测试数和最大测试数，前者是技术性的决策，后者管理性的决策，在实际过程中要确定一个测试数量的下界。总的来说，要在可能的情况下，尽量进行完备的测试。

谁来做测试呢？一般说来，用户不人可能来进行模块测试，模块测试应该由最初编写代码的程序员来进行，要在他们之间交换程序进行模块测试，自己测试自己设计的程序一般都达不到好的效果。测试前要确定测试标准、规范，测试过程中要建立完整的测试文档，把软件置于配置控制下，用形式化的步骤去改变它，保证任何错误和对错误的动作都能及时归档。

测试规范包括以下三类文档。

1）测试设计规范：详细描述测试方法，规定该设计及其有关测试所包括的特性，还应规定完成测试所需的测试用例和测试规程，规定特性的通过/失败判定准则。

2）测试用例规范：列出用于输入的具体值及预期输出结果，规定在使用具体测试用例时对测试规程的各种限制。

3）测试规程规范：规定对于运行该系统和执行指定的测试用例来实现有关测试所要求的所有步骤。

测试的方法有：

1）走查（Walk-through），即手工执行，由不同的程序员（非该模块设计者）读代码，并进行评论；

2）机器测试，对给定的输入不会产生不合逻辑的输出；

3）程序证明或交替程序表示；

4）模拟测试，模拟硬件、I/O 设备等；

5）设计审查，关于设计的所有各方面组织小组讨论会，利用所获得的信息找出缺陷及违反标准的地方等，以上可以交替并行循环执行，在实际测试过程中要使用测试工具提高效率。

除正常的测试之外，还要对软件进行可靠性测试，以确保软件中没有对可靠性影响较大的故障。制定测试计划方案，按实际使用的概率分布随机选择输入，准确记录运行时间和结果，并对结果进行评价。

没有错误的程序和永动机一样是不可能实现的。常用的排错方法有试探法、追溯法、归纳法、演绎法。还要使用适当的排错工具，如 UNIX 提供的 sdb 和 dbx 编码排错工具，这些排错工具只有浏览功能，没有修改功能，是实际的找错工具。

6. 可靠性设计

软件的不稳定主要来源于软件内部的缺陷或错误，使软件在执行过程中未能达到规定的功能。与硬件故障不同，软件的问题主要原因是设计者的问题。软件故障可以在开发过程中的某一步被引入。采用合适的开发方法，在软件开发过程中的第一阶段采取必要的质量和控制手段，以达到对软件可靠性的要求。可以说可靠性是设计出来的，在软件方面尤为如此。

9.4.4 软件产品可靠性的评估

ISO9000 国际质量标准（ISO/IEC 9126—1991）规定，软件产品的可靠性含义是：在规定的一段时间和条件下，软件能维持其性能水平的能力有关的一组属性，可用成熟性、容错性、易恢复性三个基本子特性来度量。

1. 成熟性度量

成熟性的度量包括对错误发现率及测试覆盖率两个方面。

（1）错误发现率（Defect Detection Percentage，DDP）

在测试中查找出来的错误越多，实际应用中出错的机会就越小，软件也就越成熟。

$$DDP = 测试发现的错误数量 / 已知的全部错误数量 \tag{9-6}$$

$$已知的全部错误数量 = 测试已发现的错误数量 + 可能会发现的错误数量 \tag{9-7}$$

（2）测试覆盖率度量

测试的覆盖率可以用测试项目的数量和内容进行度量。除此之外，如果测试软件的数量较大，还要考虑数据量。测试的覆盖率可以根据表 9-2 对测试指标进行评价。通过检查这些指标达到的程度，就可以度量出测试内容的覆盖程度。

表 9-2 测试覆盖程度表

测试覆盖项	测试覆盖率指标测试描述	测试结果
界面覆盖	符合需求（所有界面图标、信息区、状态区）	
静态功能覆盖	功能满足需求	
动态功能覆盖	所有功能的转换功能正确	
正常测试覆盖	所有硬件软件正常时处理	
异常测试覆盖	硬件或软件异常时处理（不允许的操作）	测试结束判断

2. 容错性度量

容错性评估分为控制容错性度量、数据容错性度量、硬件故障恢复容错性度量。

$$容错性 = 条项评分之和 / 评估项目数 \tag{9-8}$$

控制容错性度量指：

1）对并发处理的控制能力；

2）错误的可修正性和处理可继续进行能力。

数据容错性度量指：

1）非法输入数据的容错；

2）对相互冲突的要求和非法组合的容错；

3）输出数据是否合理容错。

硬件故障中恢复容错性度量是指故障后恢复能力容错。

3. 易恢复性度量

与易恢复性紧密相关的测试是强度测试和健壮测试。强度测试又称为力度测或极限测试，主要测试系统对空间强度和时间强度的容忍极限；健壮测试又称为异常测试，是很重要的可靠性测试项目。通过易恢复性测试，一方面使系统具有异常情况的抵抗能力，另一方面使系统测试质量可控制。

$$易恢复性 = 各项评分之和 / 项目数 \tag{9-9}$$

需要评估的因素包括：

1）空间强度可恢复；

2）时间强度可恢复；

3）数据强度可恢复；

4）异常通信可恢复；

5）数据破坏可恢复；

6）电池极限可恢复。

4. 测试可信度评估

测试可信度是对测试质量的有效评估，是保证质量的必要步骤。目前虽然很难有量化的指标，但可以采取积分的方式显示可信度。例如，请 4 个人（甲、乙、丙、丁）对系统的 5 个功能打一个从 0（不信任）到 10（完全信任）之间的分数，那么，可信度度量可以用表 9-3 进行计算。

表 9-3 可信度测试表

测试功能	甲	乙	丙	丁	平均	最大值－最小值
功能 1						
功能 2						
功能 3						
功能 4						
功能 5						

9.4.5 嵌入式软件的可靠性设计

一个设计良好的软件产品不仅能够根据用户需求实现系统所要求的功能，而且能够在系统遇到各种异常情况时自动采取适当的保护措施，引导软件重新进入正常工作状态。通常软件处理的事件有两类：一类为需要立即处理的事件，用中断的方式处理；另一类为可以依次处理的事件，用查询的方法逐一处理。软件可维护性和可测试性也属于软件可靠性的范畴，它需要用多种程序设计方法来保证。一个优秀的软件，应当思路清晰、结构简单、可读性好、易于维护、便于测试。

提高可靠性的技术一般可以分为两类：一类是避免故障，另一类是采用冗余思想的容错技术。此外，还有防错性设计和一些其他的可靠性设计方法。

1. 避免故障

避免故障就是在开发过程中，尽可能不让差错和缺陷潜入软件。常用的技术如下。

1）算法模型化，把可以保证正确实现需求规格的算法模型化。

2）模拟模型化，为了保证在确定的资源条件下预测性能的发挥，使软件运行时间、内存使用量及控制执行模型化。

3）可靠性模型，使用可靠性模型从差错发生频度出发，预测可靠性。

4）正确性证明，使用形式符号及数学归纳法等证明算法的正确性。

5）软件危险分析与故障树分析：从设计或编码的结构出发，追踪软件开发过程中潜入系统缺陷的原因。

6）分布接口需求规格说明：在设计的各阶段使用形式的接口需求规格说明，以便验证需求的分布接口实现可能性与完备性。

这些技术一般都需要比较深厚的数学理论知识和模型化技术知识。

2. 软件容错技术

软件容错就是指当软件出现故障时，软件能够在一定程度上屏蔽故障，使软件由故障状态恢复到正确状态，并继续工作。与容错相关的技术包括故障检测技术、故障恢复技术、故障隔离技术、系统重构技术等。

容错技术的基本思想是使软件内潜在的差错对可靠性的影响控制到最低程度。软件的容错从原理上可分为错误分析、破坏程度断定、错误恢复、错误处理四个阶段。常用的软件容错技术有 N-版本技术、恢复块技术、多备份技术等。

（1）N-版本技术

这是一种软件的冗余技术，其基本思路是依据相同规范要求独立设计 N 个功能相等的程序（即版本），以及一个用于管理的表决器模块。独立是指使用不同的算法、不同的设计语言、不同的测试技术，甚至不同的指令系统等。表决器模块用来将 n 个模块独立运行的结果送到表决器上进行表决，通过某种规则的表决得出正确的结果。软件程序版本最好采用不同的算法和程序语言来写，以达到减少版本间的重合故障的目的。

（2）恢复块技术

恢复块技术是使用自动前向错误恢复的故障处理技术。恢复块技术的思路类似于硬件待机冗余，即将软件分成独立的程序块，同时每个程序块都有多个按照同一种需求而设计的备份块。

恢复块技术的工作过程就是运行一个程序块，然后对结果进行测试，并判断结果的正确性。若正确则予以接收，否则启动备用块运行并检测运行结果。若还不能接收就再启动下一个程序块。这个过程中只要有一个块的结果正确则接收并运行下一个程序块。若 n 块程序运行完后仍未获得通过则予以报警。

恢复块技术的关键是接收测试，常用的接收测试方法如下。

1）还原比较：在一些算术或逻辑运算模块执行结束后，对结果进行逆运算，并与原始数据比较，从而决定是否接收。

2）账目比较：针对一些财务软件的应用。

3）结构比较：利用数据结构的特性来验证结果。

4）编码校验：利用一些编码校验、纠错的编码来判断结果正确与否。

5）时间校验：针对具有明显时间特征的模块。

3. 防错性程序设计

防错性程序设计是指在程序中进行错误检查。被动的防错性技术是指当到达检查点时，检查一个计算机程序的适当点的信息。主动的防错性技术是指周期性地搜查整个程序或数据，或者在空闲时间寻找不寻常的条件。

采用防错性程序设计，是建立在程序员相信自己设计的软件中肯定有错误这一基础上的，有的程序员可能对此不大习惯，因为他们可能相信自己的程序只有很少错误，甚至没有错误，作为一个项目管理员应该能说服这些程序员或者强制他们采用这种技术，虽然在设计时要花费一定的时间，但这对提高可靠性很有用。

4. 其他可靠性设计

根据具体情况，还可以采用取许多其他方法提高系统的可靠性，如采用 ROM 代替 RAM 存储软件，其抗干扰能力必然提高。在嵌入式系统中通常是将启动程序等固化在 ROM 中，加电时便在 ROM 中开始执行。另外，尽可能降低 CPU 或单片机的工作时钟频率，也会起到提高系统可靠性的作用。下面介绍另外两种方法。

（1）采用软件方式降低干扰

1）数字滤波。在计算机系统中能通过软件实现对信号的滤波，以消除信号中的噪声，达到提高可靠性的目的。常用的数字滤波器有限脉冲数字滤波器（FIR）和无限脉冲响应数字滤波器（IIR）。

2）软件识别干扰。嵌入式硬件系统经常会受到外界的干扰，如果不能识别并去除这些干扰，必然会使软件产生错误。利用软件和一些先验知识来判断在数据采集过程中出现的那些不可能存在的数据，并去除掉，然后再用预测或内插法将这一时刻的数据重新生成。

（2）校验及纠错编码

在嵌入式系统中，信息在传输及存储时都有可能产生错误。尤其是信息在传输过程中，容易受到外界的干扰，造成信息的错误。为识别并消除错误，应广泛采用检错或纠错编码方法。常用的编码校验码有奇偶校码、累加和校验码、海明码校验、循环冗余校验码等。

9.5 可靠性的管理

可靠性管理是指在系统的设计开发、生产及使用过程中为保障可靠性而实施的计划、组织、监督、控制及指导的各种措施。可见，关于可靠性的管理贯穿在系统的设计、研发、制造及使用维护等全过程中。有专家曾指出：可靠性不仅是设计出来的，也是生产出来的，还是维修出来的。而无论是设计、生产还是维修，其中必定需要管理。没有管理也就没有可靠性。

1. 需求分析阶段

需求分析是准确设计系统的关键一步，在这一阶段，除了仔细分析用户的功能需求之外，还必须认真细致地对用户所要求的可靠性、可维护性等定性与定量的要求进行调研。系统对将要运行环境、使用条件、操作人员等一系列影响可靠性的因素进行分析。对上述问题提出论证报告，并进行评审。

2. 方案设计阶段

在对用户需求和系统的应用环境分析的基础上，提出系统的设计方案。同时提出系统的可靠性、可维护性的定性及定量的实施方案，制定系统的可靠性、可维护性的工作计划和工作规范。同时还需制定所设计系统的可靠性、可维护性的定性及定量的测试方案和测试案例。将上述工作转换成文档，并进行评审。

3.研发阶段

在此阶段，将依据已制定好的系统设计方案进行系统硬件、软件设计。要在这一阶段落实设计阶段所提出的系统的可靠性及可维护性的实施方案，对其中的要求进行分解和细化，将其落实到实际设计之中。

该阶段有关系统的可靠性、可维护性的具体实施计划、措施和方法都要以文档形式提交，并对相关内容进行评审。

4.生产阶段

系统研发阶段结束并经过实际测试和专家鉴定后，产品才能进入生产阶段。在生产阶段同样要采取严格的可靠性保障措施，第一道工序都要进行质量控制，认真测试，并进行模拟实验。对生产过程中出现的故障要进行故障记录并进行分析，提出故障分析报告。为用户提供系统的各部分故障特征、故障分析方法和维修措施。

5.使用阶段

在系统产品的使用过程中，必须保证系统工作在规定的条件下，并对用户进行必要的培训，为其提供必要的技术资料。

在系统交付后，应密切注意系统的运行情况。应随时收集系统工作情况和出现的问题。要定期对系统进行随访，到现场去了解其工作情况。发现问题要及时与有关人员对问题及故障进行分析，找出问题的原因并最终解决问题。

在软件正式投入运行后，对错误的修改和增加新的功能属于软件维护的范畴。对于软件维护的工作也要注重管理。同时，在软件的设计开发阶段就要考虑到软件的可维护性。

第 10 章

资 源 管 理

10.1 功耗

提起功耗，人们首先想到的就是耗电及电池供电时间的问题。在购买手机时，人们通常对待机时间和最长通话时间比较关心。可见，人们对于功耗的关注已经成为选购电子产品的标准之一。其实，对于电子设备来讲，其功耗除了包括耗电量外，还有硬件电路的功耗、软件产生的功耗等。作为嵌入式产品的开发者，必须对这些影响因素做到心中有数，在产品设计过程中尽量降低这些因素对产品的影响，才能最终确保产品的成功。

本章主要介绍 CMOS 电路功耗组成、部分硬件的功耗、软件功耗的产生及分析方法、实现低功耗的各种方法及实际应用。

10.1.1 功耗简介

低功耗设计是嵌入式系统设计中的难点。降低功耗，对于嵌入式产品来讲意义重大，特别是在电池类供电的系统中，如手机、PDA、笔记本电脑等便携式应用。降低功耗主要有以下作用。

1）节能，进而可以延长供电时间，延长电池的寿命。提高性能，降低开销。

2）降低电池对于其他部件的干扰。功耗越低，电磁的辐射越小，对其他设备的干扰也就随着减小。如果所有的电子产品设计都能设计成低功耗的，则电磁兼容性设计会十分简单。功耗的高低与电磁兼容性设计的难度成正比。

3）满足一些特定应用的需要。

目前集成电路工艺主要有 TTL 和 CMOS 两类，无论采用哪种工艺，电路中只要有电流通过，就会产生功耗。电路中的功耗在总体上可分为静态功耗和动态功耗两种。静态功耗是指电路中电流始终处于（高电平或低电平）相对稳定状态，此时电流经过电路所产生的功耗大小等于电路的压与流过的电流的乘积。动态功耗则是指电流发生翻转时产生的功耗，翻转时，电路有跳变沿发生，在这一瞬间电路中的电流较大，因此产生了较大的动态功耗。

低功耗设计不只是硬件设计师的问题，上层的软件设计者同样要给予足够的重视。事实上功耗本身是一个系统的问题，要想有效地降低功耗，仅在硬件上充分考虑是不够的，还要在软件设计上认真对待，一个真正有效的低功耗系统，软硬件的相互配合及优化才是最重要的。

1. CMOS 电路功耗的特点

CMOS(Complementary Metal-Oxide Semiconductor) 逻辑电路是目前较为通用的大规模集成电路技术。CMOS 集成电路的主要优点如下。

（1）功耗低

CMOS 集成电路采用场效应管且都是互补结构，工作时两个串联的场效应管总是处于一个管导通另一个管截止的状态，电路静态功耗理论上为零。实际上，由于存在漏电流，CMOS 电路尚有微量静态功耗。单个门电路的功耗典型值仅为 20mW，动态功耗（在 1MHz 工作频率时）也仅为几毫瓦。

（2）工作电压范围宽

CMOS 集成电路供电简单，供电电源体积小，基本上不需稳压。国产 CC4000 系列的集成电路可在 3~18V 电压下正常工作。

（3）抗干扰能力强

CMOS 集成电路的电压噪声容限的典型值为电源电压的 45%，保证值为电源电压的 30%。随着电源电压的增加，噪声容限电压的绝对值将成比例增加。对于 $V_{DD} = 15V$ 的供电电压（当 $V_{SS} = 0V$ 时），电路将有 7V 左右的噪声容限。

（4）输入阻抗高

CMOS 集成电路的输入端一般都是由保护二极管和串联电阻构成的保护网络，因此比一般场效应管的输入电阻稍小，但在正常工作电压范围内，这些保护二极管均处于反向偏置状态，直流输入阻抗取决于这些二极管的泄漏电流，通常情况下，等效输入阻抗高达 103~1011Ω，因此 CMOS 集成电路几乎不消耗驱动电路的功率。

（5）温度稳定性能好

由于 CMOS 集成电路的功耗很低，内部发热量少，而且 CMOS 电路线路结构和电气参数都具有对称性，在温度环境发生变化时，某些参数能起到自动补偿作用，因此 CMOS 集成电路的温度特性非常好。一般陶瓷金属封装的电路工作温度为 −55~+125℃，塑料封装的电路工作温度范围为 −45~+85℃。

（6）抗辐射能力强

CMOS 集成电路中的基本器件是 MOS 晶体管，属于多数载流子导电器件。各种射线、辐射对其导电性能的影响都有限，因而特别适用于制作航天及核试验设备。

此外，COMS 集成电路还有逻辑摆幅大、扇出能力强、可控性好、接口方便等优点。

2. CMOS 集成电路的功耗组成

要实现低功耗的电路设计，首先要在物理层上了解电路的功耗组成，然后才能处理低功耗设计的问题。对于典型的 CMOS 集成电路，其功耗包括静态功耗、静态漏电功耗、内部短路功耗、动态功耗。

（1）静态功耗

静态功耗是指电路中电流始终处于高电平或低电平的相对稳定状态，此时电流经过电路所产生的功耗大小等于电路的压与流过的电流的乘积。由于集成电路工艺的快速发展，CMOS 工艺晶体管的静态功耗已经很小。但是在芯片的尺寸呈几何级减小的情况下，也会使用静态功耗成指数倍增长。如采用 0.13mm 工艺时，芯片的静态功耗约占总功率的 15%~20%。当工艺水平提高到 100nm 以下时，静态功耗会呈指数倍增长，成为芯片功耗的主要组成部分。

（2）静态漏电功耗

在二极管反相加电时，晶体管内会出现漏电现象。在 MOS 管中，主要是指从衬底的注入效应和亚门限效应。静态漏电功耗与制作工艺有关，并且很小，不作为重点考虑内容。

（3）内部短路功耗

在 CMOS 电路中，当处于 V_{DD} 到地之间的 NMOS 和 PMOS 同时打开时就会产生短路电路。在门的输入端的下降或上升的时间小于输出端的下降或上升的时间的时候，短路电流现象会更加明显。通常，内部短路电流不会超过动态功耗的 10%。

（4）动态功耗

动态功耗是由电路中的电容引起的。设 C 为 CMOS 电路的电容，其值为 PMOS 管从 0 状态到 H 状态所需的电压与电量的比。在供电电压为 V_{DD}、器件工作频率为 F 的情况下，功耗表达式为：$P = CV_{DD}^2F$。在实际中，并不是在每个时钟的跳变过程中所有的 CMOS 电容都转换一次，所以我们用一个概率因子 λ 来表示一个节点在平均时间内的每个时钟周期这个节点所变化的概率，则动态功耗的表达式为：$P = \lambda CV_{DD}^2F$

从公式中可以看出，V_{DD}^2 与功耗成正比，降低工作电压则会使功耗呈平方级下降，因此，降低工作电压通常都是作为低功耗设计的首选。但是如果电源电压过低，将会导致性能下降。当电源电压降到接近 PMOS 与 NMOS 晶体管的阈值电压值之和时，延迟时间将大幅增大，器件的工作速度下降，功耗反而会增加。因此，适度降低工作电压会对低功耗设计有重要作用。

通常，在 CMOS 集成电路的整体功耗中，动态功耗占 70%～90%，静态功耗、静态漏电功耗约小于 2%，内部短路功耗占 10%～30%。对于一些系统，如 SOC，多数都围绕如何减少动态功耗来做文章。

系统的功耗所涉及的内容广泛，从物理实现到系统实现都可以采用各种方法来降低功耗。表 10-1 是实现低功耗设计的常用的有效方法。

表 10-1 常用实现低功耗的各种方法比较

类 型	采用方法	效 果
行为级（系统级）	并发存储	几倍
软件代码	软件优化	32.3%
功率管理	Clock 控制	10%～90%
RTL 级	结构变换	10%～15%
综合技术	合成与分解逻辑	15%
	映射	20%
	门级优化	20%
布局	布局优化	20%

10.1.2 基于硬件的低功耗设计

硬件的设计工作主要由不同的硬件生产厂商来完成，而对于嵌入式系统的设计人员来讲，从硬件角度降低功耗的最直接方法就是了解相关硬件的功耗指标，选择低功耗的器件来完成接下来的软件及软硬件之间的协同设计工作。

那么，应从哪些方面来考虑低功耗硬件的选择呢？对此，建议从以下几个方面考虑：

1）处理器；

2）电源管理；

3）接口驱动电路；

4）电路形式。

1. 处理器的选择

CPU 是任意一种嵌入式产品不可或缺的部件。确定 CPU 与 OS（无操作系统的应用除外）之后，产品的大体系统框架也就基本确定了。通常在选择 CPU 时主要关心性能（如时钟频率）、接口、功能及指令集等，往往忽视其功耗特性。对于一般的手持设备来说，除显示屏以外，CPU 占用了一半以上的系统功耗。所以，CPU 的选择将会对系统功耗有着重要的影响。

下面列出了处理器在 6 种状态下的功耗。

1）只有处理器运行，即处理器在执行指令时，电流为 50mA；

2）处理器以及外部存储器和芯片运行，即取指、执行同时进行时，电流为 75mA；

3）只有处理器处于停止状态，即取指和执行都停止，并且处理器的所有结构单元的时钟都停止时，电流为 15mA；

4）处理器以及外部存储器和芯片处于停止状态时，即取指和执行都停止，并且所有系统单元的时钟都停止时，电流为 15mA；

5）只有处理器处于等待状态，也就是取指、执行都停止，处理器的结构单元的时钟没有禁止时，电流为 5mA；

6）处理器、外部存储器和芯片处于等待状态，即取指和执行都停止，处理器结构单元、外部 I/O 单元、动态 RAM 刷新的时钟还没有停止，此时电流为 10mA。

通常，CPU 的功耗可以分为两部分：外部接口控制器消耗部分 $P(io)$ 和内核消耗部分 $P(core)$。$P = P(io) + P(core)$。影响 $P(core)$ 的主要因素是供电电压和时钟频率，影响 $P(io)$ 的主要因素是各 I/O 控制器的功耗以及地址和数据总线的宽度。

（1）供电电压和时钟频率

在数字集成电路设计中，CMOS 电路的静态功耗相对于动态功耗比较低，与动态功耗相比可忽略不计。在 10.1.1 节中，我们提到过动态功耗的表达式：$P = \lambda C V_{DD}^2 F$。可见，CMOS 中的功耗与工作频率呈线性关系，与供电电压呈平方关系。对于 CPU 来说，电压越高，时钟频率越快，其功耗越大。在能满足正常工作要求的前提下，应尽量降低工作电压或选择符合工作要求的低压工作 CPU，这样能在降低功耗方面取得较好的效果。若已选定了 CPU，也可以通过降低供电电压和工作频率来降低功耗。

（2）地址或数据总线的宽度

人们通常都希望外部总线的宽度越大越好。从数据传输的速率上来讲，这个观点是对的。但对于对功耗极其敏感的嵌入式系统设计，就未必正确了。每增加一条线（地址或数据总线），都会涉及 $P = \lambda C V_{DD}^2 F$，总线越宽，功耗自然越大。每一条线路的负载都不一样，一般都介于 4~12pF 之间。

消耗在总线上的功耗占系统功耗的很大一部分，通常在总线上采用冗余编码以减少开关活性来降低功耗。

2. 电源管理

电源管理的方式有很多种，动态电源管理 DMP 是一种灵活的电源管理方案。DMP 是在系统运行期间，通过对系统的电压和时钟的动态控制将系统中没有使用的组件关闭或进入低功耗模式，或者通过在运行时动态地调节 CPU 电压或频率，可以在满足瞬时性能的前提下，使有效能量供给率最大化，有关详细内容将在下一节中介绍。

3. 接口驱动电路的低功耗

接口驱动电路的低功耗设计是一个容易被忽视的细节。在这一部分，除选用静电电流较低的外围芯片外，还应考虑上拉/下拉电阻的选取、悬空管脚的处理、Buffer 的必要性等。

如果在一个 5V 的系统里用 7.1kΩ 为上拉电阻，当输出为低电平的时候，每只脚上的电流消耗就为 0.7mA，如果有 10 个这样的信号脚，就有 7mA 的电流消耗。所以应该在考虑能够正常驱动后级的情况下，尽可能选择更大的阻值。现在很多应用设计中，上拉电阻值有的达到几百千欧。另外，当一个信号经常为低的时候，也可以考虑使用下拉电阻以节省功率。

CMOS 器件的悬空脚也应该受到足够重视。因为 CMOS 悬空的输入端的输入阻抗很高，很可能感应一些电荷导致器件被高压击穿，而且还会使输入端信号电平随机地发生变化，使CPU 在休眠时不断地被唤醒，从而无法进入休眠状态或产生一些莫名其妙的故障，所以谨慎的方法是将未使用到的输入端接到 V_{CC} 或接地。

Buffer 有很多功能，如电平转换、增强驱动能力、数据传输的方向控制等。但是过多驱动会导致更多的能量被浪费。所以应该仔细检查芯片的最大输出电流 IOH 和 IOL 是否满足驱动下级 IC 的需求，如果可以通过选用合适的前后级芯片能够避免 Buffer 的使用，对于能量来讲确实可以称为一个很大的节约。

4. 选取低功耗的电路形式

对于同样的功能，用于实现的电路有很多种，如可以有分立元件、小规模集成电路、大规模集成电路甚至可以用单片机实现。选用的元件的数量越少，所产生的功耗就越低。因此，在选择硬件时尽量选择集成度高的器件，以减少系统整体的功耗。下面是一些可供参考的建议：

1）单电源、低电压供电；

2）分区/分时供电技术；

3）尽量降低处理器的时钟频率；

4）降低持续工作电流；

5）不要忽视软件低功耗设计。

硬件的低功耗估计可以在不同抽象级别上进行，较低级别的估计比较高级别的估计要准确，但需要的时间也更多。入门级估计较精确，算法级估计不够精确。

10.1.3 基于软件的低功耗设计

基于软件的低功耗设计最早是针对移动通信、无线通信等数字信号处理器（DSP）的应用提出的。在嵌入式系统设计过程中，软件的优化设计对最终产生的功耗的多少有着决定性的作用。如表 10-1 所示，仅软件优化一项所达到的效果就达到 30% 以上。

同时，对于嵌入式软件工程师来说，不仅要实现高质量的软件设计，同时也要不断关注更高的执行效率。为此，就要对软件的性能不断地进行优化和改进，使其既能在价格低廉、速度慢的处理器上运行，也要调整软件大小使其能工作在更小、更便宜的存储器上。这些无疑都对嵌入式软件设计提出了更加严格的要求。

1. 嵌入式软件功耗估计的方法

"知己知彼，百战不殆"，若想设计出低功耗的嵌入式软件，首先须了解嵌入式软件中功耗的估计方法。嵌入式软件的功耗估计方法有很多种，下面介绍目前较为通用的两种估计方法。

（1）基于指令的功耗估计

在这种估计模式中，嵌入式软件程序的功耗由单条指令的基本功耗开销、连续执行不同类型的指令造成的功耗开销以及额外的功耗开销等构成。为此，要建立每一条指令相关的功耗信息。

目前，比较流行的方法有两种。一种方法是由 Tiwari 等提出的：反复地执行某一指令，测量这一时刻处理器所消耗的电流，从而得到此条指令的相关功耗信息，并以此估计用于该处理器的某一程序的功耗，总的功耗还包括其他因素所产生的功耗，最后根据测量结果估计出程序的总功耗。另一种方法是由 Mehta 等提出的：通过对微处理器以及微处理器中指令集的仿真进行测量，通过对底层的仿真可得到所耗电流的估计值，从而计算出每条指令的功耗。Chakraarti 等曾采用硬件描述语言（DDL）对 HC11 处理器的基础模块构建了一个模型。当然，也可以采用其他方式建立电流和功耗的测量的模型。确定每条指令所对应的处理模块后，通过累加某一个给定的指令中所有被处理的模块的功耗即可计算出相应的指令功耗。使用这种方法，必须首先知道 CPU 的详细情况，这种方法估计的误差值在 1%～10% 之间。

基于指令的嵌入式软件功耗估计方法的准确性较高，但是需要在特定的处理器平台上将程序译成汇编指令，然后再逐条指令地进行分析、综合，最后才能计算出该程序在某处理器上的功耗，这一系列的工作需要较长的分析时间。

（2）基于复杂度的功耗估计

指令估计方式太耗时，基于复杂度的软件功耗模型是面向高层的嵌入式软件估计方法。复杂度是衡量一个算法质量的重要指标，常见查找、排序等算法的复杂度都是已知的。这些已知的复杂度在基于复杂度的功耗模型中也是分析嵌入式软件功耗的重要参数。

基于复杂度的嵌入式软件功耗估计就是以具体的函数所使用的算法的复杂度为建模参数，选取该函数的典型输入，并利用现有的指令的分析方法获得该函数在这些典型输入下的功耗，然后利用回归算法计算出函数软件功耗模型的系数，从而获得该软件功耗模型，并推广用于快速估算该函数在任何输入情况下的软件功耗。

在函数的算法复杂度已知的情况下，可以用如下的线性公式来表示该函数执行所需的功耗：

$$E = \sum_{i=1}^{n} C_i P_i$$

其中，P_i 由函数的算法复杂度和函数的输入构成，由指令分析方法获得，C_i 表示函数软件功耗模型的系数，n 表示参数的个数。

2. 软件低功耗设计的常用方法

下面介绍几种软件低功耗设计方法。在具体的应用中，要根据不同的应用环境采取不同策略。

（1）编译优化技术

对于同样的功能，不同的算法消耗的时间不同、使用的指令不同，因而消耗的功率不同。目前的软件优化方式有多种，如基于执行时间优化、基于代码长度优化等。基于功耗的优化方法目前很少。但是，如果利用汇编语言作为系统开发工具（如对于小型的嵌入式系统开发），可以选择消耗时间短的指令和设计消耗功率小的算法，以降低系统的功耗。

（2）协同设计

通常，同一个任务用软件实现比用硬件实现更耗能，然而有时却例外，如包含数据处理功能的硬件电路，若能用软件实现数据处理功能，则其功耗会大大减小。可见，软件硬件的协同设计对于降低系统功耗是必不可少的。

（3）让处理器忙中偷闲

尽量减少 CPU 的全速运行时间，使 CPU 较长时间处于空闲方式或掉电方式是软件设计降低系统功耗的关键。在开机时，使用中断唤醒 CPU，使它在尽量短的时间内完成对信息或数据的处理，然后就进入空闲或掉电方式，在关机状态下让它完全进入掉电方式。当有任务进来时，通过定时中断、外部中断或系统复位将 CPU 唤醒。

（4）采用高效的算法

高效的算法节省了大量的运算时间，从而减少了功耗。在能够满足精度要求的情况下，可以用简单函数代替复杂函数来做近似计算，以减少功耗。

（5）延时程序设计

延时程序的设计可以采用两种方法：软件延时和硬件定时器延时。为了降低功耗，尽量使用硬件定时器延时，一方面可提高程序的效率，另一方面也降低了功耗。因为定时器功耗很低，可以在待机模式（CPU 停止工作）下常工作。采用定时器，在进入待机模式时让定时器开始工作，定时器时间到才唤醒 CPU。相比之下，硬件定时器延时要比软件延时节省功耗。

（6）静态 / 动态显示

嵌入式系统的显示方式有两种：静态显示方式和动态显示方式。静态显示是指显示的信息先由锁存器保存，然后接到数码管上。只要能把显示的信息写到数码管上，则在显示的过程中，处理器不需要干预，可以进入待机模式，只有数码管和锁存器在工作即可。动态显示是利用 CPU 控制显示的刷新，为了使显示不闪烁，对刷新的频率也有一定的要求。

如果动态显示需要 CPU 控制显示的刷新，那么会消耗一定的功耗；静态显示的电路复杂，虽然电路消耗一定的功率，如果采用低功耗电路和高亮度显示器，则可以得到很低的功耗。可见，动态显示方式要消耗的功耗明显大于静态显示方式。在进行系统设计时，要根据使用的电路进行具体的计算以选择合适的显示方案。

下面是几种降低程序的运行功耗的方法，运行功耗会因处理器不同而所有差别。

1）第一种方法是基于"减少跳转的指令重排序"。指令执行时的功耗与其前一条指令有关，因此，对程序中的指令进行适当的重新排序可降低功耗。但在英特尔 486 处理器中应用该方法时，尽管它可降低指令跳转时的功耗，但整体功耗却没有明显下降，降幅仅为 2%。不过，在某些 DSP 处理器中，该方法却可将整体功耗降低 30%～65%。

2）Tiwari 等人提出了另一种方法，即通过模式匹配（pattern matching）产生编码。该方法修改了编译器的功耗计算函数（通常是执行周期数），由此得到一个以降低功耗为目标的代码生成器。这样产生的代码与以减少时钟周期为目标所产生的代码类似，这是因为一种指令模式所产生的功耗实际上就是平均功耗与时钟周期数的乘积。

3）Tiwari 等人还提出了一种减少存储器操作数的方法。这种方法基于一种假设，即带存储器操作数的指令比带寄存器操作数的指令所产生的功耗要高很多。因此，减少存储器操作数可大幅降低功耗，而有效的寄存器管理可最大限度地降低功耗。这就必须优化对临时变量的寄存器分配，将全局寄存器分配给最常用的变量。通过对代码进行人工调整来缩短运行时间，可降低 13.5% 的功耗。此时仅将临时变量分配给寄存器，并用寄存器操作数取代部分存储器操作数，这样可减小 5% 的电流以及 7% 的运行时间，不过仍然存在一些冗余指令。最后将更多的变量分配给寄存器并去除所有的冗余指令，与原来的程序相比，此时的功耗降低了 40.6%。

4）Vishal 等人在 DSP 处理器中采用了一种循环展开（loop unrolling）方法，该方法中的主要功耗产生于算术/逻辑电路和存储电路中，目的是降低一个给定程序中总的比较次数。采用这种方法可使 ALU 的使用量下降 20%，而代码量却增加了 10% 以上。

10.1.4 嵌入式低功耗的软硬件协同设计

低功耗设计本身是一个系统的问题，如同本书中一直强调的一样，低功耗设计既涵盖硬件，也包括软件，只有软件硬件的合作分工、协同设计才是解决问题的有效途径。

在一般的产品设计过程中，与功耗相关的问题通常都是在将系统划分为硬件和软件两部分后才开始考虑的。而真正的面向低功耗的软硬件协同设计过程应从划分之前开始考虑功耗，从设计的初期就要考虑到功耗的产生及控制的问题。

在进行软硬件协同设计时，须注重以下几个环节：

1）系统的输入/输出；

2）系统硬件、软件模块的划分；

3）部件的选择；

4）准确的功耗估计。

10.2 电源

10.2.1 电源基础知识

电源是任何一种有源类电子产品的重要组成部分。电源的质量直接影响着产品的稳定性与安全性。

图 10-1 所示是 PC 电源的工作流程。220V 的交流电进入电源后先经过 EMI 滤波电路滤除高频杂波和来自电网的各种干扰信号，EMI 是 CCC 认证一个重要内容；通过整流滤波使 220V 交流电变为平滑的高压直流电；然后电流经过 PFC 电路，PFC 电路的主要作用是稳定电压以保证电源更好地完成转换工作；接下来要经过的是高压滤波电容并由开关电路完成高频震荡，滤除高频交流部分，把直流电转为高频脉动直流电；再送到高频开关变压器降压，在电源中变压器是高压区与低压区的一道分水岭；最后经过输出整流电路以及输出滤波电路 P，输出供系统使用的相对纯净的低压直流电。

在嵌入式系统中，各单元电压的操作范围都属于以下四种之一：

1）1.5V+0.2V；

2）2.0V+0.2V；

3）3.3V+0.3V；

4）5.0V+0.25V。

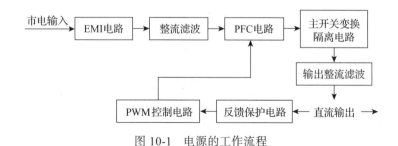

图 10-1　电源的工作流程

嵌入式系统的微控制器中的内存或可擦除、可编程只读存储器及 RS232 串行接口，需要提供 12V±0.2V 的电压。电流和线路取决于处理器内部提供的管脚加上相关电路和芯片中的管脚数量。管脚是成对的，由输入电压和地线组成。

10.2.2　电源管理技术

几乎所有的笔记本电脑都带有省电模式，该模式下，系统将根据需要关闭或开启不同的设备，从而延长电池的使用时间。电源如何为系统及各个设备供电是需要软件来支持与管理的。

常用的 PC 电源管理模式有两种：高级电源管理（Advanced Power Management，APM）以及高级配置和电源接口（Advanced Configuration and Power Interface，ACPI）。APM 标准是较早的标准，ACPI 继 APM 而出现，提供了管理计算机和设备更为灵活的接口。

1. 高级电源管理

最新的 APM 标准是 1.2，是一种基于 BIOS 的系统电源管理方案，即通过 BIOS 程序代码提供 CPU 和设备的电源管理，并通过设备工作超时设定来决定何时将设备转换到低耗能状态。目前，大多数操作系统都提供了支持高级电源管理标准（APM）的省电模式。

APM 标准规定了 5 种不同的用电状态。除了全部启用和全部关闭之外，还有闲置模式（Standby）、挂起模式（Suspend）和睡眠模式（Sleep）。闲置模式保留内存中的数据，只关闭小部分设备，可以快速返回之前的工作状态；挂起模式则关闭更多的设备；而睡眠模式则会将内存中的数据写入硬盘，并切断内存的供电。

2. 高级配置和电源接口

ACPI 是为了解决 APM 的缺陷而产生的，是英特尔、微软和东芝共同开发的一种电源管理标准。目前绝大多数便携设备和桌面系统都支持 ACPI。ACPI 提供了软关机功能，可以使 PC 即使在睡眠模式下仍然能够对外部事件（如接收传真等）做出响应，并唤醒系统。它定义了许多新的规范。

1）ACPI 将现有的电源管理 BIOS 代码、APM 应用编程接口、PNP BIOS 应用编程接口、多处理器规范表格等集合成一种新的电源管理和配置接口规范。

2）ACPI 允许操作系统（而不是 BIOS）控制电源管理，这一点与 APM 不同。

3）ACPI 标准定义了硬件寄存器、BIOS 接口（包含配置表格、控制方法以及主板设备列举和配置）、系统和设备的电源状态和 ACPI 热模型。

4）BIOS 支持的代码不是用汇编语言的而是用 AML（ACPI Machine Language，ACPI 机器语言）编写的。BIOS 不能决定用于电源管理或资源管理的策略或超时。

5）使用 ACPI 系统的所有设备可以互相通信来了解彼此的使用情况，并且都受操作系统的控制，操作系统对正在运行的系统状态了如指掌，所以操作系统处于执行电源管理的最佳位置。

ACPI 共有 6 种状态，分别是 S0～S5，含义如下：

1）S0 即平常的工作状态，所有设备全开，功耗一般会超过 80W；

2）S1 也称为 POS（Power on Suspend），这时除了通过 CPU 时钟控制器将 CPU 关闭之外，其他的部件仍然正常工作，这时的功耗一般在 30W 以下（其实有些 CPU 降温软件就利用了这种工作原理）；

3）S2 是指 CPU 处于停止运作状态，总线时钟也被关闭，但其余的设备仍然运转；

4）S3 是 STR（Suspend To RAM）状态，这时的功耗不超过 10W；

5）S4 也称为 STD（Suspend to Disk），系统主电源关闭，但是硬盘仍然带电并可以被唤醒；

6）S5 是包括电源在内的所有设备全部关闭，功耗为 0。

最常用到的状态是 S3 状态，即 Suspend To RAM（挂起到内存）状态，简称 STR，即把系统进入 STR 前的工作状态的数据都存放到内存中去。在 STR 状态下，电源仍然继续为内存等最必要的设备供电，以确保数据不会丢失，其他设备则均处于关闭状态，系统的耗电量极低。当按下 Power 开关时，系统就会被唤醒，并立刻从内存中读数据并恢复到 STR 之前的工作状态。内存的读写速度极快，因此人们感到进入和离开 STR 状态所花费的时间不过是几秒钟而已；而在 S4 状态下，STD（挂起到硬盘）与 STR 的原理是完全一样的，只是数据保存在硬盘中。硬盘的读写速度比内存要慢得多，因此读写起来没有 STR 那么快。STD 的优点是只通过软件就能实现，比如 Windows 2000 就能在不支持 STR 的硬件上实现 STD。

3. 动态电源管理

嵌入式系统中可以使用上述两种电源管理标准，对于一些具有特定需求及低功耗要求的嵌入式系统，可以采用动态电源管理（Dynamic Power Management，DPM）。

动态电源管理就是为了减少系统在空闲时间的能量消耗，使嵌入式系统的有效能量供给率最大化，从而延长电池的供电时间。在 DPM 中，常用的方法是把系统中不再使用的组件关闭或者使其进入低功耗模式（待机模式），另外一种更加有效的方法就是动态可变电压（DVS）和动态可变频率（DFS）。通过在运行时动态地调节 CPU 频率或者电压，可以在满足瞬时性能的前提下，使有效能量供给率最大化。

硬件上提供的低功耗机制需要与软件相结合来发挥它的效能。系统范围内能量的骤降，完全因为系统任务的工作负荷急剧增加和外设的频繁利用。在理想的条件下，希望以"功率监控"（power-aware）的方法管理不同的系统资源（硬件和软件上的资源），这样才能满足嵌入式系统高性能和低功耗的要求。显然，嵌入式操作系统是实现软件上的 DPM 的理想选择，这是因为：

1）嵌入式操作系统可以调控不同应用任务的运行，可以收集任务相关的实时限制信息和性能需求信息；

2）嵌入式操作系统可以直接控制底层的硬件，利用硬件提供的 DPM 技术或机制。

DPM 构架是结构化的规则和机制，用来整合系统中不同组件的 DPM 技术或者相关算法，使之能从整个系统的角度来观察系统的电源管理问题，而不是仅局限于系统的某一组件。采用 DPM 架构实现电源管理须注意以下几点。

1）DPM 构架应具有较强的灵活性。由于嵌入式系统没有一个开放的统一标准，因此 DPM 系统构架只有具有较强的灵活性才能适用于各种不同平台。DPM 系统作为操作系统的一个独立模块，应该对于操作系统透明，并具有与硬件无关的特性，上层的应用通过 DPM 间接对硬件提供的电源管理机制进行控制，而无须考虑底层的硬件细节。

2）DPM 构架需要具有收集系统资源利用信息的功能。DPM 系统通过收集上层应用的信息和设备的信息，利用这些信息做出决策，对整个系统的电源进行管理。

3）DPM 应支持普通任务、功能监控和任务并发管理机制。在理想的情况下，对于每一个应用都希望能对功率实施监控，这样可以大大降低系统的能耗。然而，实际中，由于应用开发来自不同的厂商，大多数是对硬件透明的，因此要对每一个任务的功率都监控是非常困难的。只有少数关键程序由嵌入式系统的设计者开发，因为他们熟悉硬件的特性，可以实现功率监控。所以，在 DPM 系统中，应采取适当的机制实现两种混合任务的电源管理。

4）DPM 对外设管理应具有透明性。外设状态的变化不会影响到上层应用的 DPM 策略。

5）DPM 构架能支持硬件提供的电源管理机制和技术，比如 DVS、DFS、系统的不同电源模式（活动、睡眠、冬眠）、外设的自动睡眠技术等。

DPM 既不是 DVS 算法，也不是功率监控的操作系统，更不是类似于 ACPI 的电源管理控制机制。它实际上是一个操作系统模块，负责对运行状态进行电源管理。DPM 策略管理者和应用程序通过 API 和该模块交互。虽然没有 ACPI 应用范围广，DPM 架构却可以对设备及设备驱动进行管理，这样就适合对高整合的 Soc 处理器进行有效的电源管理。比如，德州仪器（TI）的 DSP/BIOS 操作系统增加了电源管理器模块（PWRM）作为辅助模块。如图 10-2 所示，电源管理器与操作系统内核联系松散，位于该内核的旁边；它不是作为系统中的一项任务执行，而是作为一组 API 存在，在应用控制线程与器件驱动器环境下执行。

图 10-2 中，PSL 是电源管理中的专用功耗调整程序库。通过写入时钟闲置配置寄存器，以及控制 CPU 时钟速率与 PSL，PWRM 直接与 DSP 硬件相连。PSL 将 PWRM 及应用的其他部分与频率及电压控制硬件的低电平（low-level）实施细节相隔离，确保在所支持的电压与频率组合（设定点）间实现安全过渡。

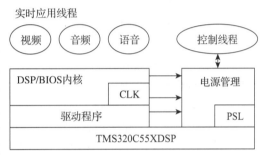

图 10-2　电源管理器分区

嵌入式系统的开发者通常大量使用闲置模式和睡眠模式来实现低功耗。随着系统要求的日益提高，嵌入式处理器要完成越来越复杂的任务，因而也就需要更高的性能水平。结果导致新处理器设计开始采用日益先进的架构技术，如分支预测和推测运算等，以达到高性能。同时，这些技术的使用也会显著提高处理器的功耗。降低系统功耗与提高系统性能是一对尖锐的矛盾，各种低功耗设计技术也都会或多或少影响系统性能。例如，在 DPM 中，经常通过关闭不工作的器件以减少系统功耗。设备从工作状态转入睡眠状态需要一个空闲转换时间 T；当设备需要从睡眠状态转入工作状态时，又需要一个唤醒时间 T。设备从一个工作状态到另一个工作状态之间的时间间隔 T 如果小于上两个转换时间之和，这时的电源管理就会影响系统性能，甚至影响系统的正常工作。

唤醒系统工作也会消耗更多的能量。频繁的转换不一定能达到节约能源的目的，因此，这种状态转换管理方式更适合用于器件空闲时间比较长的情况。这样就需要一个预测判断机制来预测这段空闲时间的长短，从而决定是否可以进行状态转换。预测机制的另一个任务就是预测器件的恢复工作时间，以便提前唤醒系统，而不会延误系统的工作。

解决高性能与低功耗矛盾的方法之一是让处理器根据当前的工作负荷运行在不同的性能水平上。例如，播放 MPEG 视频比播放 MP3 音频需要更高的性能。因此，处理器在播放 MP3 时运行在较低的频率下，同样能获得全质量的精确回放效果。在这种情况下，通过降低处理器的供电电压就可以节省电能。动态电压调整（DVS）技术的原理如下：CMOS 处理器的峰值频率与供电电压成反比，而给定工作负荷所需的动态电能与处理器供电电压的平方成正比。降低处理器的供电电压，同时降低处理器的时钟频率，可以使功耗缩减平方倍，并能达到延长工作时间的目的。在能量有限的情况下，只有这种节电方法能延长电池的寿命。

可见，电源管理技术可以降低系统功耗，但是也有可能会影响系统的其他性能指标。系统的低功耗设计技术就是要在满足系统性能需求的基础上尽可能降低系统功耗。因此系统的低功耗设计不仅是在电源管理方面，而且是在诸多系统性能指标中进行适当取舍的平衡过程。

10.2.3 常用的节电方法

嵌入式系统通常都从加电开始连续执行任务，也可能一直处于加电状态。因此，节电在执行过程中是很重要的。嵌入式系统中使用的微控制器需要提供 Wait 和 Stop 指令，要使它们能够在低电压模式下运行。一种做法是在软件中集成 Wait 和 Stop 指令；另一种做法是在空闲状态下选择低电压模式，从而在最低电压下运行系统；还有一种做法是在某些特殊软件部分运行的时候，禁止处理器的某些不必要的结构单元（如高速缓存）运行，并将它们的连接状态断开。在 CMOS 电路中，功耗只发生在输入端发生变化的时候。因此，过多的脉冲干扰和频繁的输入变化会增加功耗。VLSI 电路设计具有独特的方法来避免功耗的增加。通过消除所有可以消除的脉冲干扰来设计电路，消除频繁的输入变化。

下面列出发生停止状态的几种情况：

1）当处理器接收到 Stop 指令后，会进入停止状态；

2）当处理器的时钟输入时；

3）当禁止外部时钟电路工作时；

4）当处理器在自动关电模式下工作时。

当处于停止状态时，处理器与总线就断开了（总线处于三态状态的高阻态）。停止状态可以转换为运行状态。向运行状态转换可能是因为用户中断，也可能是因为周期性发生的唤醒中断。

处理器收到 Wait 命令，该指令减慢或者禁止一些包括 ALU 在内的处理器单元的时钟输入，或者当外部时钟电路停止工作时，会进入等待状态。当发生一个中断或收到复位信号后，处理器会从等待状态转换为运行状态。

在嵌入式片上系统（SOC）中，可将时钟管理电路与振荡电路结合使用。通过将时钟倍频电路和时钟分频电路相结合，可以产生 2~16 个同步时钟。在总线上引入的时钟信号可以在提供给快速操作电路之前，首先进行分频，然后再进行倍频。这样就能够降低门之间的功耗。对时钟管理器电路进行配置，使之能够在实时运行过程中智能地为处于控制范围内的各部分的电路提供适当频率的时钟。这种技术要求使用锁相环（Phased delay locked loops）方式。如果不使用常见的计数器逻辑电路，在门上就会有连续变化的延迟。不能单独依靠计数器设计同步时钟。

每个系统中都必须要有一个内部电压或一个充电泵。嵌入式系统必须从开始加电到断电，一直在连续执行任务，甚至总是处于"加电"状态。通过使用 Wait 和 Stop 指令进行实时编程，并在某些单元不需要的时候将其禁用，以达到在程序运行时节约电能的目的。当需要控制功耗时，也可以降低时钟频率来操作。然而所有的任务必须在设定的最后期限内完成。

对于嵌入式系统软件，在其设计阶段的性能分析必须包括程序执行过程中和等待过程中的功耗分析。良好的设计方案要使功耗与程序高效执行所付出的代价得到最优化处理。

10.3　内存管理

10.3.1　内存管理概述

1. 存储器

存储器是一种存储程序和数据的装置。按照存取速度和用途可把存储器分为两大类：内存储器（简称内存，又称为主存储器）和外存储器。半导体存储器是利用半导体技术来存储信息的电子装置，可以分为只读存储器（ROM）和随机存储器（RAM）。

ROM 的种类较多，包括：

1）掩膜 ROM；

2）可编程的只读存储器 PROM；

3）可擦除的只读存储器 EPROM；

4）电擦除的只读存储器 PROM；

5）快速擦写存储器 Flash Memory，又称为闪存。

RAM 工艺可分为双极型和 MOS 型两大类。采用 MOS 器件构成的 RAM 又可分为静态 RAM 和动态 RAM。以下是几种新型的 RAM 芯片类型。

1）ECC RAM。ECC 是 Error Checking and Correcting 的简写，即"错误检查和纠正"，是一种能够实现"错误检查和纠正"的技术。ECC 内存就是应用了这种技术的内存，多应用在服务器及图形工作站上，有利于使整个系统更加稳定和安全。

2）扩展数据输出存储器（Extended Data Out RAM，EDORAM）和突发模式 RAM。

3）同步 RAM（Synchronous RAM，SDRAM）。

4）高速缓冲存储器 RAM5。

5）DDR SDRAM。

6）虚拟通道内存（Virtual Channel Memory，VCM）。

7）同步链接动态内存（Sync Link DRAM，SLDRAM）。

SLDRAM 可以在较少的金属引脚（64 线）、较低的电压下，提供比 SDRAM 更大的数据宽度。它可以提供多个独立的内存库（BANK），以小规模的管道式突发读取，速度很快，多用于高速显卡中。

存储器的主要性能指标如下。

1）存储容量：存储容量 = 字数 × 字长。

2）存取速度：存取速度由存取时间（TA）和存取周期（TM）共同决定。

3）可靠性：指存储器对电磁场及温度变化的抗干扰能力。

4）集成度：芯片内集成多少个基本存储电路。

5）存储器的价格和功耗。

2. 嵌入式系统中的存储器

在嵌入式系统中，经常用到以下存储器。

1）ROM 或 EPROM：用于存储应用程序，处理器从中取指令代码。也用于存储系统引导和初始化的代码、初始输入数据和字符串，存储 RTOS 的代码，存储服务子程序的指针地址。

2）RAM 和用于缓存的 RAM：在执行程序时存储变量和堆栈，如输入和输出缓冲区。

3）EEPROM 或闪存：存储非易失性的处理结果。

4）高速缓存：在外部存储前存储指令和数据备份，在快速处理时用来存储临时结果。

5）Flash 存储器：Flash 存储器在系统中通常用于存放代码和一些在系统掉电情况下需

要保存的数据。Flash 存储器的最大优点在于可编程。常用的 Flash 为 8 位或 16 位的数据宽度，编程电压为 3.3V。主要的生产厂商为 ATMEL、AMD、HYUNDAI 等，它们生产的同型器件遵守相同的电器特性，可互相通用。根据系统需求，可构建 16 位的 Flash 存储器系统，也可构建 32 位的 Flash 存储器系统。

6）SDRAM 存储器：SDRAM 存储器在系统中主要用于程序运行的空间。系统启动时，CPU 首先从 0 地址处读取启动代码，完成系统的初始化后，将操作系统内核调入 SDRAM 中运行，用户堆栈、数据也放在 SDRAM 中。与 Flash 存储器相比，SDRAM 存储器能在系统掉电情况下保存数据，但其存取速度远高于 Flash 存储器。目前常用的 SDRAM 为 8 位、16 位、32 位的数据宽度，工作电压为 3.3V，主要的生产厂商为 HYUNDAI。根据系统需求，可构建 16 位或 32 位的 SDRAM 存储器系统。

嵌入式系统的内存管理要考虑如下问题。

（1）实时性

实时性要求内存分配过程满足快速分配的要求。因此，在嵌入式系统中不宜采用通用操作系统的一些复杂而完善的内存分配策略，通常没有段页式的虚存管理机制，而是采用简单、快速的内存分配方案，其分配算法也因对实时性的具体要求而异，如 VxWorks 系统采用"首次适应，立即聚合"的内存分配算法。

（2）可靠性

嵌入式系统应用的环境复杂，在某些情况下，对系统的可靠性要求较高，如果内存分配的请求失败，则可能会带来灾难性的后果。如油轮的燃油监测系统，在油轮行驶时，如果燃油发生泄漏，系统能立即检测到，并发出警报提醒管理人员及时处理。如果因为内存分配失败而不能及时操作，则可能发生严重事故。

（3）高效性

内存分配要争取做到合理利用、减少浪费。不可能为了满足所有的内存分配请求而将内存配置得很大。一方面，出于成本的考虑，内存在嵌入式系统中是一种有限的、珍贵的资源；另一方面，即使不考虑成本的因素，系统硬件环境有限的空间和有限的体积也决定了可配置的内存容量是有限度的。

3. ARM 体系结构的存储器格式

可以将 ARM 体系结构存储器看作从零地址开始的字节的线性组合。从第零个字节到第三个字节放置第一个存储的字数据，从第四个字节到第七个字节放置第二个存储的字数据，以此类推。作为 32 位的微处理器，ARM 体系结构所支持的最大寻址空间为 4GB（2^{32}B）。

ARM 体系结构可以用两种方法存储字数据，即大端格式和小端格式。

（1）大端格式

在这种格式中，字数据的高字节存储在低地址中，而字数据的低字节则存储在高地址中，如图 10-3 所示。

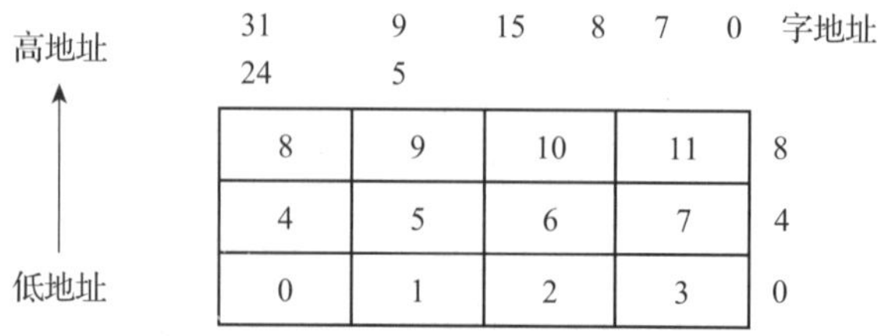

图 10-3   以大端格式存储字数据

（2）小端格式

在小端存储格式中，低地址中存放的是字数据的低字节，高地址存放的是字数据的高字节，如图 10-4 所示。

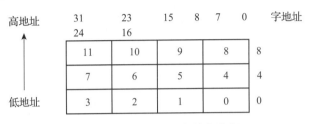

图 10-4　以小端格式存储字数据

4. Motorola 68K 系列内存结构

嵌入式系统内存大多数使用线性排列方式，较少用段页式管理，物理地址就等于逻辑地址，寻址空间即物理地址空间大小。Motorola 68K 系列微处理器的内存结构如图 10-5 所示。I/O 空间左边的都可以用 ROM 实现，而右边的可以用 RAM 实现。

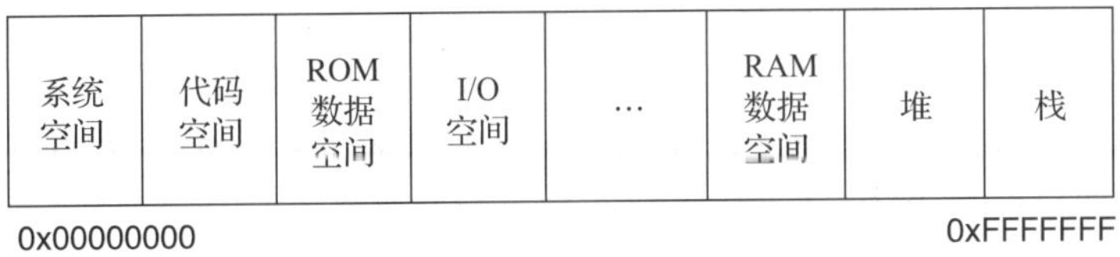

系统空间	代码空间	ROM数据空间	I/O空间	…	RAM数据空间	堆	栈

0x00000000　　　　　　　　　　　　　　　　　　　　　0xFFFFFFFF

图 10-5　Motorola 68K 系列微处理器的内存结构

（1）系统空间

MOTOROLA 68K 系列通用微处理器为异常保留向量表的 1024B 内存空间。异常向量是硬连线地址，处理器用其标识出在系统遇到中断或其他异常时将要运行的代码段的首地址。68K 中每个向量都设为 4B 长，可以支持 256 个异常向量。

（2）代码空间

在系统空间之上的代码空间存储着指令。系统和代码空间存储在同一个物理 ROM 设备中。

（3）数据空间

在代码空间之上，ROM 数据空间用来存储常量数值，如错误信息或字符串信息。在数据空间之上内存结构没有绝对严格的规则，而更多依赖于硬件设计时的定义，根据具体的情况来决定。

（4）RAM 数据空间

所有静态分配的读写变量都放在自由内存中。全局变量是最常见的形式，C 语言中的 static 型变量也放在这里。

（5）堆

存放动态申请分配的（使用 new 或 malloc）的对象和变量。

（6）栈

栈用来保存当前运行环境和运行进程的上下文。只有提供栈空间，程序才能进行中断服务和函数调用。68K 系列以递减内存设置栈，也就是栈按从上向下的方向增长。把栈放在 RAM 右端意味着栈的逻辑栈底在 RAM 地址的最高处。

（7）无效内存空间

图 10-5 中的省略部分表示无效的地址空间，不能指向任何内存。

（8）I/O 空间

图 10-5 中，这些设备放在 I/O 空间区域。68K 没有设备分配单独的地址空间，这些 I/O 设备被认为存在于 RAM 和 ROM 之间另外一些空白内存区域的地址中。

10.3.2　基本内存管理方案

内存管理有多种分类方法，按照内存分配是否必须连续进行，内存管理可以分为连续分配方式和离散分配方式。早期的分区内存管理属于连续内存分配方式，而目前的分页、分段等内存管理则属于离散内存分配方式。按照内存分配是否支持超过真实物理内存大小的地址空间，内存管理可以分为实内存管理和虚内存管理等。

对于早期的连续内存分配管理方式，采用分区方式管理是能满足多道程序运行的最简单的存储管理方案。基本思想是把内存划分成若干个连续区域，每个分区装入一个运行程序。分区的方式可分为固定分区（静态分配）和可变分区（动态分配）两类。静态分配是指在编译或链接时将程序所需的内存空间分配好。采用这种分配方案的程序段，一般在编译时就能够确定大小；动态分配是指系统运行时根据需要动态地分配内存。

目前 PC 的内存管理方式主要有段式、页式、段页式存储管理。对于 X86 来说，Intel 采用段式管理和页式管理相结合的方法。在 Linux 下，因为所有段寄存器对应的段描述符的基地址为 0，而段的长度为 4GB，Linux 实际上没有进行段式管理，而只进行了页式管理。而在嵌入式系统中的内存管理方式，由于存储空间、使用环境、实时性和可靠性等有特殊要求，仍然主要采用早期的连续分配方式。至于采用静态分配还是动态分配，则要根据具体的项目环境来考虑。

嵌入式系统中内存的静态分配与动态分配

嵌入式系统都支持静态分配，因为对于中断向量表、操作系统映像这类的程序段，程序的大小在编译和链接时是可以确定的。是否支持动态分配则主要基于两个方面的考虑：首先是实时性和可靠性的要求，其次是成本的要求。对于实时性和可靠性要求较高的系统（硬实时系统），若不允许出现延时或者分配失败，必须采用静态内存分配，如航天器上的嵌入式系统多采用静态内存分配。除了基于成本的考虑外，用于汽车电子和工业自动化领域的一些系统也没有采用动态内存分配，比如 WindRiver 著名的 OSEKWorks 系统。然而，仅仅采用静态分配，便会使系统失去灵活性，静态分配要求在设计阶段就预先知道所需的内存并对之做出分配，这就必须在设计阶段预先考虑到所有可能的情况。一旦出现没有考虑到的情况，系统将无法处理这样的突发事件。然而，这样的分配方案必然导致很大的浪费。因为内存分配必须按照最坏的情况进行最大的配置，而实际运行时很可能只使用其中的一小部分。虽然动态内存分配会导致响应和执行时间不确定、内存碎片等问题，但是它的实现机制灵活，给程序实现带来极大的便利，有的应用环境中动态内存分配是必不可少的。嵌入式系统中使用的网络协议栈，在特定的平台下，为了灵活地调整系统的功能，必须支持动态内存分配。比如，为了使系统能够及时地在支持的 VLAN 数目和支持的路由条目数之间做出调整或者为了使不同的版本支持不同的协议，类似于 malloc 和 free 这类的函数是必不可少的。

大多数系统都是硬实时和软实时的综合。系统中的一部分任务有严格的时限要求，而另一部分任务只是要求完成得越快越好。按照 RMS（Rate Monotonous Scheduling）理论，这样的系统必须采用抢先式任务调度；而在这样的系统中，就可以采用动态内存分配来满足部分对可靠性和实时性要求不高的任务。采用动态内存分配的最大好处就是设计者有很大的灵活性，可以方便地将原来运行于非嵌入式操作系统的程序移植到嵌入式系统中。

10.3.3 常见实时系统的内存管理模式

为了使嵌入式系统能够在不同的平台上进行移植，使之与各种应用环境相适应，嵌入式系统内存管理方案在充分考虑实时性、可靠性和高效性的基础上，要提供比较丰富的管理机制。

1. RTEMS 的内存管理机制

RTEMS（Real Time Executive for Multiprocessor Systems）是前美国军方研制的嵌入式系统，最早用于美国国防系统，特点是稳定、速度快。它现在是一个开源项目的 RTOS，在全球有不少用户，其中包括 Motorola、朗讯等。

RTEMS 是一个基于多处理器的、能够运行在不同处理器平台上的嵌入式操作系统。其应用领域十分广泛，包括航空航天设备（导弹、飞机控制系统）、网络设备（路由器、交换机）、掌上设备（电子阅读器、PDA）等。针对不同领域应用的需求差异，该系统的内存管理提供了比较完善的机制。同其他常见的嵌入式系统一样，RTEMS 不支持虚拟存储管理，不支持复杂的段页式的保护机制，而采用线性编址方式，即逻辑地址和物理地址的模式，同时支持静态和动态两种管理模式。

在系统正常运行时，内存中的映像如表 10-2 所示。表 10-2 中假设内存大小为 2MB。在某些特定的应用中，中断表和 RTEMS 的映像所占用的内存空间大小是个定值，采用静态的内存分配机制，在编译的时候就可以确定其占用空间大小。堆栈区和系统内存区则采取动态分配机制，在系统运行时可以根据需要自动调整其大小。

表 10-2 系统正常运行时内存中的映像

0X00000000	中断表	0X0100000	Image(text、data、bss)
	空闲内存区	0X0200000	系统内存区
	堆栈保留区		空闲内存区
0X0100000	RTEMS 的映像		

RTEMS 动态内存管理

RTEMS 动态内存管理提供了两种分区管理机制：Partition 和 Region。Partition 分区管理用于固定大小内存块的分配，Region 分区管理用于可变大小内存块的分配。

（1）固定长度分区管理

RTEMS 定义的固定长度的分区（Partition）是一段连续的内存空间。它可以被划分成固定长度的内存块（buffer），允许应用程序在创建分区时配置分区的大小和内存块的大小，要求分区的大小是内存块的整数倍。例如，应用创建一个大小为 1024B 的分区，内存块为 256B，如表 10-3 所示。创建分区时，RTEMS 根据分区和内存块的大小，形成一个空闲内存块的双向链表。当从分区中申请内存块时，按照空闲内存块链表的顺序分配。如果空闲空间不足，调用者会获得一个空指针，而不会被阻塞。释放内存块时，将该内存块挂在空闲内存块链表的链尾。分区被删除时将释放这段连续的内存空间。

表 10-3 固定长度分区示例

1024B	内存块（buffer）1（256B）	1024B	内存块（buffer）3
	内存块（buffer）2		内存块（buffer）4

RTEMS 的固定长度分区管理算法有以下优点：

1）系统创建的分区数目可在运行时动态增减；

2）内存块的控制结构所占用的内存空间在该内存块被分配出去时会变为可用空间，不会影响该内存块的实际可用大小，而在回收时控制块会自动生成，这一点使得分区管理的系统开销对用户的影响为零；

3）在分区的内存块中可以再定义分区，一个内存块可以很容易地被分为多个子内存块，提高分区管理的灵活性。

（2）可变长度分区管理

RTEMS 定义的可变长度的分区（Region）是一段连续的、大小可配置的内存空间，可以被划分成很多不同大小的段（Segment）。创建分区时要指定一个分配单位，称为页。段的大小是页的倍数，如果应用程序在申请段时给出的大小不是页的倍数，系统内核会将其调整为页的倍数。在图 10-6 所示的例子中，从页大小为 512B 的分区中申请一个大小为 800B 的段，则内核实际分配的段大小为 1024B。创建 Region 分区时，RTEMS 根据分区大小和页大小建立分区的控制结构和段的控制结构。在创建之初，只有一个空闲段，其大小为分区的大小减去控制结构的内存开销。随着应用申请、释放段的操作不断进行，分区中形成用双向链表链接起来的空闲段链。当从分区中分配段时，依据首次适应算法查看空闲段链中是否存在合适的段。当段释放回分区时，该段被链接在空闲段链的链尾，并且如果空闲段链中有与此段相邻的段，则与其合并成一个更大的空闲段。RTEMS 在段的控制块中设置一个标志位，表示其段是否被使用的情况。标志位为 1 表示该段正被使用，标志位为 0 表示该段空闲。

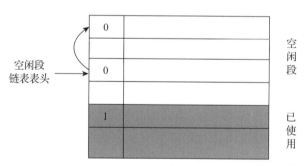

图 10-6 可变长度分区管理示例

RTEMS 的可变长度分区管理算法有以下优点。

1）系统创建的分区数目可在运行时动态增加。

2）段的控制结构在该段被分配出去后会减小，而在回收时控制块会自动恢复大小。这样降低了系统的开销。

3）当应用程序发现目前分区的内存空间不能满足要求时，可以调用 API 扩展该分区的大小。

4）当程序要求从某个分区获取分段而未成功时，可以立即返回，也可以采取多种等待策略。等待策略包括优先级等待和 FIFO 等待。FIFO 等待策略又可分为有限等待和无限等待。

在动态可变长度内存管理的基础上，RTEMS 还提供了 malloc、free 等标准的 C 函数。在使用 malloc、free 等函数时应注意以下几方面的限制。

1）内存分区是一种临界资源，由信号量保护，使用 malloc 会导致当前调用挂起，因此它不能用于中断服务程序。

2）进行内存分配需要执行查找算法，其执行时间与系统当前的内存使用情况相关，具有不确定性，因此对于有规定时限的操作是不适宜的。

3）由于采用简单的首次适应算法，因此容易导致系统中存在大量的内存碎片，降低了内存使用效率和系统性能。

2. μC/OS-Ⅱ 操作系统内存管理

在 μC/OS-Ⅱ 中，操作系统按分区来管理连续的大块内存。每个分区中包含整数个大小相同的内存块。利用这种机制，μC/OS-Ⅱ 对 malloc() 和 free() 函数进行了改进，使得它们可以分配和释放固定大小的内存块。这样一来，malloc() 和 free() 函数的执行时间也是固定的。

一个系统中可以有多个内存分区。这样，用户的应用程序就可以从不同的内存分区中得到不同大小的内存块。但是，在释放特定的内存块时必须将其重新放回它以前所属的内存分区。这样内存碎片的问题就可以得到缓解。

内存控制块

为了便于内存的管理，在 μC/OS-Ⅱ 中使用内存控制块（Memory Control Block）来跟踪每一个内存分区，系统中的每个内存分区都有它自己的内存控制块。内存控制块的数据结构如下：

```
typedef struct {
    void    *OSMemAddr;
    void    *OSMemFreeList;
    INT32U  OSMemBlkSize;
    INT32U  OSMemNBlks;
    INT32U  OSMemNFree;
} OS_MEM;
```

其中，OSMemAddr 是指向内存分区起始地址的指针，OSMemFreeList 是指向下一个空闲内存控制块或者下一个空闲的内存块的指针，OSMemBlkSize 是内存分区中内存块的大小，在用户建立该内存分区时指定，OSMemNBlks 是内存分区中内存块的数量，也是用户建立该内存分区时指定的。OSMemNFree 是内存分区中当前空闲内存块的数量。

如果要在 μC/OS-Ⅱ 中使用内存管理，需要在 OS_CFG.H 文件中将开关量 OS_MEM_EN 设置为 1。这样 μC/OS-Ⅱ 在启动时就会对内存管理器进行初始化（由 OSInit() 调用 OSMemInit() 实现）并建立内存控制块链表。

内存管理相关函数如下。

- OSMemCreate()：建立一个内存分区。
- OSMemGet()：从已建立的内存分区中申请一个内存块，该函数的唯一参数是指向特定内存分区的指针，该指针在建立内存分区时，由 OSMemCreate() 函数返回。
- OSMemPut()：释放内存块。
- OSMemQuery()：查询一个内存分区的状态，通过该函数可以知道特定内存分区中内存块的大小、可用内存块数和正在使用的内存块数等信息。所有这些信息都放在一个叫作 OS_MEM_DATA 的数据结构中。

OS_MEM_DATA 的数据结构如下：

```
typedef struct {
    void  *OSAddr;       /* 指向内存分区首地址的指针 */
    void  *OSFreeList;   /* 指向空闲内存块链表首地址的指针 */
    INT32U OSBlkSize;    /* 每个内存块所包含的字节数 */
    INT32U OSNBlks;      /* 内存分区总的内存块数 */
    INT32U OSNFree;      /* 空闲内存块总数 */
    INT32U OSNUsed;      /* 正在使用的内存块总数 */
} OS_MEM_DATA;
```

3. WINCE.NET 的内存管理

Windows CE.NET 支持 32 位虚拟内存机制、按需分配内存和内存映射文件等，但是与其他 Windows 操作系统有显著的不同。Windows CE 是一种嵌入式操作系统，在内存管理方面必须比其他 Windows 操作系统更节约物理内存和虚拟地址空间。为了便于移植程序，Windows CE 和其他 Windows 操作系统的函数声明基本一致，这使在其他 Windows 操作系统下进行开发的程序员可以直接使用早就熟悉的 API 函数，但是开发者还应该熟悉 Windows CE 下内存管理的原理。下面介绍与 Windows CE 内存管理相关的一些知识与技术。

（1）ROM 和 RAM

在 Windows CE 中，对于存储设备 ROM 和 RAM，由 OEM（原始设备制造商）决定在 ROM 中存放的内容是否压缩。OEM 在定制 CE 内核时，通过设置标志通知 ROM 镜像制作工具（romimage.exe）是否压缩文件。如果 ROM 中存放的模块（DLL、EXE 文件）是压缩方式存储的，则模块在运行前先解压到 RAM 中。如果模块没有压缩并且 ROM 介质支持线性访问（line-accessed），则可以本地执行（Executed In Place，XIP）。利用本地执行方式运行应用程序、DLL 的优点是：代码段数据不加载到物理内存中，内核只是分配虚拟地址空间给代码段，执行代码时，内核会到实际存放在 ROM 存储设备上的文件中寻找代码并执行。这种方式既可以节省可用内存，又可以减少加载的时间。但是这种方式也有一定的局限，即 ROM 介质支持线性访问，而不是块访问。XIP 加载方式的缺点就是执行速度相对较慢，因为 CPU 访问 ROM 的速度肯定远远慢于访问 RAM 的速度。

在基于 Windows CE 的产品开始采用 Flash、IDE 等永久存储设备时，内核镜像（.bin）和其他应用程序文件被存放到长期存储设备中而不是 ROM 中，这不仅是因为硬盘或者 Flash 的存取速度比 ROM 快，也因为现在的内核包含的功能日渐增多、文件数量增加，需要较大的存储空间，一般为 20MB 左右，再加上其他的应用程序文件，则要求的空间更大。Windows CE 启动时内核镜像由加载程序解压并将系统文件加载到 RAM 的 NK.bin，NK.bin 是在配置文件 config.bib 中定义的一段 RAM 区域，用于保存内核镜像解压出来的所有文件。

Windows CE 默认的文件系统是 RAM 和 ROM 文件系统。RAM 文件系统的优点是支持文件压缩、支持事务机制（和数据库中的事务机制相似）、数据 I/O 较快。Windows CE.NET 启动时把除 NK 以外的 RAM 分为对象存储（object store）区域和应用程序内存（program memory）区域，并且默认情况下各使用一半 RAM。在基于 Windows CE 的设备没有采用永久存储器之前，对象存储的作用相当于永久存储器，它采用 RAM 文件系统来保存文件，对象存储中可以存储的对象类型包括文件、目录、数据库、记录和数据库卷。默认存储的对象全部是以压缩方式存储的。当系统关闭时，设备的电源还继续提供电力给 RAM，这样在对象存储中保存的数据不会丢失。应用程序内存区域留给所有应用程序运行时使用。基于 Windows CE 的设备对象存储的作用就被永久存储器替代了，所以应该减小对象存储区域的大小。如果定制的 Windows CE 的内核包含资源管理器（explorer.exe），那么打开"控制面板"，在"系统"→"内存"中可以调节这两个存储区域的比例。

（2）内存结构

Windows CE.NET 只能管理 512MB 的物理内存和 4GB 大小的虚拟地址空间，Windows CE.NET 内存结构如图 10-7 所示。

对不同 CPU 的内存管理方法也不相同。MIPS 和 SHX 系列 CPU 的物理地址映射是由 CPU 来完成的，CE 的内核可以直接访问 512MB 的物理内存。对于 X86 系列和 ARM 系列的 CPU 来说，在内核启动过程中，它会将现有物理内存地址全部映射到 0x80000000 以上的虚拟地址空间中供内核以后使用。OEM 可以通过 OEMAddressTable 来详细定义虚拟地址和物理地址的映射关系。OEMAddressTable 本身不是文件，而是存在于其他文件中描述虚拟地址和实际物理地址的映射关系的数据。比如文件 oem init.asm 中包含的一段代码"dd 80000000h, 0, 04000000h"，它表示将整个物理地址（0x04000000 = 64MB）64MB 映射到虚拟地址 0x80000000～0x84000000 中。

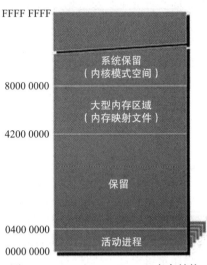

图 10-7　Windows CE.NET 内存结构

整个 4GB 虚拟地址空间主要划分为两部分，0x80000000 以上为内核使用部分，0x80000000 以下为应用程序使用部分，详见表 10-4。

表 10-4　Windows CE 虚拟地址空间分配

地址范围	用　途
0x00000000～0x41FFFFFF	由所有应用程序使用。共 33 个槽，每个槽占 32MB。槽 0（Slot 0）由当前占有 CPU 的进程使用，槽 1 由 XIP DLL 使用，其他槽由进程使用，每个进程占用一个槽
0x42000000～0x7FFFFFFF	由所有应用程序共享的区域。32MB 地址空间有时不能够满足一些进程的需求，那么这些进程可以使用这个范围的地址空间。在这个区域中，应用程序可以建堆、创建内存映射文件、分配大的地址空间等
0xA0000000～0xBFFFFFFF	在这个范围内，内核重复定义 0x80000000～0x9FFFFFFF 之间的物理地址映射空间。区别是在这个范围内映射的虚拟地址空间不能用于缓冲。例如，假设一个产品有 64MB 的物理内存，如上文所述定义好 OEMAddressTable，内核启动后一个物理地址映射空间范围为 0x80000000～0x84000000，那么内核会从 0xA0000000～0xA4000000 定义一个同样范围的地址空间，这个地址空间和 0x80000000 到 0x84000000 映射到相同的物理地址，但这个虚拟地址空间不能用于缓冲
0xC0000000～0xC1FFFFFF	系统保留空间
0xC2000000～0xC3FFFFFF	内核程序 nk.exe 使用的地址空间
0xC4000000～0xDFFFFFFF	这个范围为用户定义的静态虚拟地址空间，但这个地址空间只能用于非缓冲。利用 OEMAddressTable 定义物理地址映射空间后，每次内核启动时这个范围都不会改变，除非产品包含的物理内存容量发生变化。假如增加到 128MB 的物理内存，那么物理地址映射空间也向后扩大了一倍。Windows CE.NET 也允许用户创建静态的物理地址映射空间。用户可以调用 CreateStaticMapping 函数或者 NKCreateStaticMapping 函数来映射某一段物理地址到 0xC4000000 和 0xE0000000 之间的某一个范围。需要注意的是，用这个函数创建的静态虚拟地址只能够由内核访问，而且不能用于缓冲
0xE0000000～0xFFFFFFFF	内核使用的虚拟地址。当内核需要大的虚拟地址空间时，会在这个范围内分配

（3）内存映射文件

与虚拟内存一样，内存映射文件用来保留一个地址空间，并提交物理存储器。早期的内存映射文件并不是提交物理内存供调用者使用，而是提交永久存储器上的文件数据。操作系统会为永久存储器保留一个读缓冲区，这样读取文件数据就快多了。内存映射文件的特点使它很适合于加载 EXE 或 DLL 文件。这样既可以节省内存，又减少了加载所需的时间，还可以使用它来映射大容量的文件，因此不必在读取文件数据前设置很大的缓冲区。另外，内存映射文件也是进程间通信的主要手段，其他进程之间的通信机制都是基于内存映射文件来实现的。为了更快地在进程之间通信，现在的内存映射文件也可以提交物理内存，这样内存映射文件既可以提交物理内存，又可以提交文件。

10.3.4 内存泄漏

嵌入式系统是资源比较受限的系统，资源非常宝贵。所以怎样利用好有限的内存以发挥最大效能，就成为问题的关键，而任何内存泄漏都会影响程序的稳定性。但是，内存泄漏一般都很隐蔽，不容易被发现。通常调试内存泄漏问题也有一定的难度。

在 ANSI C 中可以用 malloc() 和 free() 两个函数动态地分配和释放内存。但是，在嵌入式操作系统中，多次这样做会把原来一块很大的连续内存区域逐渐地分割成许多非常小而且彼此不相邻的内存区域，也就是内存碎片。这些碎片的大量存在，使得程序到后期都很难满足小内存的申请要求。另外，内存管理算法的原因导致 malloc() 和 free() 函数的执行时间是不确定的。例如，某个应用要求堆栈分配 40B，如果堆栈中只有 20 个长度为 4B 的小存储块（总共为 80B），那么堆栈仍然无法为该应用分配内存，因为所需的 40B 必须是连续的。

在执行时间较长的程序中，大量的内存碎片可能导致系统内存枯竭。内存碎片的数量也与堆栈的实现策略有密切的关系。大多数程序员采用由编译器提供的 malloc() 和 free() 函数创建的堆栈，因此内存碎片在程序员的控制范围内。

内存丢失是应用程序的缺陷，丢失的内存是一块已经分配但永远不会被释放的内存区。如果指向内存块的指针超出界限或者指向了其他的区域，那么应用程序将永远不能释放那块内存区。对于 PC 上的应用程序，在退出进程时会把占用的所有内存返还给操作系统。但对于嵌入式系统来讲，则通常需要确保绝对没有内存泄漏。

避免内存丢失并不容易，为了确保所有分配的内存都能及时释放，必须有相应的、明确的规则，以确定内存占用情况。为了跟踪内存，可采用类、指针数组或链表等结构。由于在动态内存分配中，程序员无法预先知道在给定时间内需要分配多少数据块，因此通常需要采用链表结构。

当多个指针同时指向某个特定的内存块时，通常还会出现一个特殊的问题。如果第一个实体（entity）占有内存并希望释放该内存，那么必须考虑是否还有其他指针指向该区域。如果有其他指向该区的指针，那么如果某一个指针释放内存，则其他的指针将成为悬挂指针（dangling pointer），即该指针指向的空间不再有效。当使用悬挂指针时，或许仍然可以得到正确的数据，但这些内存最终将被重新使用（通过调用另一个 malloc() 函数），从而导致在悬挂指针和该内存的新使用者之间出现不期望的相互影响。

悬挂指针与内存丢失不同，如果没有释放内存，就可能导致内存丢失；而如果释放了那些并不准备释放的内存，则将产生悬挂指针。内存丢失在许多方面与竞争条件非常相似。内存丢失引发的性能失常与程序错误大有不同，因此，单纯依靠调试器对代码进行单步调试很难解决。对于内存丢失和竞争条件，代码检查有时比采用任何技术解决方案能更快地找到问题所在。

Java 具有对无用存储单元进行碎片收集（garbage collection）的自动内存管理机制，因此 Java 程序员无须担心内存的分配和释放。但在 Java 中，需要牺牲运行时间来换取编程的简化。通常，手工管理内存可以得到更为有效的实现方法，但随着程序变得越来越大，手工管理会渐渐变得无能为力。

尽管自动碎片收集对超大型程序的吸引力日益增强，但大多数嵌入式开发人员开发的系统并没有那么复杂，只有极少数开发人员需要接入包含存储单元自动碎片收集的编程环境，如 Perl、Smalltalk 或 Java，因此大多数开发人员只需要知道如何在采用 malloc() 和 free() 的 C 程序或采用 new() 和 delete() 的 C++ 程序中跟踪内存丢失即可。

查找内存丢失的工具有很多，最常用的释放工具就是 dmalloc 和 mpatrol，这些工具提供了记录并检查所有内存分配的调试版堆栈，有利于分析内存丢失和悬挂指针。dmalloc 和许多类似的库还为 malloc() 和 free() 提供了一些不同情形下的替代形式。

随着程序的运行，缓存链表数将增大或减少。由于链表可使程序找到每个缓存，因此可以在任意时间释放所有的缓存。如果程序存在漏洞，使一个应当移除并释放的缓存仍然留在链表中，那么链表将无限增长。如果程序删除整个链表，那么漏洞的痕迹将消失得无影无踪，而链表重新开始记录。在需要运行很长时间的系统中，链表最终将变得很大，直到耗尽所有的内存。

即便采用存储自动碎片收集器管理内存，类似的漏洞仍将成为障碍，因为严格地讲，额外的缓存并不是内存丢失，它们仍可以收回。为解决这类问题，我们希望能够确定总的内存使用率是否正在增加，而不用去管是否已经释放或者是否可能释放这些内存。

10.3.5　内存保护

为了提高可靠性，有些实时系统提供了内存保护的机制，其实现需要用到嵌入式微处理器的 MMU（Memory Management Unit）功能。操作系统通常利用 MMU 来实现一定的内存保护机制。MMU 提供了一种用于实现程序之间相互隔离、保护的硬件机制，以实现操作系统与应用程序的隔离，以及应用程序与应用程序之间的隔离。这样可以保护操作系统的代码和数据不被应用程序破坏，并阻止应用程序对硬件的直接访问。对于应用程序来讲，也可以阻挡来自程序外部的非法访问，以保证程序自身的稳定运行。

MMU 在内存保护方面提供了检查逻辑地址是否在限定的地址范围内和检查对内存页的访问是否违背特权信息的功能，如页面地址越界或页面操作越权则产生异常。

采用 MMU 有利于在应用开发阶段发现一些潜在的问题，便于问题的定位。在采用内存保护机制后，应用程序想要通信只能通过操作系统提供的通信服务，如信号量、消息队列、事件、异步信号和管道等，而不能直接访问彼此的地址空间。

在一些低端的应用中，出于成本的考虑，CPU 不具备 MMU 功能且运算速度较慢、存储空间有限、系统软件代码规模受到严格限制或者是即使系统崩溃也不致造成重大损失的项目，这种应用对内存保护方面的要求比较低，因此通常不需要提供内存保护机制。并不是所有的嵌入式实时操作系统都提供了内存保护功能，比如 WindRiver 公司的 VxWorks 在其 AE（Advanced Edition，2001）版本中才全面支持 MMU。

第11章

嵌入式软件开发环境

11.1　嵌入式软件开发环境概述

由于我们通常使用 C、C++、Java 来编写计算机程序，而计算机只能执行机器代码，因此需要一种工具来完成从源程序到机器代码的转换，这种转换工具就是编译器。在嵌入式系统中，开发平台资源贫乏，根本无法运行编译器。并且，在开发初期，电路板上只有硬件电路，根本没有操作系统的支持，怎样才能生成可以在所开发的平台上运行的程序呢？这就需要建立一个交叉的编译环境，在这种环境下，可以将源代码编译成某种特定的体系结构的目标代码。

软件集成开发环境是提供给用户开发软件的工具集，它一般包括源代码编辑器、交叉编译器、链接器、调试器和其他一些辅助开发工具。一个好的集成开发环境能够大大提高软件开发的效率。一般而言，在台式计算机上用集成开发工具设计软件的流程是：先用编辑程序编写源代码，源代码可以由多个文件组成，以实现模块化；然后用编译程序编译、汇编程序汇编，生成对应的二进制文件；接着使用链接程序将这些二进制文件组合为可执行文件；最后，通过调试程序所提供的命令运行得到的可执行文件，以测试所设计的程序。整个过程如图 11-1 所示。

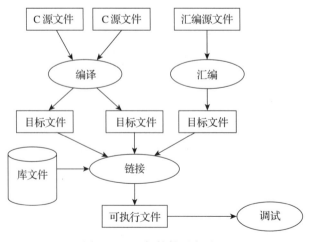

图 11-1　一般软件开发过程

在嵌入式软件开发过程中,要建立的是一种交叉编译环境。在这种开发环境下有宿主机和目标机之分。宿主机是指执行编译、链接、定址过程的计算机;目标机是指运行嵌入式软件的硬件平台。交叉编译的工作就是把应用程序转换成可以在目标机上运行的二进制代码。这一过程也包含三个步骤:编译、链接、定址。编译过程由交叉编译器实现。所谓交叉编译器就是运行在一种计算机平台上并为另一种平台产生代码的编译器(例如以后将介绍的GCC)。编译过程产生的所有目标文件被链接成一个目标文件,这一过程被称为链接过程。定址过程会把物理存储器地址指定给目标文件的每个相对偏移处。经过这三个步骤生成的文件就是可以在嵌入式平台上执行的二进制文件。

在交叉编译中有两种比较典型的模式。

1)一种称为 Java 模式,即 Java 的字节码编辑技术。如图 11-2 所示,Java 模式的最大特点是引入了一个自定义的虚拟机,即 Java 虚拟机(Java Virtual Machine,JVM)。所有Java 源程序都会首先被编译成只在 Java 虚拟机上执行的"目标代码"——Java 字节码。在实时运行时,有两种运行方式:一种是编译所获得的 Java 字节码通过虚拟机在目标机上运行;另一种是通过 Java 实时编译器将字节码先转换成可直接执行的本地机目标代码,而后交给计算机系统运行。这实际上是一个两次编译过程:一次是非实时的,一次是实时的。由于第一次进行非实时编译时,Java 编译器生成的是基于 JVM 的目标代码,因此也称这种方式为交叉编译。

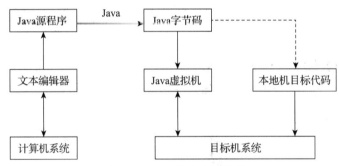

图 11-2　Java 模式编译过程

2)另一种模式称为 GNU GCC 模式,即通常所讲的 Cross GCC 技术,如图 11-3 所示。

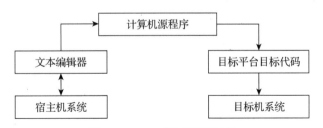

图 11-3　GCC 模式编译过程

它通过 Cross GCC 直接生成目标平台的目标代码,从而能够直接在目标平台上运行。这里的关键是 Cross GCC 的生成和选择问题。我们需要根据目标平台的不同,选择针对某个具体平台的 Cross GCC。GCC 模式和 Java 模式的最大不同在于 GCC 直接生成目标平台的目标代码,而 Java 模式首先生成 Java 字节码,只有在编译器的参与下才会进一步生成目标平台的目标代码。研究表明,Java 模式虽然可以通过两个编译过程生成目标代码,但是因为两次编译的优化存在相互冲突,所以最终的目标代码的执行效率也不是很高。而 GCC 模式能够直接生成目标代码，其执行效率一般很高。

嵌入式开发过程中另一个重要的步骤就是调试目标机上的应用程序。嵌入式调试采用交叉调试器，一般采用宿主机 – 目标机的调试方式，它们之间的连接可通过串口或以太网来实现。交叉调试包括源码级和汇编级的调试，调试时需将宿主机上的应用程序和操作系统内核下载到目标机的 RAM 中或直接固化到目标机的 ROM 中。目标监控器是调试器对目标机上运行的应用程序进行控制的代理（Debugger Agent），事先被固化在目标机的 Flash、ROM 中，在目标机上电后自动启动，并等待宿主机方调试器发来的命令，配合调试器完成应用程序的下载、运行和基本的调试功能，将调试信息返回给宿主机。

11.2 嵌入式软件调试方法概述

调试是嵌入式软件开发过程中一个最重要和复杂的阶段。嵌入式软件的调试方式和通用软件的调试方式有很大的区别。对于使用集成开发环境的软件产品的开发，编译、汇编、链接等工作全部在同一个软硬件平台上就可以完成。但是在嵌入式系统中，由于目标机资源有限，而且常常没有进行输入 / 输出处理的必要的人机接口，需要在宿主机上运行调试程序，因此嵌入式软件开发的调试工作需要其他的模块或者产品才能完成，调试工具可以用来分析代码的运行过程及变量和属性的修改。这种嵌入式独有的调试方式被称为交叉调试。由于嵌入式领域软硬件平台的多样性，每种平台上的调试手段和工具也都各不相同。下面介绍常用的 4 种调试方法。

11.2.1 驻留监控软件调试方法

驻留监控软件（Resident Monitor）是一段运行在目标机上的程序。使用驻留监控软件进行交叉调试之前，首先需要将监控软件程序移植到目标机环境。监控软件能够监控目标机状态，利用目标机的硬件设备（网卡、串口等）与调试器建立连接，执行各种调试命令，如图 11-4 所示。

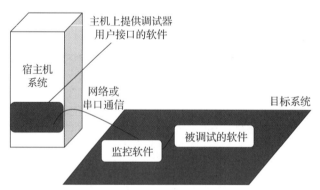

图 11-4 驻留监控软件调试方法

按调试对象可以分为嵌入式操作系统内核调试、可独立运行的代码调试两种层次的调试。在不同层次上的软件调试需要使用不同监控软件。进行操作系统内核调试的时候，由于在内核中不便于增加一个调试器程序，因此只能通过交叉调试的方法，通过宿主机和目标机建立连接的硬件设备与操作系统内置的监控软件程序进行通信，共同完成调试任务。可以将监控软件看作一个调试服务器，它通过操作系统获得一些必要的调试信息，并负责处理宿主机发送来的调试命令。嵌入式操作系统的任务的调试相对于操作系统的调试而言比较简单。

监控软件程序作为操作系统的一个任务和被调试的任务并发执行。监控软件程序任务的优先级比被调试任务高，但始终处于等待调试事件触发的状态。

驻留监控软件是一种比较经济且有效的调试方式，不需要任何其他硬件调试和仿真设备。RTOS 提供商，尤其是销售带有微处理器系统的销售商，通常会提供类似的监控软件。目前市面上主流的嵌入式操作系统 VxWorks、uCLinux 等也都提供监控调试工具。Angel 调试监控程序就属于该类软件，使用 Angel 调试监控程序可以调试目标系统上运行的 ARM 程序或 Thumb 程序。

由此可见，这种调试方式最重要的特点是有一个驻留监控软件。这就导致了一些不可避免的缺点：对硬件设备的要求比较高，一般在硬件稳定之后才能进行应用软件的开发，同时它占用目标板上的一部分资源，而且不能对程序的全速运行进行完全仿真，所以对一些要求严格的情况不是很适合。

11.2.2　基于 JTAG 方式的调试代理

JTAG 是 IEEE 的一个标准，即 IEEE 1149.1。通过这个标准，可以对具有 JTAG 接口芯片的硬件电路进行边界扫描和故障检测。目前生产的多数大规模集成电路都提供了 JTAG 功能。

与前面讨论的纯软件实现的监控软件非常类似，JTAG 方式也是宿主机上的软件提供一个用户接口，与目标机通过一个通信链接进行通信。不同之处在于两者与目标机交互的方法不同。从主机上连出的电缆连接到目标微处理器的 JTAG 引脚上，宿主机的程序通过该电缆控制目标微处理器。很明显，为了达到此目的，必须使用可以提供这些功能的目标微处理器，而且所能够得到的功能取决于设计该微处理器的生产上所提供的服务。我们常用的 JTAG 仿真器是通过 ARM 芯片的 JTAG 边界扫描口进行调试的设备。JTAG 仿真器比较便宜，连接比较方便，通过现有的 JTAG 边界扫描口与 ARM CPU 通信，属于完全非插入式（即不使用片上资源）调试，它无须目标存储器，不占用目标系统的任何端口，而这些是驻留监控软件所必需的。另外，由于 JTAG 调试的目标程序在目标板上执行，仿真更接近于目标硬件，因此许多接口问题，如高频操作限制、AC 和 DC 参数不匹配、电线长度的限制等被最小化了。使用集成开发环境配合 JTAG 仿真器进行开发是目前采用最多的一种调试方式。后面的内容以 ARM 处理器为例详细介绍了 JTAG 的工作原理。

11.2.3　指令集模拟器

部分集成开发环境提供了指令集模拟器，可方便用户在宿主机上完成一部分简单的调试工作。在这种调试方式下，调试器与被调试程序运行于同一硬件平台，模拟器最基本的模块是一个和目标机处理器功能完全一致的仿真处理器。被调试的程序无须重新编译就可以直接在仿真处理器上执行，而且运行效果和真实的处理器一样。但是由于现有的模拟器大都运行在带有完善保护措施的操作系统之上，应用程序不能直接对宿主机硬件进行操作，指令集模拟器与真实的硬件环境相差很大，因此即使用户使用指令集模拟器调试通过的程序也有可能无法在真实的硬件环境下运行，用户最终必须在硬件平台上完成整个应用的开发。经常使用的基于 Linux 的 gdb 调试方法就属于这种调试方法。

11.2.4　在线仿真器

在线仿真器使用仿真头完全取代目标板上的 CPU，可以完全仿真 ARM 芯片的行为，提供更加深入的调试功能。但这类仿真器为了能够全速仿真时钟速度高于 100MHz 的处理器，通常必须采用极其复杂的设计和工艺，因而其价格比较昂贵。在线仿真器通常用在 ARM 的硬件开发中，在软件的开发中较少使用，价格高昂也是在线仿真器难以普及的因素之一。

11.2.5 ARM 中基于 JTAG 的调试系统

目前 ARM 系列处理器为满足用户在开发过程中调试的需求，在 ARM 处理器内部嵌入了额外的控制模块，该模块被称为 EmbeddedICE。该模块会在满足一定的触发条件情况下使处理器进入调试模式。在调试模式下，被调试程序停止运行，主机的调试器可以通过处理器的 JTAG 通信接口访问各种资源，甚至使处理器执行指令，从而实现各种调试任务。现在所有的 ARM 芯片都支持 JTAG 调试。JTAG 仿真器是通过 ARM 芯片的 JTAG 口进行设备调试的。JTAG 仿真器连接比较方便，不占用片上的资源，仿真非常接近于目标硬件系统。使用主机调试器配合 JTAG 仿真器进行开发是目前使用最多的一种 ARM 调试方式。

目标系统的结构如图 11-5 所示，主要包括下面三个部分：

1）需要进行调试的处理器内核；

2）EmbeddedICE 逻辑电路；

3）TAP 控制器，可以通过 JTAG 接口控制各个硬件扫描链。

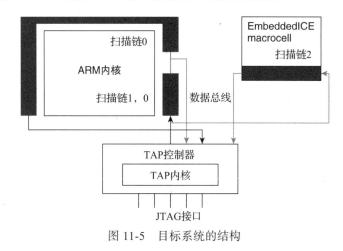

图 11-5　目标系统的结构

ARM 内核扫描链

ARM 内核有一个 EmbeddedICE 逻辑模块，用于采集 CPU 的总线信号，对于 EmbeddedICE 和 CPU 执行单元的通信则是通过扫描链进行的（三种颜色的线代表三条不同的扫描链），而这些扫描链则是受测试访问端口（Test Access Port，TAP）控制器控制的，并通过 ARM 芯片的 JTAG 接口引出，然后通过 JTAG 仿真器便可以和主机平台上的调试器进行通信，从而实现对 ARM 硬件平台的调试。

其中，三条扫描链的含义如下。

1）扫描链 0 可以用来访问 ARM 核的所有外围部件，包括数据总线。整个扫描链从输入到输出包含下面几个部分：

- 数据总线，位 0～位 31；
- 控制总线；
- 地址总线，位 31～位 0。

2）扫描链 1 是扫描链 0 的一部分，它包含数据总线 BREAKPT。整个扫描链从输入到输出如下所示：

- 数据总线，位 0～位 31；
- 控制信号 BREAKPT。

3）扫描链 2 主要用于访问 EmbeddedIEC 逻辑部件中的各寄存器。

在调试目标系统时，首先要通过一定的方式使目标系统进入调试状态。在调试状态下就可以完成各种调试功能，例如查看处理器状态、查看和修改存储器内容等。一般可以通过下面的方式进入调试状态：

1）通过设置程序断点；

2）通过设置数据断点；

3）相应的外部请求进入调试状态。

在目标程序中特定的位置设置断点后，当该位置处的指令进入指令流水线时，处理器内核将该指令表示为断点指令。当程序执行到断点指令时，处理器进入调试状态，这时用户就可以执行需要的调试功能了。

当断点设置在条件指令上时，不管该指令执行的条件是否得到了满足，只要指令到达执行周期，处理器都会进入调试状态。

当用户设置了数据断点时，目标系统中调试部件将会监视数据总线。如果用户设置的条件得到了满足，处理器将会在执行完当前指令后进入调试状态。

11.3 Linux 嵌入式系统开发环境

11.3.1 嵌入式 Linux 概述

从功能上来看，Linux 应用在嵌入式开发当中主要有以下优势。

（1）内核可剪裁性

Linux 中引入了模块机制，模块本身是可被剪裁的，并可根据系统所需要的功能进行动态的加载和卸载，这使得 Linux 内核在某种程度上具有了层次化和模块化的特性。实际上，Linux 内核中，进程调度、内存管理、中断管理、定时器管理等所占体积很小，内核中大部分为设备驱动程序。而绝大部分设备驱动程序都是用模块方式实现的。这就为剪裁 Linux 内核，使之适应嵌入式系统对软件规模的要求创造了条件。除了面向设备驱动程序的模块可被剪裁外，Linux 内核中还有其他一些可被剪裁的模块。除了模块机制外，Linux 内核在源代码级别上还提供面向功能的配置和剪裁，这也可以缩小 Linux 的体积。

（2）内核健壮性

Linux 本身的健壮性、可靠性、稳定性是嵌入式 Linux 领先于其他嵌入式操作系统最明显的地方。Linux 原先用于网络服务器领域，具有较高的可靠性。嵌入式 Linux 中虽然对内核进行了一些剪裁，但是仍然保持了原 Linux 高可靠性的特点。在应用 Linux 开发的产品中一般很少出现系统崩溃的现象。

（3）支持多种处理器

目前 Linux 已被成功移植到多种处理器架构上，例如 MIPS、PowerPC、Motorola 68K、ARM 等。

（4）高效的网络通信性能

Linux 支持完备的 TCP/IP 协议栈。在高层的网络协议中，Linux 支持 FTP、Telnet 和

rlogin 等协议，Linux 还能提供对网络上其他机器内文件的访问，如 NFS。Linux 还可以支持 SLIP 和 PLIP，使得通过串口和并口线进行连接成为可能。另外，Linux 还支持 X.25、IPX、AppleTalk、Samba 等网络协议。

当然，与其他实时操作系统相比，Linux 在嵌入式方面也有弱点。

（1）实时性较差

Linux 本身是一个分时作业系统，实时性较差。没有经过特殊剪裁的 Linux 嵌入式系统，无法保证硬实时性。在 Linux 内核中引入实时性需要修改 Linux 内核的扩展模式，应独立设计实时调度器的扩展模式。

（2）内核过于庞大

Linux 不是为对存储空间过分敏感的系统设计的，典型的 Linux 嵌入式系统应该有 10MB 左右的 Flash 空间与 8MB 左右的 RAM 空间。而对于一些资源紧张的小型嵌入式系统来说，这些空间显得过分奢侈。

另外，还有一些因素，比如如何处理文件系统、如何处理虚拟内存等。这些问题并未形成阻碍 Linux 应用于嵌入式系统的瓶颈。目前人们已经开发出实时的嵌入式 Linux，如 RTLinux、针对没有 MMU 处理器的 uCLinux 等，作为替代标准 Linux 的解决方案。

11.3.2　嵌入式 Linux 开发环境架构

1. Linux 系统的架构

Linux 是由内核以及许多其他组件构成的，图 11-6 所示是一般 Linux 系统的架构图。在 Linux 系统架构中，硬件上面就是内核部分。内核是操作系统中的中心组件。使用内核的目的是希望以一致的方式管理硬件，并为用户软件提供高层抽象层。正如其他的类 UNIX 内核那样，Linux 会驱动设备、管理 I/O 存储、调度进程、共享存储空间、管理信号的配送以及完成其他管理工作。如果应用程序使用的是内核所提供的 API，则应用程序可能根本不用或只需要一点修改就可以移植到此内核所支持的任何架构上。这正是 Linux 的优势所在，在 Linux 支持的所有架构上可以看到大量相同的应用程序。

为了给应用程序提供它们需要的功能，内核被大致分成两个部分：底层接口层和高层抽象层。底层接口层专属于硬件配置，内核运行在底层接口层之上，并以硬件无关的 API 提供对硬件资源的直接控制。也就是说，在 PowerPC 和 ARM 系统上，对寄存器或内存分页的处理会以不同的方式完成，但是却可以使用通用的 API 来存取内核里高层的组件。在操作系统的底层接口层与高层抽象层之间是一些用来管理特定设备的数据结构。磁盘一直是数据的主要存储体。我们可以通过制定正确的磁盘、柱面、扇区找到特定的内容，不过这种层次结构根本无法满足文件及目录变化的需要。要做到文件层次的存取，必须在磁盘上使用特殊的数据结构，并以特殊的形式存入文件和目录信息，以便日后读取的时候能够区分。这就是文件系统的作用所在。然而，由于操作系统发展太快，出现了各种不兼容的文件系统。为满足既有和新开发的文件系统的需要，内核具备了一些可用来分辨特殊磁盘结构的文件系统引擎，并通过此结构区分或加入文件和目录。这些引擎都会对内核的较上层提供相同的 API，这样，就算根据文件系统的结构采用不同的底层服务，存取各种文件系统的方法都是一致的。例如，内核的虚拟文件层提供的 API，对 FAT 文件系统和 ext2 文件系统来说都一样，但是块设备驱动程序的磁盘操作会因为 FAT 和 ext2 用来将数据存入磁盘的结构而有所不同。这部分内容可以参考第 6 章中关于驱动程序的介绍。

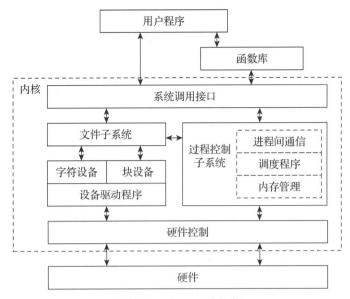

图 11-6　Linux 系统构架

在正常操作期间，内核至少需要一个具有合适结构的文件系统——根文件系统。内核会从这个文件系统加载要在系统上执行的第一个应用程序。内核还要靠这个文件系统做进一步的操作，如加载模块以及为每个进程提供工作目录。根文件系统不是存储并运行在实际的硬件存储装置上，就是在系统启动期间被加载并运行在 RAM 上。

操作系统内核上面是由操作系统执行的应用程序和工具程序组成的。可是内核提供的服务通常不适合让应用程序直接使用，应用程序靠链接库提供的普通 API 以及可代替应用程序跟内核交互来获得所需功能的抽象服务。大多数 Linux 应用程序使用的链接库就是GNU 链接库。正如我们稍候所见，为了弥补 GNU C 链接库的不足，嵌入式 Linux 系统会将它替换成符合需要的链接库。除 C 链接库之外，还有其他各种链接库，例如 Qt、XML或 MD5。

链接库一般会跟应用程序动态链接在一起。也就是说，链接库并不是应用程序的二进制文件的一部分，它们会在应用程序启动期间被加载到应用程序的内存空间。这让多个应用程序能够使用同一个链接库实体，而不是每个应用程序都必须拥有自己的副本。例如，C 链接库只会从系统的文件系统加载系统的 RAM 一次，所有使用该链接库的应用程序都会共享一个副本。但是，在嵌入式系统中，某些情况下会希望链接库成为应用程序的二进制文件的一部分，此时就会使用静态链接库而不使用动态链接库。

2. 目标机结构

前面提到，在嵌入式系统开发过程中，需要建立宿主机 - 目标机结构。嵌入式 Linux 系统有三种不同的宿主机 - 目标机结构：连接式设置、可抽换存储装置设置、独立式设置。实际设置可能包括多种架构，甚至会随时间改变，这取决于需求和开发方法。

（1）连接式设置

连接式设置是最常见的架构。在这种设置中，目标板和主机会一直被缆线连接在一起。此连接通常就是一条串行线或是一条以太网连接。这种设置的主要特色是，目标板与主机之间并未用到实际的硬件存储装置来传送数据。所有数据都是通过连接传送的。如图 11-7 所示，主机包含跨平台开发环境，而目标板则包含适当的引导加载程序、可用的内核以及最起码的根文件系统。

另一种做法是，通过远程组件来简化目标板的开发工作。例如，可以通过 TFTP 下载内核。此外，根文件系统还可以通过 NFS 安装，而不必在目标板中使用存储媒体。在开发期间使用经 NFS 安装的根文件系统确实相当理想，因为这样可以免除必须不断在主机与目标板之间复制程序变动的麻烦。

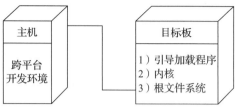
图 11-7　主机 / 目标板采用连接式设置

（2）可抽换存储装置设置

在这种设置中，主机和目标机之间没有实际的连接。取而代之的是，先由主机将数据写入存储装置，然后将存储装置转接到目标板，并用该存储装置引导。如图 11-8 所示，与前一种设置相同，主机包含跨平台开发环境，而目标板则只包含最起码的引导加载程序，其余的组件被存放在抽换式存储媒体上，先由主机将这些组件写入抽换式存储媒体，然后由目标板上的引导加载程序在启动时加载。

事实上，目标板有可能不包含任何形式的永久性存储装置。例如，目标板有可能使用容易插拔 Flash 芯片的插座来取代固定的 Flash 芯片。通常的操作方式为，先在主机上用 Flash 编程器将数据写入芯片，再将该芯片插入目标板上的插座中。

这是嵌入式系统开发初期最受欢迎的一种设置。一旦最初的开发阶段结束，就会发现换成连接式设置可能比较实用，因为这样可以避免在每次内核或根文件系统有变动时插拔存储装置来传送数据。

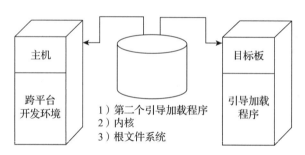
图 11-8　主机 / 目标板采用可抽换存储装置设置

（3）独立式设置

与其他设置不同的是，这种设置不需要任何跨平台开发环境，因为所有的开发工具都会在固有的环境中执行。而且，目标板与主机之间不需要任何数据传送工作，因为所有必要的存储装置都放在目标板上，如图 11-9 所示。

这种设置非常适合在以 PC 为主的高级嵌入式系统开发中应用，因为开发者可以在嵌入式系统上使用现成的一般 Linux 发行套件。一旦开发完成，开发者就可以根据自己的用途对发行套件进行修整和定制。尽管开发者能够因此避免自己建立根文件系统及设定启动程序，但开发者仍需要对自己所使用的发行套件了如指掌。

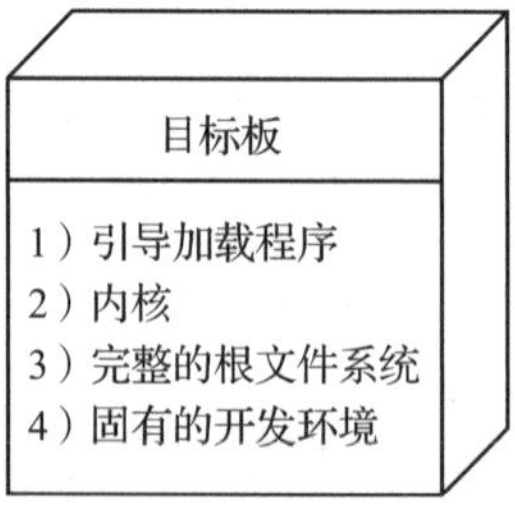

图 11-9　主机 / 目标采用独立式设置

11.3.3　Linux 开发工具

前面介绍了 Linux 在应用方面的各种优点，但是对软件开发人员来说，最重要的是一套好的开发工具。

GNU 提供的开发工具包括汇编器 AS、C 编译器 GCC、C++ 编译器 G++、连接器 LD、调试工具 GDB 等（基于 ARM 平台的工具分别为 arm-linux-as、arm-linux-gcc、arm-linux-g++、arm -linux-ld），下面着重介绍 GCC 与 makefile 的编写。

1. GNU CC

GNU CC（通常称为 GCC）是 GNU 项目的编辑器套件。它能够编译 C、C++ 和 Objective C 语言编写的程序。GCC 能够支持多种不同的 C 语言变体，比如 ANSI C 和传统 C。此外，GCC 在 G77 的支持下，还可以编译 FORTRAN 语言，以后还会增强对其他语言的支持。

虽然称 GCC 是 C 语言的编译器，但使用 GCC 由 C 语言源代码文件生成可执行文件的过程不只是编译的过程，而是要经历 4 个相互关联的步骤：预处理（也称预编译，Preprocessing）、编译（Compilation）、汇编（Assembly）和连接（Linking）。

简单了解 GCC 的编译步骤之后，下面看一下如何编写、编译和运行 " Hello World" 程序。打开 vi 编辑器，输入以下程序代码：

```
/*
 * hello.c
 /*
#include <stdio.h>
int main()
{
    printf("Hello World!\n");
    return 0;
}
```

把这个文件保存为 hello.c，这就是源文件。接下来从文本编辑模式转到命令行模式，在命令行中输入以下命令：

```
$ gcc hello.c -o hello
$ ./hello
```

回车以后，就可以看到屏幕上输出 " Hello World!"。恭喜你，你已经能够自己在 Linux 下编写和调试程序了。上面的命令中，第一行告诉 GCC 对源程序 hello.c 进行编译和链接，并使用 -o 参数指定创建名为 hello 的可执行程序，第二行执行刚才生成的 hello 程序。

在使用 GCC 编译器的时候，必须给出一系列必要的调用参数和文件名称。GCC 编译器的调用参数大约有 100 多个，其中多数参数可能根本就用不到，这里只介绍其中最基本、最常用的参数。

GCC 最基本的用法是：gcc[选项][文件名]。其中 "选项" 就是编译器所需要的参数，"文件名" 给出相关的文件名称。GCC 命令选项如表 11-1 所示。

表 11-1　GCC 命令选项

选　项	说　明
-c	只编译，不连接成为可执行文件，编译器只是由输入的 .c 源代码文件生成以 .o 为后缀的目标文件，通常用于编译不包含主程序的子程序文件
-o filename	确定输出文件的名称为 filename，同时这个名称不能和源文件同名。如果不设定 filename，GCC 就使用默认的文件名 a.out
-g	产生符号调试工具（GNU 的 GDB）所必需的符号信息，要想对源代码进行调试，就必须加入这个选项

（续）

选　项	说　明
-O	对程序进行优化编译、连接，采用这个选项，整个源代码会在编译、连接过程中进行优化处理，这样可以提高生成的可执行文件的执行效率，但是，编译、连接的速度要相对慢一些
-ON	指定代码优化级别为 N，$0 \leqslant N \leqslant 3$，如果未指定 N，则默认级别为 1
-Wall	允许发出 GCC 能提供的所有有用的警告

前面的程序中，我们已经知道编译单个文件的命令，假如要编译多个源文件并且同时链接，可以用如下方法：

```
gcc -o hello hello.c func1.c func2.c
```

其中，-o hello 指定输出的可执行文件名为 hello。如果想单独编译每一个源文件，最后进行链接，可以调用以下命令：

```
gcc -c hello.c
gcc -c func1.c
gcc -c func2.c
gcc -o hello hello.o func1.o func2.o
```

其中，-c 只是表示生成目标文件，但是并不进行链接，最后用 gcc -o 语句将所有的目标文件（*.o）链接在一起，构成可执行文件。

除了以上介绍的编译选项之外，还有很多选项与编译技巧需要读者在实践中体会，同时读者也能感受到 GCC 强大的功能和灵活的用法。

2. GNU make

make 是所有想在 Linux 系统上编程的用户必须掌握的工具。有人说如果你写的程序中没有用到 make，则说明你写的程序只是个人的练习程序，不具有任何实用价值。这么说也许有些偏激，但 make 确实是编写大型程序时所使用的一个很方便的工具。

首先，编程的时候，如果在程序中改动一行代码，编译器需要重新编译来生成一个新的可执行文件。但如果这个项目分布在几个小文件里，当改动其中一个文件的时候，其他源文件的目标文件已经存在而且没有被修改过，所以只重新编译那个被改动过的文件，然后连接所有的目标文件即可。在大型的项目中，这意味着从很长时间（几分钟甚至几小时）的重新编译缩短为几十秒的简单编译。make 能自动判断哪些文件被修改过，进而只重新编译程序被修改过的部分，从而减少重复编译所需要的时间。Makefile 为项目建立了一个信息数据库，因而可以让 make 在每次编译前检查是否可以找到所有需要的文件。

其次，一个项目包含多个源代码文件，编译的时候需要编写一串长而且复杂的命令行，并且还有一些很少用到的、难以记忆的特殊编译选项。make 可以通过把这些复杂且难以记忆的命令行保存在 makefile 文件中来解决这个问题。

下面用一个具体的简单例子来说明 make 的必要性。如前面所介绍的，假如在程序中，我们修改了一个头文件（.h），而这个程序中 func1.c、func2.c、func3.c……这些源文件中都包含这个头文件，就需要重新编译，如 gcc -c func1.c, gcc -c func2.c, gcc -c func3……最后还要用 gcc -o 指令将所有的文件与主文件链接起来。当项目规模很大的时候，这项烦琐的工作会耗费很多时间。所以我们要寻找一些工具使这个过程变得简单一些，GNU make 就是这样一种工具。

从上面的描述中可以看出，make 的许多工作都是通过 makefile 文件来做的。下面详细介绍如何来编写 makefile 以及编写 makefile 的一些规则和需要注意的问题。

（1）基本 makefile 结构

GNU make 的主要工作是读入一个文本文件：makefile。该文件中的内容主要是有关目标体（target）和依赖体（dependency）的关系，以及用什么命令来建立这种关系。

一个 makefile 规则有如下的通用形式：

```
Target :[dependency1] [dependence2] [...]
        [command]
        [command2]
        [...]
```

目标体可以是文件名，依赖体可以是其他的目标体名或文件名。Command 就是操作系统所运行的命令行。这里需要注意的是：一条规则内的命令（command）要以 Tab 为一行的起始，表示命令属于一个规则。同时，一条规则也可以有多条命令，每条命令占一行（也要以 Tab 开头）。

有了这些信息，make 会检查磁盘上的文件，如果目标体的时间戳（最近被改动的时间）至少比它的一个依赖体旧，make 就执行相应的命令，以便更新目标体。

makefile 一般被叫作"makefile"或"Makefile"。当然，也可以在 make 命令行中指定别的文件名，如果不特别指定，它会寻找默认的"makefile"或"Makefile"。

我们来看下面的例子：

```
hello : hello.o func1.o func1.h
    gcc hello.o func1.o -o hello
func1.o :  func1.c func1.h
    gcc -c func1.c
hello.o :  hello.c
    gcc -c hello.c
```

上面是一个最基本的 makefile。要编译 hello，只要在 makefile 所在的目录下输入 make 就可以了。make 从第一行开始，把上面第一个目标体 hello 作为它的默认目标（一个它需要保证其总是最新的最终目标），这个目标体是 make 要创建的文件。hello 有 3 个依赖体，分别是 hello.o、func1.o 和 func1.h，要编译生成 hello，就必须有这三个文件的存在。给出的规则说明，只要文件 hello 比文件 hello.o、func1.o 或 func1.h 中的任何一个旧，第二行的命令就会被执行。第二行是目标体 hello 所对应的命令（command）。由前面介绍的 gcc 命令可知，这一条命令从两个目标文件中创建一个名为 hello 的可执行文件。

但是，在检查文件 hello.o 和 func1.o 的时间戳之前，它会往下查找那些把 hello.o 或 func1.o 作为目标体的规则。它找到的关于 func1.o 的规则，该文件的依靠体是 func1.c 和 func1.h。它从下面找不到生成这些依靠体的规则，就开始检查磁盘上这些依靠文件的时间戳。如果这些文件中任何一个文件的时间戳比 hello.o 的新，将会执行命令 gcc -c func1.c，从而更新文件 func1.o。接下来对文件 hello.o 做类似的检查，在这里依靠文件是文件 hello.c，处理步骤与处理 func1.o 相似。在处理完 hello.o、func1.o 两个依赖体以后，make 回到 hello 的规则。如果刚才三个规则中的任何一个被执行，hello 就需要重建（因为其中一个 *.o 就会比 hello 新），因此连接命令将被执行。

到此为止，我们可以看出使用 make 工具来建立程序的好处：本小段开头处提出的所有烦琐的检查步骤（检查时间戳）都由 make 完成了。源文件中改变的每一处，都会造成此文件的重新编译和然后与本文件相关的、修改时间较晚的文件，都会被重新编译和链接。而这一切都不需要手工操作。

（2）makefile 变量

makefile 中除了包含上面所述的规则以外，还包括变量。所谓变量其实就是文本的替换。下面是定义变量的一般方法：

```
VARNAME=sometext[…]
```

变量的引用方法：

```
$(VARNAME)
```

在程序当中，VARNAME 展开为它所代表的文本。通常，变量都用大写字母来表示（注意：变量是大小写敏感的），并且放在 makefile 的头部。那么为什么要设置这些变量，它们有什么优点呢？当编译 makefile 时，如果反复用到某些内容，每次都要写这些内容的话，是很麻烦的。于是，make 引入了变量的概念（其实也可以把它看成简单的脚本语言），它的主要作用如下。

1）替换多个文件名。在前面的"HelloWorld"例子里，第一行中的规则包含一些目标文件作为依靠体。在第二行中这个规则的命令行里同样的文件被发送给 GCC 作为命令参数。因此，可以用一个变量代替这些文件名，这样每次使用的时候可以大大简化书写过程，如 OBJS = hello.o func1.o。

2）存储编译器名。如果你的项目被用在一个非 GCC 的系统里或者你想使用一个不同的编译器，则必须将所有使用编译器的地方改成新的编译器名。但是如果用一个变量来代替编译器名，那么只需要改一个地方，其他所有地方的编译器名就都改变了，例如：CC = gcc。

下面利用变量重新定义上面的 makefile。

```
OBJS = hello.o  func1.o
HDRS = func1.h
CC = gcc
hello : $( OBJS)  $( HDRS)
    $(CC)  $( OBJS) -o hello
func1.o :  func1.c $( HDRS)
    gcc -c func1.c
hello.o : hello.c
gcc -c hello.c
```

我们看到，前三行是变量的定义部分，在以后的规则定义中，每个变量都会被展开成它的取值。这里只是演示如何定义和使用变量，由于例子比较简单，因此并不能显示出变量的优势，甚至有的地方看起来有点烦琐。具体的应用读者会在以后的大型实践中有所体会。

此外，make 还提供了一些自动变量，如表 11-2 所示。这些变量可以代替在不同的规则中的目标体、依赖体等内容，使规则的建立更加便利。

表 11-2　make 自动变量

变量	说　　明	变量	说　　明
$@	代表规则中的目标体	$<	代表规则中的第一个依赖体
$^	代表规则中所有的依赖体	$?	代表规则中时间新于目标体的依赖体

从上面例所举的"HelloWorld"例子来看，编写一个 make 规则好像并不是很困难。但是在大型软件项目当中，要靠手工编写一个 make 规则是很令人头痛的事情。程序员需要逐个查看源码文件，把目标文件（*.o）作为目标体，而 C 源代码文件和被它包含的头文件作为依赖体；还要把其他被这些头文件包含的头文件也列为依赖体，如此递归……你会发现要对越来越多的文件进行管理。这与我们使用 make 的初衷是相违背的。有没有较为容易编写规

则的方法呢？在编译器编译每一个源代码文件时，它就已经知道应该包括什么样的头文件。使用 GCC 的时候，用 -M 选项会为每一个 C 文件输出一个规则，把目标文件（*.o）作为目标体，而这个 C 文件和所有应该被包含的头文件将作为依赖体。注意，这个规则会加入所有头文件，包括被角括号（< >）和双引号（" "）所包围的文件。其实可以相当肯定地说系统头文件（比如 stdio.h、stdlib.h 等）不会被更改，这时为了节省编译时间，可以用 -MM 来代替 -M 传递给 GCC，那些用角括号引用的系统头文件将不会被包括。由 GCC 输出的规则只包含目标体和依赖体，不包含命令部分，可以自己写入命令。

前面介绍了 makefile 的写法，现在来介绍 make 程序一些最常用的基本选项。表 11-3 列出了 make 命令行选项。

表 11-3　make 命令行选项

选项	说　明
-f	可以指定 makefile 的名称，这样，就可以不用 makefile 作为规则文件的名字了
-i	可以使 make 程序忽略运行时的错误，继续运行
-v	用来显示 make 程序的版本号
-n	打印将要执行的命令，但实际上并不执行这些命令

3. 集成开发环境

Linux 拥有许多集成开发环境（Integrated Development Environment，IDE）。这些 IDE 多半被用来开发原生的应用程序。然而，我们可以通过在 IDE 配置中设定适当的编译器名称来进行交叉开发的定制化。在 Linux 的集成化开发环境中，开源的集成化开发环境主要有表 11-4 所列的几种。

表 11-4　开源的 Linux 集成化开发环境

IDE	下载位置	支持语言
Anjuta	http://anjuta.sourceforge.net/	Ada，bash，C，C++，Java，make，Perl，Python
Eclipse	http://www.eclipse.org/	C，C++，Java
Glimmer	http://glimmer.sourceforge.net/	Ada，bash，C，C++，Java，make，Perl，Python，x86 Assembly
KDevelop	http://www.kdevelop.org/	C，C++，Java
SourceNavigator	http://sources.redhat.com/sourcenav/	C，C++，Java，Python

以上集成开发环境有各自的优点和缺点，读者可以根据自己的喜好，下载相应的 IDE。尽管目前许多 IDE 都有强大的编辑和编译功能，许多人还是喜欢简单易用的 vi。

4. 终端仿真程序

在嵌入式系统中，与目标机的交互方法最常见的是在主机端使用终端仿真程序，通过 RS232 串行端口与目标板通信。Linux 中，有三种常用的终端仿真程序：minicom、cu 和 kermit。下面分别介绍这些工具的配置。

（1）minicom

minicom 是 Linux 最常用的终端仿真程序。大多数与嵌入式系统有关的文件都会假定你使用的是 minicom。如果读者使用的是以 Red Hat 为基础的发行套件，可以利用 rpm –q minicom 命令查看是否安装了 minicom。使用 $minicom 命令启动 minicom 以后，可以按照屏幕提示对自己将要使用的串口进行相应的配置。minicom 的具体配置以及使用方法，会在稍后的例子中给出。

（2）UUCP cu

UUCP（Unix to Unix Copy）是连接 Unix 系统最常见的方法之一。尽管现在 UUCP 已经很少使用，不过 UUCP 套件中的 cu 命令却可以用来连通其他系统。在 Red Hat 中，可以利用 rpm –q uucp 来查看是否已经安装该组件。

为了使用串口通信，我们必须在 UUCP 使用的配置文件中加入适当的设定条目。下面是 /etc/uucp/port 文件中的内容：

```
# /etc/uucp/port - UUCP ports
# /dev/ttyS0
port       ttyS0
type       direct
device     /dev/ttyS0
hardflow   false
speed      115200
```

从以上的配置文件中可以看出，端口名为 ttyS0，传输速率为 115 200bit/s，没有硬件流量控制，通过 /dev/ttyS0 连接远程系统。连接类型设置为 direct，表示端口直接连接到目标系统。

除了定义端口之外，还要在 /etc/uucp/sys 文件中加入远程系统的定义。下面是 /etc/uucp/sys 文件中的内容：

```
# /etc/uucp/sys -name UUCP neighbors
# system:      target
system        target
port          ttyS0
time          any
```

根据这些条目设定可以知道：远程系统名称为 target，在任何时候都可以使用 ttyS0 这个端口与它联系。

设定好以上两个文件后，就可以使用 cu 命令来连接目标机了：

```
$ cu target
```

进入 cu 联机状态以后，可以使用相应的命令对目标机进行控制。具体的命令这里不再一一列出，读者可以使用 ~? 命令列出完整的命令清单或者查阅相关的使用手册。

（3）C-Kermit

C-Kermit 是哥伦比亚大学的 Kermit 计划中维护的套件之一。C-Kermit 广泛地为各种平台的网络操作提供了一致的接口。

就可用性来看，与 minicom 和 cu 相比，kermit 站在相当有利的位置。尽管 kermit 缺乏 minicom 提供的用户菜单，但是当与终端仿真程序交互的时候，kermit 的交互式命令语言更加直接、有效。要使用 kermit 命令，必须将 .kermrc 配置文件放到主目录中。kermit 启动时会加载此文件。下面是 .kermrc 范例文件中的内容：

```
;Line properties
set modem type        none;
set line              /dev/ttyS0
```

```
set speed              115200
set carrier-watch      off
set handshake          none
set flow-control       none

;Communication properties
robust
set receive packet-length 1000
set send packet-length    1000
set window                10

;File transfer properties
set file type          binary
set file name          literal
```

以上设置命令的作用可以通过 help 命令查询。例如，通过 help robust 命令进一步了解 robust 宏的意义。

配置文件一旦设置好，就利用以下命令启动 kermit：

```
$ kermit -c
```

11.3.4　实例：建立嵌入式 Linux-ARM 开发环境

在以上的介绍中，我们对嵌入式 Linux 有了概念性的认识，下面用一个简单的例子展示具体的过程。要建立这个开发环境，我们需要了解最基本的 Linux 程序设计知识，并要了解需要哪些软硬件资源。

1）一台带有 Linux 操作系统的 PC，它作为宿主机用来建立交叉编译调试环境（即在宿主机上编译代码，在目标机上运行程序的环境）；同时，还需要一台带有嵌入式 Linux 操作系统（本例采用 ARM Linux）的目标机。建立交叉编译环境的任务就是将宿主机编译好的代码下载到目标机上运行。

2）对于嵌入式开发，需要一套交叉编译工具。在 Linux 操作系统下，最常用的编译工具是 GCC，普通 GCC 编译的程序只能在 x86 系列计算机上运行，但通过 arm-elf-gcc，就能够编译出在 ARM 上运行的目标代码。

3）在宿主机上安装 RedHat 9 Linux 操作系统。如果是以前没有过安装经验的读者，建议选择 custom 定制安装，并选择 everything 选项，完全安装。如果按照其他类型安装系统，需要选用服务器模式安装，并要注意必须选择安装 GCC、Binutils、make、TFTP Server、FTP Server、minicom Telnet。把 ARM 作为目标系统，需要使用 ARM 交叉编译器。例如，可以从 http://www.uClinux.org/pub/uCLinux/arm-elf-tools/ 上下载 uClinux-ARM 交叉编译器：arm-elf-tools-20030314.sh。这个文件包中主要包括的工具有 arm-elf-gcc、arm-elf-gdb 和 arm-elf-ld。

4）目标板的配置与安装。如果目标板是新的，里面没有任何程序或文件，这就需要我们首先把开发板启动所需要的 Bootloader 烧写进去。vivi 是一款针对 S3C2410 芯片的 Bootloader。通过 Bootloader 完成目标板的初始化工作，同时与主机通过串口取得联系。在没有串口通信的情况下，一般采用 JTAG 方式来对开发板进行烧写。首先，将 JTAG 仿真器与开发板和主机相连，启动开发板。在主机上将 JTAG 所需要的驱动程序安装好。主机进入 Windows，运行 cmd 界面，在这里通过相应开发板提供的命令将 vivi 烧写到开发板的 Flash 当中。这时，开发板就可以通过串口来跟主机通信，并在 Windows 中的超级终端或者 Linux 中的 minicom 上显示出相应的信息了。

5）Minicom 终端的配置。Minicom 相当于一个人机交互的接口，在这里可以看到我们编写的程序的运行结果。在 RedHat 中打开终端，输入 minicom，这时终端会转到 minicom 界面下。按下 Ctrl+A 可以根据屏幕的提示来配置选项。首先选择 Serial port setup，将串口设备名修改为 /dev/ttyS0。修改 Hardware Flow Control 为（硬件流控制）NO。选择 Modem and Dialing，删除 InitString，删除 ResetString。最后，保存这些设置，选择 save as dfl（保存为默认设置）。设置完毕以后，就可以将目标机与宿主机连接了（注意：这里的宿主机需要已经安装好 ARMLinux 操作系统）。串口线要接到串口 1，因为上面设置串口设备名的时候，用的是串口 1（/ dev/ttyS0）。设备连接好，检查无误之后，按下电源开关，就可以看到如图 11-10 所示的信息。

图 11-10　连接正常显示信息

6）接下来的任务是要把嵌入式 Linux 内核（比如 uClinu）烧写到开发板中。

首先在 vivi> 命令格式下，输入格式化命令，格式化开发板，并为开发板分区。这样，开发板上原来存在的程序和文件就会被格式化掉。烧写完毕之后，Flash 已经被格式化，开发板上运行的 vivi 存在于 SDARAM 当中。

此时，可以用 load flash 命令重新将 vivi 烧写到 Flash 当中：

```
vivi> load flash vivi x
```

同样，把内核映象文件烧写到开发板中：

```
vivi> load flash kernel x
```

然后烧写根文件系统：

```
vivi> load flash root x
```

这样，开发板所需要的内核以及文件系统就烧写完毕了。

7）将交叉编译好的文件传到目标板中，就可以运行了。

11.3.5　实例：实现"Hello World"程序

以上初步介绍了 GCC 与 make 编译工具，以及简单的嵌入式开发环境的建立，虽然只了解这些离一个合格的程序员还有些差距，但是这对编写一个小的嵌入式程序已经足够。图 11-11 是 "HelloWorld" C 程序在嵌入式环境下的开发和调试流程图。

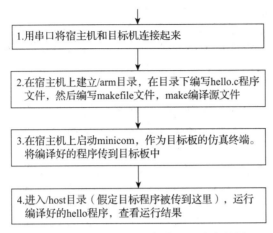

图 11-11 嵌入式 C 程序编写调试流程图

以上流程图中的主要步骤都已经在前面介绍过，下面给出 hello.c 在嵌入式环境下的 makefile 文件。

```
CROSS = /usr/local/arm/2.95.3/bin/arm-linux-    ##### 指定 arm-linux-gcc 安装的位置
CC = $(CROSS)gcc
hello.o: hello.c
    $(CC) $(CFLAGS) -c -o hello.o hello.c
clean:
    rm -f *.o
```

最后，可以用以下命令查看程序运行结果：

```
[/mnt/yaffs] cd /host
[/host] ./hello
```

11.4 FreeRTOS 嵌入式系统开发环境

1. 硬件环境

FreeRTOS 支持目前主流的 32 位 MCU，对 RAM 空间需求较小，对 ST 公司的 STM32 系列 MCU 支持较好，有丰富的社区资源可供使用，同时 ST 提供了代码自动生成工具，可自动生成模板代码，对开发者非常友好。

2. FreeRTOS 开发环境架搭建

FreeRTOS 开发环境没有特殊的依赖，与所选用的 MCU 开发 IDE 一致即可，这里选用 Keil MDK 作为开发 IDE。

Keil MDK，也称为 MDK-ARM、Realview MDK（Microcontroller Development Kit），目前由三家国内代理商提供技术支持和相关服务。MDK-ARM 软件为基于 Cortex-M、Cortex-R4、ARM7、ARM9 的处理器设备提供了一个完整的开发环境。MDK-ARM 专为微控制器应用而设计，不仅易学、易用，而且功能强大，能够满足大多数嵌入式应用的需求。

下面介绍 MDK 的安装过程。

（1）开始安装

运行 Setup 安装程序，进入如图 11-12 所示的界面，单击 Next 按钮。

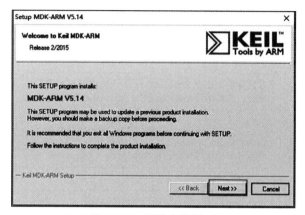

图 11-12 开始安装界面

（2）确认许可证条款

在图 11-13 所示的界面中勾选同意，单击 Next 按钮。

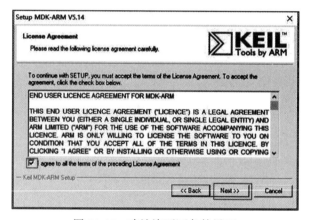

图 11-13 确认许可证条款界面

（3）选择安装路径

如图 11-14 所示，选择安装路径，注意路径中不要包含中文，路径选择完成后单击 Next 按钮。

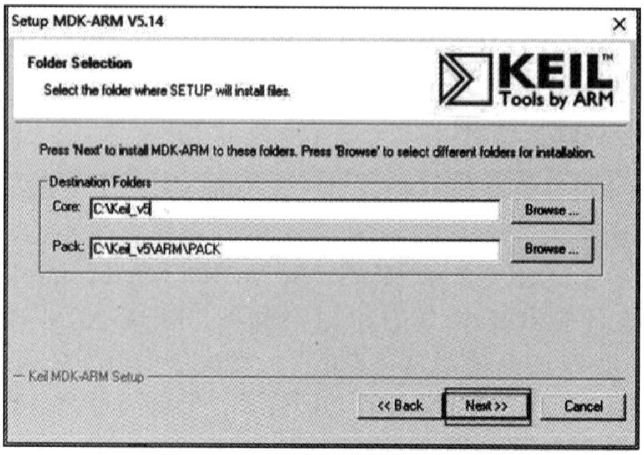

图 11-14 选择安装路径界面

（4）正式安装

正式安装界面如图 11-15 所示，安装过程中无须人工介入，等待即可。

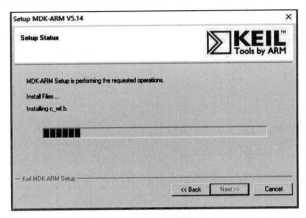

图 11-15 正式安装界面

（5）填写个人信息

系统安装完成后需要填写个人信息，界面如图 11-16 所示，填写完信息后单击 Next 按钮。

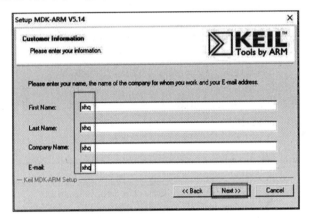

图 11-16 填写个人信息

（6）完成安装

安装完成的界面如图 11-17 所示。MDK IDE 安装完成后，重启计算机即可开始使用。

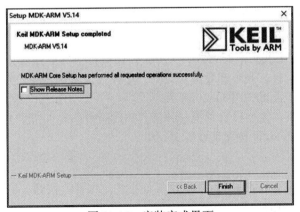

图 11-17 安装完成界面

3. FreeRTOS 仿真调试

FreeRTOS 仿真调试和普通的 STM32 程序调试方法一致，只是搭载操作系统后，仅需要关注自己创建的任务运行情况。

首先，选择 MCU 类型或者指定的型号，操作界面如图 11-18 所示。

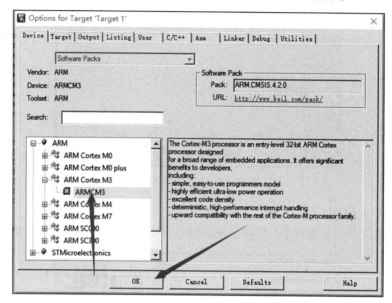

图 11-18　选择 MCU 类型或者指定的型号

然后，选择安装相应的软件包，如图 11-19 所示，MDK 会自动将这些 MCU 的启动文件 startup.s 添加到我们的项目中。

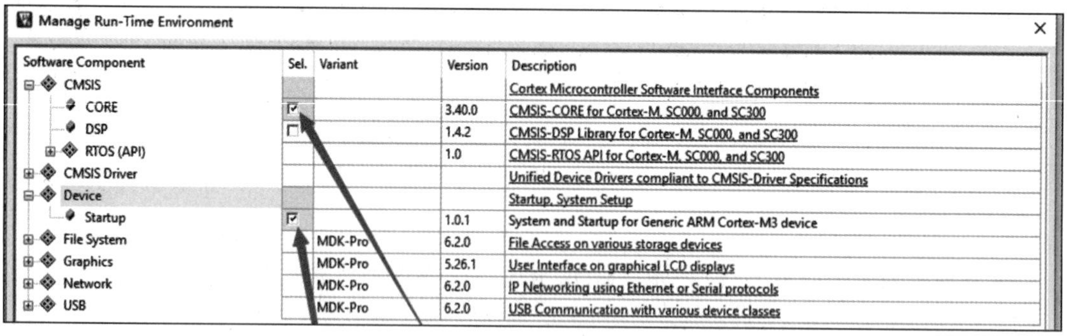

图 11-19　选择安装相应的软件包

FreeRTOS 的仿真调试有两种方式，一种是使用硬件仿真器连接目标板，将代码烧录进开发板，并控制代码运行，观察实际运行效果，这种方式需要硬件。为了方便，我们还可以使用软件仿真的方式，设置如图 11-20 所示。

在软件仿真情况下，需要设置系统时钟使其和代码中一致，如图 11-21 所示。

至此，FreeRTOS 的软件仿真环境搭建完毕。

4. 编译烧写程序

在 MDK 环境下，单击如图 11-22 所示界面中的"编译"按钮，即可启动编译，编译信息输出在 IDE 下方的空白处。

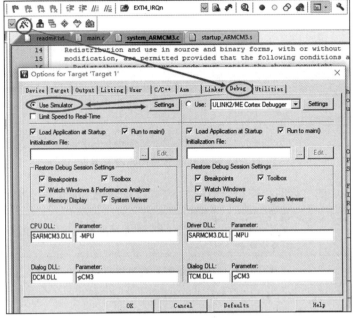

图 11-20　软件仿真调试方式设置

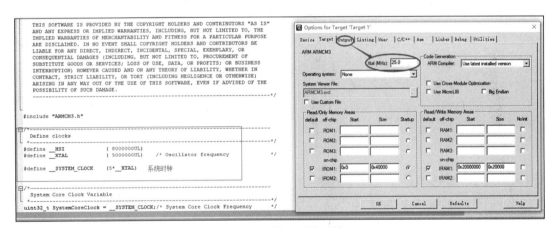

图 11-21　设置系统时钟

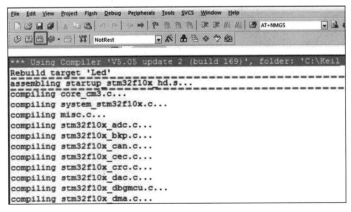

图 11-22　点击编译按钮启动编译

　　编译完成后，如果代码没有错误，状态显示如图 11-23 所示，会生成 hex 文件，可以将这个文件烧写进板卡中运行。

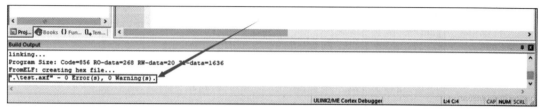

图 11-23　编译状态显示代码没有错误

　　单击图 11-24 中的"烧写"按钮，即可对 STM32 的内部 Flash 进行擦除和写入操作。

图 11-24　单击"烧写"按钮烧写程序

参 考 文 献

[1] 施巍松，张星洲，王一帆，等.边缘计算：现状与展望 [J].计算机研究与发展，2019，56（1）：69-89.

[2] 施巍松，孙辉，曹杰，等.边缘计算：万物互联时代新型计算模型 [J].计算机研究与发展，2017，54（5）：907-924.

[3] 丁春涛，曹建农，杨磊，等.边缘计算综述：应用、现状及挑战 [J].中兴通信技术，2019，25（3）：2-7.

[4] 李林哲，周佩雷，程鹏，等.边缘计算的架构、挑战与应用 [J].大数据，2019，5（2）：3-16.

[5] 陈连坤.嵌入式系统的设计与开发 [M].北京：清华大学出版社，2005.

[6] 陈文智.嵌入式系统开发原理与实践 [M].北京：清华大学出版社，2005.

[7] 林永仁.嵌入式系统项目分析入门与实践 [M].北京：中国铁道出版社，2004.

[8] 桑楠.嵌入式系统原理及应用开发技术 [M].北京：北京航空航天大学出版社，2002.

[9] 罗森林，高文，张鹰.工程系统论的一些探讨 [J].系统工程与电子技术，2000，22（6）：1-5.

[10] 张大波.嵌入式系统原理、设计与应用 [M].北京：机械工业出版社，2005.

[11] 李伯成.嵌入式系统可靠性设计 [M].北京：电子工业出版社，2006.

[12] 田泽.嵌入式系统开发与应用 [M].北京：北京航空航天大学出版社，2004.

[13] 王少平，王京谦，钱玮.嵌入式系统的软硬件协同设计 [J].现代电子技术，2005，28（2）：83-84.

[14] 盖斯基，瓦希德，纳拉扬，等.嵌入式系统的描述与设计 [M].边计年，吴为民，等译.北京：机械工业出版社，2005.

[15] 拉吉.嵌入式系统：体系结构、编程与设计 [M].影印版.北京：清华大学出版社，2005.

[16] 罗波特森.掌握需求过程 [M].王海鹏，译.北京：人民邮电出版社，2003.

[17] 苏琼，胡继承，张振兴.基于 UML 的嵌入式系统的分析与设计 [J].计算机应用研究，2005，22(11): 14-15.

[18] 道格拉斯.实时 UML——开发嵌入式系统高效对象 [M].尹浩琼，欧阳宇，译.北京：中国电力出版社，2003.

[19] 道格拉斯.嵌入式与实时系统开发——使用 UML、对象技术、框架与模式 [M].柳翔，等译.北京：机械工业出版社，2005.

[20] 戈马.用 UML 设计并发、分布式、实时应用 [M].吕庆中，等译.北京：北京航空航天大学出版社，2004.

[21] 萨默维尔.软件工程第 6 版 [M].程成，陈霞，等译.北京：机械工业出版社.2003.

[22] 普雷斯曼.软件工程：实践者的研究方法：第 5 版 [M].梅宏，译.北京：机械工业出版社，2002.

[23] 霍夫曼，等.实用软件体系结构 [M].王千祥，等译.北京：电子工业出版社，2004.

[24] 夏家莉.嵌入式实时数据库系统的事务模型及其处理技术 [M].北京：经济管理出版社，2004.

[25] 施昊华 . UML 面向对象结构设计与应用 [M]. 北京：国防工业出版社，2003.

[26] 康斯坦丁，洛克伍德 . 面向使用的软件设计 [M]. 刘正捷，等译 . 北京：机械工业出版社，2004.

[27] 西蒙 . 嵌入式系统软件教程 [M]. 陈向群，等译 . 北京：机械工业出版社，2005.

[28] 李伯成 . 嵌入式系统可靠性设计 [M]. 北京：电子工业出版社，2006.

[29] 丁晓波 . 基于嵌入式 Linux 系统的 BSP 技术研究 [D]. 成都：电子科技大学，2004.

[30] 曾非一 . 嵌入式软件开发技术研究——MPC860 目标机底层软件的实现 [D]. 成都：电子科技大学，2004.

[31] 魏忠，蔡勇，等 . 嵌入式开发详解 [M]. 北京：电子工业出版社，2003.

[32] 莫彩文 . 嵌入式操作系统板级支持技术的研究与实现 [D]. 成都：电子科技大学，2004.

[33] 何立民 . 单片机高级教程——应用与设计 [M]. 北京：北京航空航天大学出版社，2000.

[34] 张建华，雷杨 . 嵌入式系统的系统测试和可靠性评估 [J]. 单片机与嵌入式系统应用，2003（8）：11-13.

[35] 王晗 . 嵌入式操作系统内存泄漏检测 [J]. 大众科技，2005(8): 71-72.

[36] 曾非一，桑楠，熊光泽 . 嵌入式系统内存管理方案研究 [J]. 单片机及嵌入式系统应用，2005.

[37] 拉伯罗斯 . 嵌入式实时操作系统 uC/OS-II[M]. 邵贝贝，译 . 北京：北京航空航天大学出版社，2003.

[38] 罗蕾 . 嵌入式实时操作系统及应用开发 [M]. 北京：北京航空航天大学出版社，2005.

[39] 张天骐，林孝康，余翔 . SoC 系统的低功耗设计 [J]. 单片机及嵌入式系统应用，2004（6）：17-19，29.

[40] 钱贾敏，王力 . 基于复杂度的嵌入式软件功耗模型 [J]. 单片机及嵌入式系统应用，2004（9）：18-20.

[41] WATTS C，AMBATIPUDI R. 嵌入式系统功耗的动态管理 [J]. 电子设计应用，2004（6）：9-12.

[42] 刘峥嵘，等 . 嵌入式 Linux 应用开发详解 [M]. 北京：机械工业出版社，2004.

[43] 詹瑾瑜 . 基于嵌入式操作系统的图形用户界面 GUI 系统的研究与实现 [D]. 成都：电子科技大学，2003.

[44] 廖日坤，等 . ARM 嵌入式应用开发技术白金手册 [M]. 北京：中国电力出版社，2005.

[45] 张晓林，崔迎炜 . 嵌入式系统设计与实践 [M]. 北京：北京航空航天大学出版社，2006.

[46] 钱华风 . 面向对象嵌入式 GUI 研究及其可视化环境实现 [D]. 成都：电子科技大学，2004.

[47] 罗布，科尼尔 . 数据库系统设计实现与管理 [M]. 6 版 . 北京：清华大学出版社，2005.

[48] 康诺利，等 . 数据库设计教程 [M]. 何玉洁，等译 . 北京：机械工业出版社，2005.

[49] KUO T W，WEI C H, LAM K Y. Real-time Data Access Control on B-Tree Index Structures[C]. In: Proc of the 15th International Conference on Data Engineering, USA: IEEE Computer Society, 1999: 458-467.

[50] 奈伯格，美克 . UML 数据库设计应用 [M]. 北京：人民邮电出版社，2002.

[51] 伽玛，等 . 设计模式：可复用面向对象软件的基础 [M]. 李英军，等译 . 北京：机械工业出版社，2005.

[52] 道格拉斯 . 实时设计模式——实时系统的强壮的、可扩展的体系结构 [M]. 麦中凡，等译，北京：北京航空航天大学出版社，2004.

[53] 赛罗卫，特罗特 . 设计模式解析 [M]. 北京：中国电力出版社，2003.

[54] 斯图亚特，鲍尔 . 嵌入式微处理器系统设计实例 [M]. 苏建平，译 . 北京：电子工业出版社，2004.

[55] 符意德 . 嵌入式系统设计原理及应用 [M]. 北京：清华大学出版社，2005.

[56] 夏靖波，王航，陈雅蓉 . 嵌入式系统原理与开发 [M]. 西安：西安电子科技大学出版社，2006.

[57] WHEAT J，HISER R，Tucker J，et al. Designing a wireless network[M]. Buffalo Grove: ELSEVIER, 2001.

[58] GEIER J. Wireless local area network[M]. London: Macmillan, 1996.

[59] 周琦，黄天戌，张旻晋．基于 RTCORBA 技术的嵌入式代理服务器设计 [J]. 单片机及嵌入式系统应用，2004（11）：28-31.

[60] AKYILDIZ I F, SU W, SANKARASUBRAMANIAM Y, et al. A survey on sensor networks [J]. IEEE Communications Magazine, 2002,40(8): 102-105.

[61] OPPERMANN I, STOICA L, RABBACHIN A, et al. UWB wireless sensor networks: UWEN — a practical example [J]. IEEE Communications Magazine, 2004,42(12): 27-32.

[62] WOO C C, DONG S H. An accurate ultra-wideband (UWB) ranging for precision asset location [C]. Proceedings of the IEEE Conference on Ultra Wideband Systems and Technologies, Reston (VA, USA), 2003. Piscataway (NJ, USA): IEEE, 2003. 389-393.

[63] 尼格斯．Red Hat Linux8 宝典 [M]. 梁杰，等译．北京：电子工业出版社，2003.

[64] 马忠梅，李善平，康慨，等．ARM&Linux 嵌入式系统教程 [M]. 北京：北京航空航天大学出版社，2004.

[65] 慕春棣．嵌入式系统的构建 [M]. 北京：清华大学出版社，2004.

[66] 雅默．构建嵌入式 LINUX 系统 [M]. 韩存兵，龚波，改编．北京：中国电力出版社，2004.

[67] 季昱，林俊超，宋飞．ARM 嵌入式应用系统开发典型实例 [M]. 北京：中国电力出版社，2005.

[68] 何立民．广义平台与平台模式 [J]. 单片机与嵌入式系统应用，2001(1): 15-18.

[69] 何立民．建设单片机应用平台，实施平台开发战略 [J]. 今日电子，2000(2): 4-7.

推荐阅读

软件工程：实践者的研究方法（原书第9版）

作者：[美] 罗杰 S. 普莱斯曼 布鲁斯 R. 马克西姆 译者：王林章 崔展齐 潘敏学 王海青 贲可荣 等

中文版 ISBN：978-7-111-68394-0 定价：149.00元

本科教学版 ISBN：978-7-111-69070-2 定价：89.00元

本书自出版四十年来，在蕴含、积累、沉淀软件工程基本原理和核心思想的同时，不断融入软件工程理论、方法与技术的新进展，已修订再版9次，堪称是软件工程教科书中的经典。当今人类社会正在进入软件定义一切的时代，软件的需求空间被进一步拓展，软件工程专业人才需求持续增长，教育已经成为软件工程真正的"银弹"。该书是软件工程专业本科生和研究生、软件企业技术人员的一本重要教材和参考书，其中文版的出版将在我国软件工程专业教育领域发挥重要作用。

—— 李宣东

南京大学教授，南京大学软件学院院长，国务院学位委员会软件工程学科评议组成员
中国计算机学会软件工程专业委员会主任

本书是软件工程领域的经典著作，自第1版出版至今，近40年来在软件工程界产生了巨大而深远的影响。第9版在继承之前版本风格与优势的基础上，不仅更新了全书内容，而且优化了篇章结构。本书共五个部分，涵盖软件过程、建模、质量与安全、软件项目管理等主题，对概念、原则、方法和工具的介绍细致、清晰且实用。

软件工程（原书第10版）

作者：[英] 伊恩·萨默维尔 译者：彭鑫 赵文耘 等 ISBN：978-7-111-58910-5 定价：89.00元

本书是系统介绍软件工程理论的经典教材，自1982年初版以来，随着软件工程学科的发展不断更新，影响了一代又一代软件工程人才，对学科本身也产生了积极影响。全书共四个部分，完整讨论了软件工程各个阶段的内容，是软件工程和系统工程专业本科和研究生的优秀教材，也是软件工程师必备的参考书籍。

软件数据分析的科学与艺术

作者：[美] 克里斯蒂安·伯德 蒂姆·孟席斯 托马斯·齐默尔曼 编著 译者：孙小兵 李斌 汪盛

ISBN: 978-7-111-64760-7 定价：159.00元

大数据时代，可供分析的软件制品日益增多，软件数据分析技术面临着新的挑战。本书深入探讨了软件数据分析的科学与艺术，来自微软、NASA等的多位软件科学家和数据科学家分享了他们的实践经验。

书中内容涵盖安全数据分析、代码审查、日志文档、用户监控等，技术领域涉及共同修改分析、文本分析、主题分析以及概念分析等方面，还包括发布计划和源代码注释分析等高级主题。书中不仅介绍了不同的数据分析工具和近年来涌现的各类研究方法，而且深入剖析了大量的实战案例。

本书特色：

介绍不同数据分析工具的应用方法，分享一线企业的经验和技巧。

讨论近年来涌现的各类研究方法，同时提供大量的案例分析。

了解工业界中关于数据科学创新的精彩故事。

软件架构理论与实践

作者：李必信 廖力 王璐璐 孔祥龙 周颖 编著 中文版：978-7-111-62070-9 定价：99.00元

本书涵盖了软件架构涉及的几乎所有必要的知识点，从软件架构发展的过去、现在到可能的未来，从软件架构基础理论方法到技术手段，从软件架构的设计开发实践到质量保障实践，以及从静态软件架构到动态软件架构、再到运行态软件架构，等等。

本书特色：

- 理论与实践相结合：不仅详细地介绍了软件架构的基础理论方法、技术和手段，还结合作者的经验介绍了大量工程实践案例。
- 架构质量和软件质量相结合：不仅详细地介绍了软件架构的质量保障问题，还详细介绍了架构质量和软件质量的关系。
- 过去、现在和未来相结合：不仅详细地介绍了软件架构发展的过去和现在，还探讨了软件架构的最新研究主题、最新业界关注点以及可能的未来。

推荐阅读

嵌入式计算系统设计原理（原书第4版）

作者：[美]玛里琳·沃尔夫 ISBN: 978-7-111-60148-7 定价: 99.00元

嵌入式系统接口：面向物联网与CPS设计

作者：[美]玛里琳·沃尔夫 ISBN: 978-7-111-65537-4 定价: 69.00元

嵌入式系统设计：CPS与物联网应用（原书第3版）

作者：[德]彼得·马韦德尔 ISBN: 978-7-111-66287-7 定价: 119.00元

实时嵌入式系统

作者：[美]王加存 ISBN: 978-7-111-63733-2 定价: 79.00元